Excel 数据透视表从入门到精通

孙晓南　编著

電子工業出版社
Publishing House of Electronics Industry
北京 · BEIJING

内容简介

本书系统讲解了Excel数据透视表的基础知识、使用方法和应用技巧，让读者可以得心应手地运用数据透视表分析表格数据，解决工作上的难题，提高工作效率。

本书共13章，分别介绍了数据透视表的基础知识、创建数据透视表、布局数据透视表、刷新数据透视表、美化数据透视表、数据透视表的排序和筛选、数据透视图、数据透视表的项目组合、数据计算、复合数据透视表、使用多种数据源创建数据透视表、使用VBA操作数据透视表和数据透视表综合案例的相关内容，并且从实际工作出发，剖析数据透视表的应用，使读者更容易将学到的技能应用到日常工作中。

本书知识点全面，案例丰富，讲解细致，实用性强，能够满足不同层次读者的学习需求，适合职场办公人员、统计人员、财会人员、数据管理人员等作为自学参考用书，也可供各类培训学校作为教材使用。

图书在版编目（CIP）数据

Excel数据透视表从入门到精通 / 孙晓南编著 . —北京：电子工业出版社，2021.8

ISBN 978-7-121-41516-6

Ⅰ. ①E… Ⅱ. ①孙… Ⅲ. ①表处理软件 Ⅳ. ① TP391.13

中国版本图书馆CIP数据核字（2021）第132392号

责任编辑：雷洪勤　　文字编辑：王　炜
印　　刷：天津画中画印刷有限公司
装　　订：天津画中画印刷有限公司
出版发行：电子工业出版社
北京市海淀区万寿路173信箱　邮编：100036
开　　本：720×1000　1/16　印张：21.25　字数：498千字
版　　次：2021年8月第1版
印　　次：2021年8月第1次印刷
定　　价：68.00元

凡所购买电子工业出版社图书有缺损问题，请向购买书店调换。若书店售缺，请与本社发行部联系，联系及邮购电话：（010）88254888，88258888。

质量投诉请发邮件至zlts@phei.com.cn，盗版侵权举报请发邮件至dbqq@phei.com.cn。

本书咨询联系方式：leihq@phei.com.cn。

PREFACE

前　言

Excel是微软办公软件Office的一个重要组成部分，它具有功能强大的数据处理功能，在日常办公中应用广泛。在信息日益发达的今天，大量数据的处理和分析成为人们迫切需要解决的问题，Excel数据透视表作为一种交互式的表，具有强大的数据分析功能。

究竟什么是数据透视表呢？简单地说，数据透视表是一个可以对明细表进行分类汇总，而且可以随意改变汇总模式的工具。利用数据透视表可以进行更多复杂的数据分析。

在Excel中，数据透视表是最强大和最实用的工具之一。有了数据透视表，不但可以处理成千上万条数据，而且可以快速将数据转化成一个汇总报表，不用写公式，不用手工计算，甚至都不用键盘，用鼠标拖曳就能制作详细的报表、进行深入的数据分析。

这是原始数据表：

时间	分支机构	产品名称	销售人员	销售额
一季度	北京分公司	会议桌	刘东	68000
一季度	北京分公司	组合沙发	刘东	94500
一季度	深圳分公司	组合沙发	张青	92000
一季度	深圳分公司	真皮靠背椅	张青	53600
一季度	深圳分公司	会议桌	张青	58400
二季度	北京分公司	真皮靠背椅	董力	154600
二季度	北京分公司	组合沙发	董力	174600
二季度	北京分公司	会议桌	董力	225800
二季度	深圳分公司	会议桌	周凯	55600
二季度	深圳分公司	组合沙发	周凯	25800
二季度	深圳分公司	组合沙发	张青	24650
三季度	北京分公司	组合沙发	刘东	37850
三季度	北京分公司	会议桌	刘东	95600
三季度	深圳分公司	会议桌	张青	86500
三季度	深圳分公司	真皮靠背椅	张青	68200

下面是使用数据透视表功能制作的一系列报表：

行标签	求和项:销售额
北京分公司	850950
深圳分公司	464750
总计	**1315700**

行标签	求和项:销售额
北京分公司	**850950**
会议桌	389400
真皮靠背椅	154600
组合沙发	306950
深圳分公司	**464750**
会议桌	200500
真皮靠背椅	121800
组合沙发	142450
总计	**1315700**

行标签	求和项:销售额
北京分公司	**850950**
董力	**555000**
会议桌	225800
真皮靠背椅	154600
组合沙发	174600
刘东	**295950**
会议桌	163600
组合沙发	132350
深圳分公司	**464750**
张青	**383350**
会议桌	144900
真皮靠背椅	121800
组合沙发	116650
周凯	**81400**
会议桌	55600
组合沙发	25800
总计	**1315700**

这些都是通过数据透视表功能实现的。本书将带读者走进Excel数据透视表的世界，让读者快速掌握数据透视表的创建方法和使用技巧。本书首先介绍了数据透视表的基础知识，然后介绍了创建数据透视表、自定义数据透视表、查看数据透视表中的数据，最后介绍了数据透视图、在数据透视表内进行计算、复合数据透视表、多种数据源的数据透视表，以及在数据透视表中使用VBA等相关知识，并列举了财务与销售工作中常用的数据透视表案例。

本书特点：

行业案例，即学即用

精选职场案例，实用性和可操作性强，读者拿来就可以直接用到工作中。

步骤清晰，易学易用

在介绍案例的过程中，步骤清晰，读者一目了然，一学就会。

扫码学习，方便高效

本书的案例都有配套视频讲解，读者扫描书中相应内容旁边的二维码，即可随时随地学习，方便高效。

知识点拨，扩展学习

本书在讲解案例的同时，还注重教给读者一些操作技巧和重要知识点，让读者能快速掌握知识点，在操作上游刃有余。

配套资源：

1. 本书提供微课视频，支持手机扫码在线播放。边看书边扫码观看，高效学习。
2. 书中实例配套素材文件，方便读者同步操作学习。
3. 611个Office精美商务模板，拿来即用，不必再花时间搜集。

欢迎登录http://www.hxedu.com.cn，免费获取配套资源。

配套素材文件

Office 商务模板

参与本书编写的还有谭有彬。由于作者水平有限，书中难免有疏漏和不足之处，恳请广大读者和专家不吝赐教。

CONTENTS

目　录

第1章 数据透视表的基础知识

—第2章—

创建数据透视表

—第3章—

布局数据透视表

—第4章—

刷新数据透视表

—第5章—

美化数据透视表

—第6章—

数据透视表的排序和筛选

第 7 章 数据透视图

—第8章—

数据透视表的项目组合

—第9章—

数据计算

第10章

复合数据透视表

—第11章—
使用多种数据源创建数据透视表

—第12章—
使用VBA操作数据透视表

—第13章—

数据透视表综合案例

第1章

数据透视表的基础知识

数据透视表是Excel中具有强大分析功能的工具。本章将为读者揭开数据透视表的神秘面纱，让读者对数据透视表有一个基础的认识，并对数据透视表的组成结构和相关术语有一定的认识，掌握创建数据透视表的基本方法。

本章导读：

- 看清数据透视表的“真面目”
- 看懂数据透视表的组成结构
- 数据透视表的术语详解
- 数据源设计的 4 大原则
- 快速整理数据源

1.1 看清数据透视表的“真面目”

在掌握数据透视表的使用方法之前，首先要认识数据透视表。我们需要理解什么是数据透视表，数据透视表有什么用，以及数据透视表应该在什么时候使用。

1.1.1 数据透视表的概念

数据透视表在本质上就是一个由数据库生成的动态汇总报告。数据库可以存在于一个工作表（以表的形式）或一个外部的数据文件中。数据透视表可以将众多行列中的数据转换成一个有意义的数据报告。

数据透视表之所以能成为Excel中功能强大的数据分析利器，是因其有机结合了数据排序、筛选和分类汇总等数据分析方法的优点。作为一种交互式的报表，数据透视表可以快速分类汇总大量的数据，还可以以多种不同方式灵活地展示数据特征。

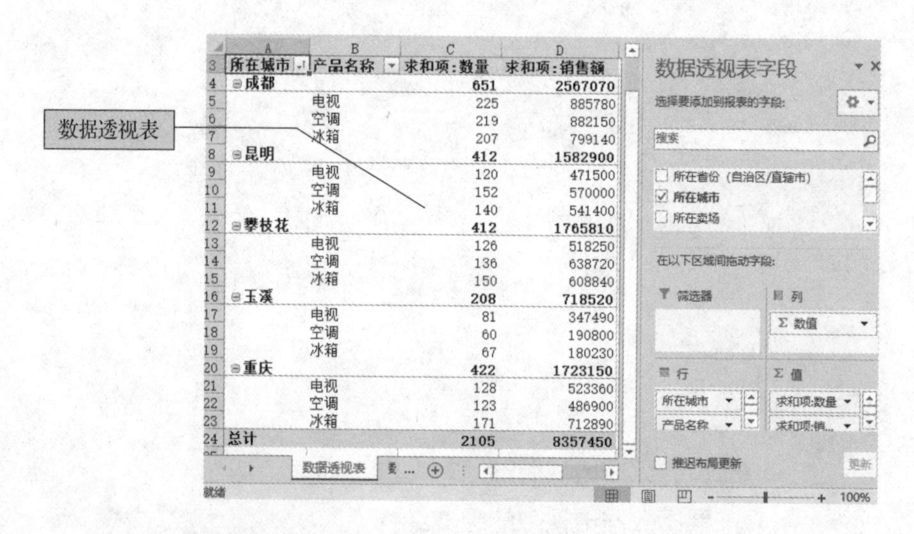

所在城市	产品名称	求和项:数量	求和项:销售额
成都		651	2567070
	电视	225	885780
	空调	219	882150
	冰箱	207	799140
昆明		412	1582900
	电视	120	471500
	空调	152	570000
	冰箱	140	541400
攀枝花		412	1765810
	电视	126	518250
	空调	136	638720
	冰箱	150	608840
玉溪		208	718520
	电视	81	347490
	空调	60	190800
	冰箱	67	180230
重庆		422	1723150
	电视	128	523360
	空调	123	486900
	冰箱	171	712890
总计		2105	8357450

1.1.2 数据透视表的作用

在日常工作中，数据透视表的作用体现在：对于含有大量数据记录、结构复杂的工作表，要将其中的一些内在规律显现出来，可以通过创建数据透视表来快速整理出具有意义的报表。

在用户为工作表创建数据透视表之后，即可使用各种可能的方法重新安排信息，甚至插入专门的公式来执行新的计算，从而快速制作出一份需要的数据报告。

要知道，在数据透视表中，只需通过拖动字段，用户就能轻松改变报表的布局结构，快速创建多份具有不同意义的报表；只需单击几次鼠标，就可以对数据透视表快速应用一些格式设置，使其变成一份赏心悦目的报告。更加令人满意的是：对于函数使用不太熟练的用户，数据透视表可以避开公式函数的使用，只需通过鼠标的简单操作，即可轻松创建专业的报表，从而避免不必要的错误。

下面以公司销售业绩表为例，如果需要统计出公司在各城市的销售总额，使用函数公式和使用数据透视表这两种方法，在操作便捷程度上将有很大的差别，同时前者还要求用户拥有相当专业的函数知识。

	A	B	C	D	E	F	G	H
1	所在省份（自治区/直辖市）	所在城市	所在卖场	时间	产品名称	单价	数量	销售额
2	四川	攀枝花	七街门店	1月	电视	¥ 4,050.00	42	¥ 170,100.00
3	四川	攀枝花	七街门店	1月	冰箱	¥ 3,990.00	25	¥ 99,750.00
4	四川	成都	1号店	1月	电视	¥ 3,800.00	30	¥ 114,000.00
5	四川	成都	1号店	1月	冰箱	¥ 3,990.00	23	¥ 91,770.00
6	四川	攀枝花	三路门店	1月	空调	¥ 5,200.00	34	¥ 176,800.00
7	四川	成都	1号店	1月	空调	¥ 3,990.00	51	¥ 203,490.00
8	四川	攀枝花	三路门店	1月	电视	¥ 4,200.00	22	¥ 92,400.00
9	四川	攀枝花	三路门店	1月	冰箱	¥ 4,100.00	47	¥ 192,700.00
10	四川	成都	2号店	1月	空调	¥ 4,050.00	36	¥ 145,800.00
11	四川	成都	2号店	1月	电视	¥ 3,990.00	51	¥ 203,490.00
12	四川	成都	2号店	1月	冰箱	¥ 3,800.00	43	¥ 163,400.00
13	四川	成都	3号店	1月	空调	¥ 4,050.00	38	¥ 153,900.00
14	四川	成都	3号店	1月	电视	¥ 3,990.00	29	¥ 115,710.00
15	四川	成都	3号店	1月	冰箱	¥ 3,800.00	31	¥ 117,800.00
16	四川	攀枝花	七街门店	1月	空调	¥ 4,130.00	33	¥ 136,290.00
17	云南	昆明	学府路店	1月	冰箱	¥ 4,050.00	43	¥ 174,150.00
18	云南	昆明	学府路店	1月	空调	¥ 3,700.00	38	¥ 140,600.00
19	云南	昆明	学府路店	1月	电视	¥ 3,800.00	29	¥ 110,200.00
20	云南	昆明	两路店	1月	电视	¥ 4,050.00	31	¥ 125,550.00
21	云南	昆明	两路店	1月	冰箱	¥ 3,650.00	33	¥ 120,450.00
22	云南	昆明	两路店	1月	空调	¥ 3,800.00	43	¥ 163,400.00
23	云南	玉溪	门店	1月	电视	¥ 4,290.00	38	¥ 163,020.00

数据源

➤ 使用函数公式：首先在J2单元格中输入数组公式“{=LOOKUP(2,1/((B$2:B$61<>"")*NOT(COUNTIF(J$1:J1,B$2:B$61))),B$2:B$61)}”，使用填充柄向下复制公式，直到出现单元格错误提示，以提取不重复的城市名称；然后在K2单元格中输入数组公式“{=SUM(IF($B:$B=J2,$H:$H))}”，使用填充柄向下复制公式，直到出现单元格错误提示，即可计算得到公司在各城市的销售总额。

K2　{=SUM(IF($B:$B=J2,$H:$H))}

	A	B	C	H	I	J	K
1	份（自治区/直	所在城市	所在卖场	销售额			
2	四川	攀枝花	七街门店	¥ 170,100.00		重庆	1723150
3	四川	攀枝花	七街门店	¥ 99,750.00		玉溪	718520
4	四川	成都	1号店	¥ 114,000.00		昆明	1582900
5	四川	成都	1号店	¥ 91,770.00		攀枝花	1765810
6	四川	攀枝花	三路门店	¥ 176,800.00		成都	2567070
7	四川	成都	1号店	¥ 203,490.00		#N/A	#N/A
8	四川	攀枝花	三路门店	¥ 92,400.00			
9	四川	攀枝花	三路门店	¥ 192,700.00			
10	四川	成都	2号店	¥ 145,800.00			
11	四川	成都	2号店	¥ 203,490.00			
12	四川	成都	2号店	¥ 163,400.00			
13	四川	成都	3号店	¥ 153,900.00			
14	四川	成都	3号店	¥ 115,710.00			
15	四川	成都	3号店	¥ 117,800.00			
16	四川	攀枝花	七街门店	¥ 136,290.00			
17	云南	昆明	学府路店	¥ 174,150.00			
18	云南	昆明	学府路店	¥ 140,600.00			
19	云南	昆明	学府路店	¥ 110,200.00			
20	云南	昆明	两路店	¥ 125,550.00			
21	云南	昆明	两路店	¥ 120,450.00			
22	云南	昆明	两路店	¥ 163,400.00			

数据源　函数公式法

> 注意：在Excel中，输入公式后，需要按“Ctrl+Shift+Enter”组合键，才能确认输入数组公式。输入数组公式后，将显示花括号“{}”。

➤ 使用数据透视表：首先选中数据源表格，以其为根据创建数据透视表，然后根据需要勾选字段，本例勾选“所在城市”“销售额”字段，即可快速统计出公司在各城市的销售总额。

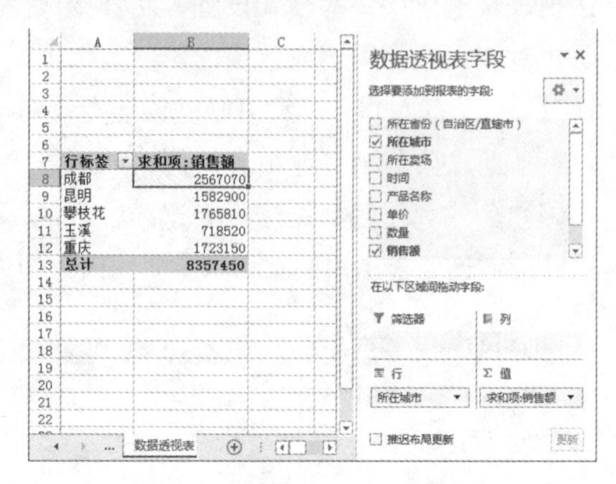

通过上述对比，不难看出Excel数据透视表在数据分析方面的快捷与便利。

1.1.3 数据透视表的应用

在了解了数据透视表是什么，数据透视表有什么用之后，需要进一步了解的是在什么情况下适合使用数据透视表这一分析工具，从而有效帮助用户提高工作效率并减少错误发生的概率。下面列举了一些适合使用数据透视表的情况。

➤ 需要处理含有大量、复杂数据的表格。

➤ 需要对经常变化的数据源及时地进行分析和处理。

➤ 需要对数据进行有效的分组。

➤ 需要分析数据的变化趋势。

➤ 需要找出数据间的某种特定关系。

例如，在一张工作表中记录了公司员工的各项信息（姓名、性别、出生年月、所在部门、工作时间、政治面貌、学历、技术职称、任职时间、毕业院校、毕业时间等），该工作表不但字段（列）多，并且记录（行）数也多。要在这样一张表格中整理、分析出一些内在的规律，如分析各年龄段员工的学历和技术职称水平，就可以建立数据透视表，以便快速分组数据，并进行相关的分类汇总处理。

1.2 看懂数据透视表的组成结构

创建数据透视表之后，打开“数据透视表字段”窗格，在其中可以对数据透视表字段进行多种设置，并同步反映到数据透视表中。下面我们结合“数据透视表字段”窗格来认识一下数据透视表的基本结构。

1.2.1 字段区域

数据透视表内的字段将全部显示在“数据透视表字段”窗格的“字段区域”中。在该区域中勾选需要的字段，即可将其添加到数据透视表内。

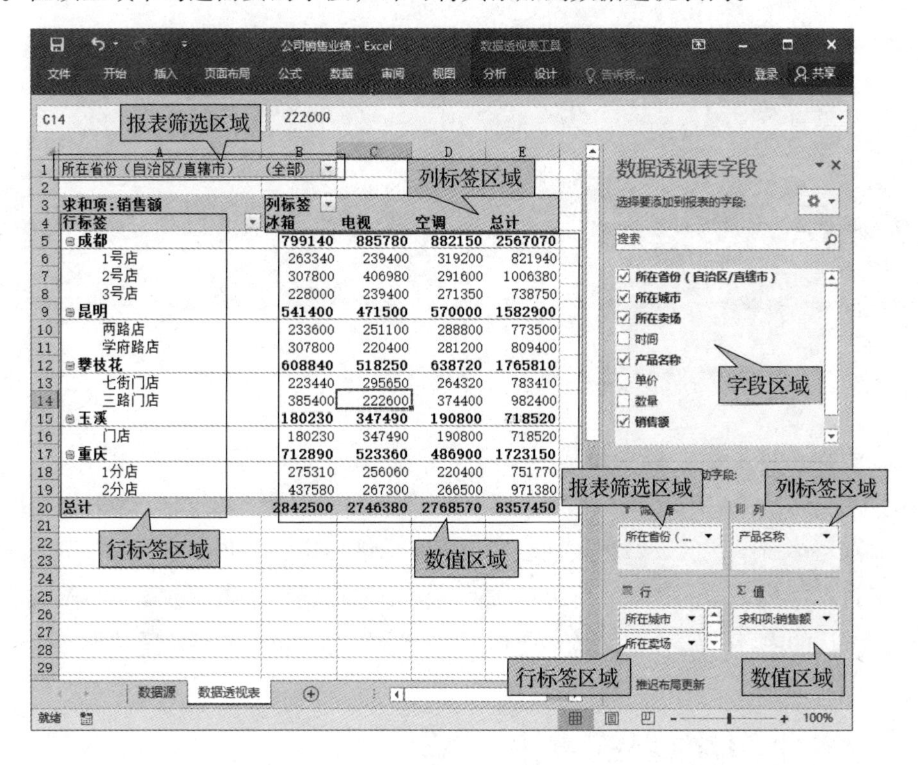

1.2.2 行标签区域

行标签区域即行区域。在“数据透视表字段”窗格的行标签区域中添加字段后，该字段将作为数据透视表的行标签显示在相应区域中。

通常情况下，会将一些可以用于进行分组或分类的内容，如“所在城市”“所在部门”“产地”“日期”等设置为行标签。

1.2.3 列标签区域

列标签区域即列区域。在“数据透视表字段”窗格的列标签区域中添加字段后，该字段将作为数据透视表的列标签显示在相应区域中。

将一些可以随时间变化的内容设置为列标签，如“年份”“季度”“月份”等，可以分析出数据随时间变化的趋势；将“产品名称”“员工性别”等内容设置为列标签，可以分析出同类数据在不同条件下的情况或某种特定关系。

1.2.4 数值区域

数值区域即数据透视表中包含数值的大面积区域。数值区域中的数据是对数据透视表中行字段数据和列字段数据的计算和汇总。

在“数据透视表字段”窗格的数值区域中添加字段时，需要注意该区域中的数据一般都是可以计算的。

提示：默认情况下，Excel对数值区域中的数值型数据进行求和计算，对文本型数据进行计数。

1.2.5 报表筛选区域

在数据透视表中，报表筛选区域显示于窗格的上方。在“数据透视表字段”窗格的筛选器区域中添加字段后，该字段将成为一个下拉列表显示在相应区域中，添加了多个字段时，数据透视表的报表筛选区域中将出现多个下拉列表。

通过选择列表中的选项，可以一次性对整个数据透视表中的数据进行筛选。一些重点统计的内容，如“所在省份”“学历”“年级”等，可以放到该区域中。

1.3 数据透视表的术语详解

初次接触数据透视表的用户，容易混淆数据透视表中的各项元素，进而在学习的过程中产生错误的理解。为了避免这种情况发生，下面将对数据透视表中的常用术语进行讲解，为之后的学习打下基础。

1.3.1 数据源

数据源是指用于创建数据透视表的数据来源。数据源的形式可以是单元格区域，可以是定义的名称，也可以是另一个数据透视表，或者其他外部数据来源，如文本文件、Access数据库、SQL Server数据库等。

1.3.2 字段

显示在“数据透视表字段”窗格的“字段区域”中的字段，其实就是数据源中的各列顶部的标题。每一个字段代表了一类数据。结合前面对数据透视表基本结构的介绍，根据字段在数据透视表中所处的区域，可以将字段分为行字段、列字段、值字段和报表筛选字段。

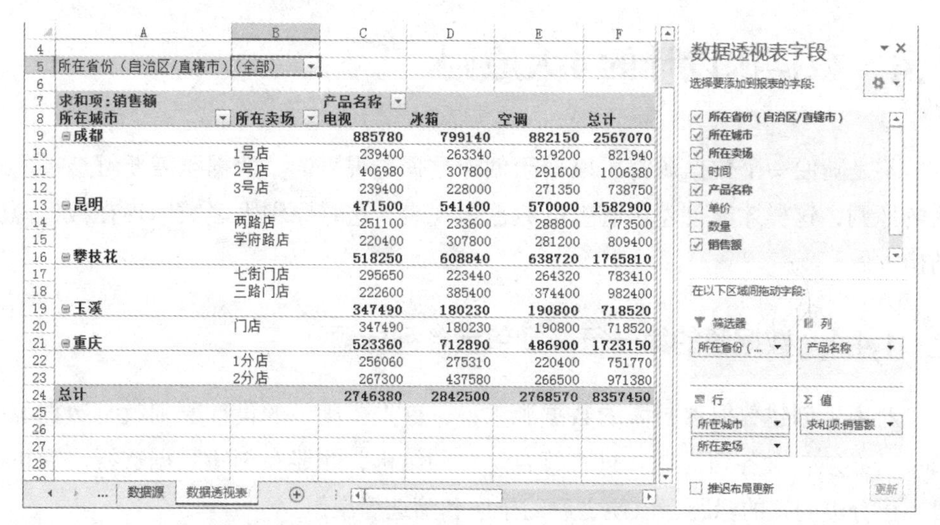

所在省份（自治区/直辖市）	(全部)				
求和项:销售额		产品名称			
所在城市	所在卖场	电视	冰箱	空调	总计
⊟成都		885780	799140	882150	2567070
	1号店	239400	263340	319200	821940
	2号店	406980	307800	291600	1006380
	3号店	239400	228000	271350	738750
⊟昆明		471500	541400	570000	1582900
	两路店	251100	233600	288800	773500
	学府路店	220400	307800	281200	809400
⊟攀枝花		518250	608840	638720	1765810
	七街门店	295650	223440	264320	783410
	三路门店	222600	385400	374400	982400
⊟玉溪		347490	180230	190800	718520
	门店	347490	180230	190800	718520
⊟重庆		523360	712890	486900	1723150
	1分店	256060	275310	220400	751770
	2分店	267300	437580	266500	971380
总计		2746380	2842500	2768570	8357450

- 行字段：位于数据透视表行标签区域中的字段。在含有多个行字段的数据透视表中，各个行字段将根据层次关系从左到右依次展开（在“以大纲形式显示”的报表布局中尤其明显），如图中“所在城市”和“所在卖场”行字段所显示出的情况。为了便于识别不同层次的行字段，可以将远离数值区域的字段称为外部行字段（“所在城市”字段），将靠近数值区域的字段称为内部行字段（“所在卖场”字段）。
- 列字段：位于数据透视表列标签区域中的字段。如图中“产品名称”字段。
- 值字段：位于数据透视表离数值区域最远的外部行字段上方的字段。如图中“销售额”字段。“求和项”表示对该字段中的项进行了求和计算。
- 报表筛选字段：位于数据透视表的报表筛选区域中的字段。通过在筛选字段的下拉列表中选择需要的项，可以对整个数据透视表进行筛选，从而显示出单个项或所有项的数据。如图中“所在省份（自治区/直辖市）”字段。

1.3.3 项

数据透视表的项是指每个字段中包含的数据。以1.3.2节所示的数据透视表为例，部分项与所属字段的关系如下。

➤ “(全部)”是属于“所在省份(自治区/直辖市)”字段中的项。

➤ “成都”“昆明”“攀枝花”“玉溪”“重庆”是属于“所在城市”字段中的项。

➤ “电视”“冰箱”“空调”是属于“产品名称”字段中的项。

➤ “1号店”“2号店”“3号店”等是属于“所在卖场”字段中的项。

1.4 数据源设计的4大原则

不是随便一个数据源都可以用于创建数据透视表的。数据源需要符合一些默认的原则，这样才能创建出有效的数据透视表。这些原则大多数体现在数据源的结构方面。

1.4.1 数据源的第一行必须包含各列标题

对用于创建数据透视表的数据源来说，首先要满足的设计原则就是数据源的第一行必须包含各列标题。只有符合这样的结构，才能在创建数据透视表后正确显示出分类明确的标题，以便之后的排序和筛选等操作。

看一看如下图所示的数据源，它就缺少列标题。

根据该数据源创建数据透视表后，在右侧的“数据透视表字段”窗格中可以看到，每个分类字段使用的是数据源中各列的第一个数据，无法代表每一列数据的分类含义，如下图所示。面对这样的数据透视表就难以进行分析工作。

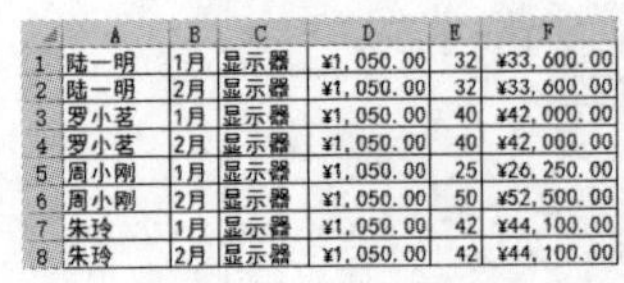

	A	B	C	D	E	F
1	陆一明	1月	显示器	¥1,050.00	32	¥33,600.00
2	陆一明	2月	显示器	¥1,050.00	32	¥33,600.00
3	罗小茗	1月	显示器	¥1,050.00	40	¥42,000.00
4	罗小茗	2月	显示器	¥1,050.00	40	¥42,000.00
5	周小刚	1月	显示器	¥1,050.00	25	¥26,250.00
6	周小刚	2月	显示器	¥1,050.00	50	¥52,500.00
7	朱玲	1月	显示器	¥1,050.00	42	¥44,100.00
8	朱玲	2月	显示器	¥1,050.00	42	¥44,100.00

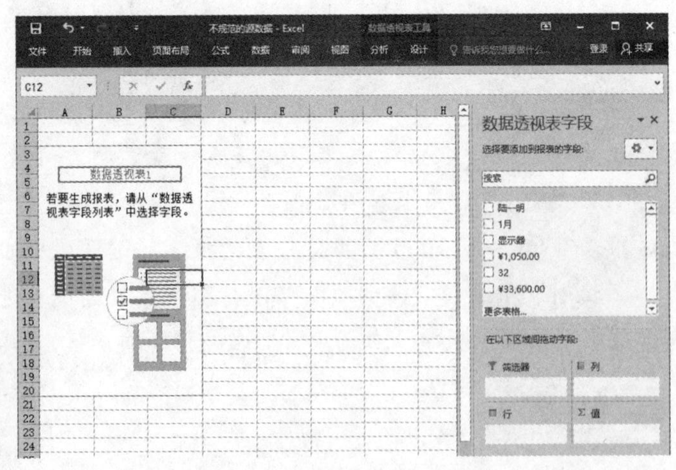

1.4.2　数据源中不能包含同类字段

对用于创建数据透视表的数据源来说，在数据源的不同列中，不能包含同类字段。所谓同类字段，就是指类型相同的数据。在如下图所示的数据源中，B列到F列代表了5个连续的年份，这样的数据表又被称为二维表，是数据源中包含多个同类字段的典型。

	A	B	C	D	E	F
1	地区	2017年	2018年	2019年	2020年	2021年
2	上海	7550	4568	7983	5688	6988
3	北京	6890	7782	7845	7729	7564
4	重庆	9852	8744	8766	9866	8863
5	南京	6577	5466	4468	5433	4725

提示：一维表和二维表里的“维”是指分析数据的角度。简单地说，一维表的表中每个指标都对应了一个取值。而以上图的数据源为例，在二维表里，列标签的位置上放置了2017年、2018年和2019年等，它们本身就同属一类，是父类别“年份”对应的数据。

根据该数据源创建数据透视表后，由于每个分类字段使用的是数据源中各列的第一个数据，在右侧的“数据透视表字段”窗格中可以看到，生成的分类字段无法代表每一列数据的分类含义，如图所示。面对这样的数据透视表，很难进行分析工作。

1.4.3　数据源中不能包含空行和空列

对用于创建数据透视表的数据源来说，在数据源中不能包含空行或空列。

当数据源中存在空行时，在默认情况下，我们将无法使用完整的数据区域来创建数据透视表。例如，在下图所示的数据源中存在空行，那么在创建数据透视表时，系统将默认选择空行上方的数据区域，而忽略空行下方的数据区域，这样创建出的数据透视表就不能包含完整的数据区域了。

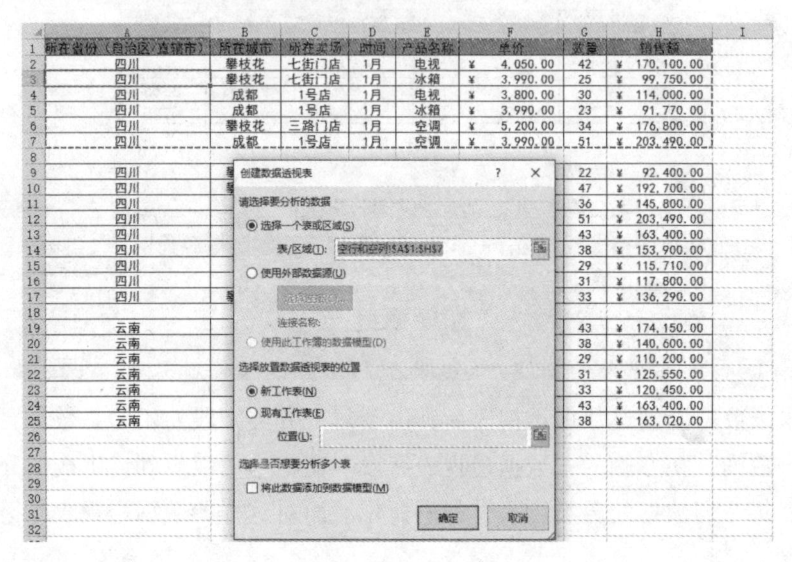

	A	B	C	D	E	F	G	H	I
1	所在省份（自治区/直辖市）	所在城市	所在卖场	时间	产品名称	单价	数量	销售额	
2	四川	攀枝花	七街门店	1月	电视	¥ 4,050.00	42	¥ 170,100.00	
3	四川	攀枝花	七街门店	1月	冰箱	¥ 3,990.00	25	¥ 99,750.00	
4	四川	成都	1号店	1月	电视	¥ 3,800.00	30	¥ 114,000.00	
5	四川	成都	1号店	1月	冰箱	¥ 3,990.00	23	¥ 91,770.00	
6	四川	攀枝花	三路门店	1月	空调	¥ 5,200.00	34	¥ 176,800.00	
7	四川	成都	1号店	1月	空调	¥ 3,990.00	51	¥ 203,490.00	
8									
9	四川						22	¥ 92,400.00	
10	四川						47	¥ 192,700.00	
11	四川						36	¥ 145,800.00	
12	四川						51	¥ 203,490.00	
13	四川						43	¥ 163,400.00	
14	四川						38	¥ 153,900.00	
15	四川						29	¥ 115,710.00	
16	四川						31	¥ 117,800.00	
17	四川						33	¥ 136,290.00	
18									
19	云南						43	¥ 174,150.00	
20	云南						38	¥ 140,600.00	
21	云南						29	¥ 110,200.00	
22	云南						31	¥ 125,550.00	
23	云南						33	¥ 120,450.00	
24	云南						43	¥ 163,400.00	
25	云南						38	¥ 163,020.00	

当数据源中存在空列时，与空行的情况类似，也无法使用完整的数据区域来创建数据透视表。例如，在下图所示的数据源中存在空列，那么在创建数据透视表时，系统将默认选择空列左侧的数据区域，而忽略空列右侧的数据区域。

	A	B	C	D	E	F	G	H	I
1	所在省份（自治区/直辖市）	所在城市	所在卖场	时间		产品名称	单价	数量	销售额
2	四川	攀枝花	七街门店	1月		电视	¥ 4,050.00	42	¥ 170,100.00
3	四川	攀枝花	七街门店	1月		冰箱	¥ 3,990.00	25	¥ 99,750.00
4	四川	成都	1号店	1月		电视	¥ 3,800.00	30	¥ 114,000.00
5	四川	成都	1号店	1月					70.00
6	四川	攀枝花	三路门店	1月					00.00
7	四川	成都	1号店	1月					90.00
8	四川	攀枝花	三路门店	1月					00.00
9	四川	攀枝花	三路门店	1月					00.00
10	四川	成都	2号店	1月					00.00
11	四川	成都	2号店	1月					90.00
12	四川	成都	2号店	1月					00.00
13	四川	成都	3号店	1月					00.00
14	四川	成都	3号店	1月					10.00
15	四川	成都	3号店	1月					00.00
16	四川	攀枝花	七街门店	1月					90.00
17	云南	昆明	学府路店	1月					50.00
18	云南	昆明	学府路店	1月					00.00
19	云南	昆明	学府路店	1月					00.00
20	云南	昆明	两路店	1月					50.00
21	云南	昆明	两路店	1月					50.00
22	云南	昆明	两路店	1月					00.00
23	云南	玉溪	门店	1月					20.00

创建数据透视表
请选择要分析的数据
选择一个表或区域(S)
表/区域(T): 空行和空列!$A$1:$D$23
使用外部数据源(U)
连接名称:
使用此工作簿的数据模型(D)
选择放置数据透视表的位置
新工作表(N)
现有工作表(E)
位置(L):
选择是否想要分析多个表
将此数据添加到数据模型(M)
确定
取消

1.4.4 数据源中不能包含空单元格

对用于创建数据透视表的数据源来说，在数据源中不能包含空单元格。

与空行或空列导致的问题不同，即使数据源中包含空单元格，也可以创建出包含完整数据区域的数据透视表。但是，由于空单元格的存在，在创建好数据透视表后做进一步处理时，会出现一些问题，导致无法获得有效的数据分析结果。

因此，对于数据源中存在空单元格的情况，应当尽量使用同类型的默认值来填充，如在数值类型的空单元格中填充“0”。

1.5 快速整理数据源

数据源是数据透视表的基础。为了能够创建出有效的数据透视表，必须对数据进行整理，使其符合创建数据透视表默认原则的一些方法。

1.5.1 将二维表整理为一维表

当数据源的第一行中没有包含各列的标题时，添加一行列标题即可。

当数据源的不同列中包含同类字段时，可以先将这些同类的字段重组，使其存在于一个父类别之下，然后调整与其相关的数据即可。

	A	B	C	D	E	F	G
1	姓名	办公软件	财务知识	法律知识	英语口语	职业素养	人力管理
2	蔡云帆	60	85	88	70	80	82
3	方艳芸	62	60	61	50	63	61
4	谷城	99	92	94	90	91	89
5	胡哥飞	60	54	55	58	75	55
6	蒋京华	92	90	89	96	99	92
7	李哲明	83	89	96	89	75	90
8	龙泽苑	83	89	96	89	75	90
9	詹姆斯	70	72	60	95	84	90
10	刘畅	60	85	88	70	80	82
11	姚凝香	99	92	94	90	91	89
12	汤家桥	87	84	95	87	78	85
13	唐萌梦	70	72	60	95	84	90
14	赵飞	60	54	55	58	75	55
15	夏侯铭	92	90	89	96	99	92
16	周玲	87	84	95	87	78	85
17	周宇	62	60	61	50	63	61

	A	B	C
1	行	列	值
2	蔡云帆	办公软件	60
3	蔡云帆	财务知识	85
4	蔡云帆	法律知识	88
5	蔡云帆	人力管理	82
6	蔡云帆	英语口语	70
7	蔡云帆	职业素养	80
8	方艳芸	办公软件	62
9	方艳芸	财务知识	60
10	方艳芸	法律知识	61
11	方艳芸	人力管理	61
12	方艳芸	英语口语	50
13	方艳芸	职业素养	63
14	谷城	办公软件	99
15	谷城	财务知识	92
16	谷城	法律知识	94
17	谷城	人力管理	89
18	谷城	英语口语	90
19	谷城	职业素养	91
20	胡哥飞	办公软件	60
21	胡哥飞	财务知识	54
22	胡哥飞	法律知识	55
23	胡哥飞	人力管理	55
24	胡哥飞	英语口语	58
25	胡哥飞	职业素养	75
26	蒋京华	办公软件	92
27	蒋京华	财务知识	90

在通常情况下，当数据源是用二维形式储存的数据表时，可以先将二维表整理为一维表，然后就可以进行数据透视表的创建了，其方法如下。

步骤1 打开“员工培训成绩表1.xlsx”素材文件，选中任意数据单元格，依次按“Alt”“D”“P”键，打开“数据透视表和数据透视图向导—步骤1(共3步)”对话框，选中“多重合并计算数据区域”单选项，单击“下一步”按钮。

步骤2 打开“数据透视表和数据透视图向导—步骤2a(共3步)”对话框，选中“创建单页字段”单选项，单击“下一步”按钮。

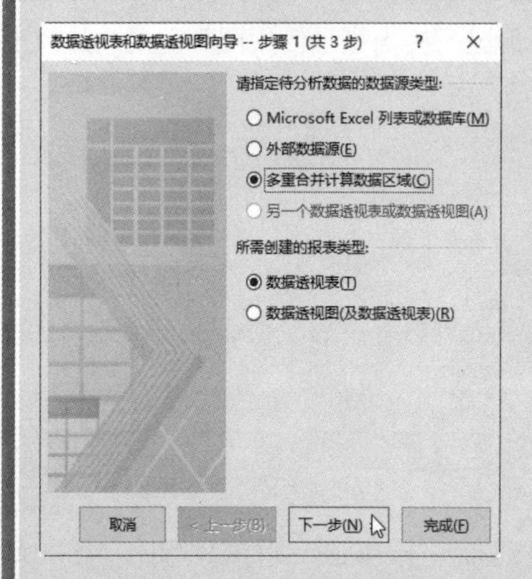

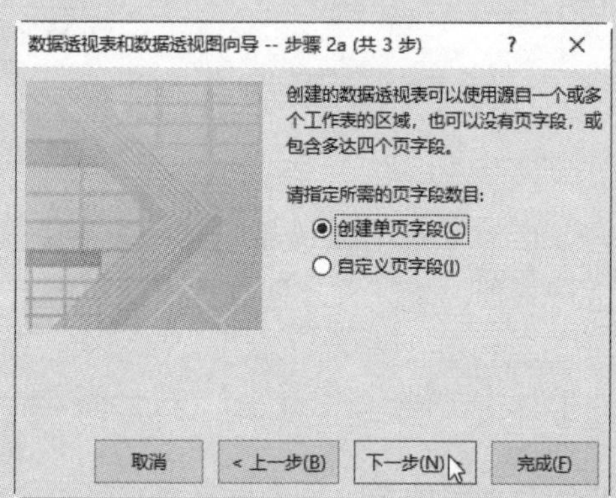

步骤3 打开“数据透视表和数据透视图向导—步骤2b(共3步)”对话框，在“选定区域”文本框中引用所有数据区域，单击“添加”按钮，将所选择的区域添加到“所有区域”列表框中，然后单击“下一步”按钮。

步骤4 打开“数据透视表和数据透视图向导—步骤3(共3步)”对话框，选中“新工作表”单选项，单击“完成”按钮。

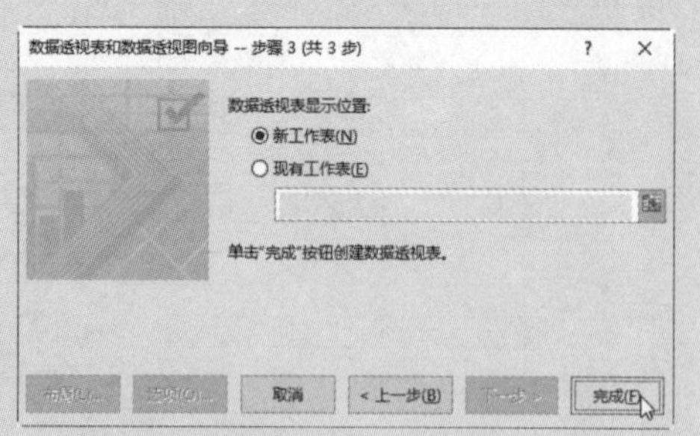

步骤5 在创建好的数据透视表中，双击右下角的最后一个单元格H21。

步骤6 Excel会在新工作表中生成明细数据，呈一维数据表显示，选中D列，单击鼠标右键，在弹出的快捷菜单中执行“删除”命令。

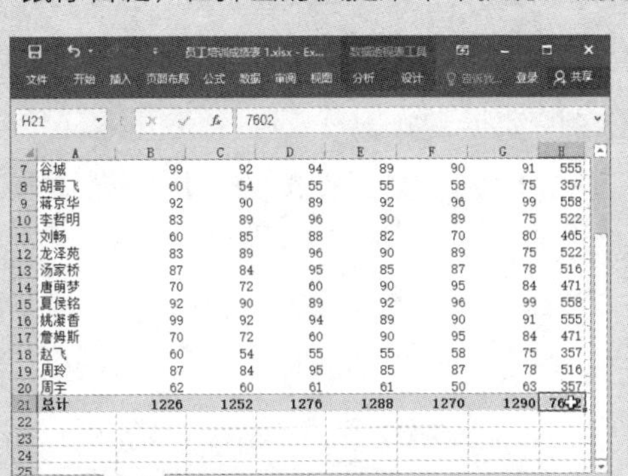

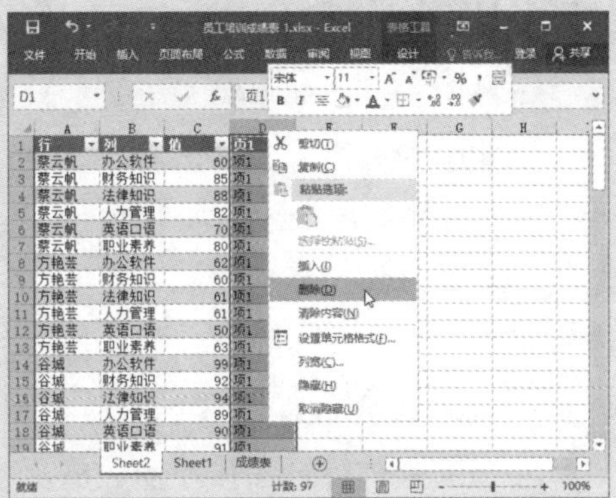

步骤 7 单击“设计”选项卡“工具”组中的“转换为区域”按钮，在弹出的对话框中单击“是”按钮。

步骤 8 操作完成后即可得到二维表转换的一维表格。

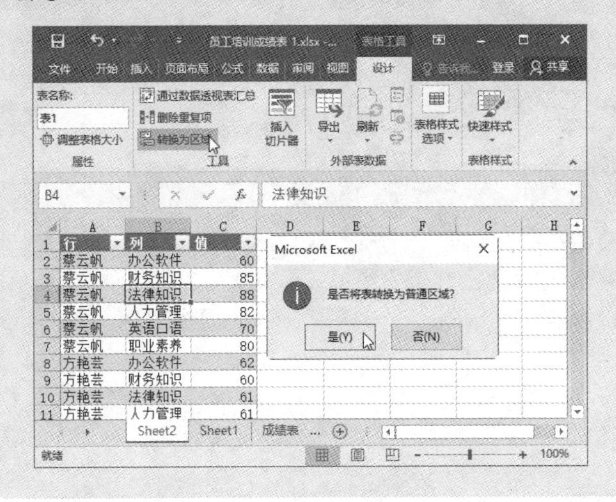

	A	B	C
1	行	列	值
2	蔡云帆	办公软件	60
3	蔡云帆	财务知识	85
4	蔡云帆	法律知识	88
5	蔡云帆	人力管理	82
6	蔡云帆	英语口语	70
7	蔡云帆	职业素养	80
8	方艳芸	办公软件	62
9	方艳芸	财务知识	60
10	方艳芸	法律知识	61
11	方艳芸	人力管理	61
12	方艳芸	英语口语	50
13	方艳芸	职业素养	63
14	谷城	办公软件	99
15	谷城	财务知识	92
16	谷城	法律知识	94
17	谷城	人力管理	89
18	谷城	英语口语	90
19	谷城	职业素养	91
20	胡哥飞	办公软件	60
21	胡哥飞	财务知识	54
22	胡哥飞	法律知识	55
23	胡哥飞	人力管理	55
24	胡哥飞	英语口语	58
25	胡哥飞	职业素养	75
26	蒋京华	办公软件	92
27	蒋京华	财务知识	90

1.5.2 删除数据源中的空行或空列

我们已经知道，用于创建数据透视表的数据源中不能包含空行或空列，因此在创建数据透视表之前，需要删除数据源中的空行或空列。

当空行或空列少、便于查找时，可以按住“Ctrl”键，依次单击需要删除的空行（空列），全部选择好后，单击右键，在弹出的快捷菜单中执行“删除”命令即可。

注意：不能同时选中空行和空列进行删除，因为两者存在交叉的单元格。

正常情况下，即便是包含大量数据记录的数据源，其中列标题数量也不会太多，手动删除空列已经足够应付。而要在包含大量数据记录的数据源中删除为数众多的空行，我们可以使用手工排序的方法。

该方法的原理：先插入一个辅助列，在其中使用填充柄快速输入序号，为数据源中的每一行编号，然后对数据源中任意列进行升序或降序排序，排序后只包含序列号而不包含数据内容的行将被集中在一起，便于快速选择并删除。删除后，再对辅助列进行升序排序使数据源中的数据内容恢复最初的顺序即可，其具体操作方法如下。

步骤1 打开“不规范的源数据.xlsx”素材文件，切换到“空行和空列”工作表，选中A列，单击右键，在弹出的快捷菜单中，执行“插入”命令，插入空白列。

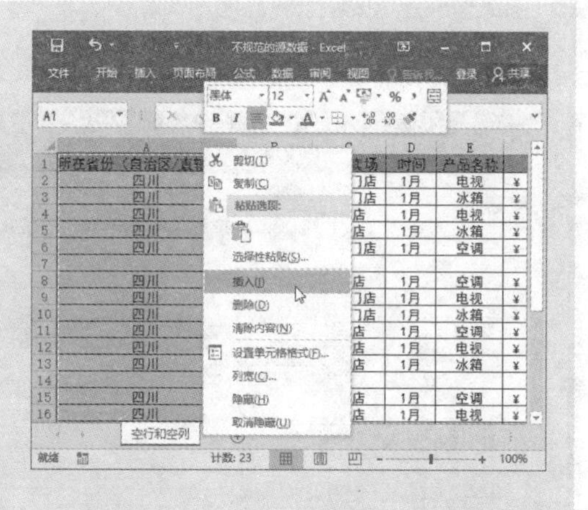

步骤2 先在A2和A3的单元格中输入起始数据，再选中A2和A3单元格，将光标指向A3单元格右下角，当光标成十字形状显示时，按住鼠标左键不放，使用填充柄向下拖动填充序列。

步骤3 将光标定位到D列任意单元格，切换到“数据”选项卡，单击“排序和筛选”组中的“升序”按钮，为数据排序。

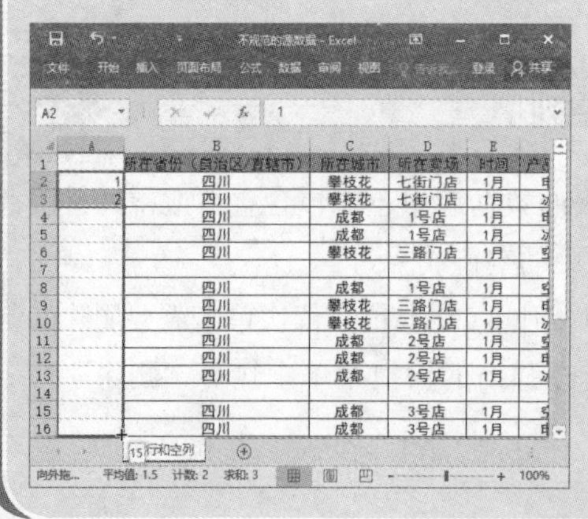

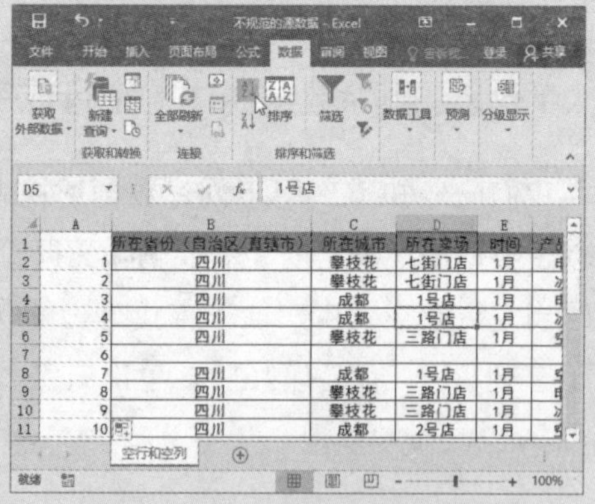

步骤4 得到排序结果，只包含序列号而不包含数据内容的行将集中显示，选中所有要删除的行，单击右键，打开快捷菜单，执行“删除”命令。

步骤5 将光标定位到辅助列任意单元格，单击“升序”按钮进行升序排序，使数据源中的数据内容恢复最初的顺序。

步骤6 选中辅助列，在“开始”选项卡的“单元格”组中执行“删除”→“删除工作表列”命令即可。

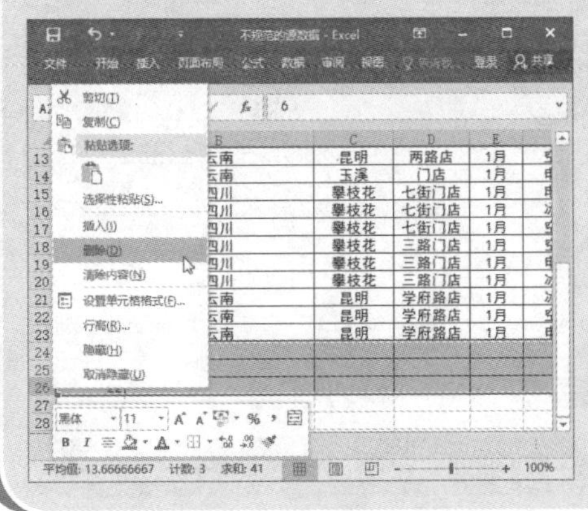

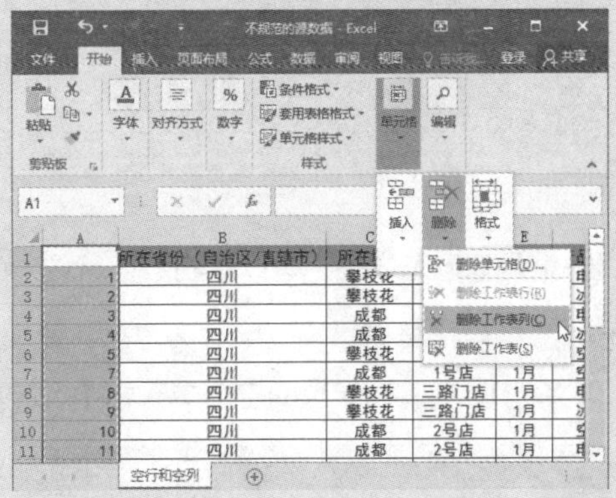

1.5.3 填充数据源中的空单元格

由于数据源中空白单元格的存在，会使创建的数据透视表在进行排序、筛选和分类汇总等数据分析工作时出现问题，所以需要在数据源的空单元格中输入“0”。

当数据源中包含多个空白单元格时，可以利用Excel的“定位条件”功能和“Ctrl+Enter”组合键快速实现填充工作。具体操作方法如下。

步骤1 打开“不规范的源数据.xlsx”素材文件，切换到“空单元格”工作表，选中工作表中的整个数据区域，在“开始”选项卡的“编辑”组中执行“查找和选择”→“定位条件”命令。

步骤2 弹出“定位条件”对话框，选中“空值”单选项，然后单击“确定”按钮。

技巧：按F5键，在弹出的“定位”对话框中单击“定位条件”按钮，即可快速打开“定位条件”对话框。

步骤 3 返回工作表，可以看到数据区域中的所有空白单元格被自动选中。

步骤 4 保持单元格的选中状态不变，输入“0”，然后按“Ctrl+Enter”组合键，即可将“0”填充到所选的空白单元格中，完成对数据源的填充工作。

1.5.4 拆分合并单元格并快速填充数据

用于创建数据透视表的数据源中不能包含合并单元格，否则，在创建数据透视表后，合并单元格所在行中的数据，将无法在数据透视表中正确显示，如下图所示。

因此，我们需要先拆分数据源中的合并单元格，再对拆分后出现的空白单元格填入相应的数据，才能完成对数据源的整理工作，其具体操作方法如下。

地区	年份	销售量
北京	2018	6890
	2019	7782
	2020	7845
南京	2018	6577
	2019	5466
	2020	4468
上海	2018	7550
	2019	4568
	2020	7983
重庆	2018	9852
	2019	8744
	2020	8766

行标签	求和项:年份	求和项:销售量
北京	2018	6890
南京	2018	6577
上海	2018	7550
重庆	2018	9852
(空白)	16156	55622
总计	24228	86491

步骤1 打开“不规范的源数据.xlsx”素材文件，切换到“合并单元格”工作表，选中多个合并单元格，在“开始”选项卡的“对齐方式”组中选择“取消单元格合并”选项。

步骤2 拆分合并单元格后，将出现一些拆分出的空白单元格，保持之前的选中状态，然后打开“定位条件”对话框，选中“空值”单选项，单击“确定”按钮即可。

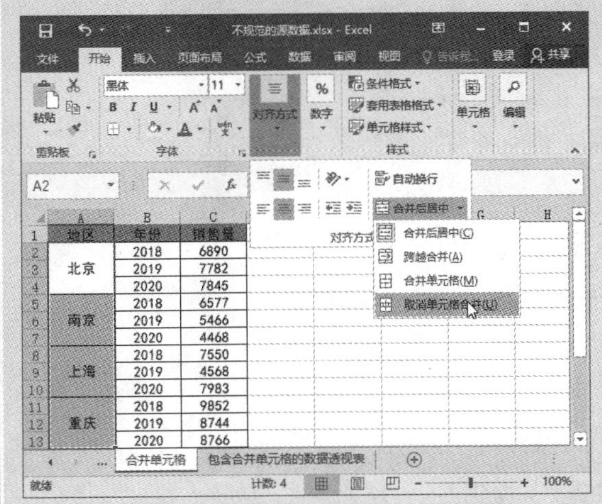

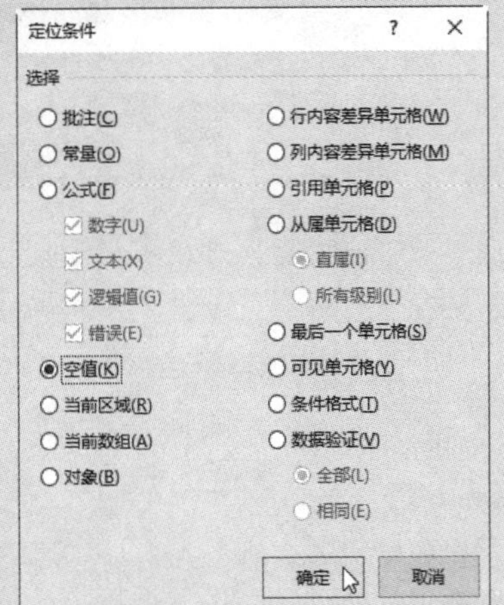

步骤3 自动选中拆分出的所有空白单元格，将光标定位于A3单元格中，并输入公式“=A2”。使用该公式，即表示空白单元格的内容与上一个单元格一样；若光标定位在A7单元格，则输入“=A6”，以此类推。

步骤4 按“Ctrl+Enter”组合键，即可根据输入的公式，快速填充所选空白单元格。

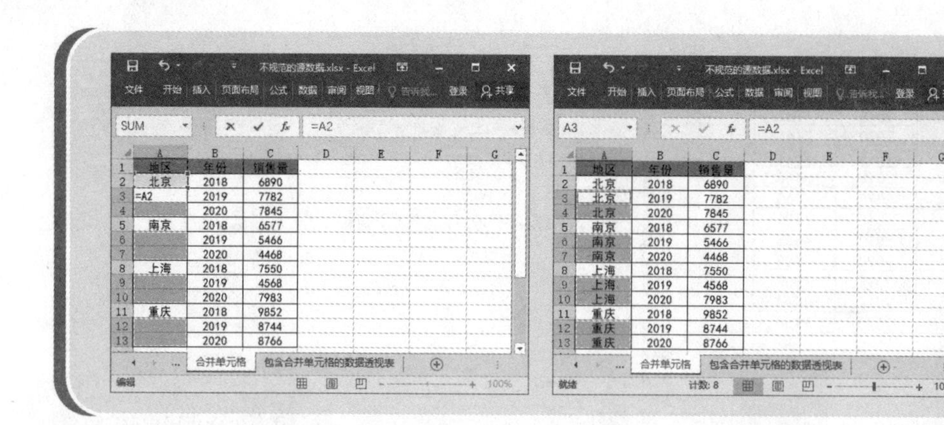

1.5.5 整理表格中不规范的日期

当数据源中包含了多种不规范的日期时，创建的数据透视表将不能正确分析数据，所以在此之前，需要先将其整理规范。

例如，下图所示为某公司员工自己填写的信息表，在出生日期列中包含了很多不规范的数据，需要将其整理成规范的日期格式。

姓名	性别	出生日期	籍贯
王伟	女	1989/9/1	河北
江雨薇	男	19850302	云南
汪伟	女	1988.8.3	云南
尹南	女	1987.9.9	安徽
柳晓	男	1990年5月16日	河南
王小颖	女	1988.08#01	湖南
陈曦	女	1992（12）12	辽宁
胡钧	男	1995%02@09	河北
柳晓	女	19891015	山东
蒋梅梅	女	1988.8.9	辽宁
乔小麦	男	1992年3月1日	辽宁
郝思嘉	女	19960806	四川
周曦	男	1994！12*23	浙江
陈皓	男	1988（08）25	黑龙江

姓名	性别	出生日期	籍贯
王伟	女	1989/9/1	河北
江雨薇	男	1985/3/2	云南
汪伟	女	1988/8/3	云南
尹南	女	1987/9/9	安徽
柳晓	男	1990/5/16	河南
王小颖	女	1988/8/1	湖南
陈曦	女	1992/12/12	辽宁
胡钧	男	1995/2/9	河北
柳晓	女	1989/10/15	山东
蒋梅梅	女	1988/8/9	辽宁
乔小麦	男	1992/3/1	辽宁
郝思嘉	女	1996/8/6	四川
周曦	男	1994/12/23	浙江
陈皓	男	1988/8/25	黑龙江

如果数据源中包含了不规范数据，可以通过分列功能快速整理，其操作方法如下。

步骤1 打开“员工入职登记表.xlsx”素材文件，选中C列的日期数据，在“数据”选项卡“数据工具”组中，单击“分列”按钮。

步骤2 在弹出的“文本分列向导-第1步，共3步”对话框中选中“分隔符号”单选项，单击“下一步”按钮。

步骤3 在打开的“文本分列向导-第2步，共3步”对话框中直接单击“下一步”按钮。

步骤4 在打开的“文本分列向导-第3步，共3步”对话框中选中“日期”单选项，

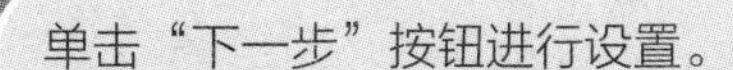
单击“下一步”按钮进行设置。

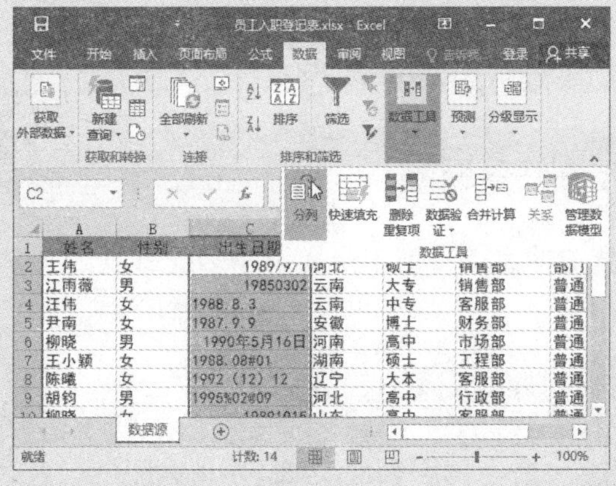

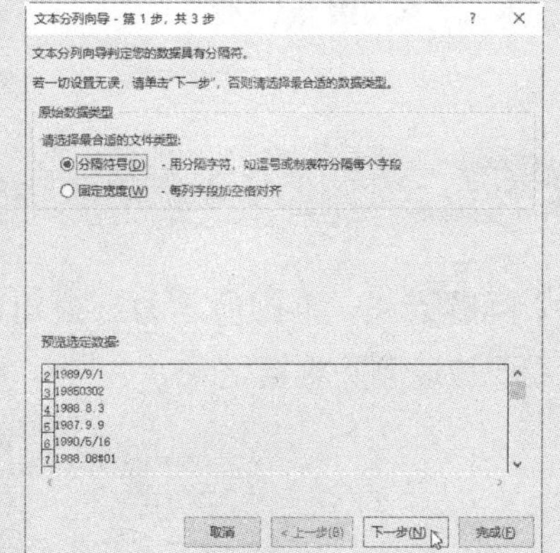

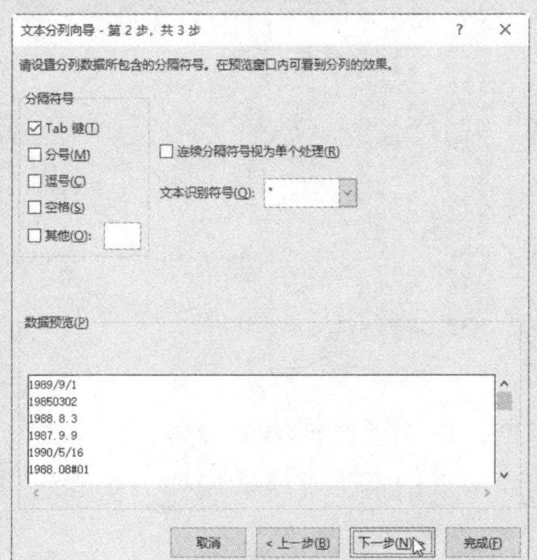

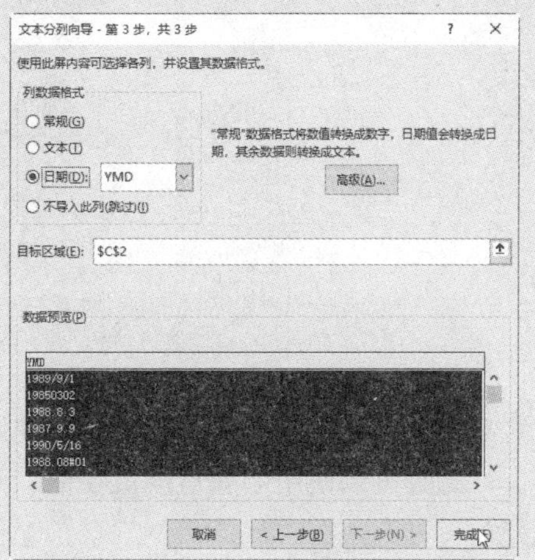

步骤 5 返回工作表中，选中C列的日期数据，在“开始”选项卡的“数字”组中，单击“数字格式”下拉按钮，在弹出的下拉列表中选择“短日期”选项。

步骤 6 操作完成后即可查看到不规范的日期格式已经更改为规范的日期格式了。

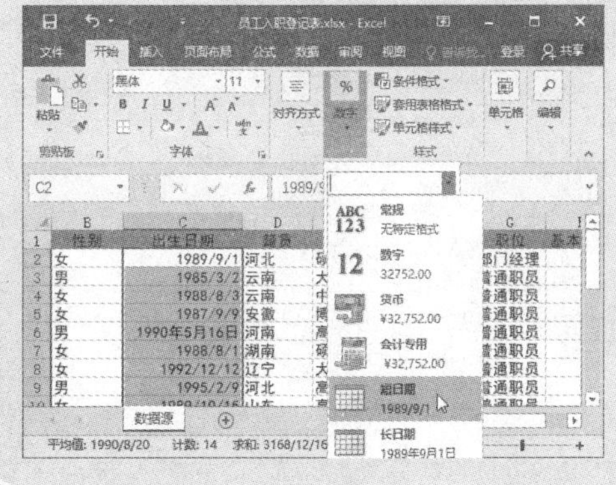

1.6 大师点拨

疑难1 如何快速删除表格中的重复记录

问题描述：下图所示为某公司员工信息表，由于录入了较多的重复记录，现在需要快速删除重复记录。

姓名	性别	年龄	籍贯	学历	部门	职位	基本工资
王伟	女	30	河北	硕士	销售部	部门经理	4800
江雨薇	男	39	云南	大专	销售部	普通职员	2250
汪伟	女	30	云南	中专	客服部	普通职员	2300
尹南	女	29	安徽	博士	财务部	普通职员	2450
柳晓	男	33	河南	高中	市场部	普通职员	2800
王小颖	女	28	湖南	硕士	工程部	普通职员	2250
陈曦	女	30	辽宁	大本	客服部	普通职员	2400
胡钧	男	27	河北	高中	行政部	普通职员	2250
王小颖	女	28	湖南	硕士	工程部	普通职员	2250
柳晓	女	39	山东	高中	客服部	普通职员	2500
蒋梅梅	女	33	辽宁	硕士	销售部	部门经理	5800
乔小麦	男	30	辽宁	中专	信息部	普通职员	2350
郝思嘉	女	39	四川	大专	工程部	普通职员	2200
柳晓	男	33	河南	高中	市场部	普通职员	2800
周曦	男	30	浙江	中专	市场部	普通职员	2800
陈皓	男	29	黑龙江	博士	客服部	普通职员	2200
杨清清	女	44	辽宁	大专	人力资源	普通职员	2200
陈露	女	30	广东	硕士	人力资源	部门经理	5300
于曼	男	27	湖南	中专	客服部	普通职员	2300
曾云	男	42	湖南	博士	人力资源	总经理	7200
杜媛媛	女	34	重庆	中专	市场部	普通职员	2350
陈其风	女	35	江苏	大本	技术部	部门经理	4300
赵晓	男	31	山东	中专	财务部	普通职员	2350

解决方法：如果数据源中包含了重复数据，在创建数据透视表后，也不能正确分析，此时可以使用删除重复值功能快速删除重复记录，其具体操作方法如下。

步骤1 打开“员工信息记录.xlsx”素材文件，选择表中的任意数据单元格，在“数据”选项卡的“数据工具”组中单击“删除重复项”按钮。

步骤2 在弹出的“删除重复值”对话框中直接单击“确定”按钮。

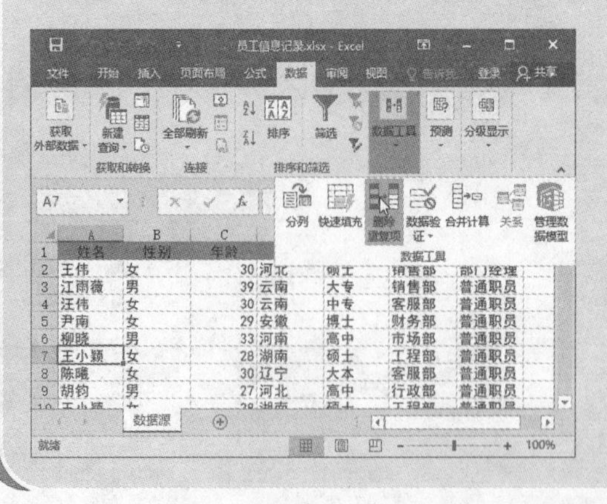

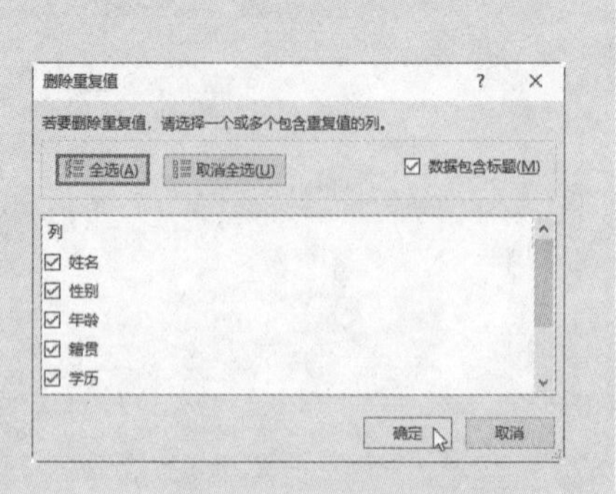

步骤3 弹出提示对话框，提示发现了重复值并已经删除，单击“确定”按钮即可。

疑难② 如何将数据源按分隔符分列为多字段表格

Q 问题描述：下图所示的销售数据都放在了同一单元格中，每个数据以空格隔开，查看比较费力。现在需要将每一个数据分别放在单独的单元格中。

	A
1	姓名 时间 产品名称 单价 数量 销售额
2	朱玲 1月 显示器 1050 50 52500
3	周小刚 1月 显示器 1050 25 26250
4	罗小茗 1月 主板 800 30 24000
5	罗小茗 1月 显示器 1050 40 42000
6	朱玲 1月 主板 800 12 9600
7	周小刚 1月 机箱 100 32 3200
8	汪洋 1月 机箱 100 15 1500
9	汪洋 1月 电源 120 24 2880
10	李小利 1月 电源 120 20 2400
11	陆一明 1月 显示器 1050 32 33600
12	李小利 1月 主板 800 40 32000
13	李小利 1月 机箱 100 50 5000
14	罗小茗 1月 电源 120 30 3600
15	朱玲 1月 显示器 1050 42 44100
16	朱玲 1月 电源 120 25 3000
17	周小刚 1月 机箱 100 34 3400
18	罗小茗 2月 主板 800 15 12000
19	汪洋 2月 显示器 1050 16 16800
20	陆一明 2月 电源 120 18 2160
21	陆一明 2月 主板 800 28 22400
22	罗小茗 2月 显示器 1050 40 42000

A 解决方法：如果想要将数据按分隔符分列为多字段表格，可以通过分列功能快速整理，其具体操作方法如下。

步骤1 打开“员工销售情况.xlsx”素材文件，选中A列，在“数据”选项卡的“数据工具”组中，单击“分列”按钮。

步骤2 在弹出的“文本分列向导 - 第1步，共3步”对话框中选中“分隔符号”单选项，单击“下一步”按钮。

步骤3 在打开的“文本分列向导 - 第2步，共3步”对话框中勾选“空格”复选框，单击“下一步”按钮。

步骤4 在打开的“文本分列向导 - 第3步，共3步”对话框中，在“目标区域”文本框中设置分列后数据放置的位置，单击“完成”按钮。

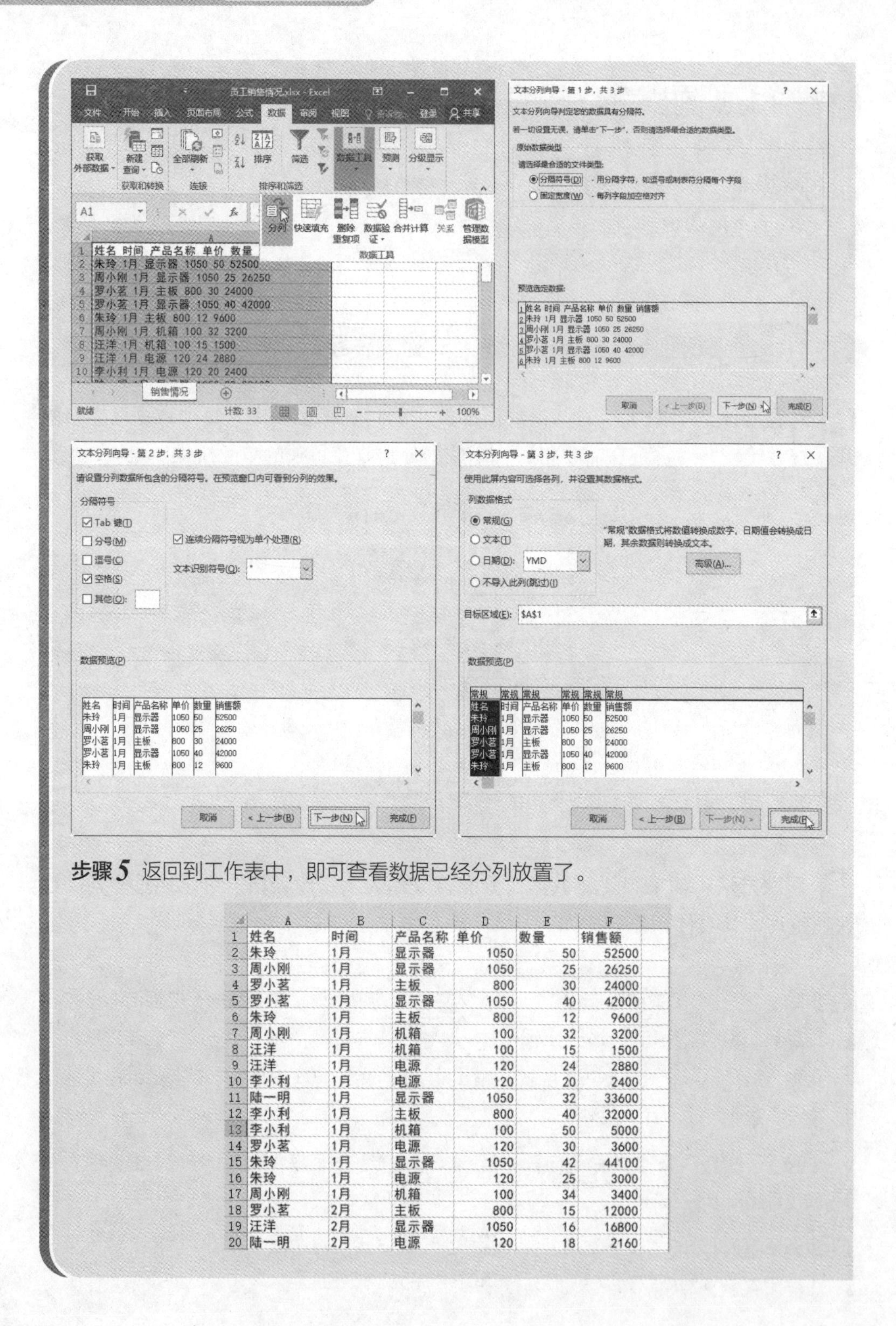

步骤5 返回到工作表中，即可查看数据已经分列放置了。

	A	B	C	D	E	F
1	姓名	时间	产品名称	单价	数量	销售额
2	朱玲	1月	显示器	1050	50	52500
3	周小刚	1月	显示器	1050	25	26250
4	罗小茗	1月	主板	800	30	24000
5	罗小茗	1月	显示器	1050	40	42000
6	朱玲	1月	主板	800	12	9600
7	周小刚	1月	机箱	100	32	3200
8	汪洋	1月	机箱	100	15	1500
9	汪洋	1月	电源	120	24	2880
10	李小利	1月	电源	120	20	2400
11	陆一明	1月	显示器	1050	32	33600
12	李小利	1月	主板	800	40	32000
13	李小利	1月	机箱	100	50	5000
14	罗小茗	1月	电源	120	30	3600
15	朱玲	1月	显示器	1050	42	44100
16	朱玲	1月	电源	120	25	3000
17	周小刚	1月	机箱	100	34	3400
18	罗小茗	2月	主板	800	15	12000
19	汪洋	2月	显示器	1050	16	16800
20	陆一明	2月	电源	120	18	2160

疑难③ 如何将数据源中的行/列转置

问题描述：在分析数据时，需要将数据源中行/列的数据进行转置。

解决方法：将表格中的数据进行行/列转置，具体操作方法如下。

步骤1 打开“员工培训成绩表.xlsx”素材文件，选中所有数据单元格区域，在“开始”选项卡的“剪贴板”组中单击“复制”按钮。

步骤2 切换到“Sheet2”工作表，单击“粘贴”下拉按钮，在弹出的下拉列表中执行“转置”命令。

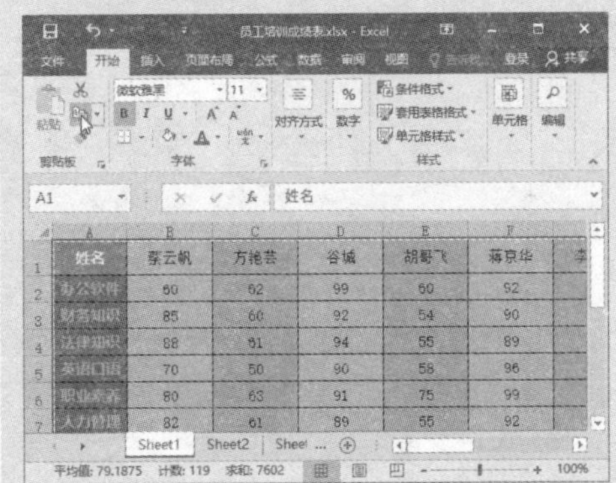

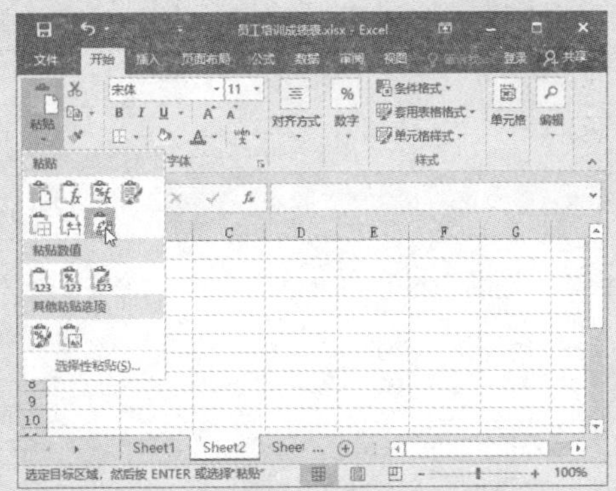

步骤3 操作完成后，即可发现工作表中的数据已经行列转置了。

	A	B	C	D	E	F	G
1	姓名	办公软件	财务知识	法律知识	英语口语	职业素养	人力管理
2	蔡云帆	60	85	88	70	80	82
3	方艳芸	62	60	61	50	63	61
4	谷城	99	92	94	90	91	89
5	胡哥飞	60	54	55	58	75	55
6	蒋京华	92	90	89	96	99	92
7	李哲明	83	89	96	89	75	90
8	龙泽苑	83	89	96	89	75	90
9	詹姆斯	70	72	60	95	84	90
10	刘畅	60	85	88	70	80	82
11	姚凝香	99	92	94	90	91	89
12	汤家桥	87	84	95	87	78	85
13	唐萌梦	70	72	60	95	84	90
14	赵飞	60	54	55	58	75	55
15	夏侯铭	92	90	89	96	99	92
16	周玲	87	84	95	87	78	85
17	周宇	62	60	61	50	63	61

第2章

创建数据透视表

我们已经认识到了数据透视表的“真面目”，了解了数据透视表的基本结构和相关术语，学会了如何快速整理用于创建数据透视表的数据源。接下来，就要学习如何创建一个数据透视表，以及如何打造适用的“数据透视表工具”选项卡组。

本章导读：

- 快速创建数据透视表
- 打造适用的“数据透视表工具”选项卡组
- 设置数据透视表的字段列表

2.1 快速创建数据透视表

在 Excel 中整理好数据源之后，如果没有特殊要求，通过功能区的相应命令按钮，几乎一步就可以完成数据透视表的创建工作。

2.1.1 创建基本的数据透视表

下面介绍快速创建没有特殊要求的数据透视表的具体操作方法。

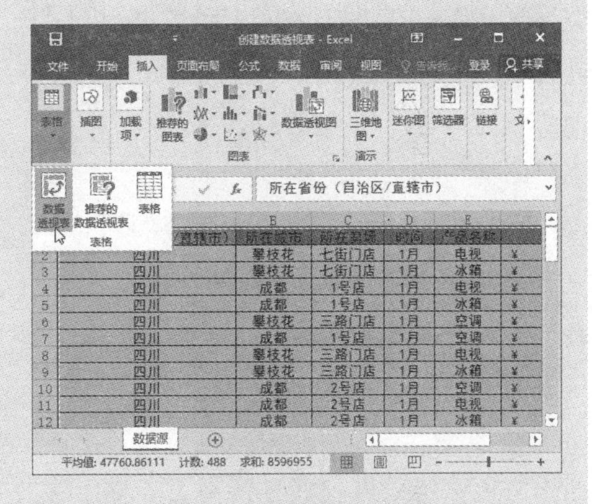

步骤 1 打开“创建数据透视表.xlsx”素材文件，选中要作为数据透视表数据源的单元格区域，切换到“插入”选项卡，在“表格”组中单击“数据透视表”按钮。

步骤 2 弹出“创建数据透视表”对话框，此时在“请选择要分析的数据”栏中系统默认选中“选择一个表或区域”单选项，且在“表/区域”参数框中默认选中相应的单元格区域。在“选择放置数据透视表的位置”栏中根据需要进行选择，如选中“新工作表”单选项，完成后单击“确定”按钮。

步骤 3 工作簿中将新建一个工作表，并将创建的空白数据透视表置于其中。

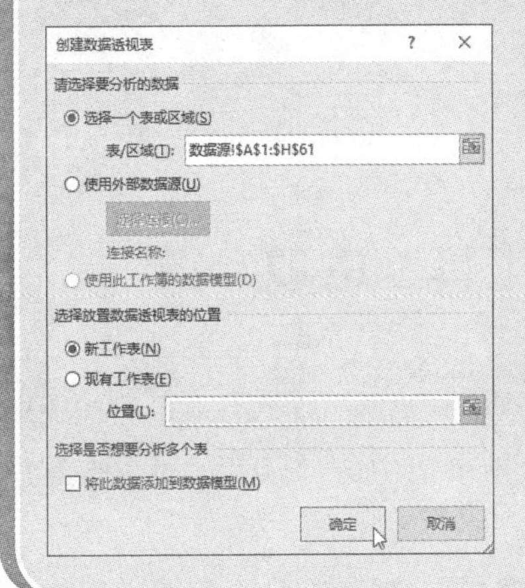

提示：如果在“创建数据透视表”对话框中选中“现有工作表”单选项，然后设置存放数据透视表的位置，则可将创建的数据透视表显示在指定的工作表中。

2.1.2 让Excel自动布局数据透视表中的字段

在默认情况下，通过上述方法创建的是一个没有添加任何字段的空白数据透视表。要使数据透视表中显示出数据，并按照需求对数据进行排序、筛选和分类汇总等处理，就需要在“数据透视表字段”窗格中进行相应的操作。

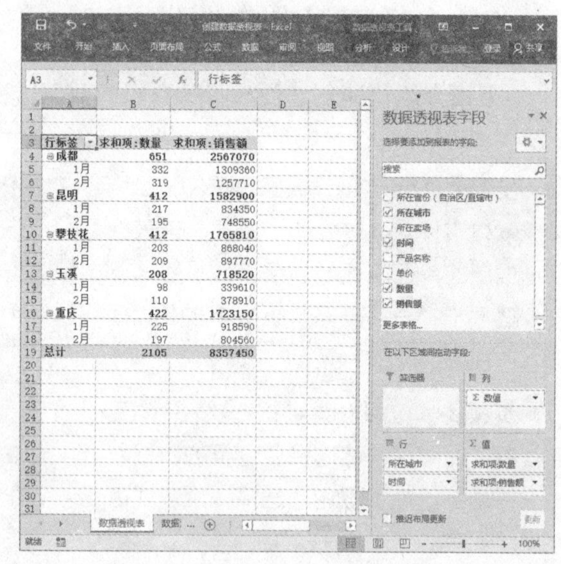

在日常工作中，很多时候我们只需要制作一张最基本的数据透视表，而没有其他特殊要求，此时，只需在“数据透视表字段”窗格中勾选需要的字段即可，Excel会自动将所选字段安排到数据透视表的相应区域中。

提示：在默认情况下，将光标定位到创建的数据透视表中，Excel就会显示出“数据透视表字段”窗格。如果没有显示，可以先将光标继续定位在数据透视表中，然后切换到出现的“数据透视表工具/分析”选项卡，在“显示”组中单击“字段列表”按钮即可。

2.2 打造适用的“数据透视表工具”选项卡组

在创建数据透视表后，将光标定位到数据透视表中，即可看到Excel的功能区中出现了“数据透视表工具”选项卡组，在该选项卡组中，可以完成对数据透视表的各种相关操作。

为了满足个人的工作需要，我们还可以对“数据透视表工具”选项卡组进行一些自定义设置，打造属于自己的工作环境。

2.2.1 认识“数据透视表工具/分析”选项卡

在创建数据透视表后，Excel的功能区中将显示出“数据透视表工具/分析”选项卡，通过该选项卡，可以对数据透视表进行调整图片颜色、设置图片样式和设置环绕方式等操作。

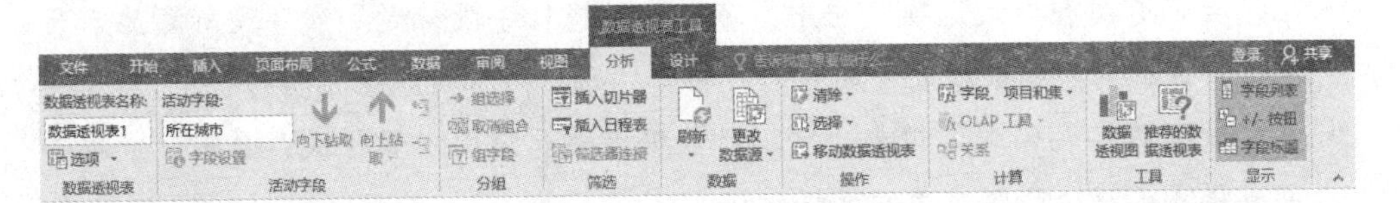

- 在“数据透视表”组中，可以调出“数据透视表选项”对话框；设置分页显示报表筛选页；调用数据透视表函数GetPivotData。
- 在“活动字段”组中，可以对活动字段进行展开和折叠操作；调出“字段设置”对话框进行相关设置。
- 在“分组”组中，可以对数据透视表进行手动分组的操作；取消数据透视表中存在的组合项；对日期或数字字段进行自动组合。
- 在“筛选”组中，可以对所选内容进行升序和降序操作；调出“排序”对话框进行相关设置；调出“切片器”对话框使用切片器功能。
- 在“数据”组中，可以进行刷新数据透视表和更改数据透视表数据源的操作。
- 在“操作”组中，可以清除数据透视表字段和设置的报表筛选；选择数据透视表中的数据；改变数据透视表在工作簿中的放置位置。
- 在“计算”组中，可以设置数据透视表数据区域字段的值的汇总方式和显示方式；插入计算字段、计算项和集管理。
- 在“工具”组中，可以创建数据透视图；调出“推荐的数据透视表”对话框，选择创建系统推荐的数据透视表。
- 在“显示”组中，可以开启或关闭“数据透视表字段列表”对话框；展开或折叠数据透视表中的项目；设置显示或隐藏数据透视表行、列的字段标题。

2.2.2 认识“数据透视表工具/设计”选项卡

在创建数据透视表后，Excel的功能区会显示出“数据透视表工具/设计”选项卡，通过该选项卡，可以对数据透视表进行布局设置，以及设置数据透视表样式等。

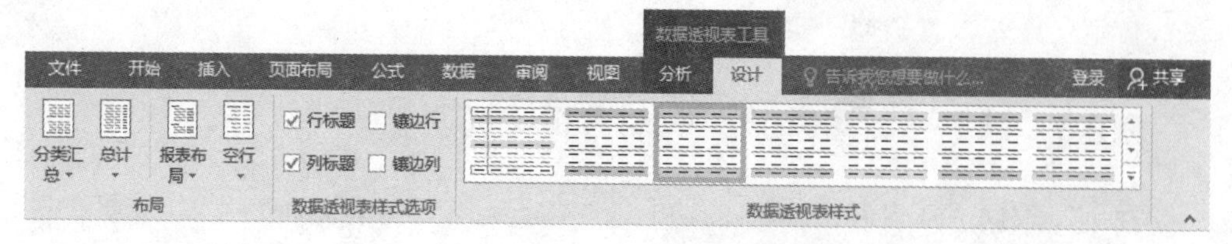

➤ 在“布局”组中，可以设置分类汇总的显示位置或将其关闭；开启或关闭行和列的总计；设置数据透视表的显示方式；在每个项目后插入或删除空行。

➤ 在“数据透视表样式选项”组中，可以设置将行字段标题和列字段标题显示为特殊样式；对数据透视表中的奇偶行和奇偶列应用不同颜色相间的样式。

➤ 在“数据透视表样式”组中，可以对数据透视表应用内置样式；自定义数据透视表样式；清除已经应用的数据透视表样式。

2.2.3 自定义适用的“数据透视表工具”选项卡组

在Excel功能区的各个选项卡组中，集中了绝大部分的命令按钮。因此，为了让Excel使用起来更“顺手”，我们可以通过改造功能区来打造属于自己的Excel。

1.“自定义功能区”选项卡

以自定义“数据透视表工具”选项卡组为例，切换到“文件”选项卡，执行“选项”命令，打开“Excel 选项”对话框，在“自定义功能区”选项卡中即可对功能区进行各种个性化的设置。

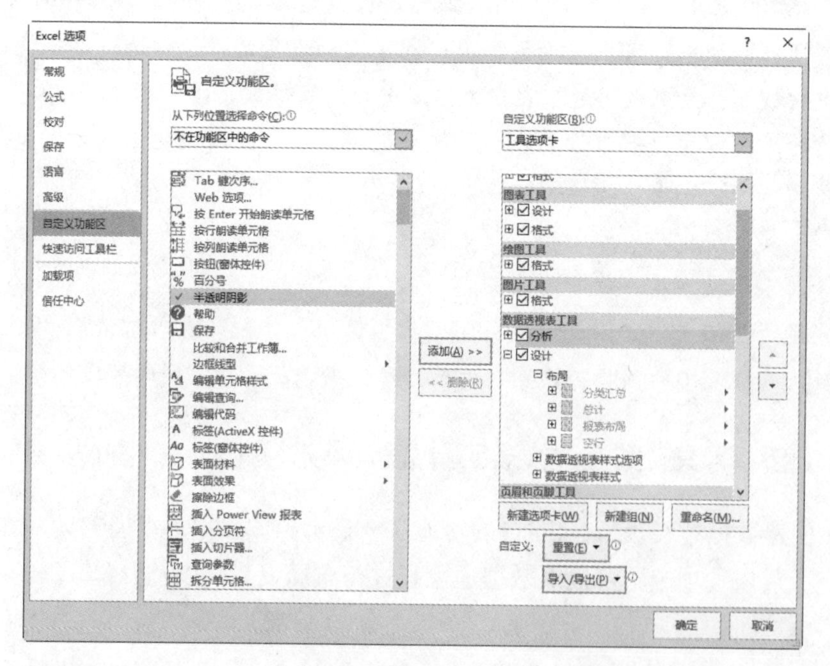

提示：“数据透视表工具”选项卡组不属于主选项卡，因此在“Excel 选项”对话框的“自定义功能区”选项卡中，需要在右侧的“自定义功能区”下拉列表中选择“所有选项卡”或“工具选项卡”选项，才能在下方对应的列表中显示出“数据透视表工具”选项卡组。

- 显示与隐藏选项卡。在右侧的“自定义功能区”列表框中勾选或取消勾选“分析”或“设计”复选框，即可设置在Excel的功能区中显示或隐藏该选项卡。
- 新建选项卡或组。单击“自定义功能区”列表框底部的“新建选项卡”按钮，可以创建自定义选项卡；选中要添加新建组的选项卡，如“数据透视表工具/分析”选项卡，然后单击“新建组”按钮，即可在该选项卡中创建自定义组。
- 重命名选项卡或组。在“自定义功能区”列表框中选中要重命名的选项卡或组，单击“自定义功能区”列表框底部的“重命名”按钮，即可进行重命名操作。
- 调整选项卡或组的位置。在“自定义功能区”列表框中选中需要移动位置的选项卡或组，使用鼠标左键按住不放将其拖动到适当位置，释放鼠标左键，即可调整所选选项卡在功能区中的位置，或者所选组在选项卡中的位置。
- 添加命令按钮。在右侧的“自定义功能区”列表框中，选中要添加命令按钮的选项卡，如“数据透视表工具/分析”选项卡，在其中创建自定义组并选中，然后在左侧的“从下列位置选择命令”下拉列表中选择命令按钮所在位置，如“不在功能区中的命令”选项，然后在下方对应的列表框中选中要添加的命令按钮，单击“添加”按钮，即可将其添加到所选选项卡的选项组中。
- 删除命令按钮。在右侧的“自定义功能区”列表框中，选中要删除的命令按钮，单击“删除”按钮，即可将其删除。

注意：在功能区中添加的命令按钮，只能添加到创建的自定义组中。此外，功能区选项卡中默认存在的命令按钮，无法使用“删除”按钮进行删除，但可以选中命令按钮所在组，单击“删除”按钮，删除整个选项组。

2. 导入与导出配置

设置好选项卡之后，如果想要保留选项卡的各项设置，并在其他计算机或重新安装Microsoft Office 2016程序后仍然保持之前的选项卡设置，可以通过导出和导入相关配置来实现。以导出配置为例，步骤如下。

步骤1 打开“Excel选项”对话框，在“自定义功能区”选项卡中单击右下方的“导入/导出”按钮，在打开的下拉列表中执行“导出所有自定义设置”命令。

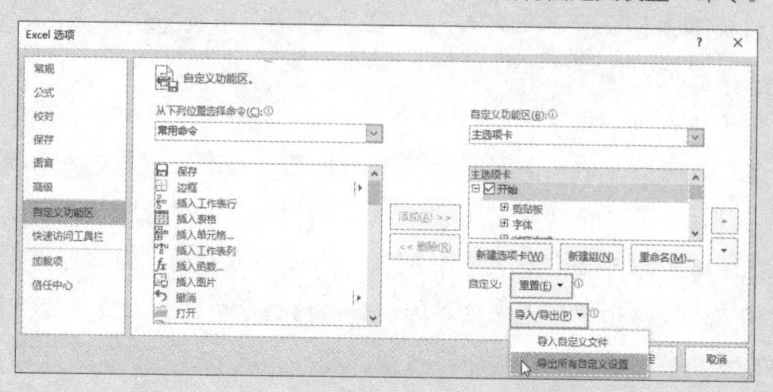

步骤2 弹出“保存文件”对话框，设置文件的保存路径和文件名称，然后单击“保存”按钮即可完成导出。

提示：如果想要导入配置，可以参考导出的操作方法，在打开的下拉列表中执行“导入自定义文件”命令，然后定位到配置文件的存放路径，选择文件导入即可。

2.3 设置数据透视表的字段列表

“数据透视表字段”窗格中清晰地反映了数据透视表的结构，使用数据透视表字段列表，可以轻松地添加、删除和移动字段。

2.3.1 隐藏和显示数据透视表字段列表

默认情况下，创建数据透视表后单击数据透视表区域中的任意单元格，即可显示出“数据透视表字段”窗格，如果需要隐藏该窗格，主要有两种方法。

- **方法1**：选中数据透视表区域中的任意单元格，切换“数据透视表工具/分析”选项卡，单击“显示”组中的“字段列表”按钮，即可隐藏“数据透视表字段”窗格。
- **方法2**：使用鼠标右键单击数据透视表区域中任意单元格，在弹出的快捷菜单中执行“隐藏字段列表”命令，即可隐藏“数据透视表字段”窗格，再次打开快捷菜单，执行“显示字段列表”命令，即可显示窗格。

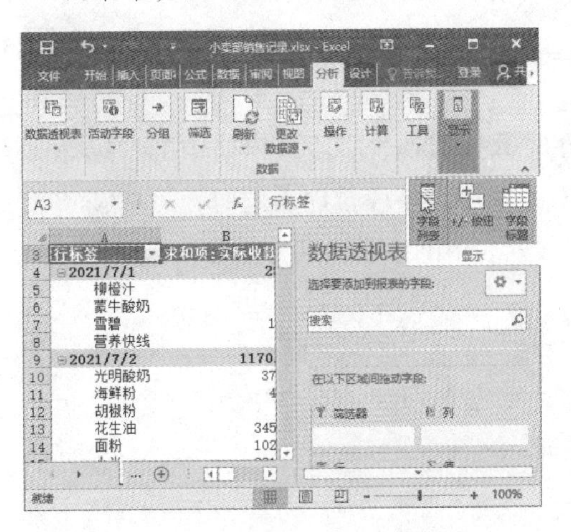

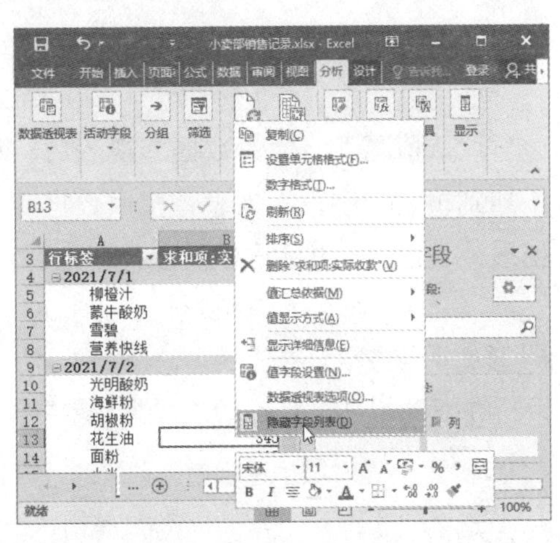

技巧：隐藏“数据透视表字段”窗格后，再次单击“字段列表”按钮，或者再次打开快捷菜单，执行“显示字段列表”命令，即可重新显示窗格。

2.3.2 在数据透视表字段列表中显示更多的字段

在Excel中创建数据透视表后，如果数据源的字段过多，默认情况下在“数据透视表字段”窗格中将无法一次显示出所有字段，需要向下拉动以便查看。此时，可以更改“数据透视表字段”窗格的显示模式，使其能够显示更多的字段，具体操作方法如下。

步骤1 在“数据透视表字段”窗格中单击“工具”下拉按钮，然后在打开的下拉列表中执行“字段节和区域节并排”命令。

步骤2 操作完成后，即可在“数据透视表字段”窗格中显示出更多的字段名。

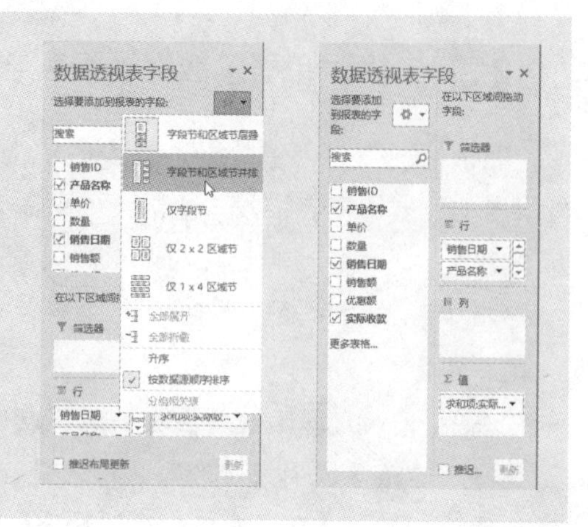

2.3.3 升序排列字段列表中的字段

默认情况下，创建数据透视表后，在“数据透视表字段”窗格中的“选择要添加到报表的字段”列表将按照数据源中的顺序为字段排序。此时，可以在“数据透视表选项”对话框中设置升序排列字段列表中的字段，其方法如下。

步骤1 打开“小卖部销售记录1.xlsx”素材文件，使用鼠标右键单击数据透视表区域中任意单元格，在弹出的快捷菜单中执行“数据透视表选项”命令。

步骤2 弹出“数据透视表选项”对话框，切换到“显示”选项卡，在“字段列表”栏中选中“升序”单选项，然后单击“确定”按钮，即可使字段列表中的字段按照升序排列。

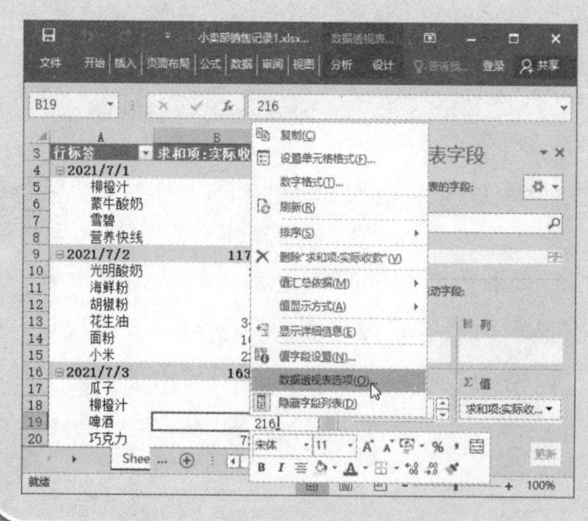

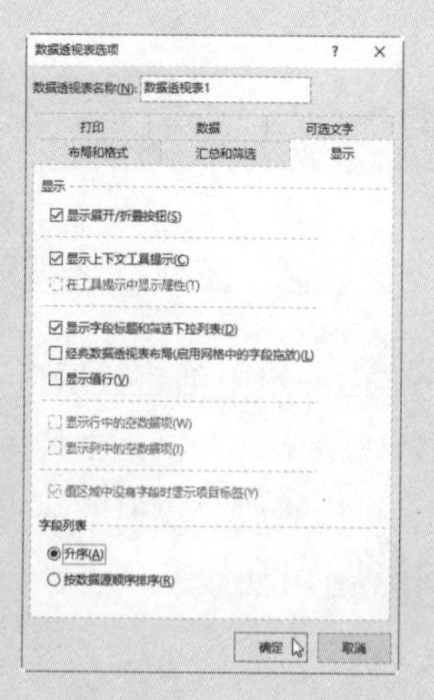

2.4 大师点拨

疑难1 如何创建多条件汇总的数据透视表

问题描述：下图所示为某小卖部7月上旬的销售记录，现在需要汇总每天各种商品的实际收款金额，应该如何创建涉及多个条件汇总的数据透视表呢？

销售ID	产品名称	单价	数量	销售日期	销售额	优惠额	实际收款
4	蒙牛酸奶	8	3	2021/7/1	24		24
3	营养快线	4.5	10	2021/7/1	45		45
1	柳橙汁	5.8	15	2021/7/1	87		87
2	雪碧	6.5	20	2021/7/1	130		130
6	胡椒粉	3.8	9	2021/7/2	34.2	0.2	34
5	光明酸奶	7.5	5	2021/7/2	37.5		37.5
7	面粉	12.8	8	2021/7/2	102.4		102.4
9	小米	15.8	14	2021/7/2	221.2		221.2
8	花生油	28.8	12	2021/7/2	345.6		345.6
10	海鲜粉	21.5	20	2021/7/2	430		430
15	柳橙汁	5.8	15	2021/7/3	87		87
16	雪碧	6.5	18	2021/7/3	117	2.5	114.5
11	玉米片	12.8	12	2021/7/3	153.6		153.6
14	啤酒	5.4	40	2021/7/3	216		216
12	瓜子	9.8	35	2021/7/3	343		343
13	巧克力	36.8	20	2021/7/3	736	12.5	723.5
20	胡椒粉	3.8	14	2021/7/4	53.2		53.2
17	营养快线	4.5	25	2021/7/4	112.5	3.2	109.3
21	面粉	12.8	19	2021/7/4	243.2		243.2
19	光明酸奶	7.5	52	2021/7/4	390		390
18	蒙牛酸奶	8	60	2021/7/4	480		480
22	花生油	28.8	18	2021/7/4	518.4	21.2	497.2
31	营养快线	4.5	10	2021/7/5	45		45
34	胡椒粉	3.8	12	2021/7/5	45.6		45.6
29	柳橙汁	5.8	20	2021/7/5	116	1.8	114.2

销售记录

解决方法：根据数据源创建数据透视表后，在“数据透视表字段”窗格中按顺序勾选需要的字段，若系统自动生成的数据报表不能满足需要，可使用鼠标将字段拖动到相应的区域或拖动调整字段顺序，使数据透视表的布局按照要求设置，其具体操作方法如下。

步骤1 打开“小卖部销售记录.xlsx”素材文件，选中任意数据单元格，切换到“插入”选项卡，单击“表格”组中的“数据透视表”按钮。

步骤2 在弹出的“创建数据透视表”对话框中选中“新工作表”单选项，单击“确定”按钮。

步骤3 系统将自动创建一个空白的数据透视表，在“数据透视表字段”窗格中依次勾选“产品名称”“销售日期”“实际收款”字段即可。

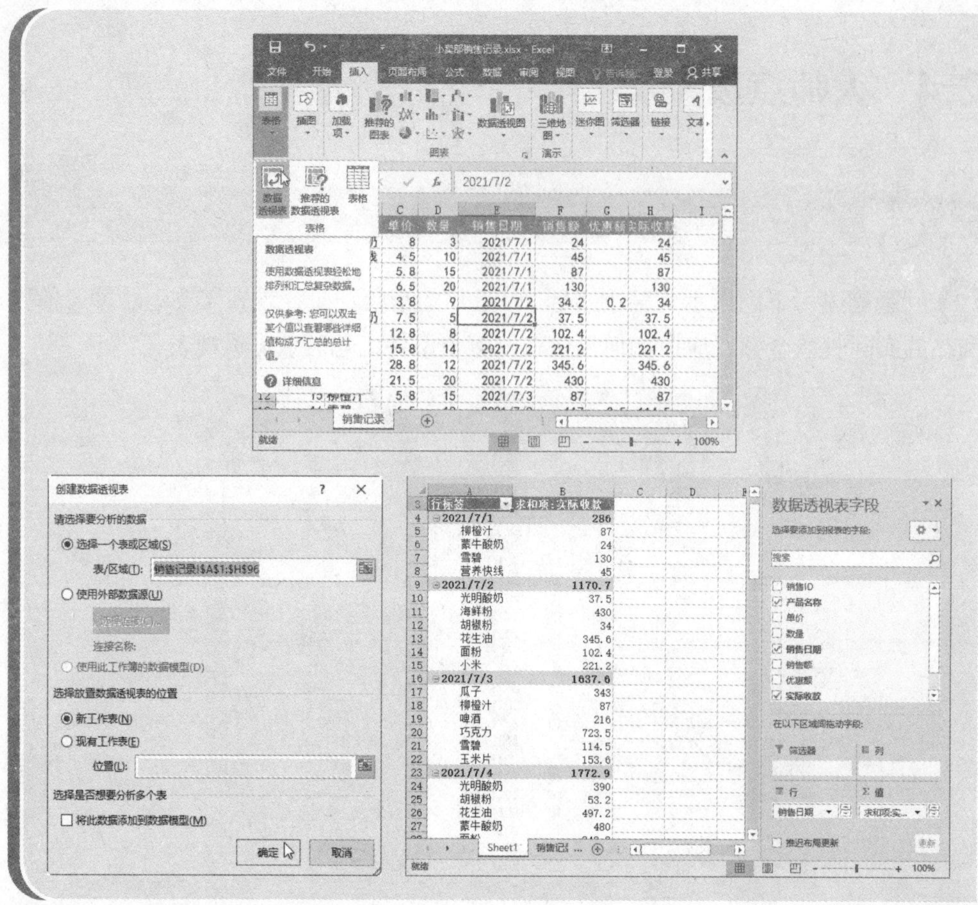

疑难❷ 如何隐藏数据透视表行字段中的“+/–”按钮

问题描述：默认情况下，创建数据透视表后，可以看到数据透视表的行区域中存在“+/–”按钮，该按钮在行字段前，用于展开或折叠该字段的内容。如果觉得不美观，应该如何隐藏“+/–”按钮呢？

解决方法：隐藏数据透视表行字段中的“+/–”按钮，具体的操作方法如下。

步骤 *1* 单击数据透视表区域中任意单元格，切换到出现的“数据透视表工具/分析”选项卡，单击“显示”组中的“+/– 按钮”按钮。

步骤 *2* 操作完成后，即可隐藏行区域中存在的“+/–”按钮。再次单击“+/– 按钮”按钮，可重新显示该按钮。

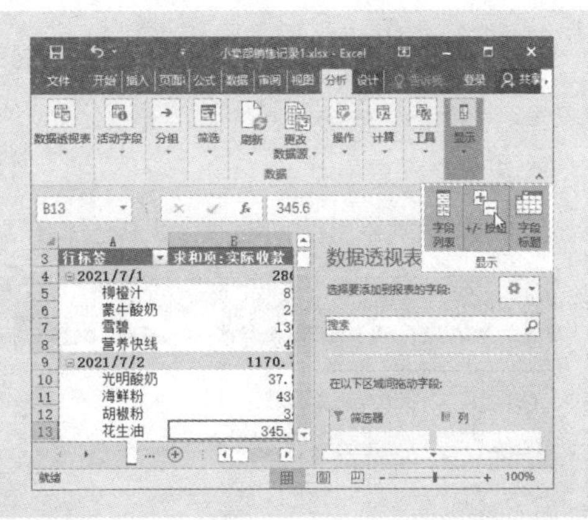

疑难③ 如何得到数据透视表中某个汇总行的明细数据

问题描述：在创建数据透视表后，需要获得某个汇总行的明细数据，该如何操作呢？

解决方法：可以利用“显示详细信息”功能来得到数据透视表中某个汇总行的明细数据。如果未启用该功能，可以在“数据透视表选项”对话框中设置，其方法如下。

步骤1 打开“小卖部销售记录1.xlsx”素材文件，选中数据透视表区域中任意单元格，切换到出现的“数据透视表工具/分析”选项卡，单击“数据透视表”组中的“选项”按钮。

步骤2 弹出“数据透视表选项”对话框，切换到“数据”选项卡，勾选“启用显示明细数据”复选框，然后单击“确定”按钮，可启用显示详细信息的功能。

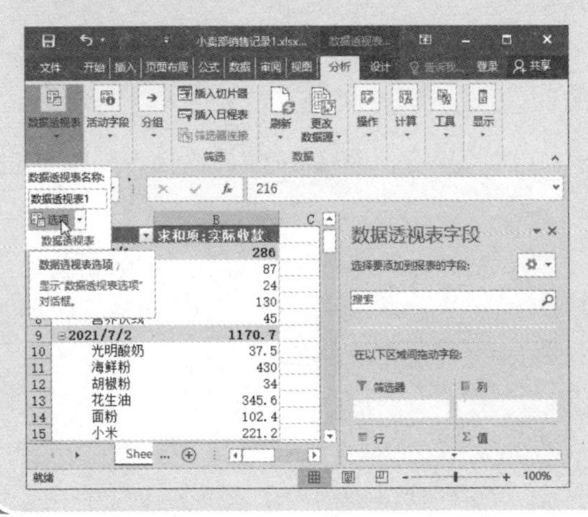

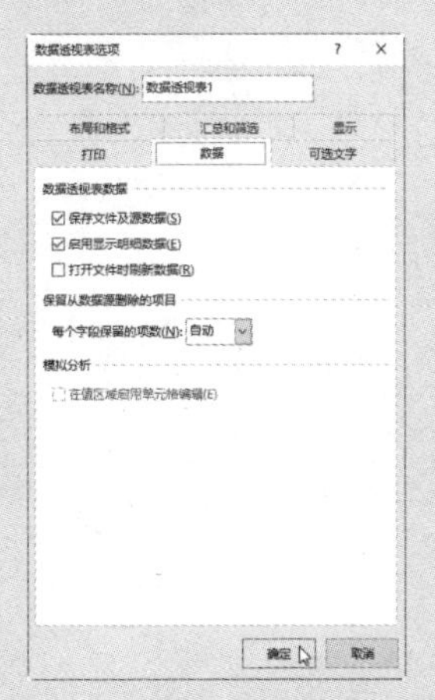

步骤3 在数据透视表中，使用鼠标右键单击需要显示明细数据的汇总行的最后一个单元格，如右键单击B9单元格，然后在弹出的快捷菜单中执行“显示详细信息”命令。

步骤4 系统将自动创建一个工作表，在其中显示了“2021/7/2”的明细数据。

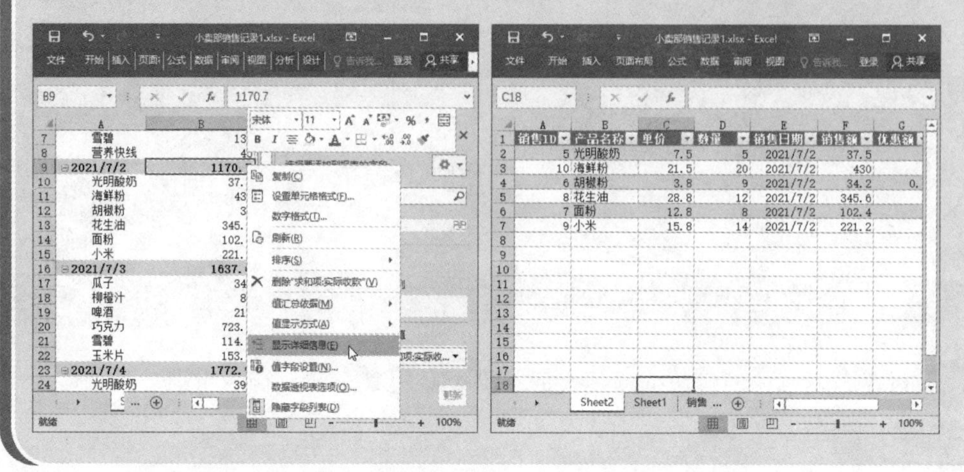

第3章

布局数据透视表

按照基础方法创建的数据透视表，往往不能满足我们的数据分析需求，有时甚至是杂乱无章的。那么该怎么办呢？我们可以通过设置字段和布局，构建出需要的数据报表。因此，我们需要学习一下数据透视表的各种基础操作，以及如何改变数据透视表的布局，如何设置报表格式，如何设置报表筛选区域，以及如何整理字段等相关知识。

本章导读：

- 初步管理数据透视表
- 改变数据透视表的整体布局
- 改变数据透视表的报表格式
- 巧妙设置报表筛选区域
- 整理数据透视表字段

3.1 初步管理数据透视表

在使用数据透视表进行数据分析之前，我们需要先掌握数据透视表的基础操作，对数据透视表进行初步管理，包括选择、重命名、复制、移动和删除数据透视表等。

3.1.1 选择数据透视表

在Excel中，选择数据透视表的主要方法如下。

➤ 选择数据透视表中的字段：选择字段的方法与选择单元格的方法相同，在数据透视表中直接单击需要选择的字段，如“所在城市”即可。

➤ 选择数据透视表字段中的项：在数据透视表中直接单击，即可选中需要选择的字段的项；要选择某字段包含的所有项，可将光标移动到该项所属字段的上方边框处，当光标变为下箭头形状时，单击即可选中该字段包含的所有项。

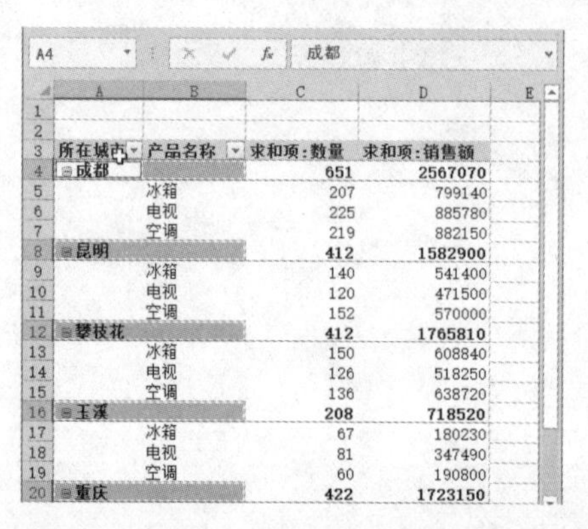

A4 成都

所在城市	产品名称	求和项:数量	求和项:销售额
成都		651	2567070
	冰箱	207	799140
	电视	225	885780
	空调	219	882150
昆明		412	1582900
	冰箱	140	541400
	电视	120	471500
	空调	152	570000
攀枝花		412	1765810
	冰箱	150	608840
	电视	126	518250
	空调	136	638720
玉溪		208	718520
	冰箱	67	180230
	电视	81	347490
	空调	60	190800
重庆		422	1723150

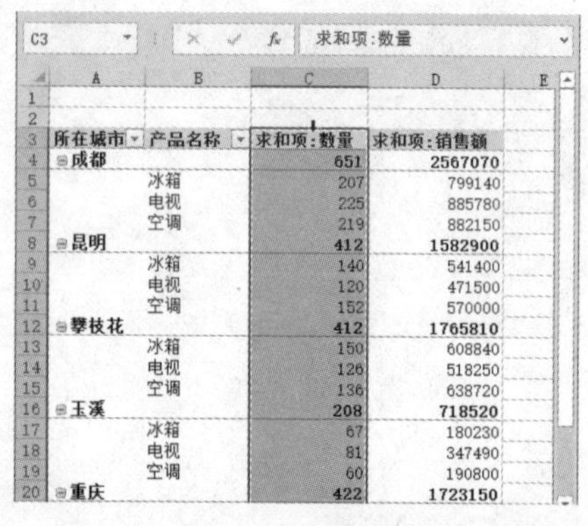

C3 求和项:数量

所在城市	产品名称	求和项:数量	求和项:销售额
成都		651	2567070
	冰箱	207	799140
	电视	225	885780
	空调	219	882150
昆明		412	1582900
	冰箱	140	541400
	电视	120	471500
	空调	152	570000
攀枝花		412	1765810
	冰箱	150	608840
	电视	126	518250
	空调	136	638720
玉溪		208	718520
	冰箱	67	180230
	电视	81	347490
	空调	60	190800
重庆		422	1723150

➤ 选择数据透视表中的项及其相关数据：在数据透视表中可以同时选择项及其相关数据，将光标移动到该项的左侧边框处，当光标变为右箭头形状时，单击即可选中该项及其数据。

➤ 选择整个数据透视表：有时需要复制整个数据透视表，就需要将数据透视表整个选中，与选择Excel工作表中的数据区域相同，在数据透视表中通过鼠标拖动即可选择整个数据透视表；选中数据透视表中任意单元格，在出现的“数据透视表工具/分析”选项卡的“操作”组中，执行“选择”→“整个数据透视表”命令即可。

➤ 选择数据透视表中的单元格：与在Excel中选择单元格的方法相同，通过单击可直接选中一个单元格，拖动鼠标可选择一个连续的单元格区域；在按住“Ctrl”键的同时单击要选择的单元格，可同时选择多个不连续的单元格；单击一个单元格，然后按住“Shift”键再单击另一个单元格，可选中以这两个单元格为区域边界的整个单元格区域。

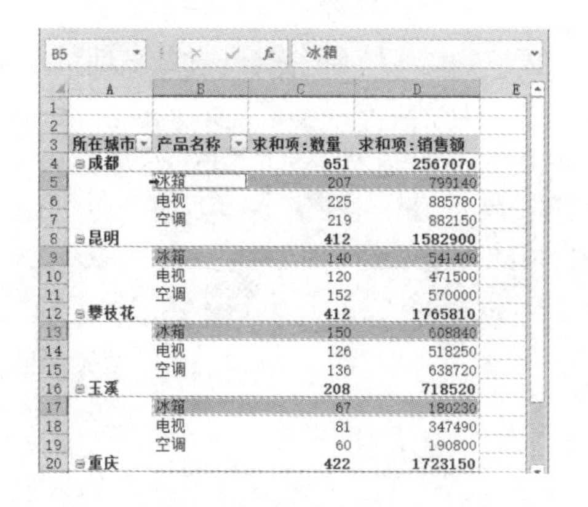

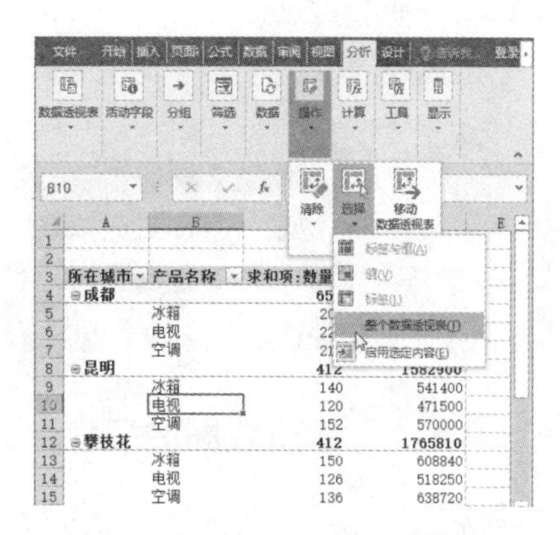

3.1.2　重命名数据透视表

默认情况下，Excel中的数据透视表以“数据透视表1”“数据透视表2”……的形式自动命名。当工作表中存在多个数据透视表，或者用户需要使用VBA来控制数据透视表时，为数据透视表重新命名一个便于区分的名称就变得很有必要了。

在Excel中，重命名数据透视表的方法有以下两种。

➤ 通过功能区重命名数据透视表：选中数据透视表中任意单元格，出现“数据透视表工具/分析”选项卡，在“数据透视表”组的“数据透视表名称”文本框中根据需要输入数据透视表的名称即可。

➤ 通过对话框重命名数据透视表：使用鼠标右键单击数据透视表中的任意单元格，在弹出的快捷菜单中执行“数据透视表选项”命令，打开“数据透视表选项”对话框，在“数据透视表名称”文本框中输入重命名的名称，然后单击“确定”按钮确认设置即可。

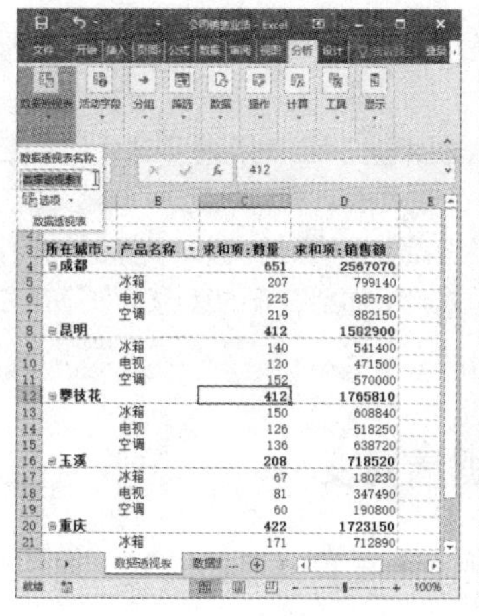

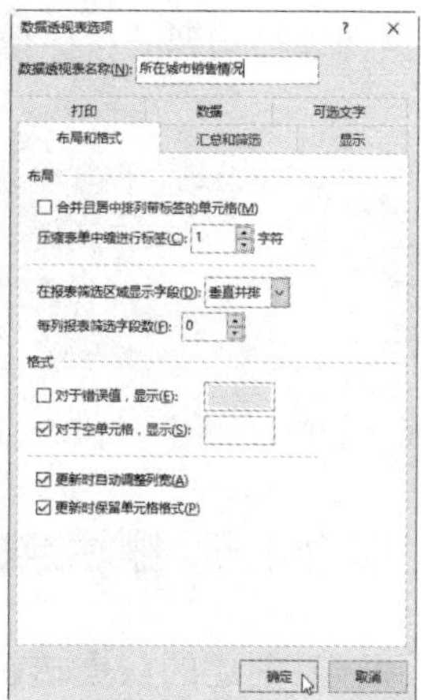

3.1.3 复制数据透视表

在Excel中，复制数据透视表的方法很简单。选中整个数据透视表，然后按“Ctrl+C”组合键进行复制，打开需要放置数据透视表的工作表，在工作表中要放置数据透视表的位置，选中其左上角的单元格，按“Ctrl+V”组合键进行粘贴即可。

技巧：选中整个数据透视表后，单击鼠标右键，在弹出的快捷菜单中选择“复制”选项，然后在工作表中要放置数据透视表的位置单击鼠标右键，并在弹出的快捷菜单中选择“粘贴”选项，也可以复制数据透视表。

3.1.4 移动数据透视表

在Excel中，提供了移动数据透视表的方法。除了可以选中整个数据透视表，按“Ctrl+X”组合键进行剪切，然后选中需要放置数据透视表的位置按“Ctrl+V”组合键进行粘贴，还可以通过功能区的相关功能轻松实现这个操作，避免手动剪切和粘贴过程中可能出现的不必要的失误。

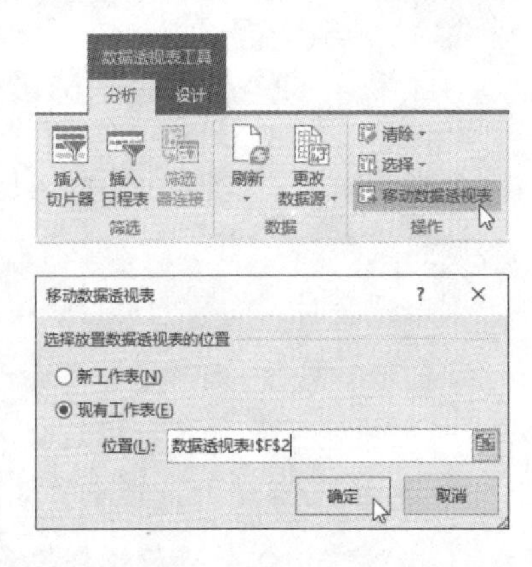

方法：单击要移动的数据透视表中的任意单元格，出现“数据透视表工具/分析”选项卡，在“操作”组中单击“移动数据透视表”按钮，在弹出的“移动数据透视表”对话框中选择要将数据透视表移动到的目标位置，然后单击“确定”按钮即可。

技巧：在“移动数据透视表”对话框中选中“新工作表”单选项，可在当前工作簿中新建一个工作表，并将数据透视表移动到其中；选中“现有工作表”单选项，通过设置单元格引用地址，可将数据透视表移动到当前工作簿的现有工作表中，或者移动到打开的其他工作簿的工作表中。

3.1.5 删除数据透视表

当创建的数据透视表不再被需要的时候，可以将其删除，其方法主要有以下几种。

➤ 删除工作表的同时删除其中的数据透视表：在需要删除单独占据一张工作表的数据透视表时，可以使用鼠标右键单击该工作表标签，在弹出的快捷菜单中执行“删除”命令，在弹出的提示对话框中单击“删除”按钮，即可同时删除不需要的数据透视表和其所属的工作表。

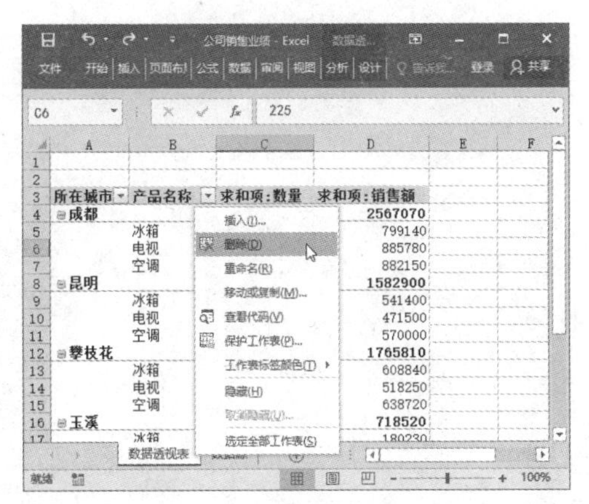

➤ 只删除工作表中的数据透视表：如果只需要删除工作表中的数据透视表，可以选中需要删除的整个数据透视表，在“开始”选项卡的“单元格”组中执行“删除”→“删除单元格”命令，在弹出的“删除”对话框中，根据需要进行选择，然后单击“确定”按钮即可。

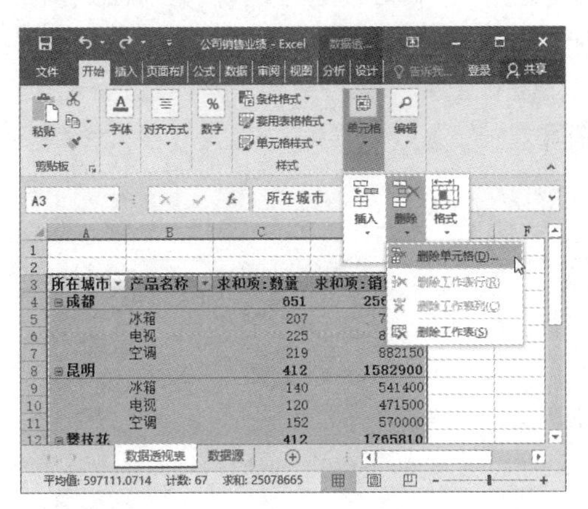

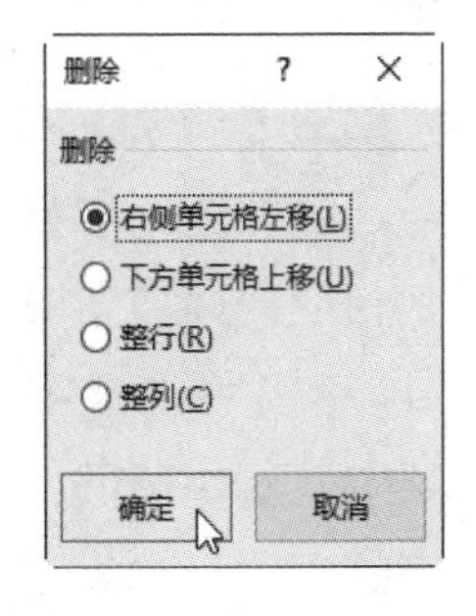

3.2 改变数据透视表的整体布局

在创建数据透视表之后，要想根据数据分析的需要构建出不同角度的报表，就需要改变数据透视表的整体布局。该怎样达成这个目的呢?

我们可以通过在“数据透视表字段”窗格中勾选字段名复选框，或者设置字段到需要的区域来实现。

3.2.1 勾选复选框按默认方式布局

前面在介绍如何创建简单的数据透视表时，我们已经讲过如何让Excel自动布局数据透视表中的字段。

通过在“数据透视表字段”窗格中勾选需要的字段，Excel就会智能化地将所选字段安排到数据透视表的相应区域中，制作出一张最基本的数据透视表。在默认情况下，如果字段中包含的项是文本内容，Excel就会自动将该字段放置到行区域中，如果字段中包含的项是数值，Excel就会自动将该字段放置到值区域中。

因此，用勾选字段名复选框的方法自动布局数据透视表，只能制作简单的报表，因为Excel不会主动将字段添加到报表筛选区域和列标签区域中。

3.2.2 拖动字段自定义布局

在“数据透视表字段”窗格中，通过勾选字段将字段放置到相应的区域中时，Excel会自动按照勾选字段名时的顺序在对应区域中反应出字段的顺序。如果需要调整字段在区域中的顺序，或者需要将字段移动到其他区域中，可以使用鼠标左键拖动字段到目标位置后释放鼠标即可。

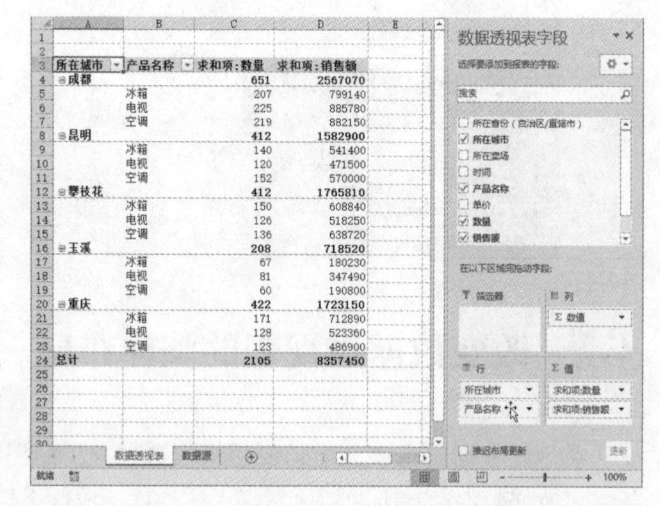

所在城市	产品名称	求和项:数量	求和项:销售额
成都		651	2567070
	冰箱	207	799140
	电视	225	885780
	空调	219	882150
昆明		412	1582900
	冰箱	140	541400
	电视	120	471500
	空调	152	570000
攀枝花		412	1765810
	冰箱	150	608840
	电视	126	518250
	空调	136	638720
玉溪		208	718520
	冰箱	67	180230
	电视	81	347490
	空调	60	190800
重庆		422	1723150
	冰箱	171	712890
	电视	128	523360
	空调	123	486900
总计		2105	8357450

例如，在下面的数据透视表中，行标签区域中原来的“所在城市”字段位于“产品名称”字段之前。

使用鼠标在“数据透视表字段”窗格的行标签区域中拖动“产品名称”字段，放置到“所在城市”字段之前，改变行标签区域中的字段顺序，可以看到数据透视表的相应区域同时发生变化，所得报表的数据分析角度也随之改变了。

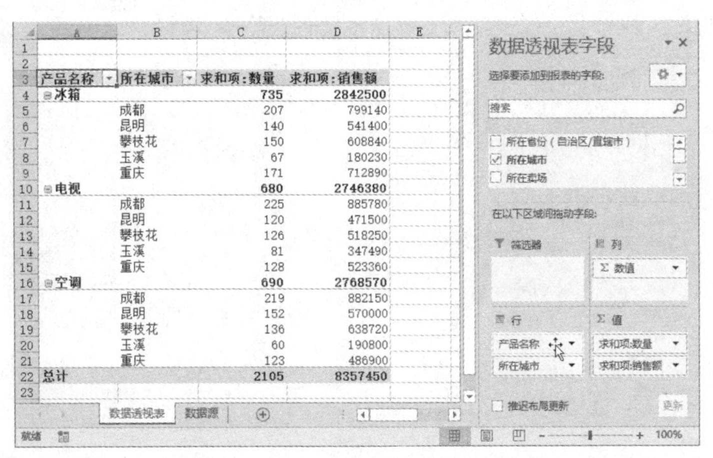

产品名称	所在城市	求和项:数量	求和项:销售额
冰箱		735	2842500
	成都	207	799140
	昆明	140	541400
	攀枝花	150	608840
	玉溪	67	180230
	重庆	171	712890
电视		680	2746380
	成都	225	885780
	昆明	120	471500
	攀枝花	126	518250
	玉溪	81	347490
	重庆	128	523360
空调		690	2768570
	成都	219	882150
	昆明	152	570000
	攀枝花	136	638720
	玉溪	60	190800
	重庆	123	486900
总计		2105	8357450

此外，将行标签区域中的“产品名称”字段拖动到报表筛选区域后，可以看到数据透视表变得更复杂，拥有了报表筛选区域，在其中可以对“产品名称”进行筛选，以完成更多的数据分析工作。

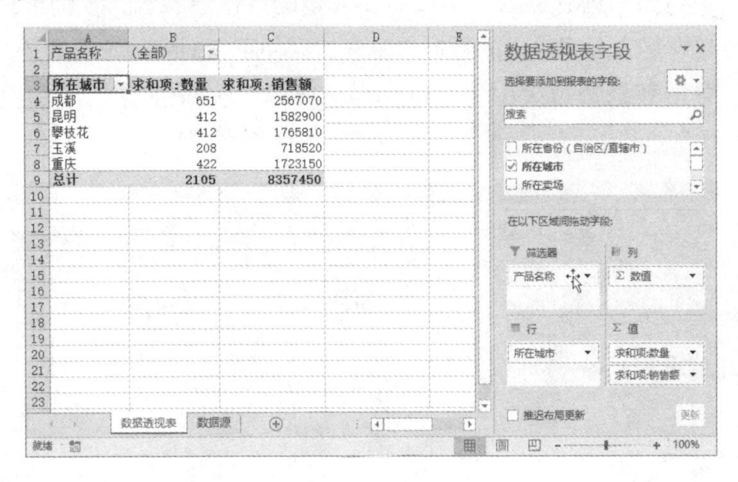

产品名称	(全部)	
所在城市	求和项:数量	求和项:销售额
成都	651	2567070
昆明	412	1582900
攀枝花	412	1765810
玉溪	208	718520
重庆	422	1723150
总计	2105	8357450

3.2.3 通过命令自定义布局

在“数据透视表字段”窗格中，还可以通过快捷菜单和下拉列表中的命令来自定义数据透视表的布局，其实现主要通过以下两种途径。

➤ 在“选择要添加到报表的字段”列表框中，使用鼠标右键单击要设置的字段名，在弹出的快捷菜单中即可根据需要选择相应命令，将该字段添加到对应的数据透视表区域中去，或者将该字段添加到切片器和日程表中。

➤ 在行标签字段等区域中，单击需要设置的字段下拉按钮，在打开的下拉列表中，根据需要选择相应命令，可以调整字段顺序，或者将该字段添加到对应的数据透视表区域中去，还可以打开“字段设置”对话框，进行更多设置。

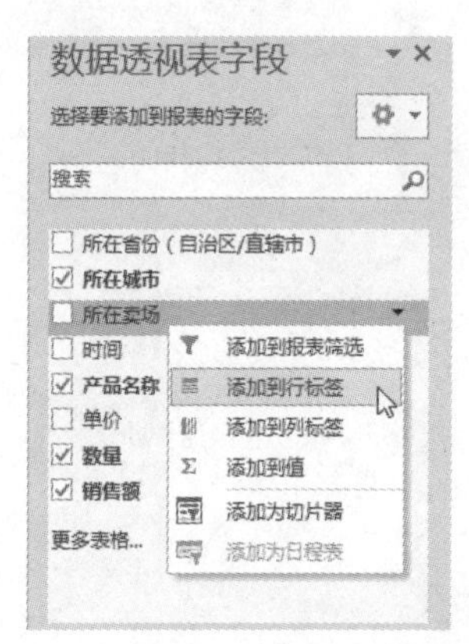

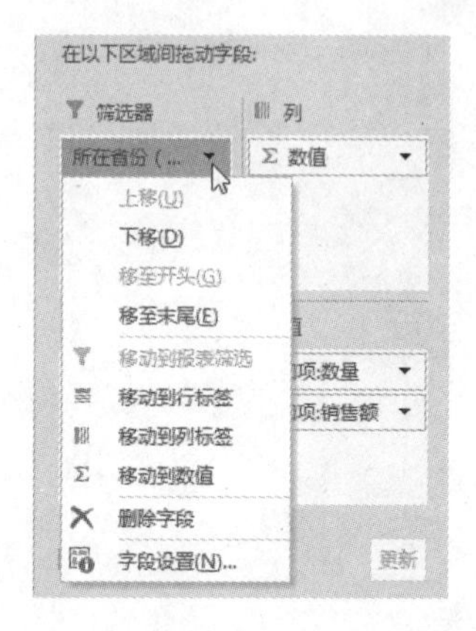

3.2.4 清除布局恢复空白

在工作中，如果遇到有太多字段需要调整的数据透视表，我们可以清除其中的数据，使其恢复为一张空白的数据透视表，以便重新对字段进行布局。

方法：单击数据透视表中任意单元格，出现“数据透视表工具/分析”选项卡，在“操作”组中执行“清除”→“全部清除”命令即可。

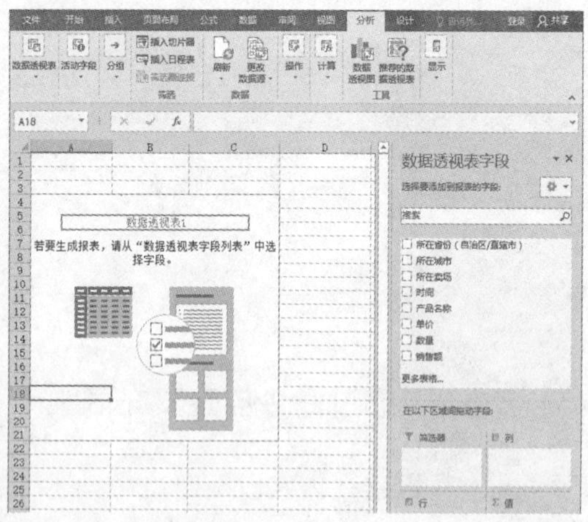

3.3 改变数据透视表的报表格式

为了使生成的报表更容易阅读，我们可以对数据透视表的报表格式进行设置。

下面我们就来学习一下，改变数据透视表的报表布局、改变分类汇总的显示方式，以及设置在每项后插入空行、禁用总计、合并且居中排列带标签的单元格等格式的方法。

3.3.1 改变数据透视表的报表布局

要想改变数据透视表的报表布局，方法很简单。Excel提供了压缩布局、大纲布局和表格布局这3种报表布局形式，以及重复或不重复项目标签这两种显示方式，方便用户根据需要快速设置。

单击数据透视表中任意单元格，出现“数据透视表工具/设计”选项卡，在“布局”组中单击“报表布局”下拉按钮，在打开的下拉列表中可以根据需要选择报表布局及其显示方式。

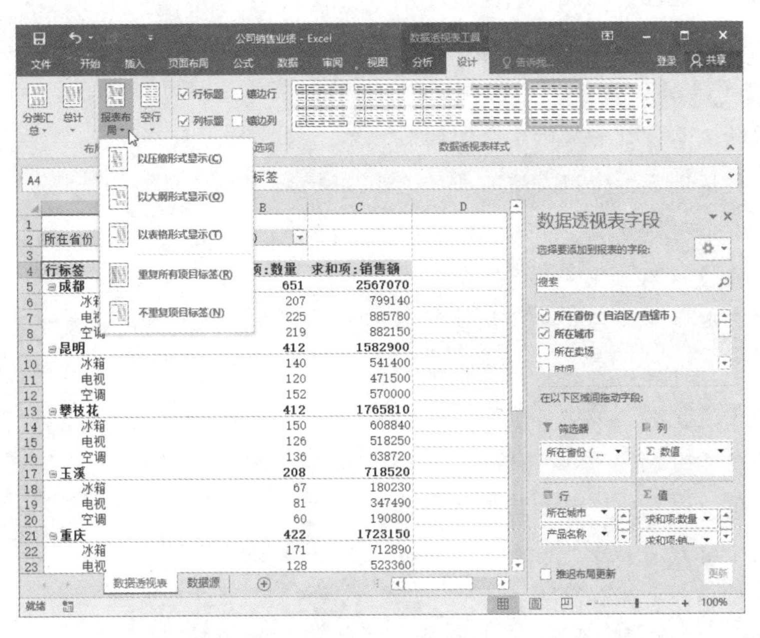

➤ 设置“以压缩形式显示”：数据透视表的所有行字段都将堆积到一列中，可节省横向空间，其缺点是一旦将该数据透视表数值化，转化为普通的表格，因行字段标题都堆积在一列中，将难以进行数据分析。

➤ 设置“以大纲形式显示”：数据透视表的所有行字段都将按顺序从左往右依次排列，该顺序以“数据透视表字段”窗格行标签区域中的字段顺序为依据。如果需要将数据透视表中的数据复制到新的位置或进行其他处理，如将数据透视表数值化，转化为普通表格，使用该形式较合适，其缺点是占用了更多的横向空间。

	A	B	C
1			
2	所在省份（自治区/直辖市）	(全部)	
3			
4	行标签	求和项:数量	求和项:销售额
5	⊟成都	651	2567070
6	冰箱	207	799140
7	电视	225	885780
8	空调	219	882150
9	⊟昆明	412	1582900
10	冰箱	140	541400
11	电视	120	471500
12	空调	152	570000
13	⊟攀枝花	412	1765810
14	冰箱	150	608840
15	电视	126	518250
16	空调	136	638720
17	⊞玉溪	208	718520
18	⊟重庆	422	1723150
19	冰箱	171	712890
20	电视	128	523360
21	空调	123	486900
22	总计	2105	8357450

	A	B	C	D
1				
2	所在省份（自治区/直辖市）	(全部)		
3				
4	所在城市	产品名称	求和项:数量	求和项:销售额
5	⊟成都		651	2567070
6		冰箱	207	799140
7		电视	225	885780
8		空调	219	882150
9	⊟昆明		412	1582900
10		冰箱	140	541400
11		电视	120	471500
12		空调	152	570000
13	⊟攀枝花		412	1765810
14		冰箱	150	608840
15		电视	126	518250
16		空调	136	638720
17	⊞玉溪		208	718520
18	⊟重庆		422	1723150
19		冰箱	171	712890
20		电视	128	523360
21		空调	123	486900
22	总计		2105	8357450

➤ 设置“以表格形式显示”：与大纲布局类似，数据透视表的所有行字段都将按顺序从左往右依次排列，该顺序以“数据透视表字段”窗格行标签区域中的字段顺序为依据。但是每个父子段的汇总值都会显示在每组的底部；多数情况下，使用表格布局能够使数据看上去更直观、清晰。

	A	B	C	D
1				
2	所在省份（自治区/直辖市）	(全部)		
3				
4	所在城市	产品名称	求和项:数量	求和项:销售额
5	⊟成都	冰箱	207	799140
6		电视	225	885780
7		空调	219	882150
8	成都 汇总		651	2567070
9	⊟昆明	冰箱	140	541400
10		电视	120	471500
11		空调	152	570000
12	昆明 汇总		412	1582900
13	⊟攀枝花	冰箱	150	608840
14		电视	126	518250
15		空调	136	638720
16	攀枝花 汇总		412	1765810
17	⊞玉溪		208	718520
18	⊟重庆	冰箱	171	712890
19		电视	128	523360
20		空调	123	486900
21	重庆 汇总		422	1723150
22	总计		2105	8357450

➤ 设置“重复所有项目标签”：在使用大纲布局和表格布局时，选择该显示方式，可以看到数据透视表中自动填充了所有的项目标签，便于将数据透视表进行其他处理，如将数据透视表数值化，转化为普通表格。

➤ 设置“不重复项目标签”：默认情况下，数据透视表的报表布局显示方式是“不重复项目标签”，便于在进行数据分析相关操作时能够更直观、清晰地查看数据；设置“重复所有项目标签”后，选择该命令即可撤销所有重复项目的标签。

	A	B	C	D
1				
2	所在省份（自治区/直辖市）	(全部)		
3				
4	所在城市	产品名称	求和项:数量	求和项:销售额
5	⊟成都	冰箱	207	799140
6	成都	电视	225	885780
7	成都	空调	219	882150
8	成都 汇总		651	2567070
9	⊟昆明	冰箱	140	541400
10	昆明	电视	120	471500
11	昆明	空调	152	570000
12	昆明 汇总		412	1582900
13	⊟攀枝花	冰箱	150	608840
14	攀枝花	电视	126	518250
15	攀枝花	空调	136	638720
16	攀枝花 汇总		412	1765810
17	⊞玉溪		208	718520
18	⊟重庆	冰箱	171	712890
19	重庆	电视	128	523360
20	重庆	空调	123	486900
21	重庆 汇总		422	1723150
22	总计		2105	8357450

注意：如果在“数据透视表选项”对话框的“布局和格式”选项卡中勾选了“合并且居中排列带标签的单元格”复选框，则无法使用“重复所有项目标签”功能。

3.3.2 改变分类汇总的显示方式

在默认情况下，“大纲”和“压缩”布局中，分类汇总会显示在各组的顶部，而在“表格”布局中，分类汇总会显示在各组的底部，如果需要更改分类汇总的显示方式，可以切换到“设计”选项卡，在“布局”组中单击“分类汇总”下拉按钮，在弹出的下拉菜单中即可进行选择。

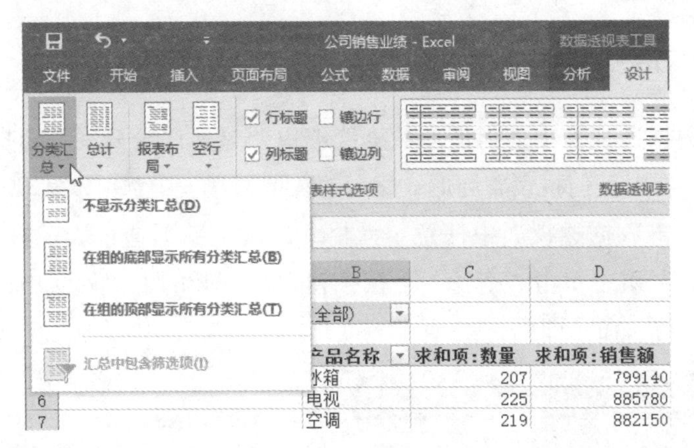

➤“不显示分类汇总”：选择该命令，将不在数据透视表中显示分类汇总。

➤“在组的底部显示所有分类汇总”：选择该命令，数据透视表中的分类汇总将显示在各组的底部。

	A	B	C	D	E
3	求和项:销售额		时间		
4	所在城市	产品名称	1月	2月	总计
5	⊟成都				
6		冰箱	372970	426170	799140
7		电视	433200	452580	885780
8		空调	503190	378960	882150
9	⊟昆明				
10		冰箱	294600	246800	541400
11		电视	235750	235750	471500
12		空调	304000	266000	570000
13	⊟攀枝花				
14		冰箱	292450	316390	608840
15		电视	262500	255750	518250
16		空调	313090	325630	638720
17	⊟玉溪				
18		冰箱	78010	102220	180230
19		电视	163020	184470	347490
20		空调	98580	92220	190800
21	⊟重庆				
22		冰箱	370410	342480	712890
23		电视	261680	261680	523360
24		空调	286500	200400	486900

	A	B	C	D	E
3	求和项:销售额		时间		
4	所在城市	产品名称	1月	2月	总计
5	⊟成都				
6		冰箱	372970	426170	799140
7		电视	433200	452580	885780
8		空调	503190	378960	882150
9	成都 汇总		1309360	1257710	2567070
10	⊟昆明				
11		冰箱	294600	246800	541400
12		电视	235750	235750	471500
13		空调	304000	266000	570000
14	昆明 汇总		834350	748550	1582900
15	⊟攀枝花				
16		冰箱	292450	316390	608840
17		电视	262500	255750	518250
18		空调	313090	325630	638720
19	攀枝花 汇总		868040	897770	1765810
20	⊟玉溪				
21		冰箱	78010	102220	180230
22		电视	163020	184470	347490
23		空调	98580	92220	190800
24	玉溪 汇总		339610	378910	718520

➤ “在组的顶部显示所有分类汇总”：在“大纲”和“压缩”布局中选择该选项，分类汇总将显示在各组顶部，在“表格”布局中，该选项无效。

	A	B	C	D	E
3	求和项:销售额		时间		
4	所在城市	产品名称	1月	2月	总计
5	⊟成都		1309360	1257710	2567070
6		冰箱	372970	426170	799140
7		电视	433200	452580	885780
8		空调	503190	378960	882150
9	⊟昆明		834350	748550	1582900
10		冰箱	294600	246800	541400
11		电视	235750	235750	471500
12		空调	304000	266000	570000
13	⊟攀枝花		868040	897770	1765810
14		冰箱	292450	316390	608840
15		电视	262500	255750	518250
16		空调	313090	325630	638720
17	⊟玉溪		339610	378910	718520
18		冰箱	78010	102220	180230
19		电视	163020	184470	347490
20		空调	98580	92220	190800
21	⊟重庆		918590	804560	1723150
22		冰箱	370410	342480	712890

3.3.3 在每项后插入空行

为了使数据透视表中各组汇总数据能够更明显地区分开来，用户可以在项之间插入空行。在以任何报表布局形式显示的数据透视表中都可以实现这个操作。

方法：单击数据透视表中任意单元格，出现“数据透视表工具/设计”选项卡，在“布局”组中单击“空行”下拉按钮，在打开的下拉列表中执行“在每个项目后插入空行”命令即可。

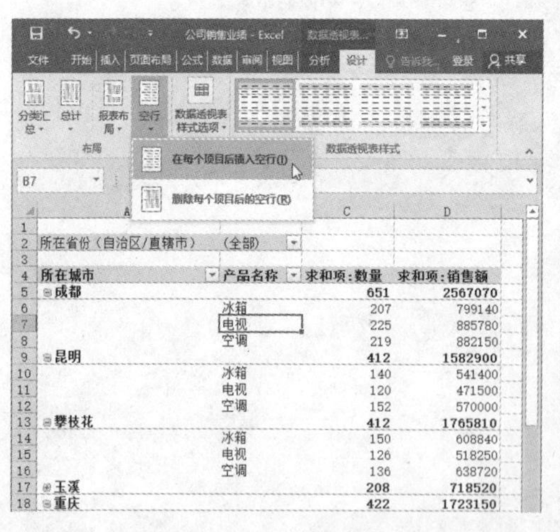

	A	B	C	D
1				
2	所在省份（自治区/直辖市）	（全部）		
3				
4	所在城市	产品名称	求和项:数量	求和项:销售额
5	⊟成都		651	2567070
6		冰箱	207	799140
7		电视	225	885780
8		空调	219	882150
9	⊟昆明		412	1582900
10		冰箱	140	541400
11		电视	120	471500
12		空调	152	570000
13	⊟攀枝花		412	1765810
14		冰箱	150	608840
15		电视	126	518250
16		空调	136	638720
17	⊞玉溪		208	718520
18	⊟重庆		422	1723150

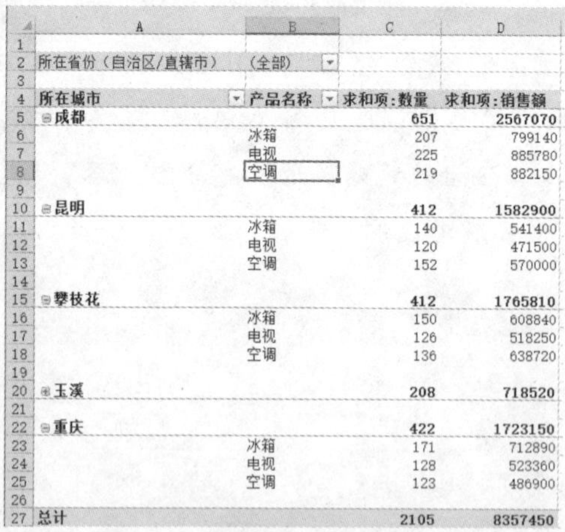

	A	B	C	D
1				
2	所在省份（自治区/直辖市）	（全部）		
3				
4	所在城市	产品名称	求和项:数量	求和项:销售额
5	⊟成都		651	2567070
6		冰箱	207	799140
7		电视	225	885780
8		空调	219	882150
9				
10	⊟昆明		412	1582900
11		冰箱	140	541400
12		电视	120	471500
13		空调	152	570000
14				
15	⊟攀枝花		412	1765810
16		冰箱	150	608840
17		电视	126	518250
18		空调	136	638720
19				
20	⊞玉溪		208	718520
21				
22	⊟重庆		422	1723150
23		冰箱	171	712890
24		电视	128	523360
25		空调	123	486900
26				
27	总计		2105	8357450

提示：在“数据透视表工具/设计”选项卡的“布局”组中执行“空行”→“删除每个项目后的空行”命令，即可删除空行。

3.3.4　总计的禁用与启用

在Excel中，用户可以根据需要设置禁用或启用数据透视表中的总计。

方法：单击数据透视表中任意单元格，出现“数据透视表工具/设计”选项卡，在“布局”组中单击“总计”下拉按钮，在打开的下拉列表中根据需要选择禁用或启用总计的方式即可。

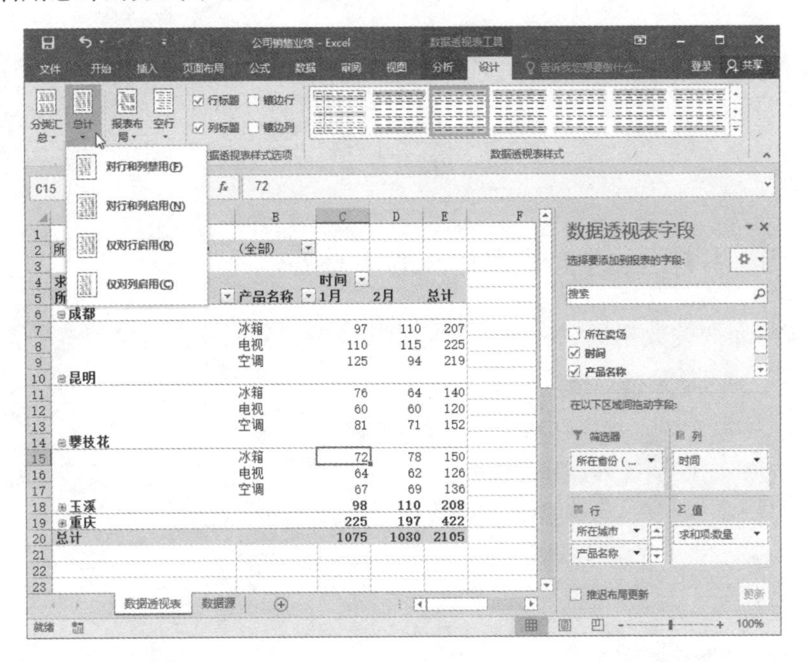

➤ 设置“对行和列禁用”：选择该命令，数据透视表中行和列上的总计行都将被删除。

➤ 设置“对行和列启用”：选择该命令，数据透视表中行和列上的总计行都将被启用，即默认情况下，数据透视表的总计显示方式。

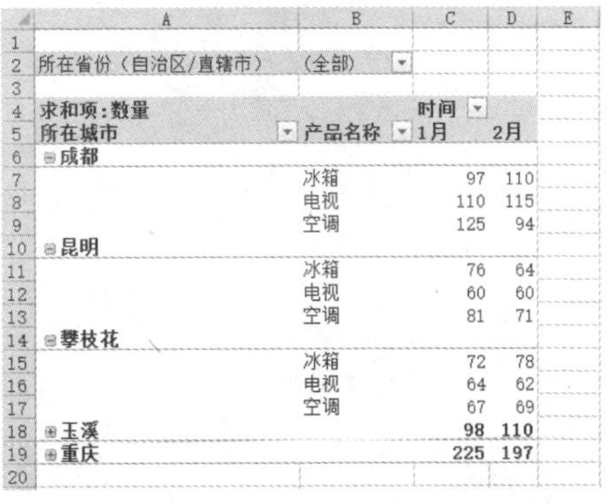

	A	B	C	D	E
1					
2	所在省份（自治区/直辖市）	(全部)			
3					
4	求和项：数量		时间		
5	所在城市	产品名称	1月	2月	
6	⊟成都				
7		冰箱	97	110	
8		电视	110	115	
9		空调	125	94	
10	⊟昆明				
11		冰箱	76	64	
12		电视	60	60	
13		空调	81	71	
14	⊟攀枝花				
15		冰箱	72	78	
16		电视	64	62	
17		空调	67	69	
18	⊞玉溪		98	110	
19	⊞重庆		225	197	
20					

注意：对列进行总计，需要列字段的项为数值型数据，如果没有列字段或列字段的项为文本型数据，则无法显示列总计。

➤ 设置“仅对行启用”：选择该命令，将只对数据透视表中的行字段进行总计。

➤ 设置“仅对列启用”：选择该命令，将只对数据透视表中的列字段进行总计。

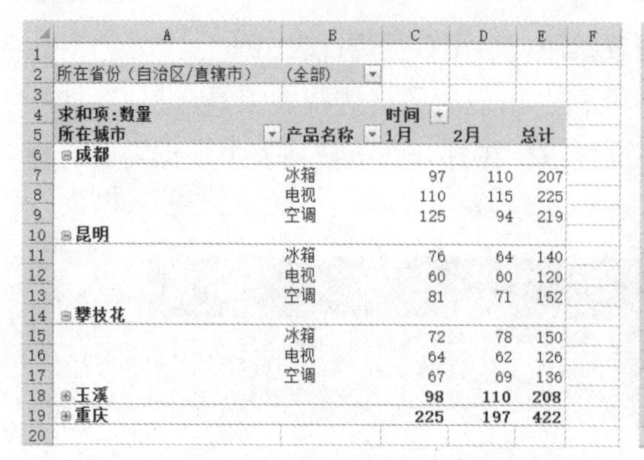

	A	B	C	D	E	F
1						
2	所在省份（自治区/直辖市）	(全部)				
3						
4	求和项:数量		时间			
5	所在城市	产品名称	1月	2月	总计	
6	⊟成都					
7		冰箱	97	110	207	
8		电视	110	115	225	
9		空调	125	94	219	
10	⊟昆明					
11		冰箱	76	64	140	
12		电视	60	60	120	
13		空调	81	71	152	
14	⊟攀枝花					
15		冰箱	72	78	150	
16		电视	64	62	126	
17		空调	67	69	136	
18	⊞玉溪		**98**	**110**	**208**	
19	⊞重庆		**225**	**197**	**422**	
20						

	A	B	C	D	E
1					
2	所在省份（自治区/直辖市）	(全部)			
3					
4	求和项:数量		时间		
5	所在城市	产品名称	1月	2月	
6	⊟成都				
7		冰箱	97	110	
8		电视	110	115	
9		空调	125	94	
10	⊟昆明				
11		冰箱	76	64	
12		电视	60	60	
13		空调	81	71	
14	⊟攀枝花				
15		冰箱	72	78	
16		电视	64	62	
17		空调	67	69	
18	⊞玉溪		**98**	**110**	
19	⊞重庆		**225**	**197**	
20	总计		**1075**	**1030**	
21					

3.3.5 合并且居中排列带标签的单元格

在表格布局的数据透视表中，为了使报表更容易阅读，可以设置“合并且居中排列带标签的单元格”格式，如下图。

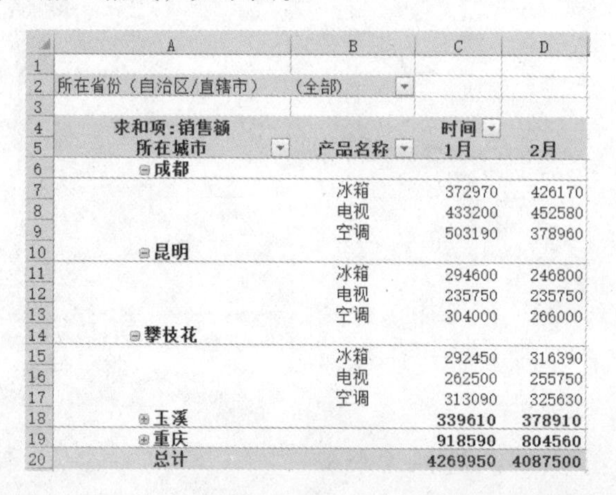

	A	B	C	D
1				
2	所在省份（自治区/直辖市）	(全部)		
3				
4	求和项:销售额		时间	
5	所在城市	产品名称	1月	2月
6	⊟成都			
7		冰箱	372970	426170
8		电视	433200	452580
9		空调	503190	378960
10	⊟昆明			
11		冰箱	294600	246800
12		电视	235750	235750
13		空调	304000	266000
14	⊟攀枝花			
15		冰箱	292450	316390
16		电视	262500	255750
17		空调	313090	325630
18	⊞玉溪		**339610**	**378910**
19	⊞重庆		**918590**	**804560**
20	总计		**4269950**	**4087500**

提示：本设置只适用于“以表格形式显示”报表布局的数据透视表，对于压缩布局和大纲布局的数据透视表，该设置的效果并不明显。

方法：使用鼠标右键单击数据透视表中的任意单元格，在弹出的快捷菜单中执行“数据透视表选项”命令，打开“数据透视表选项”对话框，在“布局和格式”选项卡中勾选“合并且居中排列带标签的单元格”复选框，然后单击“确定”按钮即可。

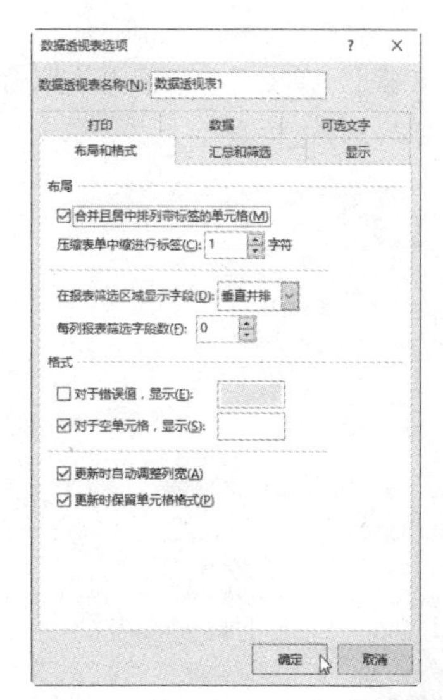

3.3.6 重复显示某字段的项目标签

在大纲布局和表格布局的数据透视表中，执行“报表布局”→“重复显示所有项目标签”命令，将重复显示数据透视表中所有的项目标签，如下图所示。

3	所在省份（自治区	所在城市	所在卖场	数量	销售额
4	⊟四川	⊟成都	1号店	209	821940
5			2号店	255	1006380
6			3号店	187	738750
7		**成都 汇总**		**651**	**2567070**
8		⊟攀枝花	七街门店	193	783410
9			三路门店	219	982400
10		**攀枝花 汇总**		**412**	**1765810**
11	**四川 汇总**			**1063**	**4332880**
12	⊟云南	⊟昆明	两路店	202	773500
13			学府路店	210	809400
14		**昆明 汇总**		**412**	**1582900**
15		⊟玉溪	门店	208	718520
16		**玉溪 汇总**		**208**	**718520**
17	**云南 汇总**			**620**	**2301420**
18	⊟重庆	⊟重庆	1分店	189	751770
19			2分店	233	971380
20		**重庆 汇总**		**422**	**1723150**
21	**重庆 汇总**			**422**	**1723150**
22	**总计**			**2105**	**8357450**

如果只需要重复显示某字段的项目标签，则可以通过“字段设置”对话框，设置重复显示活动字段的项目标签，其方法如下。

步骤 1 打开“公司销售业绩2.xlsx”素材文件，选中要设置重复显示项目标签的字段标题，或者其中某项所在的单元格，如选中B5单元格，可以看到活动字段为“所在城市”，在“数据透视表工具/分析”选项卡的“活动字段”组中单击“字段设置”按钮。

步骤2 弹出“字段设置”对话框，在“布局和打印”选项卡中勾选“重复项目标签”复选框，然后单击“确定”按钮。

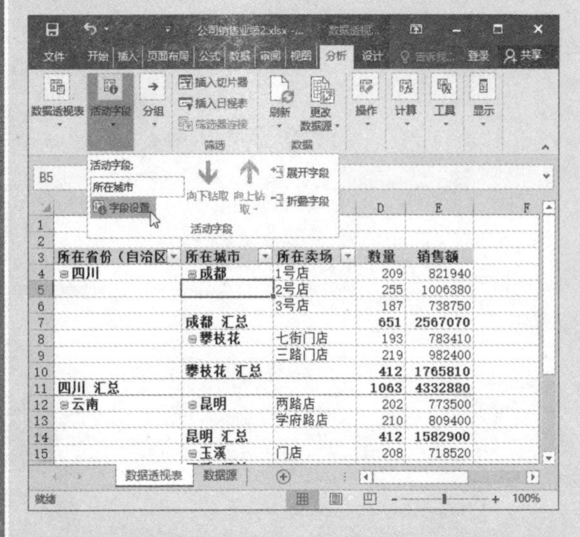

	所在省份（自治区）	所在城市	所在卖场	数量	销售额
3	所在省份（自治区）	所在城市	所在卖场	数量	销售额
4	⊟四川	⊟成都	1号店	209	821940
5			2号店	255	1006380
6			3号店	187	738750
7		成都 汇总		651	2567070
8		⊟攀枝花	七街门店	193	783410
9			三路门店	219	982400
10		攀枝花 汇总		412	1765810
11	四川 汇总			1063	4332880
12	⊟云南	⊟昆明	两路店	202	773500
13			学府路店	210	809400
14		昆明 汇总		412	1582900
15		⊟玉溪	门店	208	718520

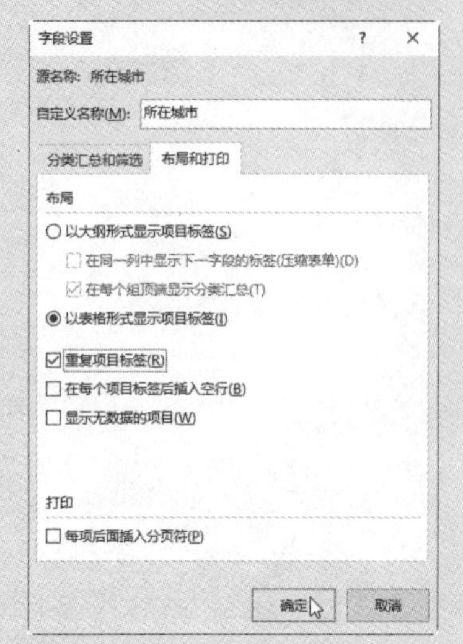

步骤3 返回数据透视表，可以看到设置后的字段重复显示了项目标签，而其他项目标签则保持不变。

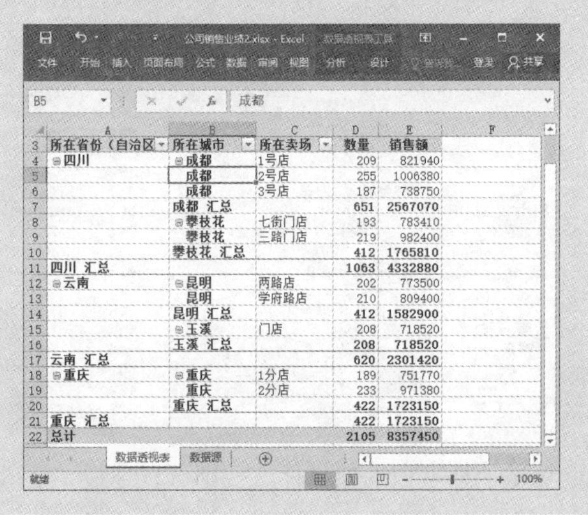

	所在省份（自治区）	所在城市	所在卖场	数量	销售额
4	⊟四川	⊟成都	1号店	209	821940
5		成都	2号店	255	1006380
6		成都	3号店	187	738750
7		成都 汇总		651	2567070
8		⊟攀枝花	七街门店	193	783410
9		攀枝花	三路门店	219	982400
10		攀枝花 汇总		412	1765810
11	四川 汇总			1063	4332880
12	⊟云南	⊟昆明	两路店	202	773500
13		昆明	学府路店	210	809400
14		昆明 汇总		412	1582900
15		⊟玉溪	门店	208	718520
16		玉溪 汇总		208	718520
17	云南 汇总			620	2301420
18	⊟重庆	⊟重庆	1分店	189	751770
19		重庆	2分店	233	971380
20		重庆 汇总		422	1723150
21	重庆 汇总			422	1723150
22	总计			2105	8357450

3.3.7 在指定的数据透视表项目标签后插入空行

在数据透视表中，执行“空行”→“在每个项目后插入空行”命令，将在数据透视表的每个项目后插入空行，如下图所示。

	所在省份（自治区	所在城市	所在卖场	数量	销售额
3	所在省份（自治区	所在城市	所在卖场	数量	销售额
4	⊟四川	⊟成都	1号店	209	821940
5			2号店	255	1006380
6			3号店	187	738750
7		成都 汇总		651	2567070
8					
9		⊟攀枝花	七街门店	193	783410
10			三路门店	219	982400
11		攀枝花 汇总		412	1765810
12					
13	四川 汇总			1063	4332880
14					
15	⊟云南	⊟昆明	两路店	202	773500
16			学府路店	210	809400
17		昆明 汇总		412	1582900
18					
19		⊟玉溪	门店	208	718520
20		玉溪 汇总		208	718520
21					
22	云南 汇总			620	2301420
23					
24	⊟重庆	⊟重庆	1分店	189	751770
25			2分店	233	971380
26		重庆 汇总		422	1723150
27					
28	重庆 汇总			422	1723150
29					
30	总计			2105	8357450

如果只需要在指定的项目标签后插入空行，则可以通过“字段设置”对话框，在活动字段的项目标签后插入空行，其方法如下。

步骤1 打开“公司销售业绩2.xlsx”素材文件，选中要插入空行的项目标签所属的字段标题，或者该字段中某项所在的单元格，如选中A10单元格，可以看到活动字段为“所在省份（自治区/直辖市）”，在“数据透视表工具/分析”选项卡的“活动字段”组中单击“字段设置”按钮。

步骤2 弹出“字段设置”对话框，在“布局和打印”选项卡中勾选“在每个项目标签后插入空行”复选框，然后单击“确定”按钮。

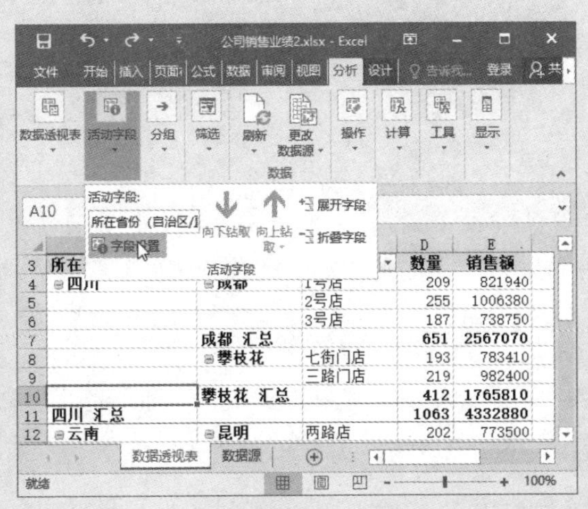

步骤3 返回数据透视表，可以看到在该字段的项目标签后添加了空行。

	A	B	C	D	E
3	所在省份（自治区	所在城市	所在卖场	数量	销售额
4	⊟四川	⊟成都	1号店	209	821940
5			2号店	255	1006380
6			3号店	187	738750
7		成都 汇总		651	2567070
8		⊟攀枝花	七街门店	193	783410
9			三路门店	219	982400
10		攀枝花 汇总		412	1765810
11	四川 汇总			1063	4332880
12					
13	⊟云南	⊟昆明	两路店	202	773500
14			学府路店	210	809400
15		昆明 汇总		412	1582900
16		⊟玉溪	门店	208	718520
17		玉溪 汇总		208	718520
18	云南 汇总			620	2301420
19					
20	⊟重庆	⊟重庆	1分店	189	751770
21			2分店	233	971380
22		重庆 汇总		422	1723150
23	重庆 汇总			422	1723150
24					
25	总计			2105	8357450

数据透视表　数据源

3.4 巧妙设置报表筛选区域

在Excel中，用户可以对数据透视表中的报表筛选区域进行设置，以得到需要的报表显示效果。

3.4.1 显示报表筛选字段的多个数据项

在数据透视表的报表筛选区域中添加字段之后，可以通过展开报表筛选字段的下拉列表查看其包含的项。根据需要在下拉列表中选择报表筛选字段的项，即可完成对整个数据透视表的筛选操作。

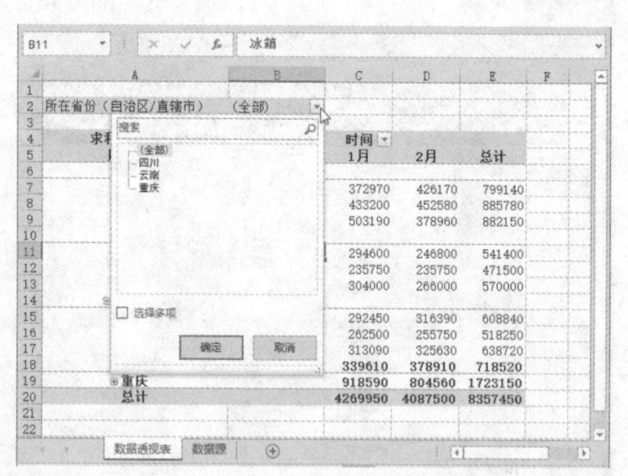

默认情况下，在报表筛选字段的下拉列表中只能选择一个数据项，如果需要对多个数据项进行选择，可以通过以下方法进行设置。

单击报表筛选字段下拉按钮，在打开的下拉列表中勾选“选择多项”复选框，可以看到各项前也出现了复选框，此时取消勾选“(全部)”复选框，然后勾选需要的选项，单击“确定”按钮即可。

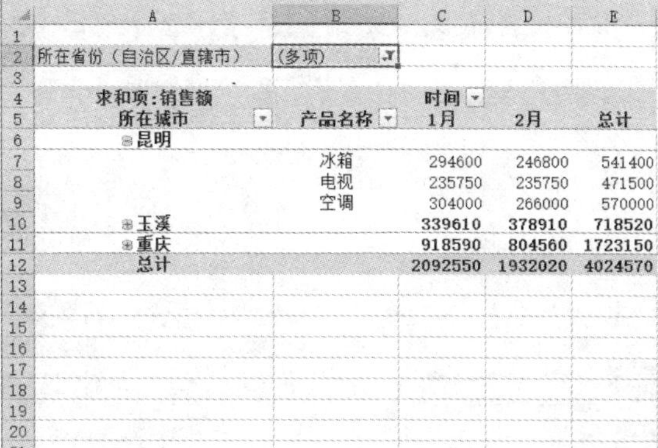

所在省份（自治区/直辖市）	(多项)			
求和项:销售额		时间		
所在城市	产品名称	1月	2月	总计
⊟昆明				
	冰箱	294600	246800	541400
	电视	235750	235750	471500
	空调	304000	266000	570000
⊞玉溪		339610	378910	718520
⊞重庆		918590	804560	1723150
总计		2092550	1932020	4024570

3.4.2 水平并排显示报表筛选字段

默认情况下，数据透视表的报表筛选区域中如果有多个筛选字段，这些筛选字段将垂直并排显示。

所在省份（自治区/直辖市）	(全部)			
所在城市	(全部)			
求和项:销售额		时间		
所在卖场	产品名称	1月	2月	总计
⊟1分店		389850	361920	751770
	冰箱	151620	123690	275310
	电视	128030	128030	256060
	空调	110200	110200	220400
⊟1号店		409260	412680	821940
	冰箱	91770	171570	263340
	电视	114000	125400	239400
	空调	203490	115710	319200
⊟2分店		528740	442640	971380
	冰箱	218790	218790	437580
	电视	133650	133650	267300
	空调	176300	90200	266500
⊟2号店		512690	493690	1006380
	冰箱	163400	144400	307800
	电视	203490	203490	406980
	空调	145800	145800	291600
⊟3号店		387410	351340	738750
	冰箱	117800	110200	228000
	电视	115710	123690	239400
	空调	153900	117450	271350
⊟两路店		409400	364100	773500

根据在工作中的实际需要，我们也可以将报表筛选区域中的多个筛选字段设置为水平并排显示，其步骤如下。

步骤 1 打开“公司销售业绩.xlsx”素材文件，使用鼠标右键单击数据透视表中的任意单元格，在右键菜单中执行“数据透视表选项”命令，打开“数据透视表选项”对话框。

步骤2 在“布局和格式”选项卡中设置“在报表筛选区域显示字段”为“水平并排”，“每行报表筛选字段数”为“2”，然后单击“确定”按钮即可。

步骤3 返回数据透视表，即可看到报表筛选区域中的多个筛选字段按照设置水平并排显示。

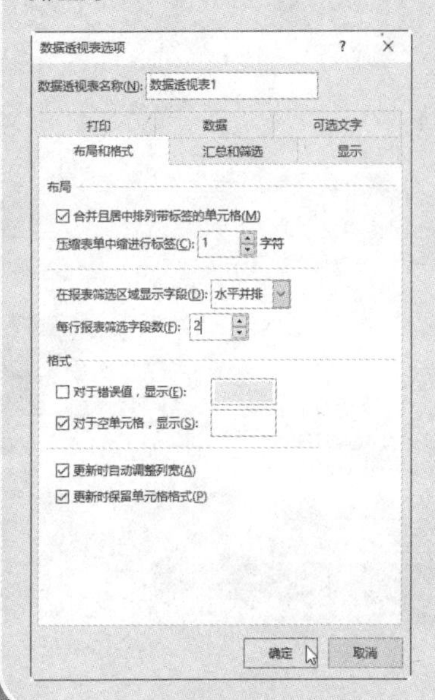

	A	B	C	D	E
2	所在省份（自治区/直辖市）	(全部)		所在城市	(全部)
4	求和项：销售额		时间		
5	所在卖场	产品名称	1月	2月	总计
6	1分店		389850	361920	751770
7		冰箱	151620	123690	275310
8		电视	128030	128030	256060
9		空调	110200	110200	220400
10	1号店		409260	412680	821940
11		冰箱	91770	171570	263340
12		电视	114000	125400	239400
13		空调	203490	115710	319200
14	2分店		528740	442640	971380
15		冰箱	218790	218790	437580
16		电视	133650	133650	267300
17		空调	176300	90200	266500
18	2号店		512690	493690	1006380
19		冰箱	163400	144400	307800
20		电视	203490	203490	406980
21		空调	145800	145800	291600
22	3号店		387410	351340	738750
23		冰箱	117800	110200	228000
24		电视	115710	123690	239400
25		空调	153900	117450	271350
26	西路店		409400	364100	773500

3.4.3 垂直并排显示报表筛选字段

在设置水平并排显示之后，还可以根据需要将数据透视表的报表筛选字段恢复到默认设置，即恢复为“垂直并排”显示。

方法：打开“数据透视表选项”对话框，在“布局和格式”选项卡中设置“在报表筛选区域显示字段”为“垂直并排”，并设置“每列报表筛选字段数”为“0”，然后单击“确定”按钮即可。

3.4.4 显示报表筛选页

在数据透视表中，默认情况下一次只能显示出一种报表筛选结果，但是通过Excel的“显示报表筛选页”功能，用户可以按照某个筛选字段的数据

项生成一系列数据透视表，并且每一张数据透视表都将放置在自动生成的以相应的数据项命名的工作表中，即每一张工作表中都将显示出报表筛选字段的一项。

显示报表筛选页的设置步骤如下。

步骤1 打开“公司销售业绩.xlsx”素材文件，选中数据透视表中任意单元格，出现“数据透视表工具/分析”选项卡，在“数据透视表”组中执行“选项”→“显示报表筛选页”命令。

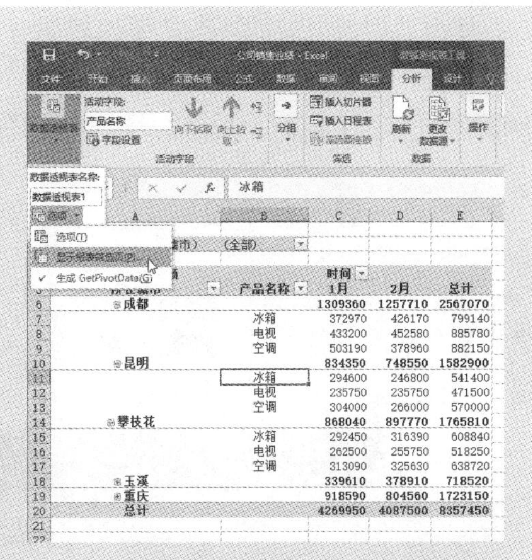

步骤2 弹出“显示报表筛选页”对话框，单击“确定”按钮即可。

步骤3 返回数据透视表，可以看到工作簿中按照所选筛选字段中的数据项生成了3张工作表，每张工作表中都显示出了相应的报表筛选页。

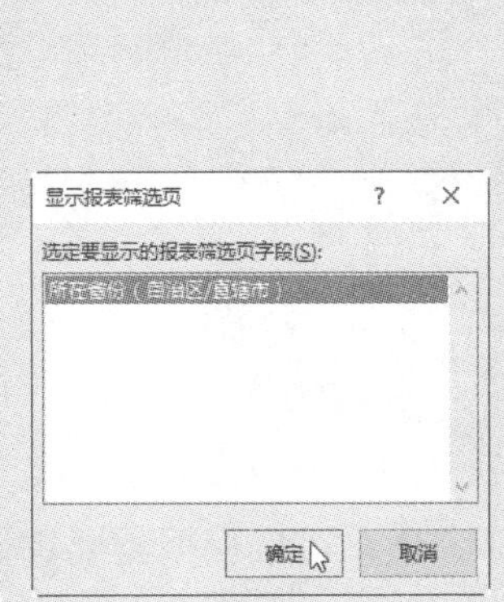

注意：如果数据透视表中存在多个筛选字段，在“显示报表筛选页”对话框中，则需要选定要显示的报表筛选页字段，然后单击“确定”按钮。

3.5 整理数据透视表字段

作为数据透视表的一个重要构成部分，对字段进行整理有助于我们更好地完成数据分析工作。整理数据透视表字段的方法包括重命名字段、整理复合字段、删除字段、隐藏字段标题，以及活动字段的折叠与展开等。

3.5.1 重命名字段

在默认情况下，用户向数据透视表的数值区域中添加字段后，可以看到这些字段被自动重命名，如“数量”变成了“求和项:数量”，“销售额”变成了“求和项:销售额”。

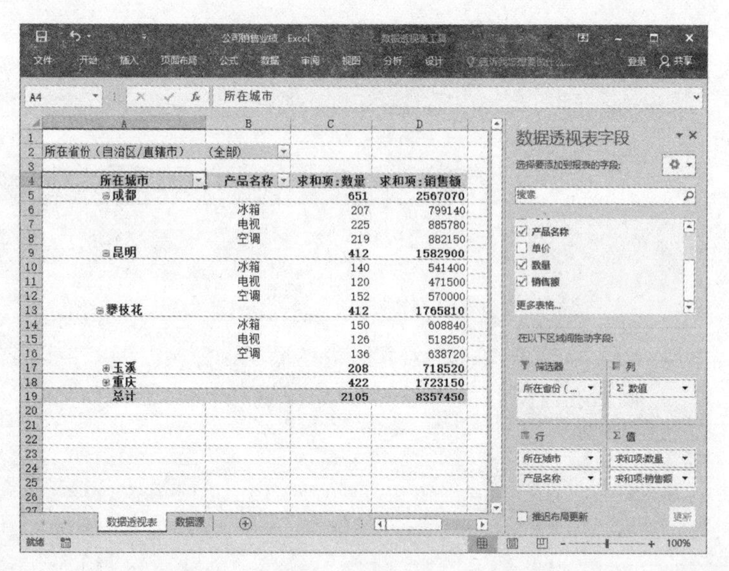

为了避免加大值字段所在列的列宽，影响表格美观，用户可以根据需要重命名这些值字段。下面介绍两种方法更改数据透视表默认的值字段名称。

1. 直接修改字段名称

要更改数据透视表默认的值字段名称，有一个很直接的方法，就是在数据透视表中选中需要重命名的值字段名所在的单元格，如选中C4单元格（“求和项:数量”），在编辑栏中输入“销售数量”，按“Enter”键确认输入，然后根据需要逐一修改数据透视表中的字段名称即可。

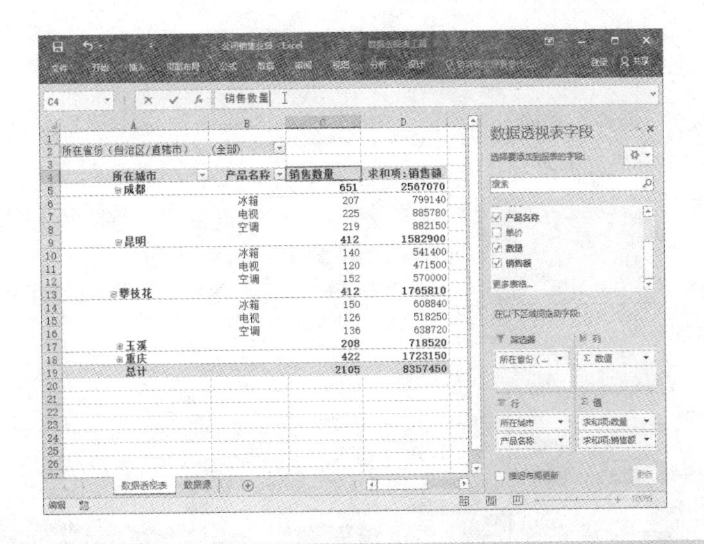

注意：数据透视表中每个字段的名称必须是唯一的，修改的字段名称不能与已有的数据透视表字段重复，否则修改无效。

2. 替换字段名称

我们还可以使用Excel的“替换”功能，快速更改数据透视表默认的值字段名称，其步骤如下。

步骤1 打开“公司销售业绩.xlsx”素材文件，在数据透视表中选中需要重命名的值字段名所在的单元格区域，如选中C4:D4单元格区域，然后在“开始”选项卡的“编辑”组中执行“查找和选择”→“替换”命令。

步骤2 弹出“查找和替换”对话框，在“替换”选项卡中设置“查找内容”为“求和项：”，“替换为”为“ ”(一个空格)，然后单击“全部替换”按钮。

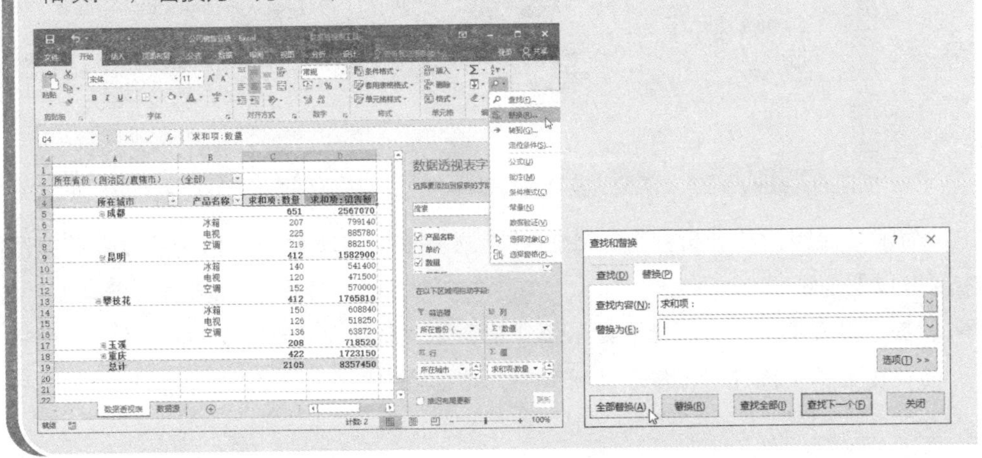

步骤3 弹出提示对话框，提示替换了几处数据，单击“确定”按钮即可。

步骤4 返回“查找和替换”对话框，单击“关闭”按钮。在数据透视表中，可以看到替换字段名称后的效果。

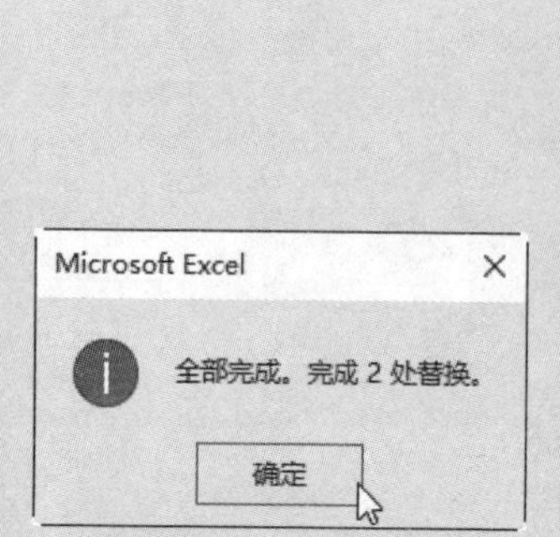

	A	B	C	D
1				
2	所在省份（自治区/直辖市）	(全部)		
3				
4	所在城市	产品名称	数量	销售额
5	⊟成都		651	2567070
6		冰箱	207	799140
7		电视	225	885780
8		空调	219	882150
9	⊟昆明		412	1582900
10		冰箱	140	541400
11		电视	120	471500
12		空调	152	570000
13	⊟攀枝花		412	1765810
14		冰箱	150	608840
15		电视	126	518250
16		空调	136	638720
17	⊞玉溪		208	718520
18	⊞重庆		422	1723150
19	总计		2105	8357450

3.5.2 整理复合字段

如果数据透视表的数值区域中垂直显示了多个字段，则形成了复合字段。

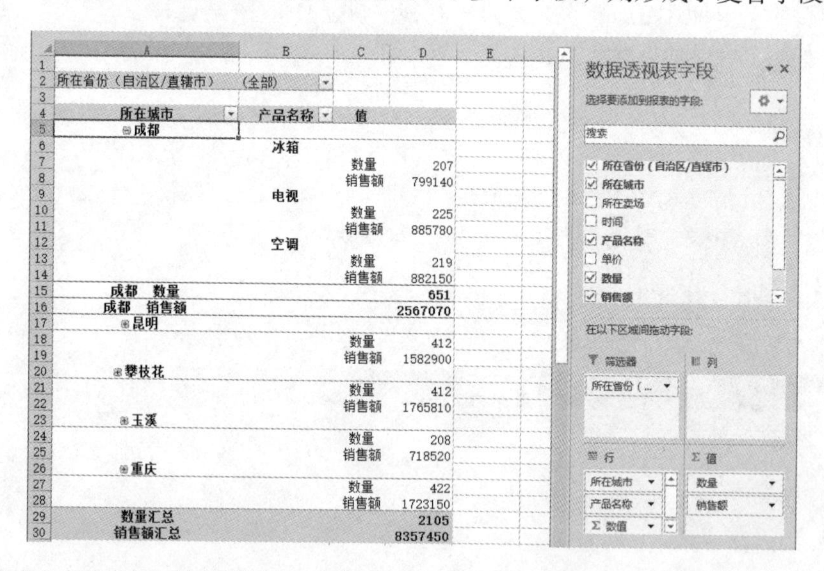

	A	B	C	D
1				
2	所在省份（自治区/直辖市）	(全部)		
3				
4	所在城市	产品名称	值	
5	⊟成都			
6		冰箱		
7			数量	207
8			销售额	799140
9		电视		
10			数量	225
11			销售额	885780
12		空调		
13			数量	219
14			销售额	882150
15	成都 数量			651
16	成都 销售额			2567070
17	⊞昆明			
18			数量	412
19			销售额	1582900
20	⊞攀枝花			
21			数量	412
22			销售额	1765810
23	⊞玉溪			
24			数量	208
25			销售额	718520
26	⊞重庆			
27			数量	422
28			销售额	1723150
29	数量汇总			2105
30	销售额汇总			8357450

为了方便阅读和分析数据，我们可以调整数据透视表中的相应字段，其方法主要有以下两种。

➤ 数据透视表中，使用鼠标右键单击“值”字段标题单元格，如C4元格，在弹出的快捷菜单中执行“将值移动到”→“移动值列”命令即可。

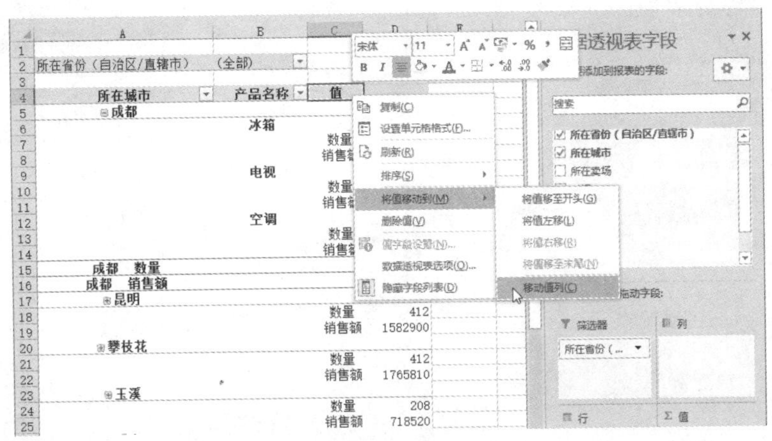

➤“数据透视表字段”窗格中，单击行标签区域中的“Σ 数值”字段，在打开的下拉列表中执行“移动到列标签”命令即可。

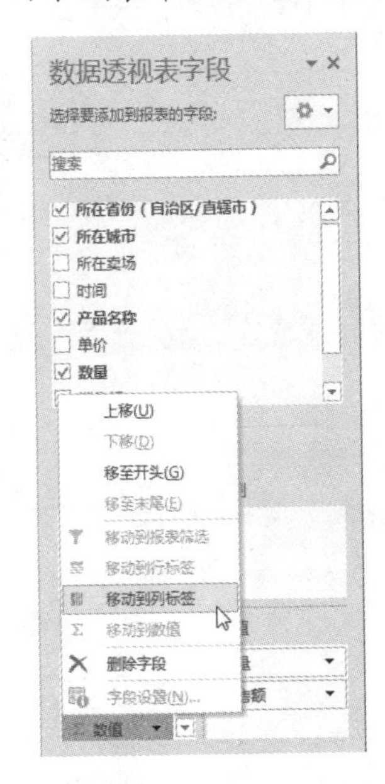

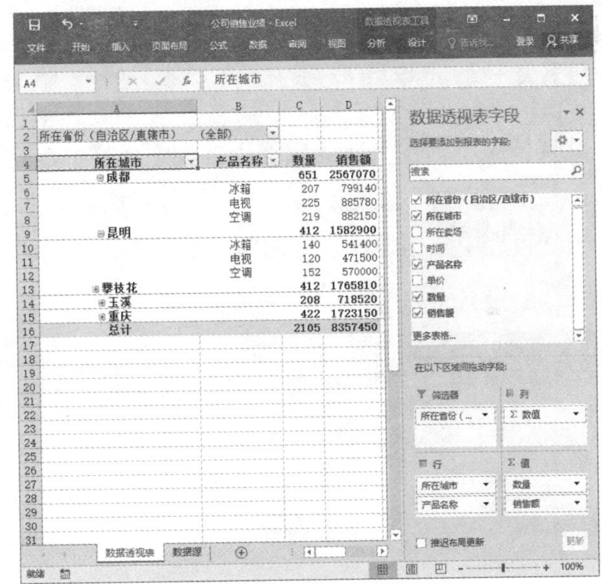

3.5.3 删除字段

在使用数据透视表进行数据分析时，如果不再需要字段了，该怎么办呢？我们可以将不再需要的字段删除，其方法主要有以下两种。

➤ 在“数据透视表字段”窗格的“选择要添加到报表的字段”列表框中，取消勾选要删除字段的字段名复选框即可。

➤ 在“数据透视表字段”窗格的行标签等4个区域中，单击要删除的字段，并在打开的下拉列表中执行“删除字段”命令即可。

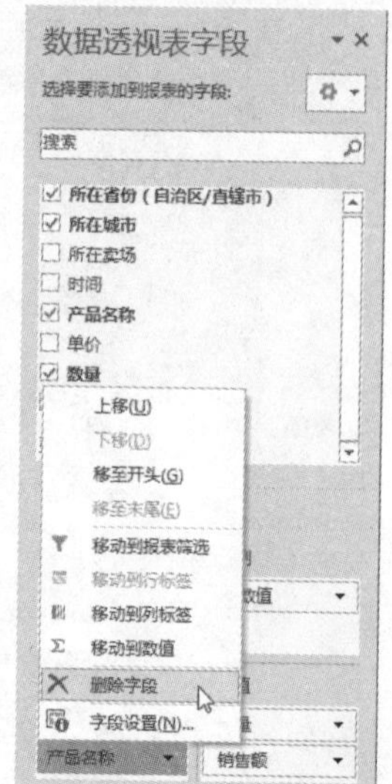

3.5.4 隐藏字段标题

默认情况下，在创建的数据透视表中会显示出行和列字段的标题，如果用户不希望显示行或列字段的标题，可以将其隐藏起来。

方法：选中数据透视表中的任意单元格，出现“数据透视表工具/分析”选项卡，在“显示”组中单击“字段标题”按钮即可。

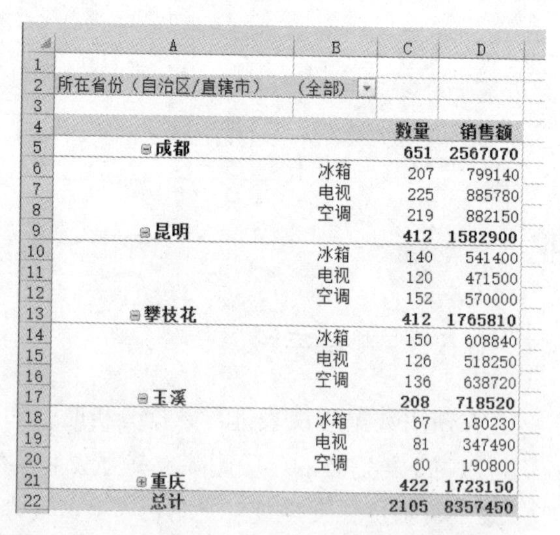

提示：再次单击“字段标题”按钮即可重新显示被隐藏的字段标题。

3.5.5 活动字段的折叠与展开

在数据透视表中，拥有太多的数据信息，密密麻麻的不方便查看怎么办呢？此时我们可以通过折叠与展开功能，显示或隐藏数据信息，以方便阅读与分析数据。

➤ 在数据透视表中，单击需要折叠的行字段下某项数据信息处的“–”按钮，即可隐藏该项相关的数据信息，数据被隐藏后，按钮变为“+”形状；单击“+”按钮，则可以重新显示被隐藏的数据信息。

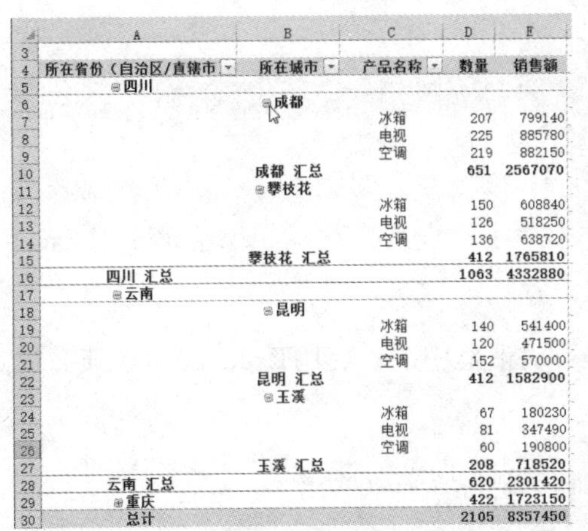

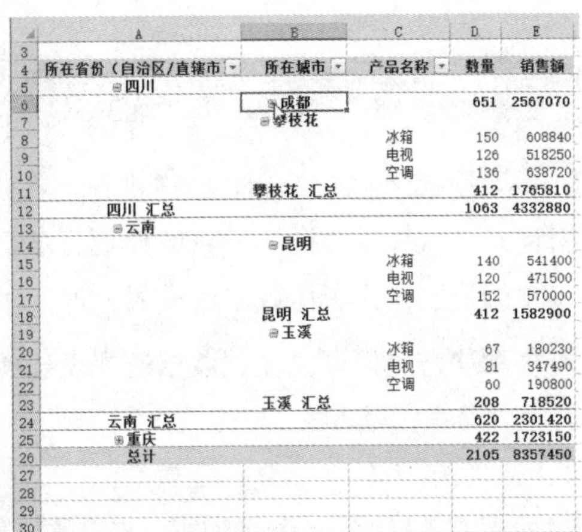

➤ 在数据透视表中，选中需要隐藏的字段的标题，或者字段下任意项所在的单元格，然后在“数据透视表工具/分析”选项卡的“活动字段”组中单击“折叠字段”按钮，即可快速隐藏该字段所包含的数据信息；选中隐藏了数据信息的字段的标题，或者字段下的任意项所在的单元格，然后单击“数据透视表工具/分析”选项卡“活动字段”组中的“展开字段”按钮，则可重新显示被隐藏的数据。

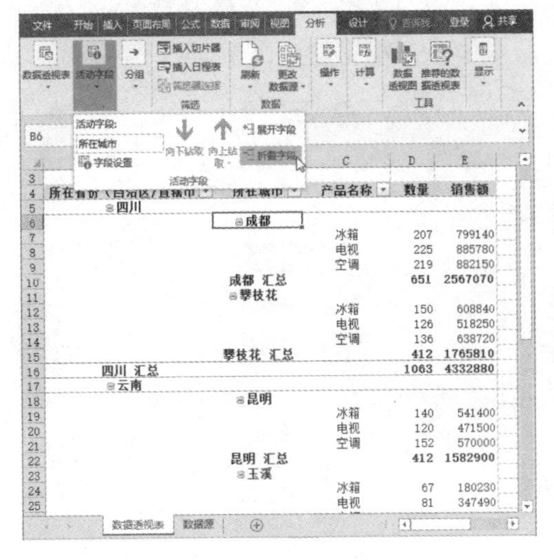

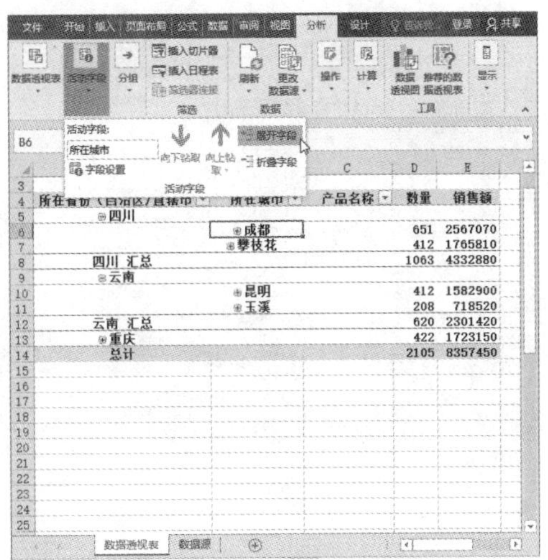

技巧：在数据透视表中各项所在的单元格上，使用鼠标左键双击，也可显示或隐藏该项相关的数据信息。

3.6 大师点拨

疑难 1 如何启用Excel经典数据透视表布局

问题描述：与Excel 2003相比，在Excel 2010之后的版本中，数据透视表的创建方式和数据透视表工具的使用方法都发生了巨大的变化。如果希望使用Excel 2003的拖曳方式操作数据透视表，该如何设置呢？

解决方法：可以在“数据透视表选项”对话框中设置启用Excel 2003经典数据透视表布局，其方法如下。

步骤1 打开“公司销售业绩.xlsx”素材文件，在创建好的数据透视表中，使用鼠标右键单击任意单元格，在弹出的快捷菜单中执行“数据透视表选项”命令。

步骤2 弹出“数据透视表选项”对话框，切换到“显示”选项卡，勾选“经典数据透视表布局（启用网格中的字段拖放）”复选框，然后单击“确定”按钮。

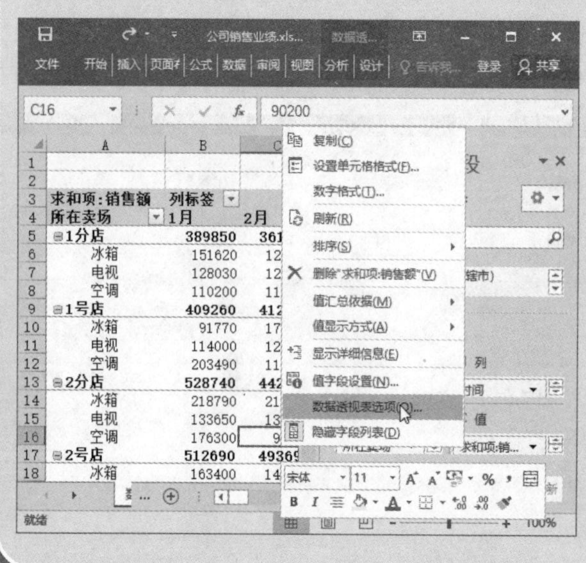

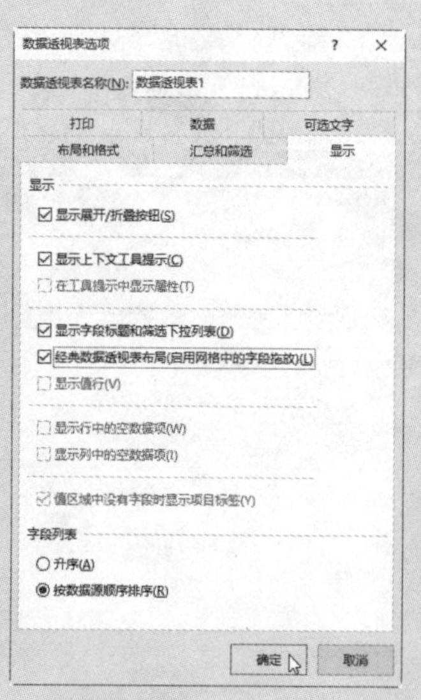

步骤3 返回数据透视表，即可使用Excel 2003的拖曳方式操作数据透视表。

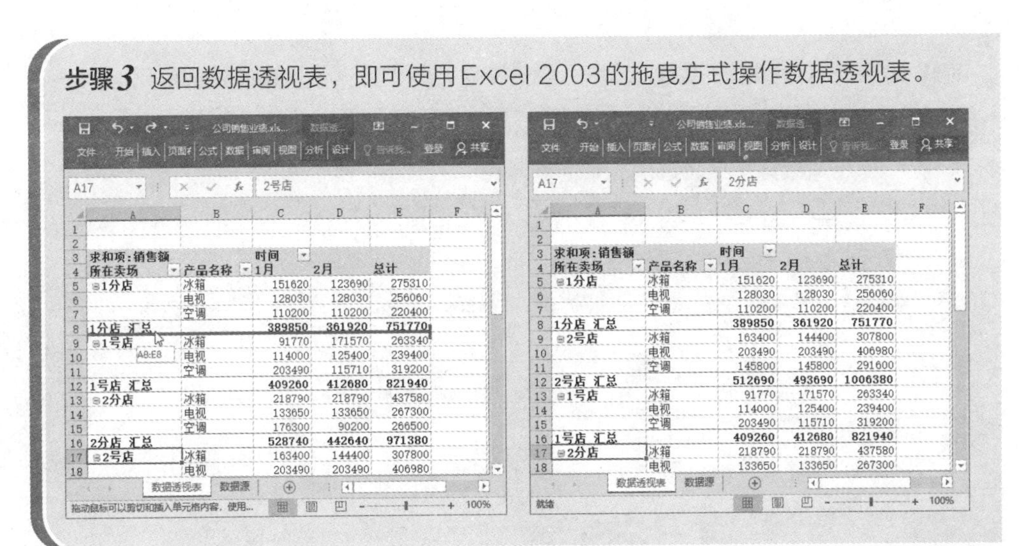

疑难❷ 如何调整压缩形式显示下的缩进字符数

问题描述：在“以压缩形式显示”的报表布局中，数据透视表的所有行字段都堆积到一列，并依照各字段间层次关系从左往右显示。如果需要使压缩布局的数据透视表中所有的行字段项左对齐显示，该如何设置呢？

	所在卖场	求和项：数量	求和项：销售额
4	⊟四川	**1063**	**4332880**
5	⊟成都	**651**	**2567070**
6	⊟1号店	209	821940
7	冰箱	66	263340
8	电视	63	239400
9	空调	80	319200
10	⊟2号店	255	1006380
11	冰箱	81	307800
12	电视	102	406980
13	空调	72	291600
14	⊟3号店	187	738750
15	冰箱	60	228000
16	电视	60	239400
17	空调	67	271350
18	⊟攀枝花	**412**	**1765810**
19	⊟七街门店	193	783410
20	冰箱	56	223440
21	电视	73	295650
22	空调	64	264320
23	⊟三路门店	219	982400
24	冰箱	94	385400
25	电视	53	222600
26	空调	72	374400

3	所在卖场	求和项：数量	求和项：销售额
4	⊟四川	**1063**	**4332880**
5	⊟成都	**651**	**2567070**
6	⊟1号店	209	821940
7	冰箱	66	263340
8	电视	63	239400
9	空调	80	319200
10	⊟2号店	255	1006380
11	冰箱	81	307800
12	电视	102	406980
13	空调	72	291600
14	⊟3号店	187	738750
15	冰箱	60	228000
16	电视	60	239400
17	空调	67	271350
18	⊟攀枝花	**412**	**1765810**
19	⊟七街门店	193	783410
20	冰箱	56	223440
21	电视	73	295650
22	空调	64	264320
23	⊟三路门店	219	982400
24	冰箱	94	385400
25	电视	53	222600
26	空调	72	374400

解决方法：可以通过“数据透视表选项”对话框调整压缩形式显示下的缩进字符数，其方法如下。

步骤1 打开“公司销售业绩1.xlsx”素材文件，选中数据透视表中任意单元格，出现“数据透视表工具/分析”选项卡，在“数据透视表”组中单击“选项”按钮。

步骤2 弹出“数据透视表选项”对话框，在“布局和格式”选项卡中设置“压缩表单中缩进行标签”参数为“0”字符，然后单击“确定”按钮。

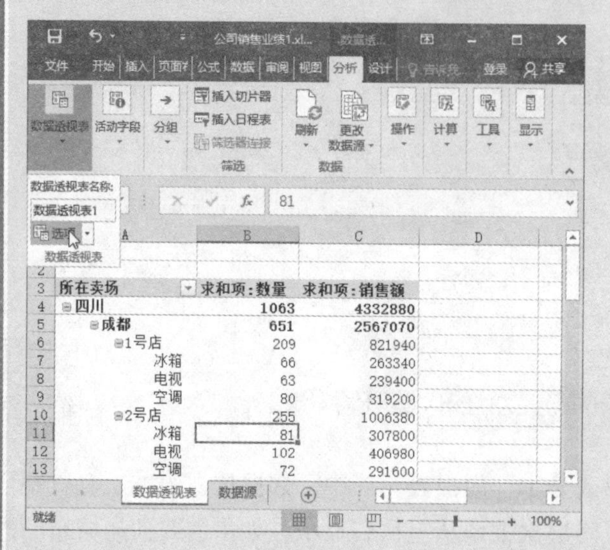

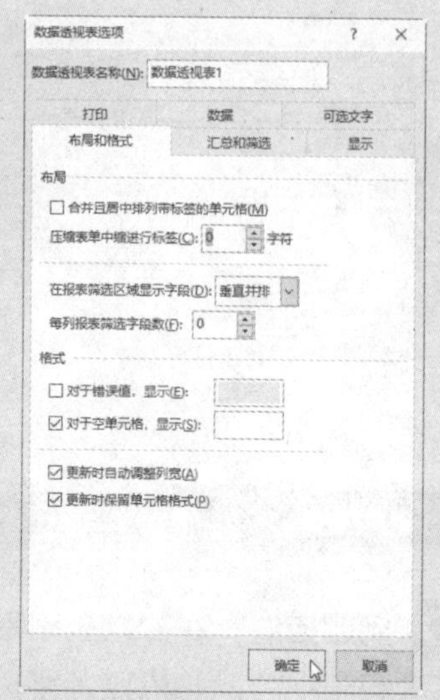

步骤3 返回数据透视表，可以看到设置“0”缩进后的效果，为了使所有的行字段项左对齐显示，可以选中数据透视表中任意单元格，在“数据透视表工具/分析”选项卡的“显示”组中单击“+/-按钮”按钮，将“+/-”按钮隐藏。

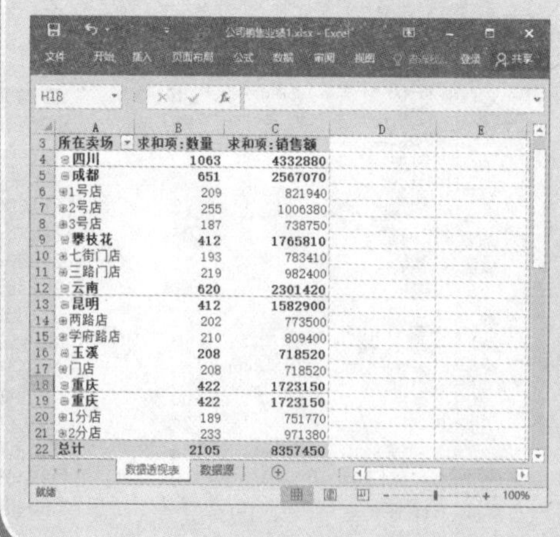

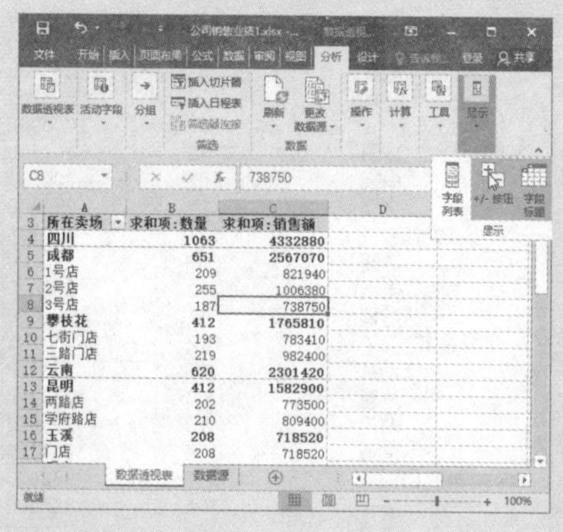

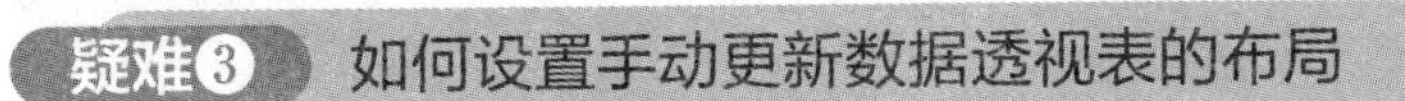

疑难3 如何设置手动更新数据透视表的布局

问题描述：默认情况下，在“数据透视表字段”窗格中调整字段布局后，Excel将即时刷新，同步反映到数据透视表中。如果数据透视表中含有大量数据，则每次刷新都将消耗较长的时间。在需要多次调整字段布局的情况下，如何延迟数据透视表布局的更新时间，设置手动进行更新呢？

解决方法：设置手动更新数据透视表的布局方法是在“数据透视表字段”窗格底部，勾选“推迟布局更新”复选框，此时调整数据透视表的字段布局，将不会同步反映到数据透视表中，调整完成后，只需单击“数据透视表字段”窗格底部的“更新”按钮，即可刷新数据透视表，显示出调整后的布局。

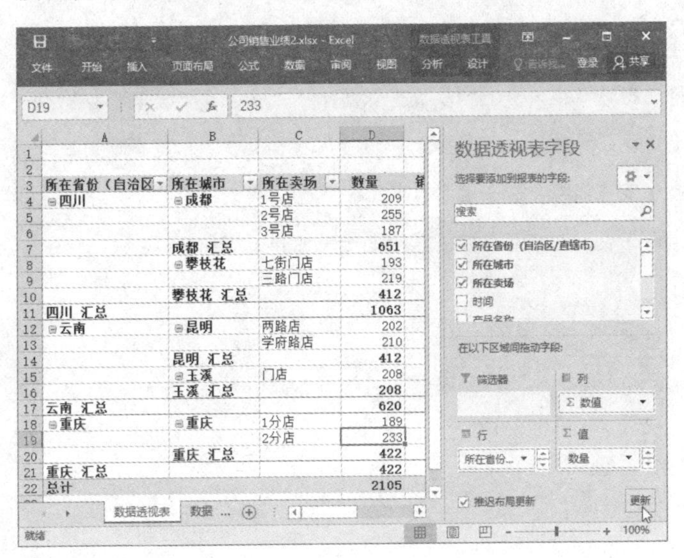

第4章

刷新数据透视表

创建好数据透视表之后，如果数据源发生了变化，我们该怎么办？这时候，为了使数据透视表能够及时反映出数据源的最新数据信息，就需要对数据透视表进行刷新。本章我们将介绍手动和自动刷新数据透视表的方法，以及建立非共享缓存的数据透视表，创建动态数据源的数据透视表等相关知识。

本章导读：

- 手动刷新数据透视表
- 自动刷新数据透视表
- 非共享缓存的数据透视表
- 创建动态数据源的数据透视表

4.1 手动刷新数据透视表

在手动刷新数据透视表时，可以按照数据源的范围是否发生改变将其分为两种情况，下面分别进行讲解。

4.1.1 刷新未改变范围的数据源

在工作中常遇到的情况是，对数据源中的一个或多个单元格中的数据进行了修改，数据源与创建的数据透视表相比发生了变化，需要刷新数据透视表，及时获取新的数据源内容。

根据下面这个原始的数据源，创建一个刷新前的数据透视表。

销售ID	产品名称	单价	数量	销售日期	销售额	优惠额	实际收款
4	蒙牛酸奶	8	3	2016/7/1	24		24
3	营养快线	4.5	10	2016/7/1	45		45
1	柳橙汁	5.8	15	2016/7/1	87		87
2	雪碧	6.5	20	2016/7/1	130		130
6	胡椒粉	3.8	9	2016/7/2	34.2	0.2	34
5	光明酸奶	7.5	5	2016/7/2	37.5		37.5
7	面粉	12.8	8	2016/7/2	102.4		102.4
9	小米	15.8	14	2016/7/2	221.2		221.2
8	花生油	28.8	12	2016/7/2	345.6		345.6
10	海鲜粉	21.5	20	2016/7/2	430		430
15	柳橙汁	5.8	15	2016/7/3	87		87
16	雪碧	6.5	18	2016/7/3	117	2.5	114.5
11	玉米片	12.8	12	2016/7/3	153.6		153.6
14	啤酒	5.4	40	2016/7/3	216		216
12	瓜子	9.8	35	2016/7/3	343		343
13	巧克力	36.8	20	2016/7/3	736	12.5	723.5
20	胡椒粉	3.8	14	2016/7/4	53.2		53.2
17	营养快线	4.5	25	2016/7/4	112.5	3.2	109.3
21	面粉	12.8	19	2016/7/4	243.2		243.2
19	光明酸奶	7.5	52	2016/7/4	390		390
18	蒙牛酸奶	8	60	2016/7/4	480		480

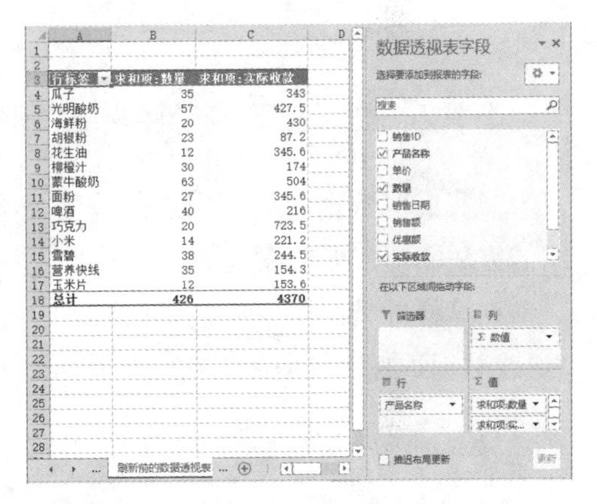

行标签	求和项:数量	求和项:实际收款
瓜子	35	343
光明酸奶	57	427.5
海鲜粉	20	430
胡椒粉	23	87.2
花生油	12	345.6
柳橙汁	30	174
蒙牛酸奶	63	504
面粉	27	345.6
啤酒	40	216
巧克力	20	723.5
小米	14	221.2
雪碧	38	244.5
营养快线	35	154.3
玉米片	12	153.6
总计	426	4370

然后在数据源中进行修改，如将“胡椒粉”改为“白胡椒粉”，将雪碧的单价由6.5元改为7.2元，将营养快线的单价由4.5元改为5元，如图所示。

销售ID	产品名称	单价	数量	销售日期	销售额	优惠额	实际收款
4	蒙牛酸奶	8	3	2016/7/1	24		24
3	营养快线	5	10	2016/7/1	50		50
1	柳橙汁	5.8	15	2016/7/1	87		87
2	雪碧	7.2	20	2016/7/1	144		144
6	白胡椒粉	3.8	9	2016/7/2	34.2	0.2	34
5	光明酸奶	7.5	5	2016/7/2	37.5		37.5
7	面粉	12.8	8	2016/7/2	102.4		102.4
8	花生油	28.8	12	2016/7/2	345.6		345.6
10	海鲜粉	21.5	20	2016/7/2	430		430
15	柳橙汁	5.8	15	2016/7/3	87		87
16	雪碧	7.2	18	2016/7/3	129.6	2.5	127.1
11	玉米片	12.8	12	2016/7/3	153.6		153.6
14	啤酒	5.4	40	2016/7/3	216		216
13	巧克力	36.8	20	2016/7/3	736	12.5	723.5
20	白胡椒粉	3.8	14	2016/7/4	53.2		53.2
17	营养快线	5	25	2016/7/4	125	3.2	121.8
21	面粉	12.8	19	2016/7/4	243.2		243.2
19	光明酸奶	7.5	52	2016/7/4	390		390
18	蒙牛酸奶	8	60	2016/7/4	480		480

此时，返回根据原始数据源创建的刷新前的数据透视表，可以看到其中的数据信息并没有随着数据源中数据的修改而发生改变，需要进行刷新操作。方法主要有以下两种。

➤ 通过快捷菜单：右键单击数据透视表中的任意单元格，在弹出的快捷菜单中执行“刷新”命令即可。

➤ 通过功能区：单击数据透视表中的任意单元格，出现“数据透视表工具/分析”选项卡，单击“数据”组中的“刷新”按钮即可。

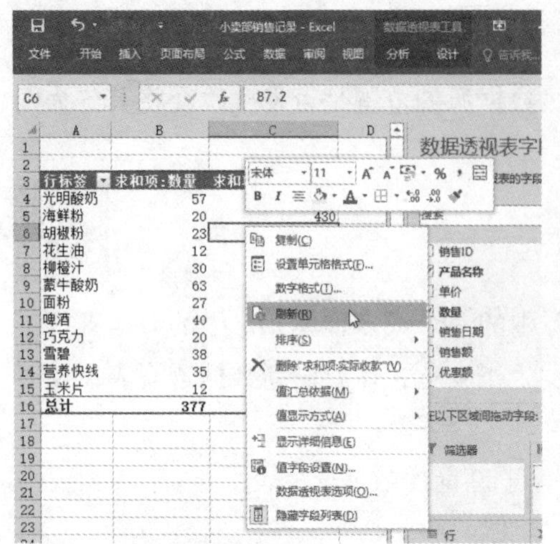

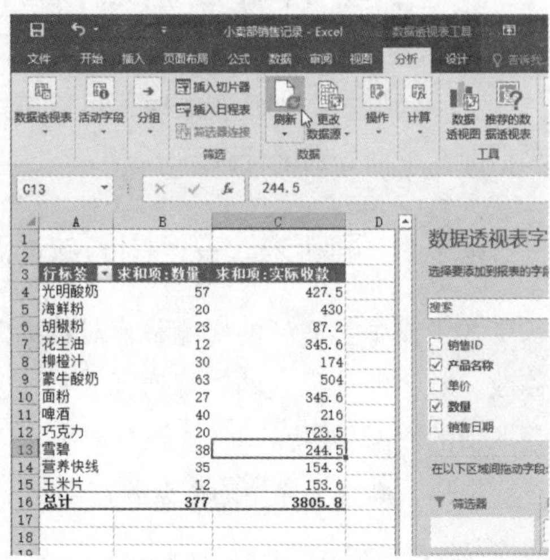

4.1.2 刷新已改变范围的数据源

当我们对数据源的范围进行改变，将其扩大或缩小后，就不能使用前面所介绍的方法刷新数据透视表了。

在这样的情况下，要刷新已经改变了数据源范围的数据透视表，就需要用到“更改数据透视表数据源”功能，其步骤如下。

步骤1 打开“刷新已改变范围的数据源.xlsx”素材文件，单击数据透视表中的任意单元格，此时将出现“数据透视表工具/分析”选项卡，单击“数据”组中的“更改数据源”按钮。

步骤2 弹出“更改数据透视表数据源”对话框，系统将自动切换到数据源所在的工作表，并用虚线框标示出创建数据透视表时原始的数据源范围，重新设置数据区域，此时对话框名称改变为“移动数据透视表”，单击“确定”按钮即可。

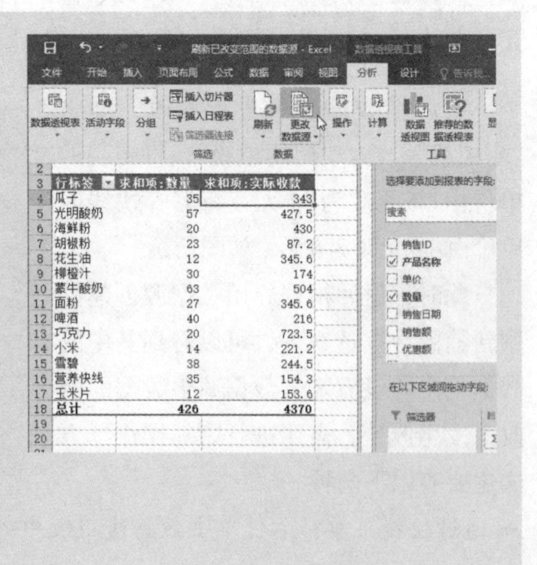

步骤 3 返回刷新后的数据透视表，可以看到更改数据源后的效果。

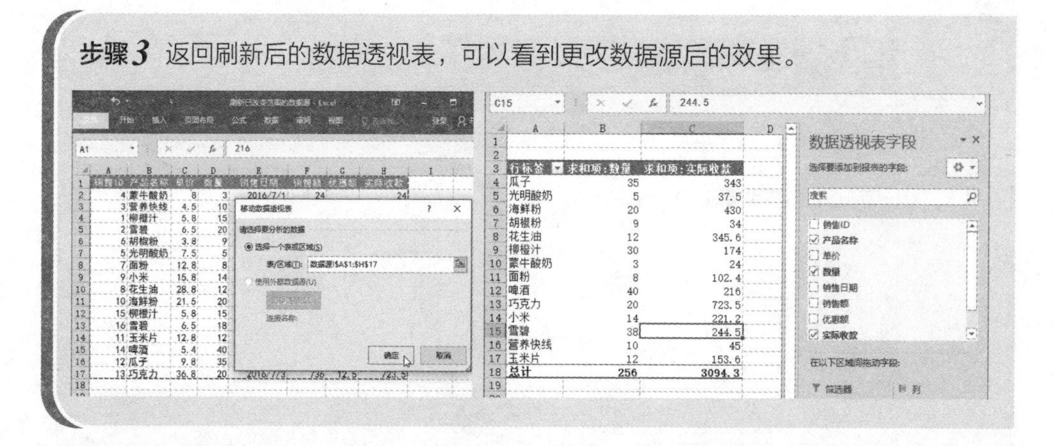

技巧：打开“更改数据透视表数据源”对话框后，在数据源所在的工作表中选中改变后的数据源所在的单元格区域，即可重新设置数据区域。

4.2 自动刷新数据透视表

如果在工作中需要经常刷新数据透视表，为了避免手动操作带来的麻烦，我们可以设置自动刷新数据透视表。例如，设置在打开工作簿时自动刷新其中指定的数据透视表，或者设置定时自动刷新数据透视表，或者使用VBA代码设置刷新工作簿中的多个数据透视表。

4.2.1 打开Excel工作簿时自动刷新

在Excel中可以设置在每次打开工作簿时，都能够自动刷新其中的数据透视表，无论是否修改过数据源中的内容，其方法如下。

步骤 1 打开“小卖部销售记录.xlsx”素材文件，右键单击数据透视表中的任意单元格，在弹出的快捷菜单中执行“数据透视表选项”命令。

步骤 2 弹出“数据透视表选项”对话框，在“数据”选项卡中勾选“打开文件时刷新数据”复选框，单击“确定”按钮即可。

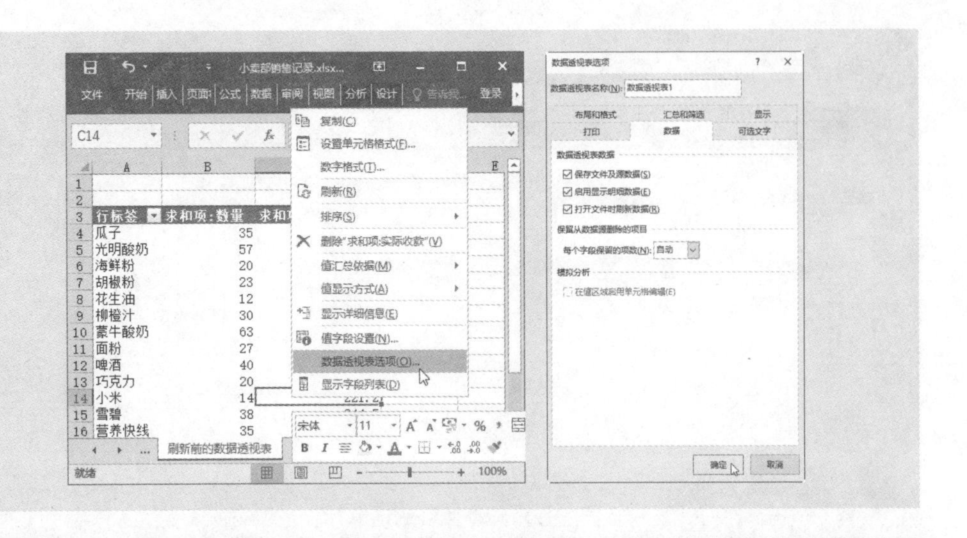

技巧：勾选“打开文件时刷新数据”复选框后，打开工作簿时将刷新基于同一数据源的数据透视表，即如果工作簿中数据透视表1和数据透视表2基于同一数据源创建，对表1设置“打开文件时刷新数据”后，打开工作簿将刷新数据透视表1和数据透视表2，但不刷新不同数据源的数据透视表3。

4.2.2 定时自动刷新巧设置

在Excel中，对于使用外部数据源创建的数据透视表，我们可以设置定时自动刷新，使数据透视表按指定的时间间隔自动刷新，以便实时监控数据源。

这里使用“外部数据”工作簿中的工作表数据作为数据源，在“定时刷新”工作簿中创建一个数据透视表，然后为其设置定时刷新，其方法如下。

步骤1 新建一个名为“定时刷新”的工作簿，切换到“数据”选项卡，在“获取外部数据”组中单击“现有连接”按钮。

步骤2 弹出“现有连接”对话框，单击“浏览更多”按钮。

步骤3 弹出“选取数据源”对话框，找到并选择数据源所在的工作簿，本例选择“外部数据”工作簿，单击“打开”按钮。

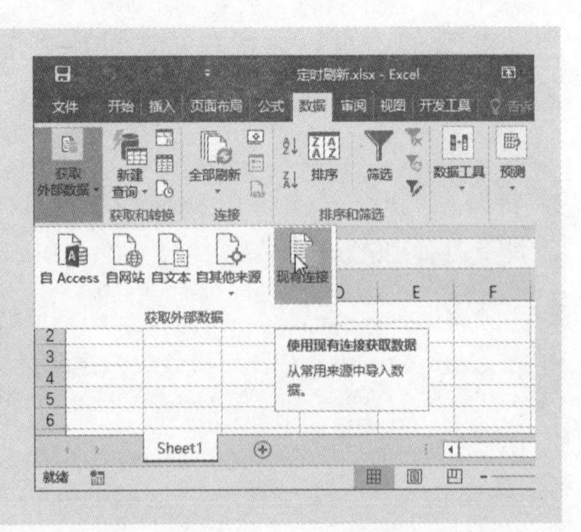

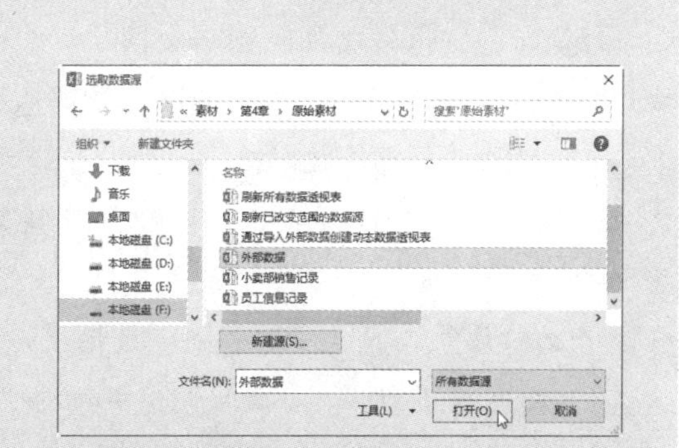

步骤 4 弹出“选择表格”对话框，选择数据源所在工作表，单击“确定”按钮。

步骤 5 弹出“导入数据”对话框，选中“表”单选项，然后设置数据透视表放置的目标位置，单击“属性”按钮。

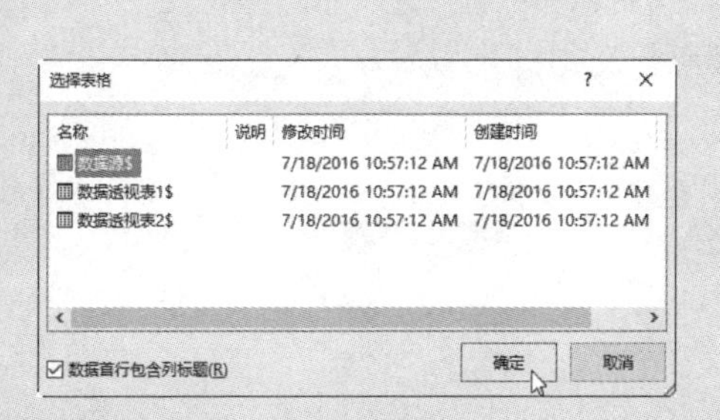

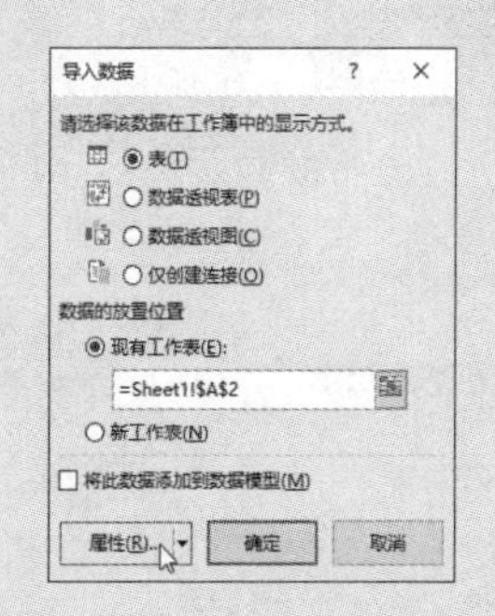

步骤 6 弹出“连接属性”对话框，在“使用状况”选项卡中勾选“刷新频率”复选框，并在右侧微调框中设置时间间隔，单击“确定”按钮。

步骤 7 返回“导入数据”对话框，单击“确定”按钮，即可在“定时刷新”工作簿中创建一个可以自动定时刷新的数据透视表。

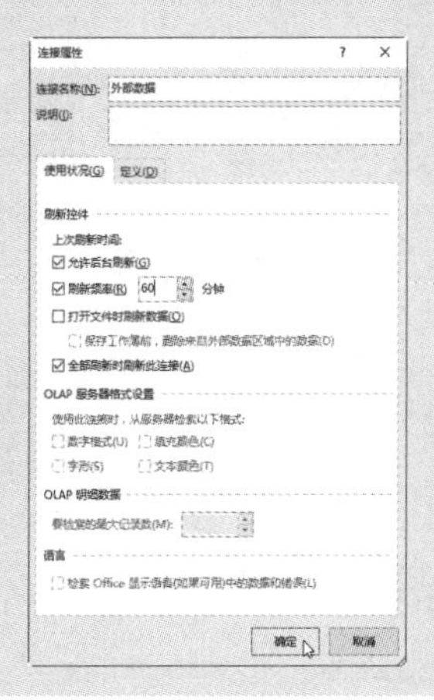

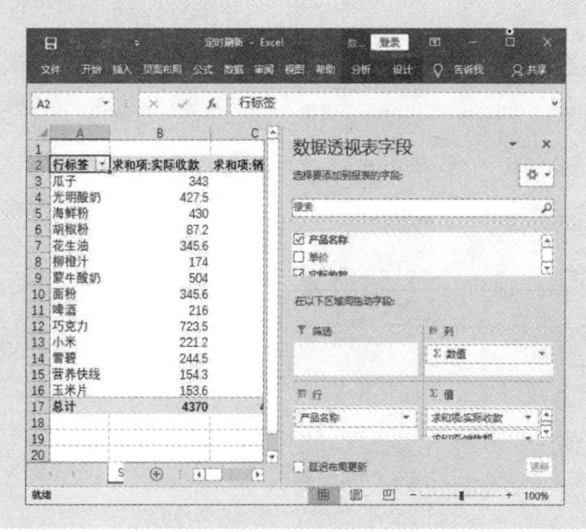

4.2.3 刷新工作簿中的全部数据透视表

由于设置“打开文件时刷新数据”只能刷新基于同一数据源的数据透视表，当工作簿中有基于不同数据源的多个数据透视表时，需要逐一进行设置才能在打开工作簿时刷新全部的数据透视表。

Excel提供的“全部刷新”功能可以解决这个问题。全部刷新的方法主要有以下两种。

- 打开工作簿，单击其中任意一张数据透视表中的单元格，出现“数据透视表工具/分析”选项卡，在“数据”组中执行“刷新”→“全部刷新”命令即可。
- 打开工作簿，切换到“数据”选项卡，在“连接”组中执行“全部刷新”→“全部刷新”命令即可。

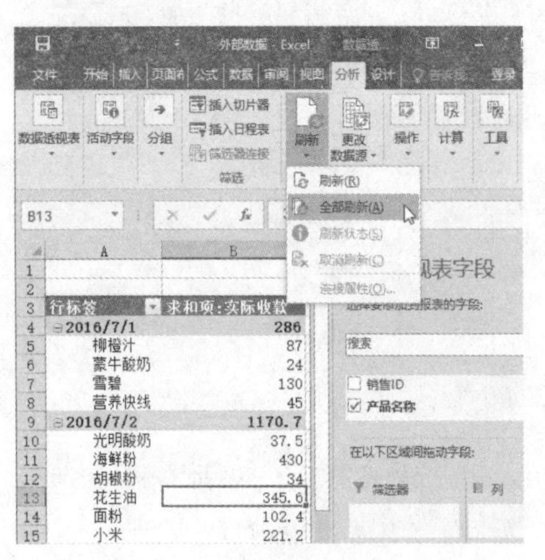

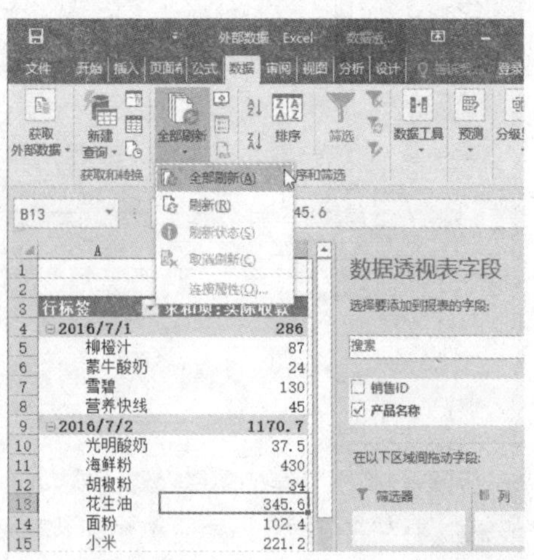

4.2.4 在设置定时自动刷新数据透视表后调整刷新时间间隔

在Excel中，设置了定时自动刷新数据透视表后，如果对设置的时间间隔不满意，可以打开“连接属性”对话框，在其中调整数据透视表的刷新时间间隔，其方法如下。

步骤1 打开“定时刷新.xlsx”素材文件，单击数据透视表中的任意单元格，出现“数据透视表工具/分析”选项卡，在“数据”组中执行“更改数据源”→“连接属性”命令。

步骤2 弹出“连接属性”对话框，在“使用状况”选项卡的“刷新频率”微调框中根据需要调整刷新时间的间隔，然后单击“确定”按钮即可。

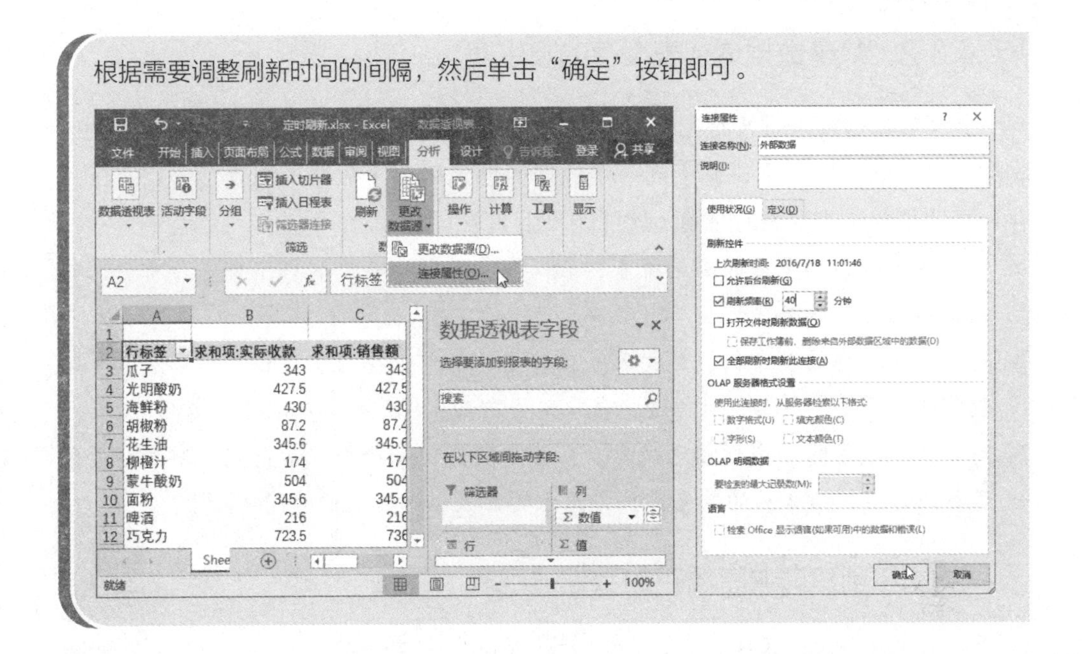

4.3 非共享缓存的数据透视表

在Excel中，创建的多个数据透视表可以分为两种情况，一种是共享缓存的数据透视表，另一种是非共享缓存的数据透视表。

什么是数据透视表缓存呢？共享数据透视表缓存会存在隐患吗？怎么才能创建非共享缓存的数据透视表呢？这就是接下来我们要讲解的内容。

4.3.1 数据透视表的缓存

在默认的情况下，创建数据透视表时，Excel会记录下数据源的整个范围，并将其存入一个被称为数据透视表缓存的地方。

在创建数据透视表后进行的各种操作，如设置字段布局等，是同数据透视表的缓存进行交互，而不是同用于创建数据透视表的数据源进行连接。

那共享缓存的数据透视表又是怎么回事呢？

原来，在Excel 2003以后的版本中，只要数据透视表是基于同一个数据源创建的，那么在默认情况下，它们将使用同一个数据透视表缓存，这些数据透视表，就是共享缓存的数据透视表。

4.3.2 共享数据透视表缓存的隐患多

共享数据透视表进行缓存会出现不少隐患。具体来看，在Excel 2003以后的版本中，由于默认情况下，基于同一个数据源创建的多个数据透视表会公用一个缓存，在使用数据透视表的时候，就可能产生如下问题。

- 对于共享缓存的多个数据透视表，刷新其中的任何一个数据透视表，都会同时刷新其他的数据透视表。
- 对于共享缓存的多个数据透视表，在其中的任何一个数据透视表中添加计算字段或计算项后，在其他数据透视表中都将自动出现该计算字段或计算项。
- 对于共享缓存的多个数据透视表，在其中的任何一个数据透视表中对某些字段进行组合后，组合后的效果都将作用于其他数据透视表的相同字段上。

4.3.3 创建非共享缓存的数据透视表

既然共享数据透视表缓存会出现不少隐患，那么在有需要的情况下，我们就得创建非共享缓存的数据透视表来避免发生这些问题。

由于在Excel 2003以后的版本中，创建数据透视表的常规方法已经被简化了，并没有提供用户选择是否共享数据透视表缓存，因此，如果需要使用同一数据源创建出非共享缓存的数据透视表，就要费点事儿，按照如下步骤进行操作。

步骤1 打开已经创建过数据透视表的数据源，在数据区域中单击任意单元格，按“Alt+D”组合键，然后在出现快捷提示信息时按下“P”键。

步骤2 弹出“数据透视表和数据透视图向导”对话框，在向导第1步界面，单击“下一步”按钮。

步骤3 进入向导第2步的设置界面，Excel将自动填入数据源区域，单击“下一步”按钮。

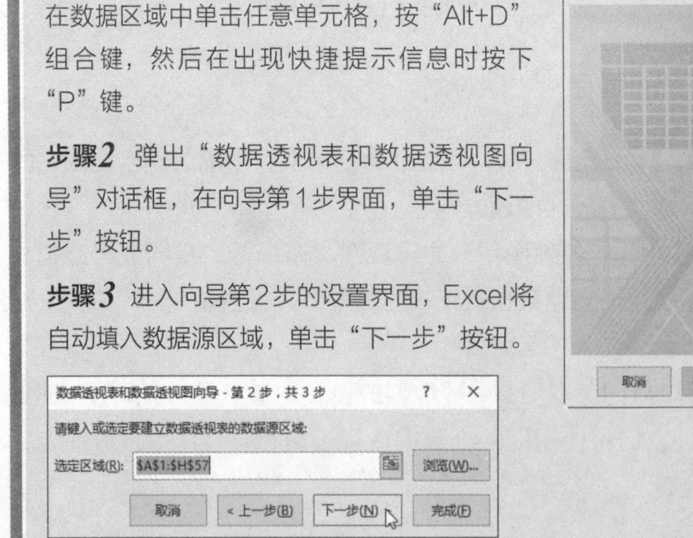

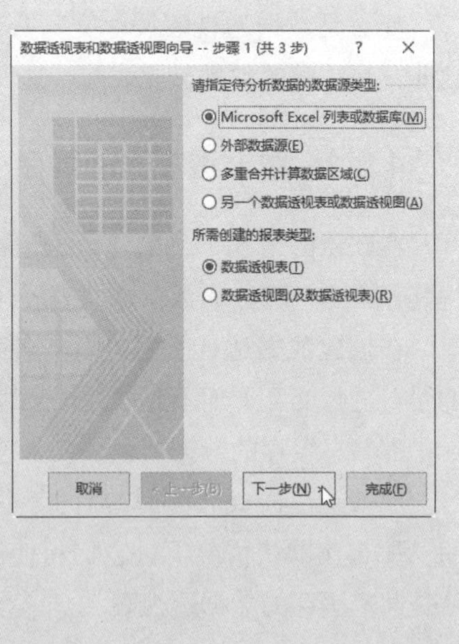

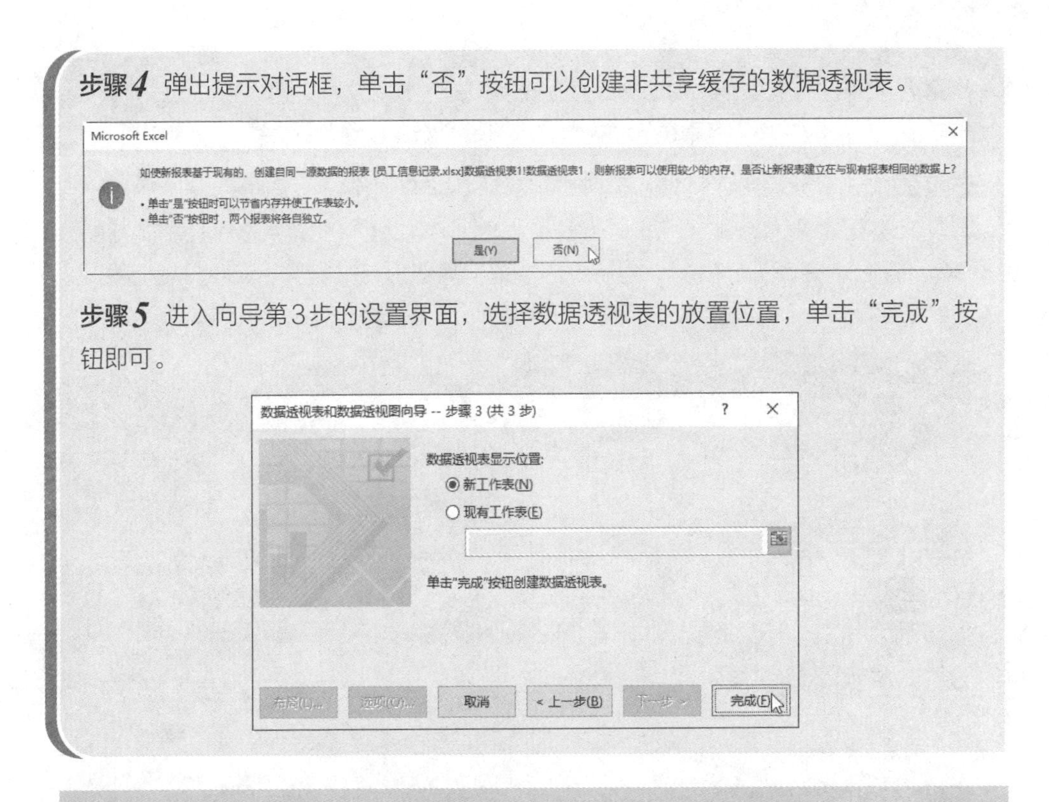

步骤4 弹出提示对话框，单击“否”按钮可以创建非共享缓存的数据透视表。

步骤5 进入向导第3步的设置界面，选择数据透视表的放置位置，单击“完成”按钮即可。

注意：创建非共享缓存的数据透视表后，每一个非共享缓存的数据透视表都将使用相对独立的数据透视表缓存，将会额外增加内存用量。

4.4 创建动态数据源的数据透视表

在日常工作中，数据透视表的数据源常常会发生变动。例如，某门店的销售记录每天都在增加，这时候，如果使用常规方法创建数据透视表，当数据源范围发生变化后，就需要频繁地更改数据透视表的数据源来刷新数据透视表。此时，有个好办法可以帮助我们提高工作效率，就是创建具有动态数据源的数据透视表。

4.4.1 利用定义名称创建动态数据透视表

在Excel中可以利用定义名称的方法来定义数据源的范围，并以此为依据创建具有动态数据源的数据透视表，其方法如下。

步骤 1 打开“定义名称创建动态数据透视表.xlsx”素材文件，切换到“公式”选项卡，在“定义的名称”组中执行“定义名称”→“定义名称”命令。

步骤 2 弹出“新建名称”对话框，在“名称”文本框中输入“Date”，在“引用位置”文本框中输入公式“=OFFSET(数据源!$A$1,,,COUNTA(数据源!$A:$A),COUNTA(数据源!$1:$1))”，然后单击“确定”按钮，确认为数据源的数据区域定义的名称。

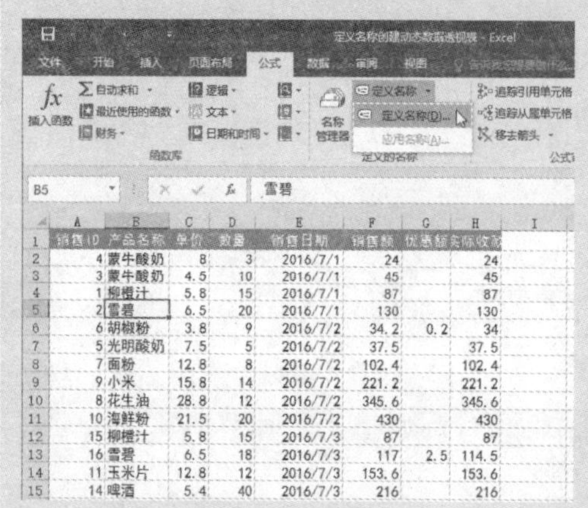

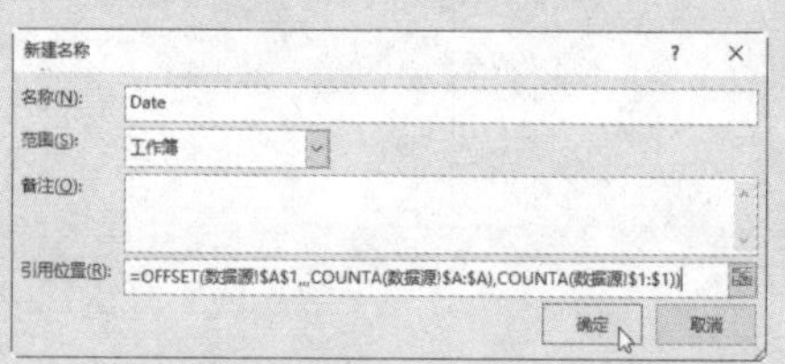

步骤 3 切换到“插入”选项卡，在“表格”组中单击“数据透视表”按钮。

步骤 4 弹出“创建数据透视表”对话框，设置数据源区域为“Date”，选中“新工作表”单选项，然后单击“确定”按钮。

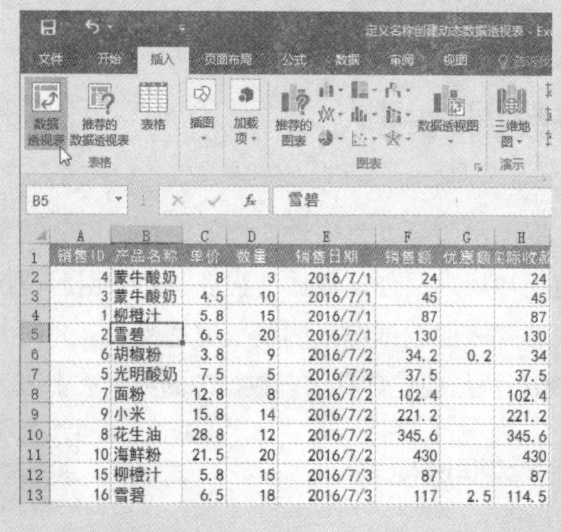

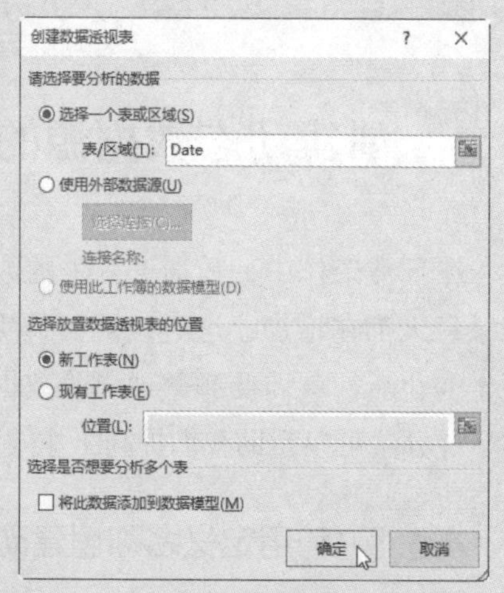

步骤 5 系统将创建一个新工作表，并将创建的具有动态数据源的数据透视表放置其中，根据需要重命名工作表，并勾选数据透视表字段即可。

步骤 6 本例原始的数据源中，只有到2016/7/4的记录，在数据源中添加2016/7/5的销售记录后，刷新数据透视表即可看到新增的数据记录。

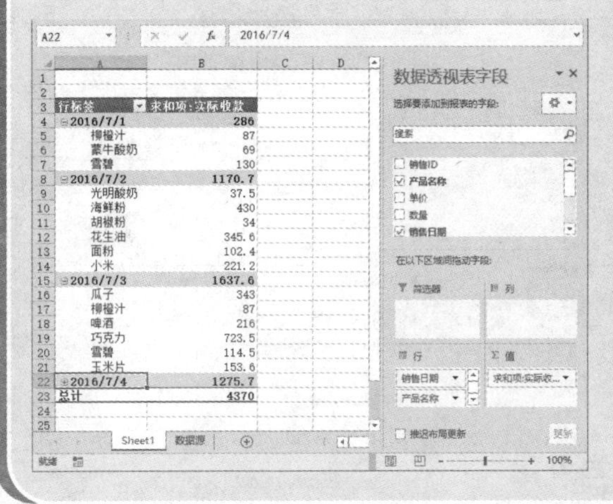

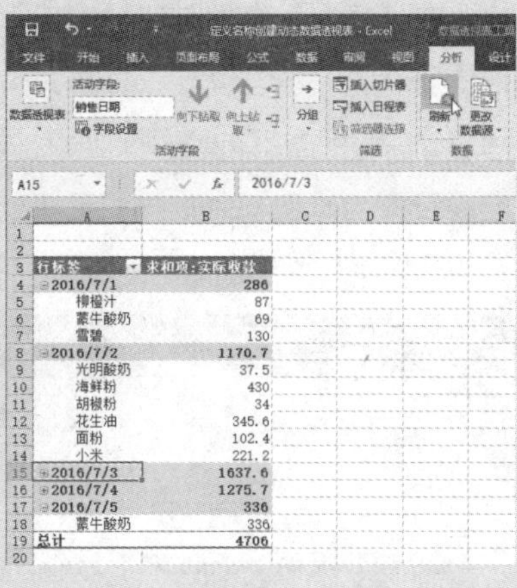

提示： OFFSET函数是以指定引用为参照系，通过给定偏移量得到新引用的。返回的引用可以是一个单元格或单元格区域，并可以指定返回的行数或列数。它的函数语法为OFFSET(reference,rows,cols,[height],[width])。COUNTA函数用于计算区域中不为空的单元格的个数，其函数语法为COUNTA(valuel1,[valuel2],…)。

4.4.2 利用表功能创建动态数据透视表

从Excel 2010版本开始，可以利用表功能来创建具有动态数据源的数据透视表。它的原理就是将数据源的数据区域转化为表格式，再以其为依据创建数据透视表，其步骤如下。

步骤 1 打开“利用表功能创建动态数据透视表.xlsx”素材文件，选中数据区域任意单元格，切换到“插入”选项卡，在“表格”组中单击“表格”按钮。

步骤 2 弹出“创建表”对话框，在“表数据的来源”文本框中将自动输入数据区域，本例数据区域含有标题因此勾选“表包含标题”复选框，然后单击“确定”按钮。

姓名	时间	产品名称	单价	数量
李小利	2016/12/9	电源	¥120.00	20
李小利	2016/12/9	主板	¥800.00	40
李小利	2016/12/9	机箱	¥100.00	50
李小利	2016/12/10	电源	¥120.00	20
李小利	2016/12/10	主板	¥800.00	40
李小利	2016/12/10	机箱	¥100.00	50
陆一明	2016/12/9	显示器	¥1,050.00	32
陆一明	2016/12/9	电源	¥120.00	18

步骤3 返回工作表可以看到，系统自动将数据源中的数据区域转变为了表格格式，选中表格中的任意单元格，在“插入”选项卡的“表格”组中单击“数据透视表”按钮。

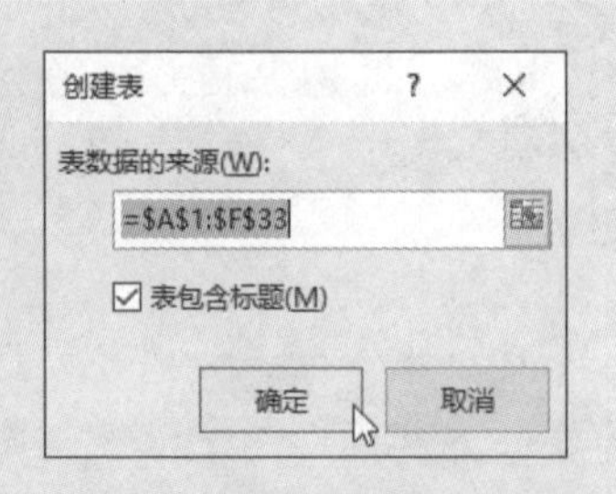

步骤4 弹出“创建数据透视表”对话框，数据源区域自动设置为“表1”，选中“新工作表”单选项，然后单击“确定”按钮。

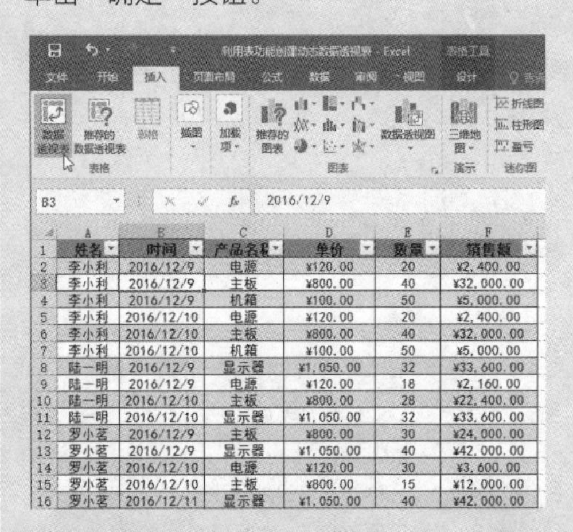

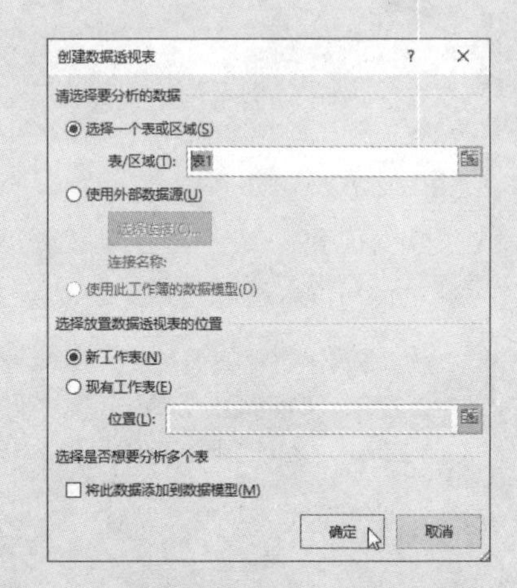

步骤5 系统将创建一个新工作表，并将创建的数据透视表放置其中，根据需要重命名工作表，并勾选和布局数据透视表字段即可。

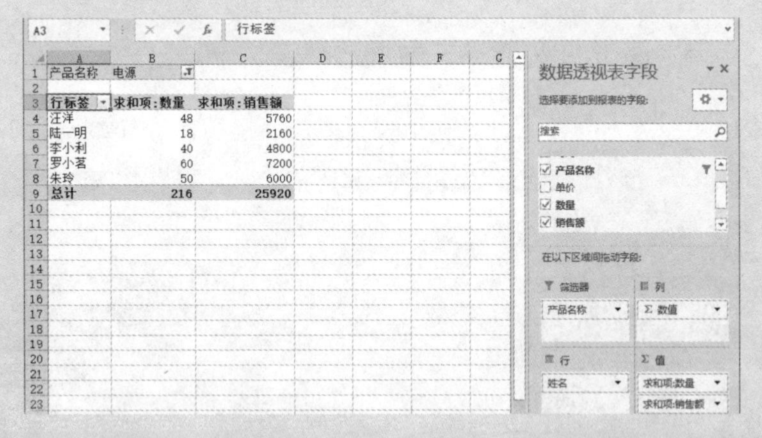

步骤6 通过上述设置，在数据源中添加数据记录时，表格会自动扩展，使创建的数据透视表拥有动态的数据源。例如，在数据源中添加周小刚销售电源的相关记录，然后选中数据透视表中的任意单元格，切换到“数据透视表工具/分析”选项卡，在“数据”组中单击“刷新”按钮即可刷新数据透视表。

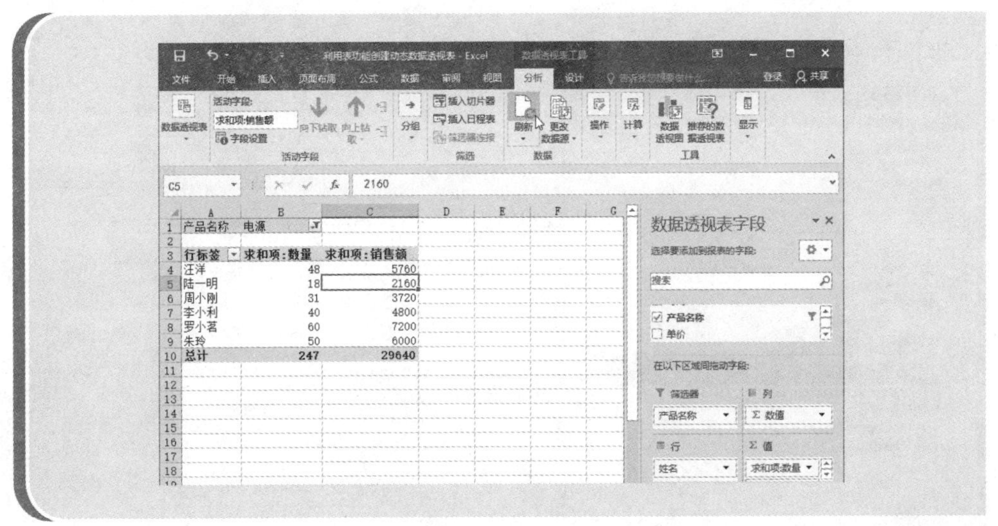

4.4.3 通过导入外部数据创建动态数据透视表

在Excel中，除定义名称和表功能之外，还可以通过导入外部数据创建数据透视表，使创建的数据透视表获得动态的数据源，其步骤如下。

步骤 1 打开“通过导入外部数据创建动态数据透视表.xlsx”素材文件，选中要放置数据透视表的目标单元格，切换到“数据”选项卡，在“获取外部数据”组中单击“现有连接”按钮。

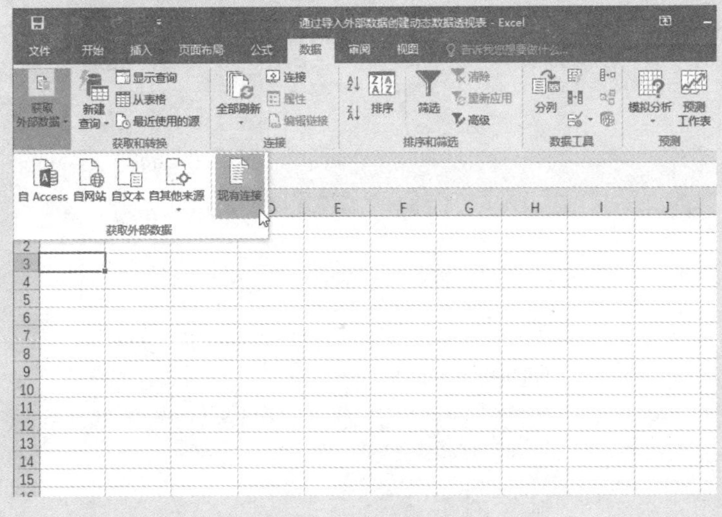

步骤 2 弹出“现有连接”对话框，单击“浏览更多”按钮。

步骤3 弹出“选取数据源”对话框，找到并选中含有数据源的工作簿，单击“打开”按钮。

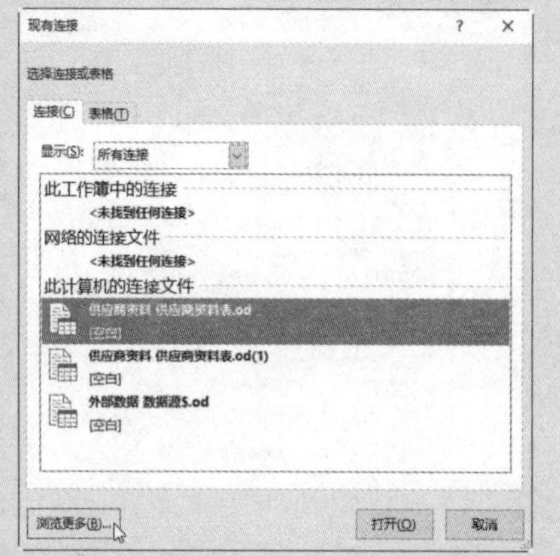

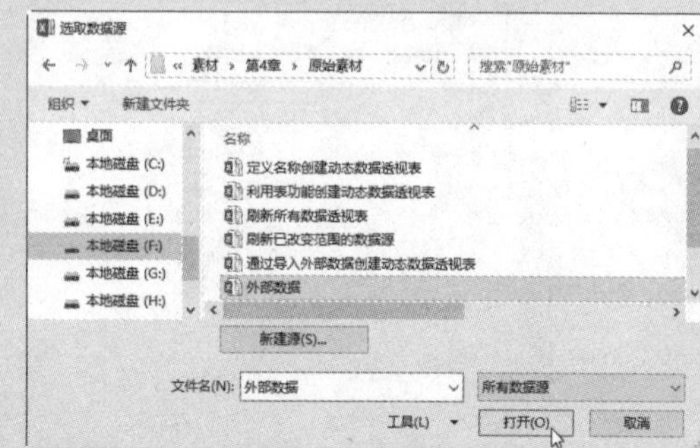

步骤4 弹出“选择表格”对话框，选中数据源所在表格，本例表格中包含标题，因此勾选“数据首行包含列标题”复选框，然后单击“确定”按钮。

步骤5 弹出“导入数据”对话框，选中“数据透视表”单选项和“现有工作表”单选项（系统将自动填入步骤1选中的单元格），然后单击“确定”按钮。

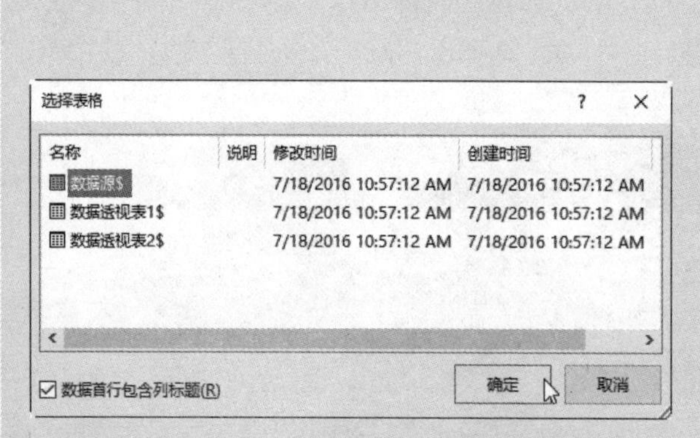

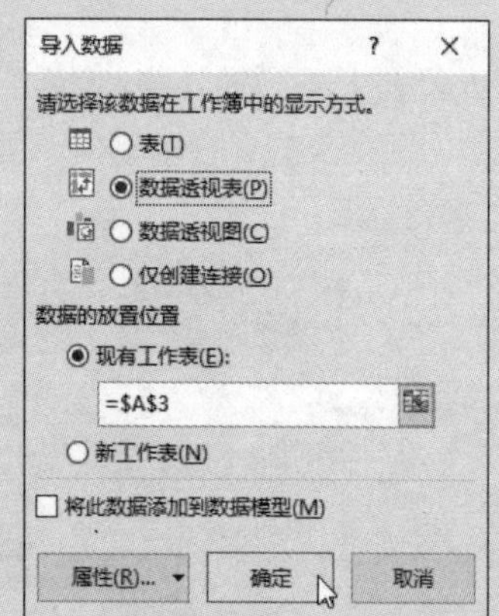

步骤6 返回工作表，可以看到系统在工作表中创建了一个数据透视表，根据需要勾选、布局数据透视表字段即可。

步骤7 通过上述设置，在数据源中添加数据记录，如在“外部数据”工作簿的“数据源”工作表中添加2016/7/5的销售记录，然后刷新数据透视表即可自动添加新记录。

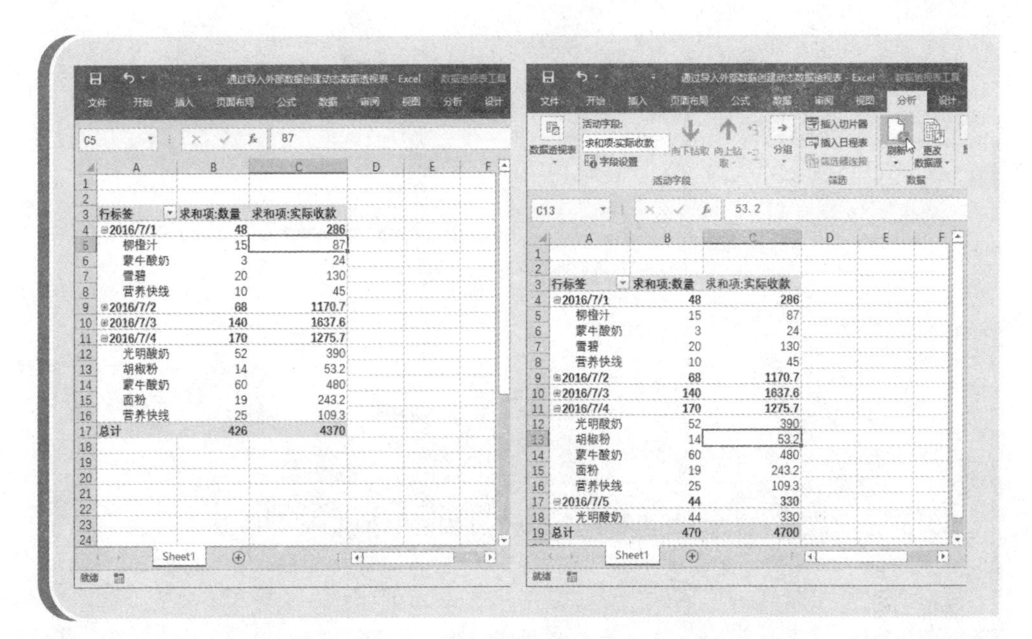

4.4.4 通过按钮打开“数据透视表和数据透视图向导”对话框

在创建非共享缓存的数据透视表时，需要打开“数据透视表和数据透视图向导”对话框，如果不习惯使用快捷键来启动对话框，可以添加按钮。在自定义快速访问工具栏，将“数据透视表和数据透视图向导”按钮添加到其中，通过按钮即可打开“数据透视表和数据透视图向导”对话框，其方法如下。

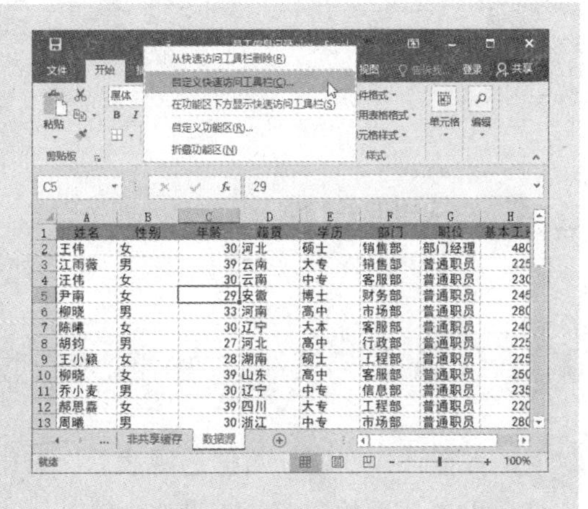

步骤 1 打开“员工信息记录.xlsx”素材文件，在功能区任意空白处右击鼠标，在弹出的快捷菜单中执行“自定义快速访问工具栏”命令。

步骤 2 弹出“Excel 选项”对话框，在“快速访问工具栏”选项卡的“从下列位置选择命令”下拉列表中选择“不在功能区中的命令”选项，在下方的列表框中找到并选中“数据透视表和数据透视图向导”选项，单击“添加”按钮，将其添加到右侧的列表框中，然后单击“确定”按钮即可。

步骤*3* 返回数据透视表，即可看到快速访问工具栏中添加了“数据透视表和数据透视图向导”按钮，单击该按钮，即可打开“数据透视表和数据透视图向导”对话框。

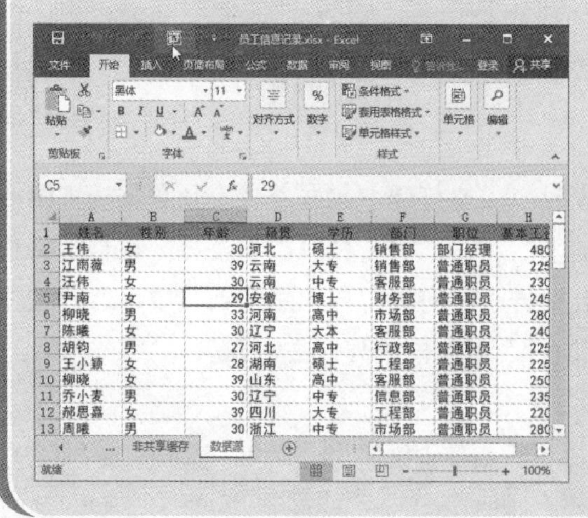

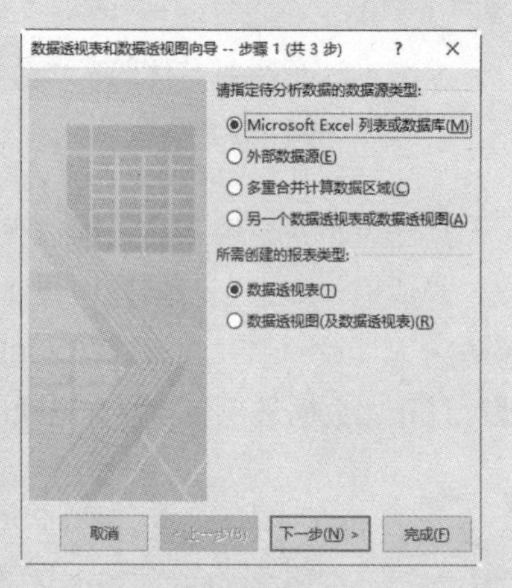

4.5 大师点拨

疑难① 如何在更新数据透视表时自动调整列宽

问题描述：在刷新数据透视表后，有时会发现原有的数据透视表列宽无法完整显示出更新后的内容，有没有办法让数据透视表在更新时自动调整列宽，以适应更新后的内容呢？

解决方法：可以在“数据透视表选项”对话框中设置更新数据透视表时自动调整列宽，其方法如下。

步骤1 打开“员工信息记录.xlsx”素材文件，使用鼠标右键单击数据透视表中的任意单元格，在弹出的快捷菜单中执行“数据透视表选项”命令。

步骤2 弹出“数据透视表选项”对话框，切换到“布局和格式”选项卡，勾选“更新时自动调整列宽”复选框，然后单击“确定”按钮即可。

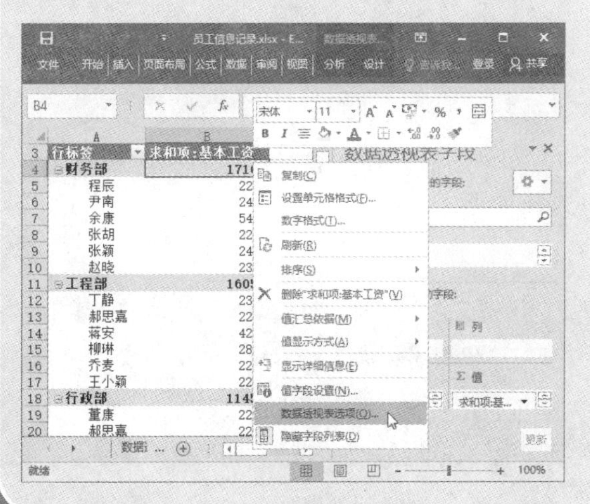

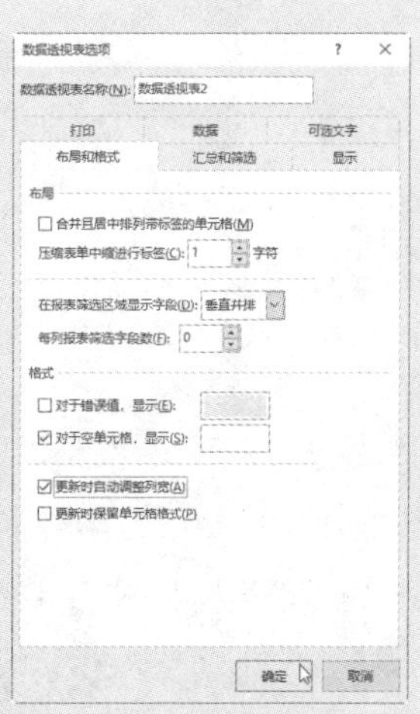

提示：如果需要在更新数据透视表时保持原格式和列宽不变，只需打开“数据透视表选项”对话框，切换到“布局和格式”选项卡，取消勾选“更新时自动调整列宽”复选框，并勾选“更新时保留单元格格式”复选框，然后单击“确定”按钮即可。

疑难❷ 如何在字段下拉列表中清除已删除数据源的项目

问题描述：默认情况下，在创建数据透视表后，如果删除数据源中的一些数据，然后刷新数据透视表，就会发现虽然在数据透视表中这些数据被删除了，但是在数据透视表的字段下拉列表中，仍然存在着这些被删除了的项目，例如，已经在数据源中删除的“瓜子”，但字段下拉列表中仍然存在“瓜子”项。如何才能将这些已删除的项目从字段下拉列表中清除呢？

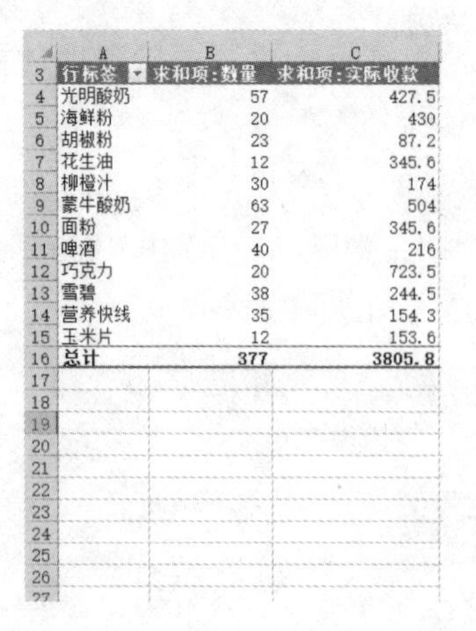

行标签	求和项:数量	求和项:实际收款
光明酸奶	57	427.5
海鲜粉	20	430
胡椒粉	23	87.2
花生油	12	345.6
柳橙汁	30	174
蒙牛酸奶	63	504
面粉	27	345.6
啤酒	40	216
巧克力	20	723.5
雪碧	38	244.5
营养快线	35	154.3
玉米片	12	153.6
总计	377	3805.8

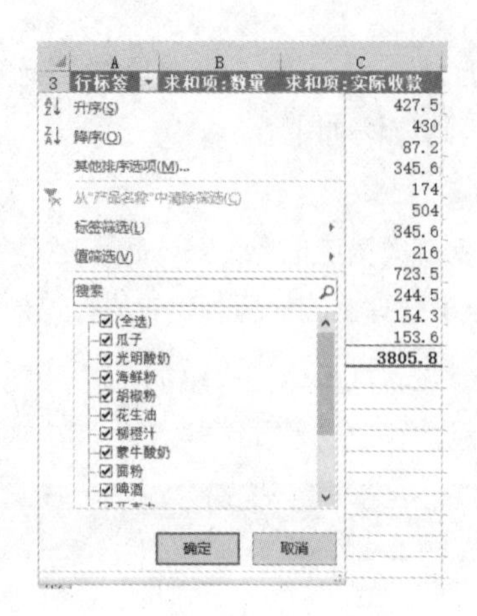

解决方法：可以在“数据透视表选项”对话框中进行设置，以便清除字段下拉列表中已删除数据源的项目，其方法如下。

步骤 *1* 打开“小卖部销售记录.xlsx”素材文件，使用鼠标右键单击数据透视表中的任意单元格，在弹出的快捷菜单中执行“数据透视表选项”命令。

步骤 *2* 弹出“数据透视表选项”对话框，切换到“数据”选项卡，在“保留从数据源删除的项目”栏中，设置“每个字段保留的项数”为“无”，然后单击“确定”按钮即可。

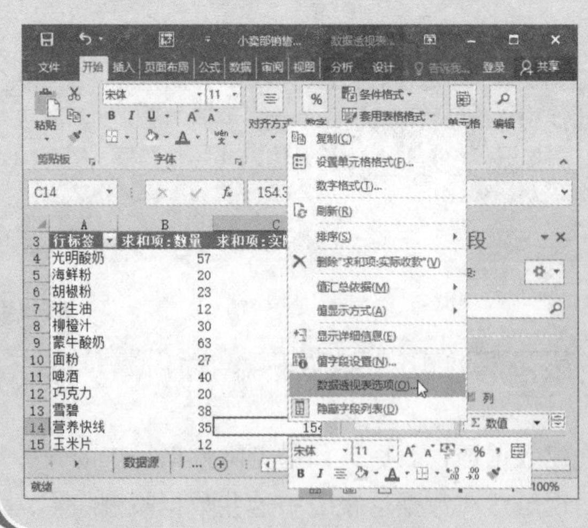

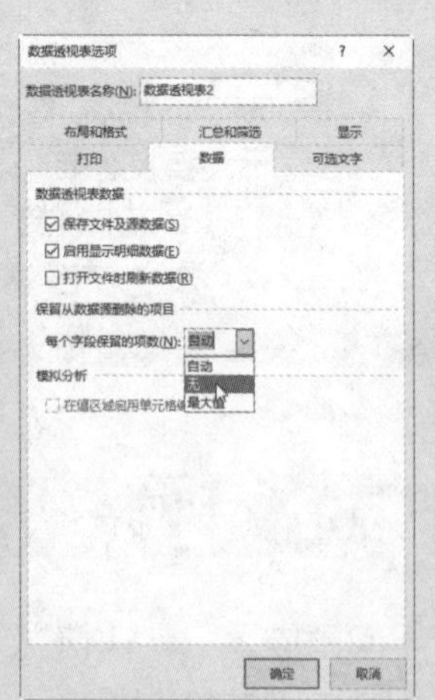

疑难 3 如何找回刷新数据透视表时丢失的数据

问题描述：在创建数据透视表后，如果在数据源中更改了已经放入数据透视

表数值区域的字段名称，然后刷新数据透视表，就会发现在数据透视表中相关的数值区域数据丢失了。例如，在“员工信息记录”工作簿中，创建了“数据透视表2”，并将“基本工资”字段放置到数值区域中，然而在数据源中修改“基本工资”为“员工工资”，然后刷新“数据透视表2”，就会发现数据透视表丢失了相关的数值区域数据。如何才能找回刷新数据透视表时丢失的数据呢？

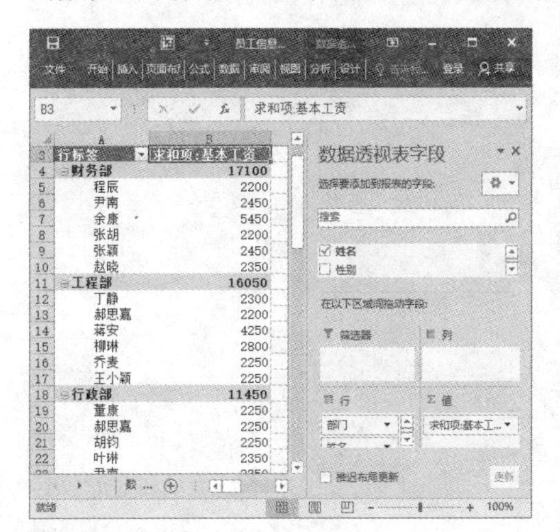

解决方法：要恢复上述情况下丢失的数据，只需在刷新数据透视表后，在“数据透视表字段”窗格中将更名后对应的新字段添加到数值区域即可。例如，因为在数据源中修改“基本工资”为“员工工资”，因此在刷新后的“数据透视表2”中勾选“员工工资”复选框，让系统自动将该字段布局到数值区域，即可找回丢失的数值区域相关数据。

第5章

美化数据透视表

创建好的数据透视表看起来不美观，让人提不起阅读的兴趣怎么办呢？在创建数据透视表之后，我们可以对其进行各种格式设置，打造出符合需要的外观效果。

本章导读：

- 设置数据透视表的样式
- 设置数据透视表的格式
- 数据透视表与条件格式

5.1 设置数据透视表的样式

要让数据透视表更美观，就需要先设置一下数据透视表的样式。这里我们讲数据透视表的样式，主要指数据透视表中不同区域的填充颜色和边框线的样式。通过设置数据透视表的样式，可以快速改变数据透视表的整体外观。

5.1.1 使用内置的数据透视表样式

Excel提供了多种内置的数据透视表样式供用户选择。应用这些内置数据透视表样式的方法很简单，单击数据透视表中的任意单元格，出现“数据透视表工具/设计”选项卡，在“数据透视表样式”组中单击“其他”下拉按钮，打开样式下拉列表，在其中单击需要应用的样式即可改变当前数据透视表的外观。

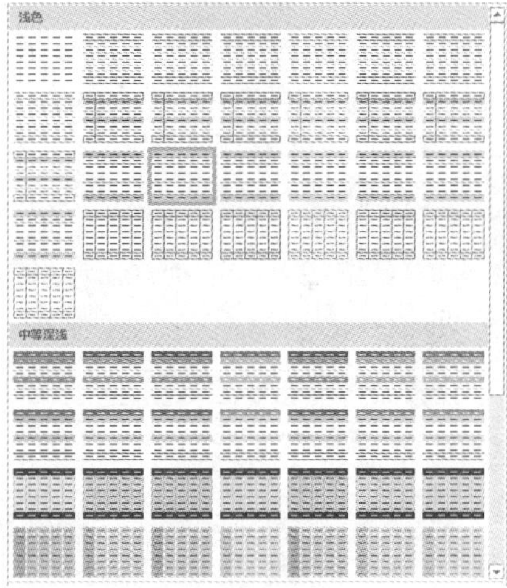

> **提示：在数据透视表样式下拉列表中，Excel提供的内置样式被分为“浅色”、“中等深浅”和“深色”3组，同时列表中越往下的样式越复杂。**

此外，在“数据透视表工具/设计”选项卡的“数据透视表样式选项”组中，还可以进一步改变数据透视表行和列的边框和填充效果。例如，勾选“镶边行”和“镶边列”复选框后，Excel将对数据透视表执行相应的调整。

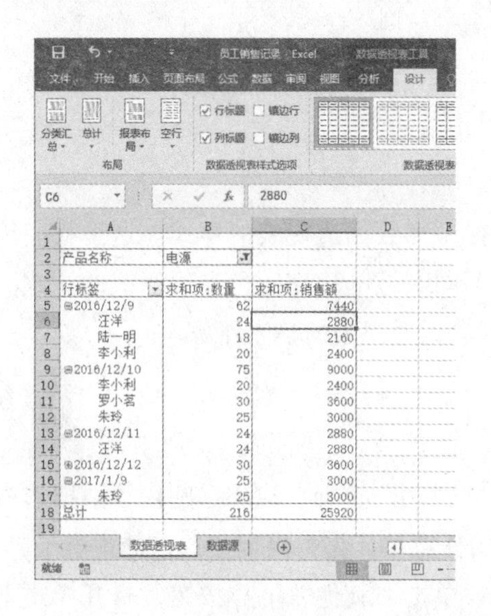

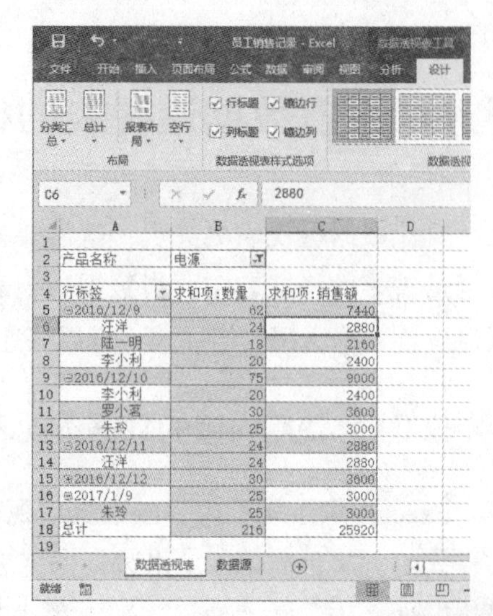

5.1.2 为数据透视表设置自定义样式

如果在Excel内置的数据透视表样式里没有找到想要的效果，可以设置自定义的数据透视表样式，其步骤如下。

步骤1 打开“员工销售记录.xlsx”素材文件，选中数据透视表中的任意单元格，在“数据透视表工具/设计”选项卡的“数据透视表样式”组中打开样式下拉列表，选择“新建数据透视表样式”选项。

步骤2 弹出“新建数据透视表样式”对话框，在“表元素”列表框中选中要设置格式的元素，然后单击“格式”按钮。

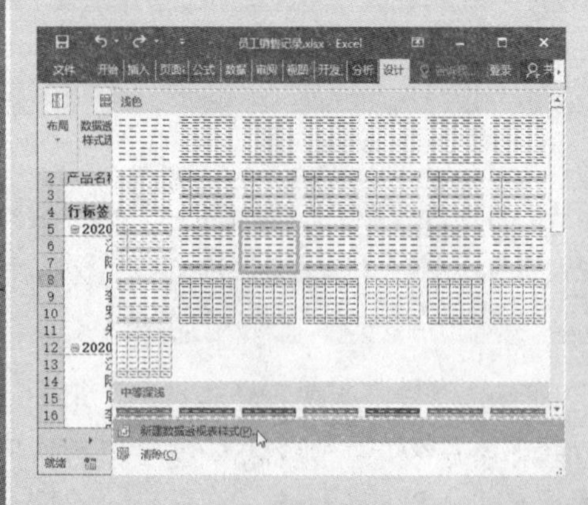

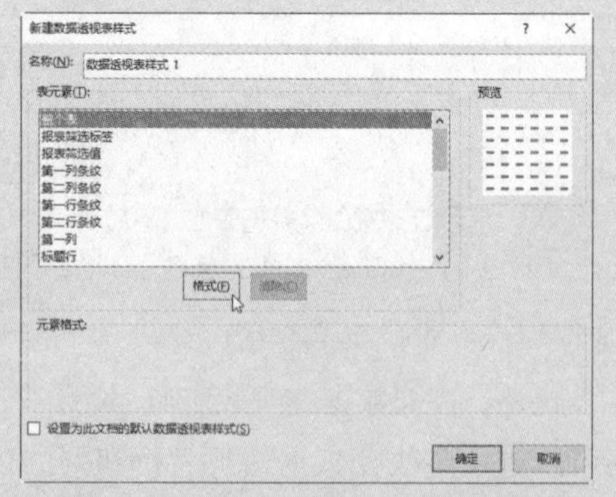

步骤3 弹出“设置单元格格式”对话框，根据需要设置选中元素的格式，然后单击“确定”按钮返回“新建数据透视表样式”对话框，并继续按照该方法设置其他表元

素的单元格格式。

步骤 4 全部设置完成后，返回“新建数据透视表样式”对话框，确认预览效果，然后在“名称”文本框中设置新建数据透视表样式的名称，单击“确定”按钮即可。

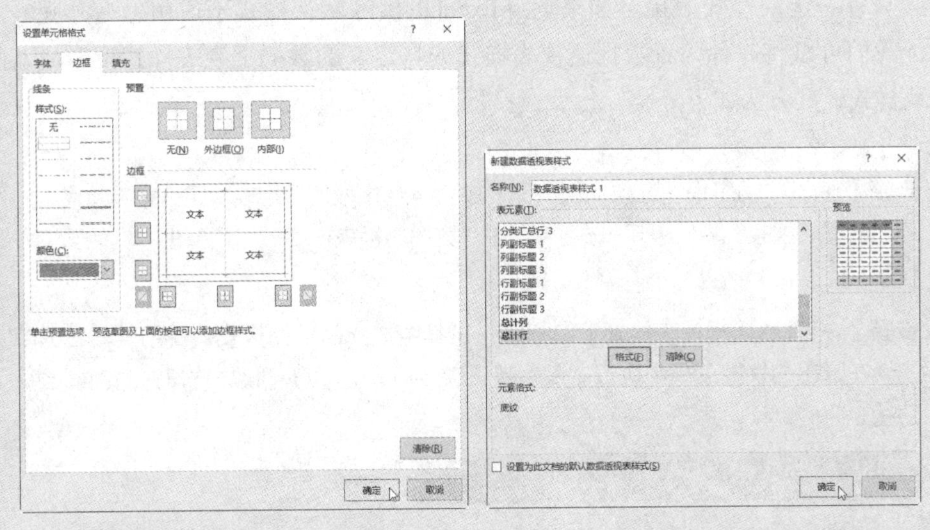

步骤 5 自定义样式后，在“数据透视表工具/设计”选项卡的“数据透视表样式”组中打开样式下拉列表，选择“自定义”栏中新建的样式即可将其套用。

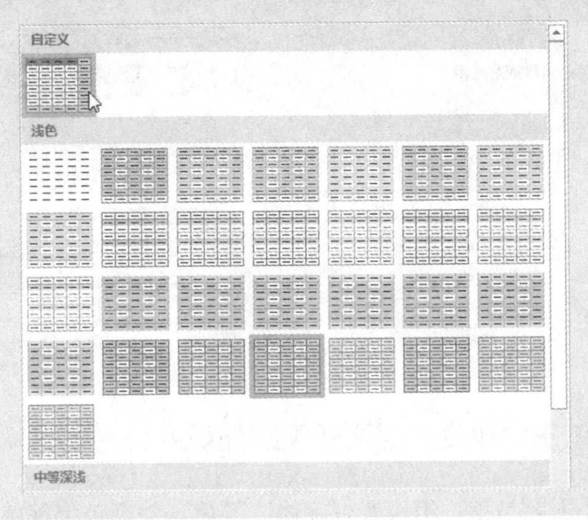

提示： 在数据透视表的样式下拉列表中，使用鼠标右键单击自定义的样式，在弹出的快捷菜单中执行相应命令，即可对所选样式进行修改、复制、删除等多种操作。

5.1.3　为数据透视表设置默认的样式

在Excel中，创建数据透视表时会自动将创建的数据透视表设置为默认样式，使其具有一定的样式效果。如果觉得Excel提供的默认样式不适用怎么办呢？此时，我们可以将一种内置数据透视表样式或自定义的数据透视表样式设置成新的默认样式，其方法如下。

步骤1 打开“员工销售记录.xlsx”素材文件，选中数据透视表中的任意单元格，出现“数据透视表工具/设计”选项卡，在“数据透视表样式”组中单击“其他”下拉按钮。

步骤2 打开数据透视表样式下拉列表，在其中选择需要的样式，使用鼠标右键单击，在弹出的快捷菜单中执行“设为默认值”命令，即可将该样式设置为创建数据透视表时的默认样式了。

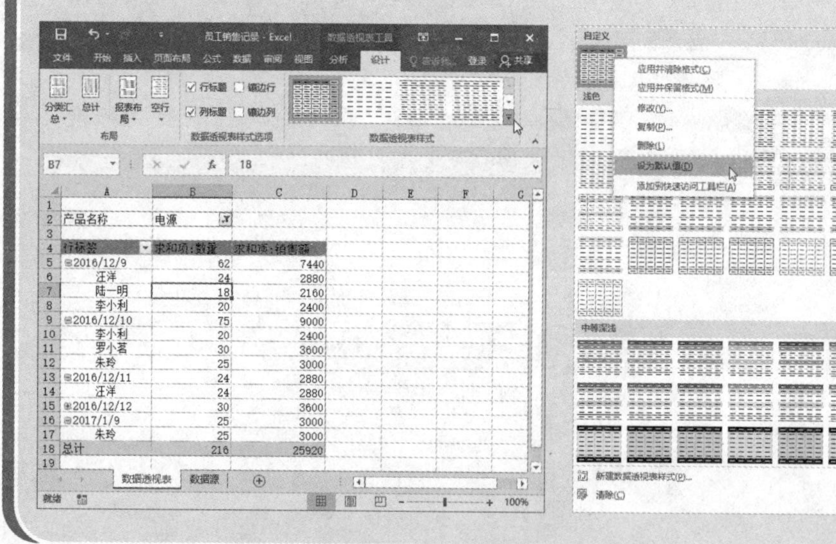

5.1.4　通过主题改变数据透视表的外观

在Office中，主题是指一组设置好字体、颜色、外观效果等的设计方案。在不同的主题之间切换，可以快速改变文档的整体外观。在World、Excel和PowerPoint中都可以轻松应用内置的主题，或者使用自定义主题。

1. 应用内置主题

在默认情况下，Excel工作簿会自动使用名为“Office”的主题。如

果要应用其他预设的主题，可以切换到“页面布局”选项卡，在“主题”组中单击“主题”下拉按钮，在打开的下拉列表中根据需要选择一种主题即可。

更改主题后，将自动更改工作表中的数据透视表、图表、形状等的外观。

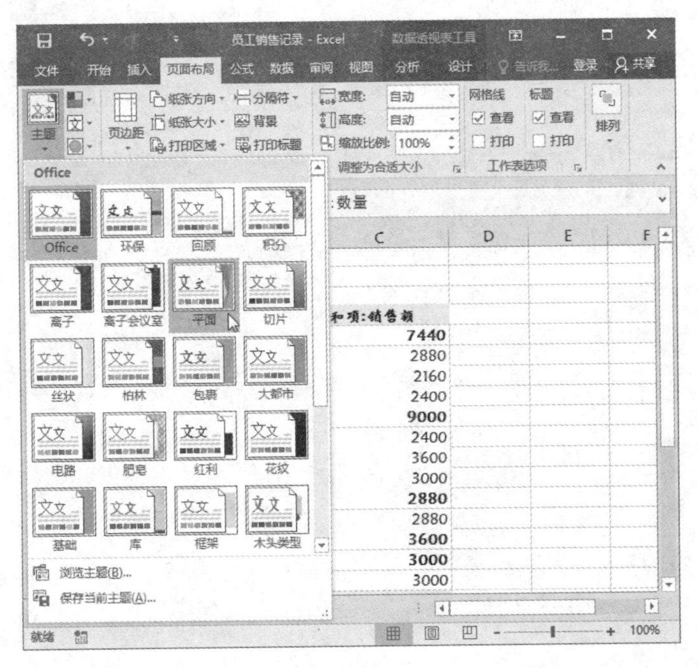

2. 使用自定义主题

如果对Excel提供的内置主题不满意该怎么办呢？我们可以自定义主题，并将其应用到工作簿中，其步骤如下。

步骤 1 打开“员工销售记录.xlsx”素材文件，切换到“页面布局”选项卡，在“主题”组中单击“颜色”下拉按钮，在打开的下拉列表中执行“自定义颜色”命令。

步骤 2 弹出“新建主题颜色”对话框，根据需要设置颜色，在“名称”文本框中输入自定义的主题颜色名称，然后单击“保存”按钮即可保存自定义主题颜色方案，并将其应用到当前工作簿中。

步骤 3 在“页面布局”选项卡的“主题”组中单击“字体”下拉按钮，在打开的下拉列表中执行“自定义字体”命令。

步骤 4 弹出“新建主题字体”对话框，根据需要设置字体，在“名称”文本框中输入自定义的主题字体名称，然后单击“保存”按钮即可保存自定义主题字体方案，并将其应用到当前工作簿中。

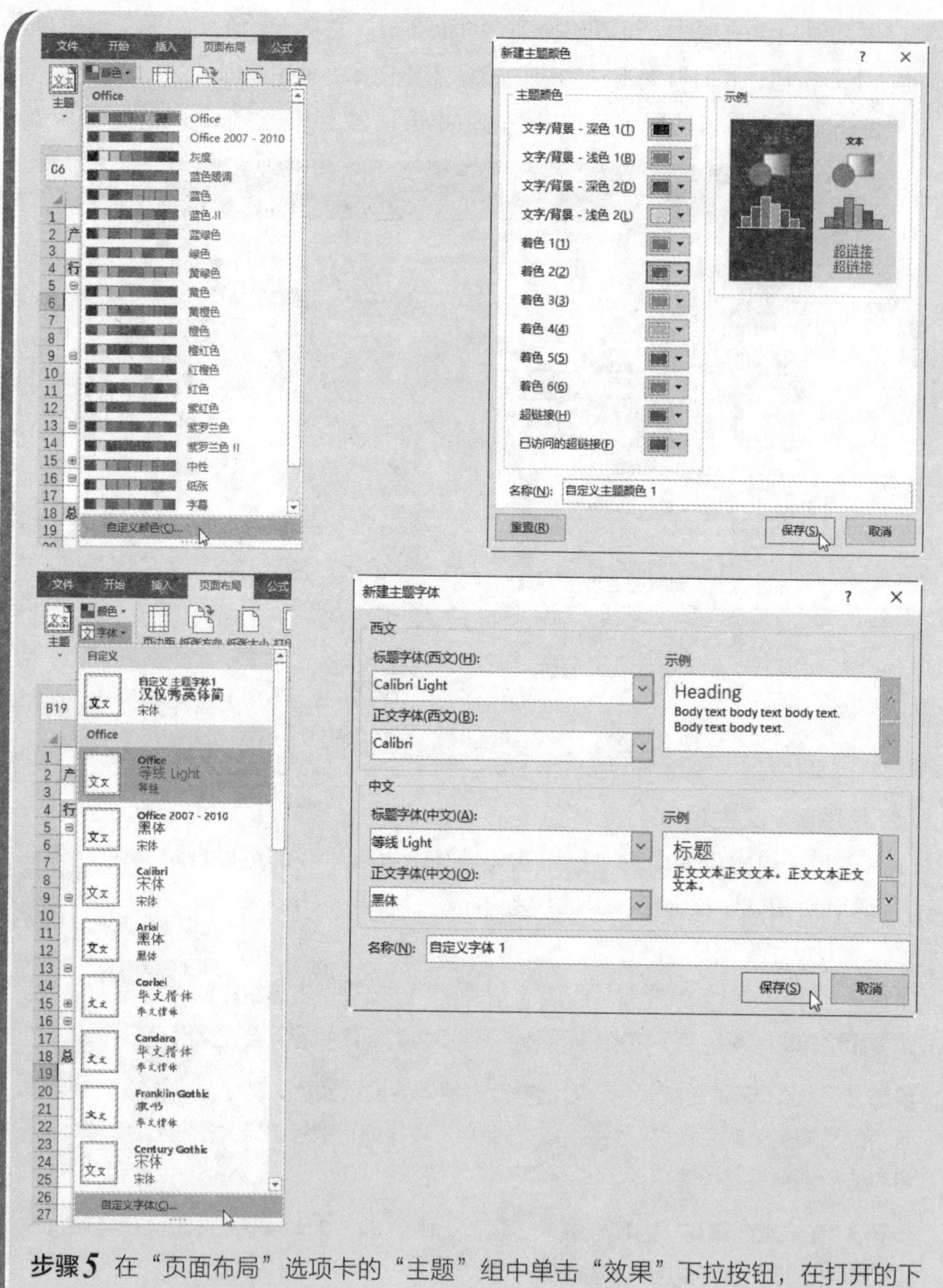

步骤5 在“页面布局”选项卡的“主题”组中单击“效果”下拉按钮，在打开的下拉列表中选择一种效果即可。

步骤6 设置完成后，在“页面布局”选项卡的“主题”组中单击“主题”下拉按钮，在打开的下拉列表中执行“保存当前主题”命令。

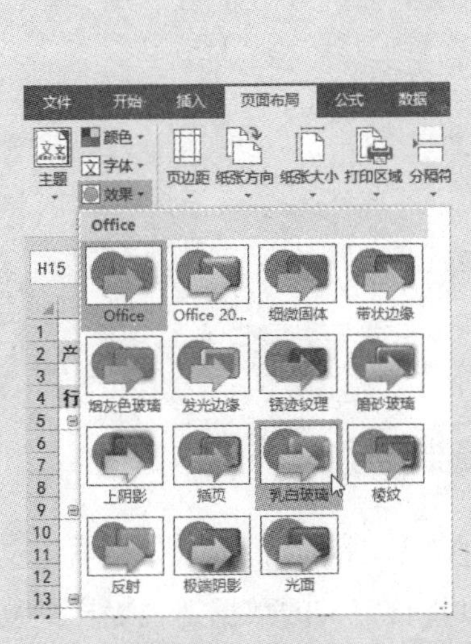

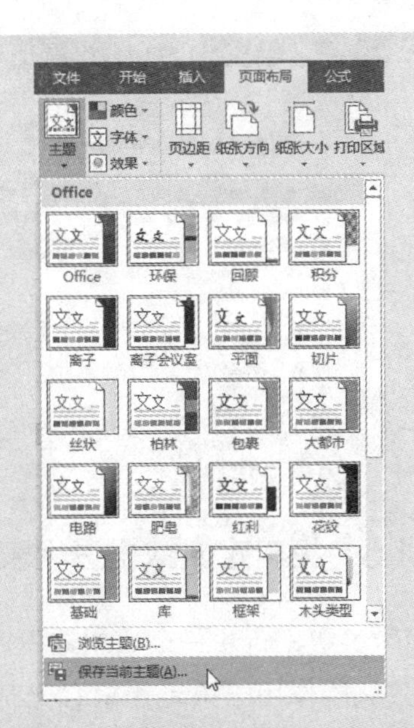

步骤 7 弹出“保存当前主题”对话框，在“文件名”文本框中输入自定义的主题名称，其他保持默认设置，然后单击“保存”按钮即可保存当前设置的自定义主题。

步骤 8 保存自定义主题后，在“页面布局”选项卡的“主题”组中单击“主题”下拉按钮，在打开的下拉列表的“自定义”栏中即可看到保存的自定义主题，单击即可应用该主题。

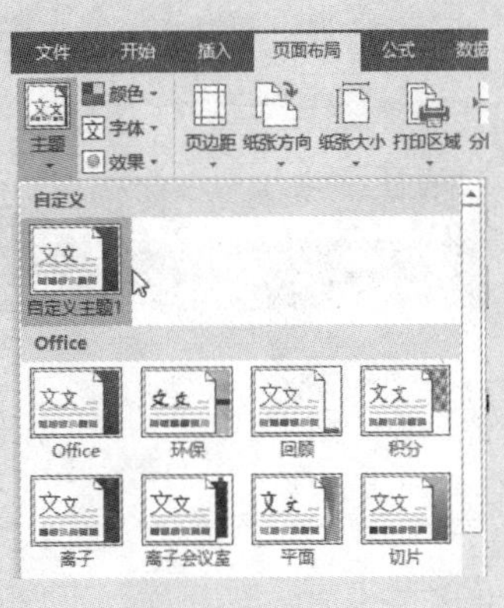

提示：在进行保存自定义的主题或主题颜色、主题字体等操作后还可根据需要将其删除，方法：在“页面布局”选项卡的“主题”组中打开相应的下拉列表，使用鼠标右键单击需要删除的选项，在弹出的快捷菜单中执行“删除”命令，并在弹出的提示对话框中单击“是”按钮即可。

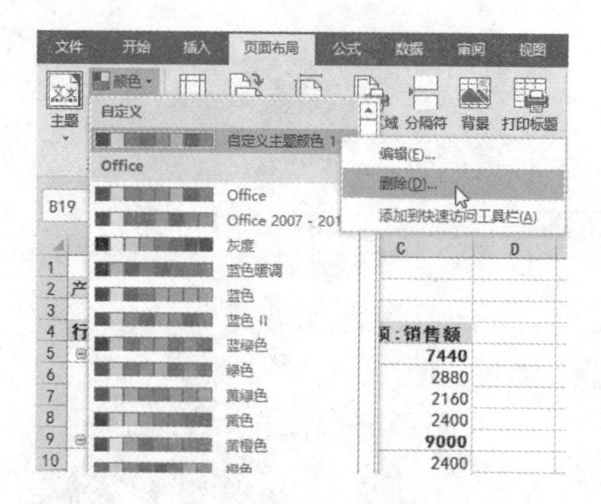

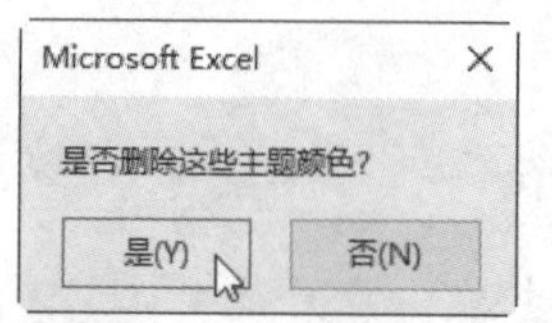

5.1.5 将自定义数据透视表样式复制到另一个工作簿中

在Excel中，新建一个数据透视表样式的工作量不小，而设置的自定义数据透视表样式只能作用于该工作簿。此时，可以将自定义的数据透视表样式复制到其他工作簿中，操作方法如下。

步骤1 打开“员工销售记录1.xlsx”素材文件，如果工作簿中的数据透视表没有应用该样式，则在数据透视表中单击任意单元格，然后在“数据透视表工具/设计”选项卡的“数据透视表样式”组中单击“其他”下拉按钮，打开下拉列表，在“自定义”栏中选择需要复制的自定义数据透视表样式。

步骤2 选中应用了自定义样式的整个数据透视表，按“Ctrl+C”组合键复制数据透视表及其样式。

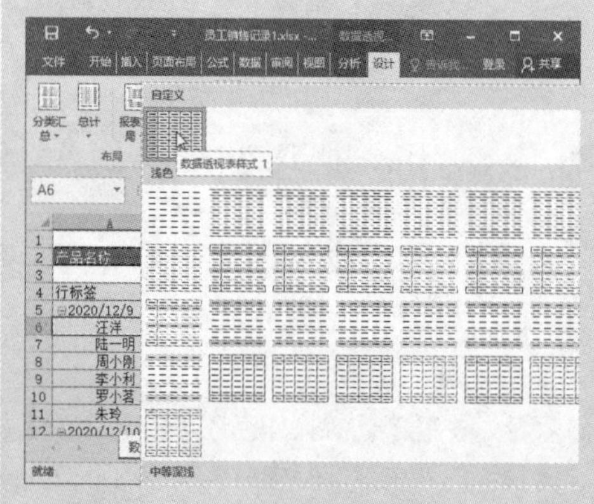

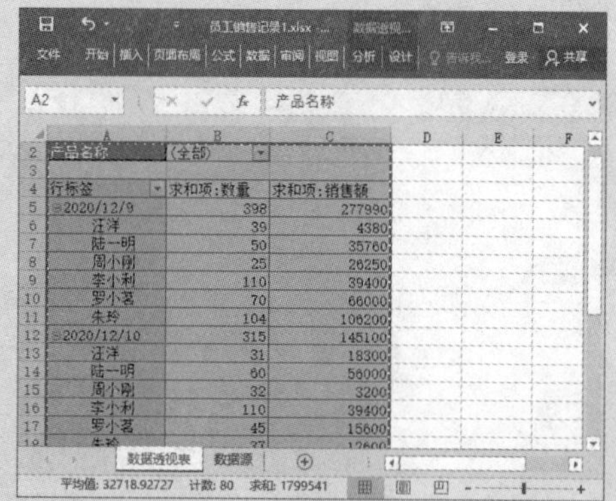

步骤3 打开“小卖部销售记录.xlsx”素材文件，切换到需要应用自定义样式的数据透视表所在的工作表，选中数据透视表外的任意空白单元格，如G3单元格，按“Ctrl+V”组合键，即可粘贴数据透视表及其样式。

步骤 4　此时在“小卖部销售记录.xlsx”的数据透视表中单击任意单元格，然后在“数据透视表工具/设计”选项卡的“数据透视表样式”组中单击“其他”下拉按钮，打开下拉列表，在“自定义”栏中可以看到自定义数据透视表样式被复制到了工作簿中，选择该样式即可。

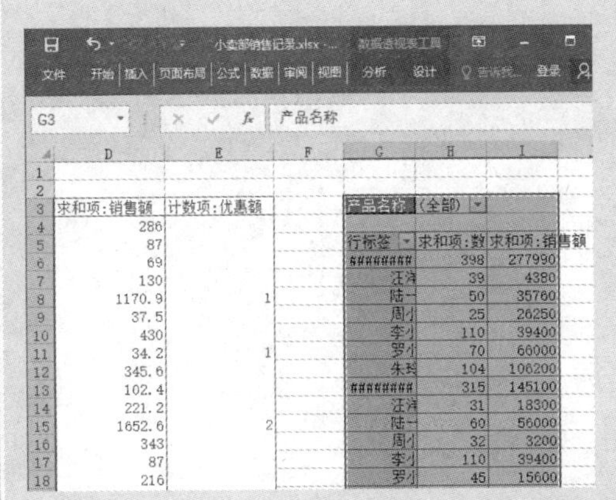

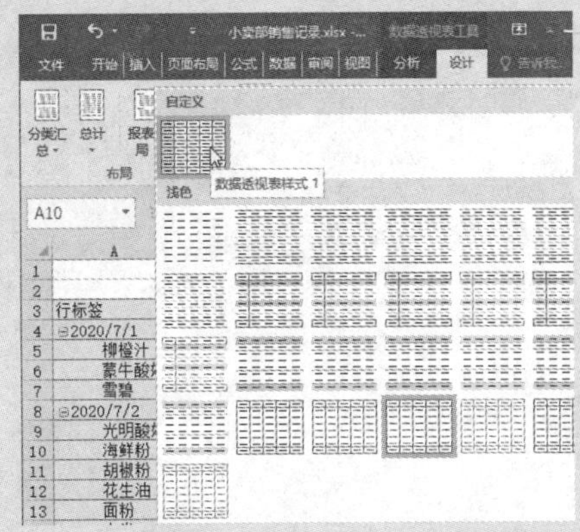

步骤 5　完成上述设置后，需要删除为复制自定义样式而复制到工作簿中的数据透视表，选中该数据透视表及其周边部分空白单元格区域，使用鼠标右键单击，在弹出的快捷菜单中执行“删除”命令。

步骤 6　弹出“删除”对话框，根据需要选择删除所选单元格区域后工作表的调整方式，本例选中“右侧单元格左移”单选项，单击“确定”按钮。

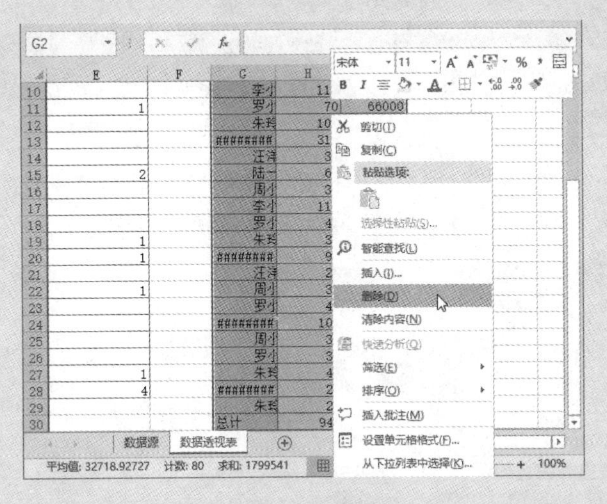

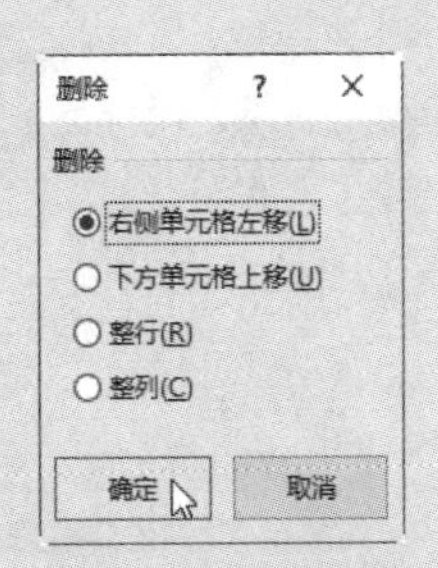

注意：如果仅选择数据透视表所在的单元格区域，使用鼠标右键单击后，弹出的快捷菜单中将没有“删除”命令。

步骤7 完成设置后，即可看到将自定义数据透视表应用到另一个工作簿中的最终效果。

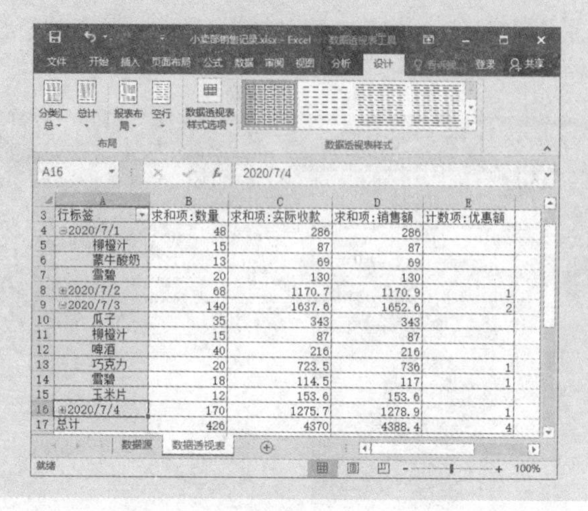

5.1.6 删除自定义数据透视表样式

在数据透视表中，设置了自定义数据透视表后，如果不再需要该样式，可以通过右键单击后在弹出的快捷菜单中将其删除，方法如下。

步骤1 打开“产品销售出库记录.xlsx”素材文件，在数据透视表中单击任意单元格，出现“数据透视表工具/设计”选项卡，在“数据透视表样式”组中单击“其他”下拉按钮。

步骤2 打开下拉列表，在“自定义”栏中使用鼠标右键单击需要删除的自定义数据透视表样式，在弹出的快捷菜单中执行“删除”命令即可删除该样式。

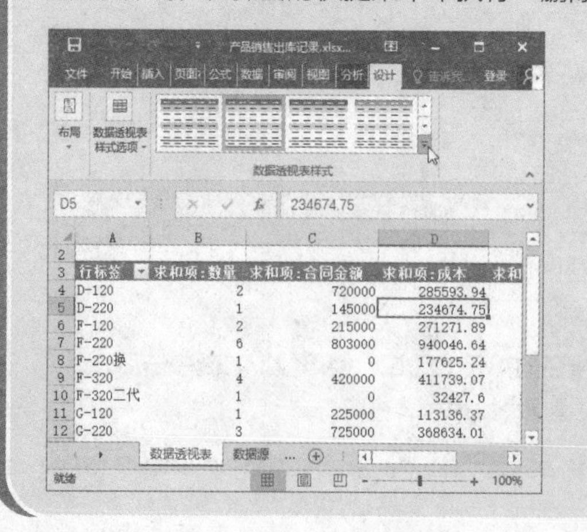

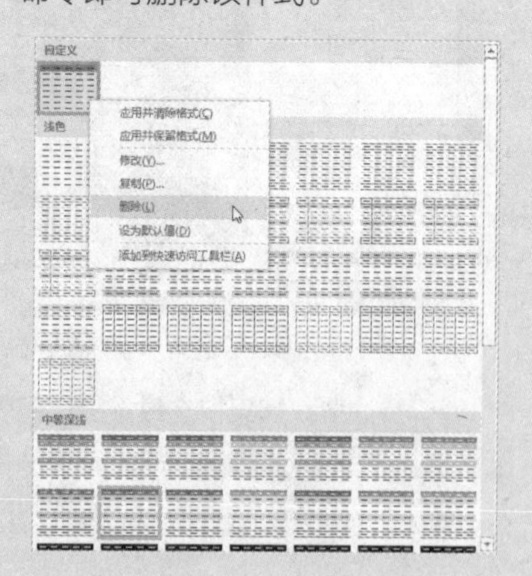

注意：对于Excel内置的数据透视表样式，无法进行删除、修改等操作。

5.2 设置数据透视表的格式

要让数据透视表更美观，仅设置边框线和填充色可不够，我们还需对字体、单元格数字格式等进行设置。这时可以使用常规方法设置单元格的格式，来对数据透视表进行格式设置。更省时省力的办法是通过Excel提供的多种数据透视表专用的格式控制选项来进行设置。

5.2.1 批量设置数据透视表中某类项目的格式

在Excel中，要设置数据透视表中某类项目的格式，可以直接使用“启用选定内容”功能。

默认情况下该功能是未开启状态的。开启该功能的方法：在“数据透视表工具/分析”选项卡的“操作”组中单击“选择”下拉按钮，在打开的下拉列表中执行“启用选定内容”命令即可。

开启“启用选定内容”功能后，再次打开“选择”下拉列表，可以看到“启用选定内容”命令前的图标变为了图标。

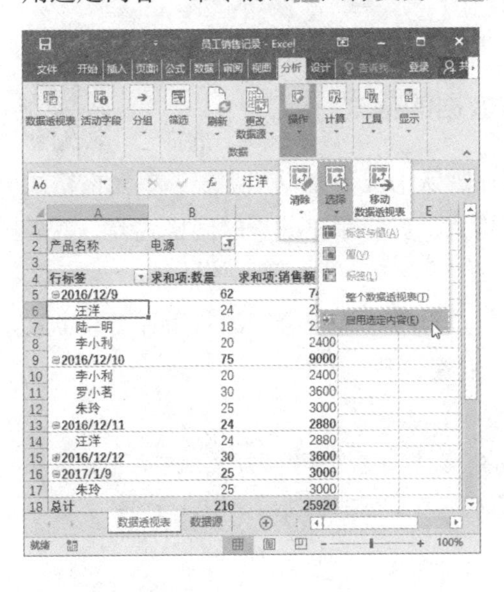

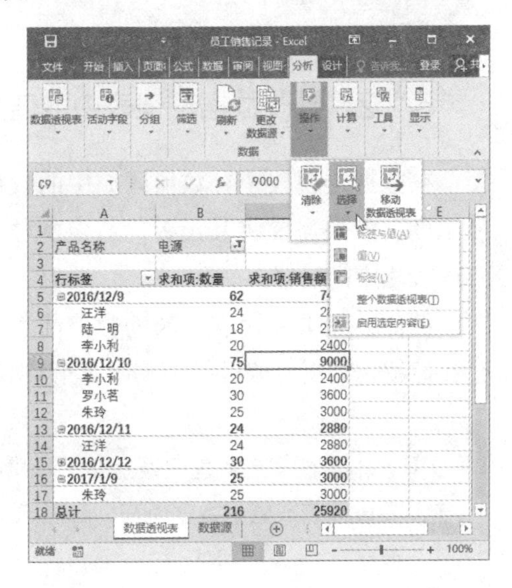

提示：在“数据透视表工具/分析”选项卡的“操作”组中单击“选择”下拉按钮，在打开的下拉列表中执行“启用选定内容”命令，切换命令前图标的显示状态，即可设置开启或关闭相应功能。

在开启“启用选定内容”功能后，将鼠标指针指向数据透视表行字段中的某项，当鼠标指针变为黑色箭头形状如⬇时，单击即可选中该项；当鼠标指针变为黑色箭头形状如➡时，单击即可选中该项及其相应记录内容。选中需要设置的某类项目后，在“开始”选项卡中即可根据需要对其进行字体、字号、文字颜色、单元格背景色等的设置。

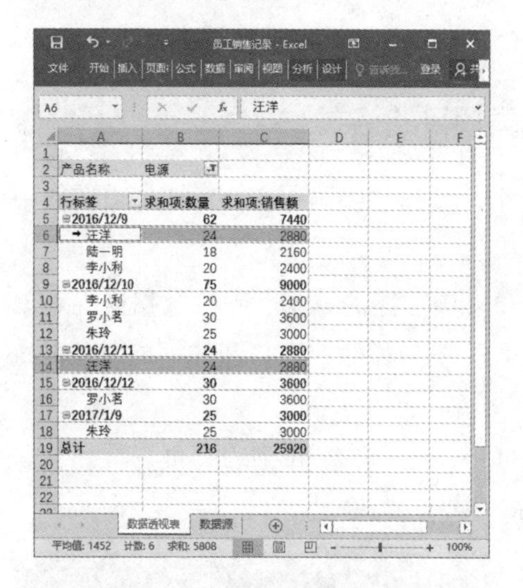

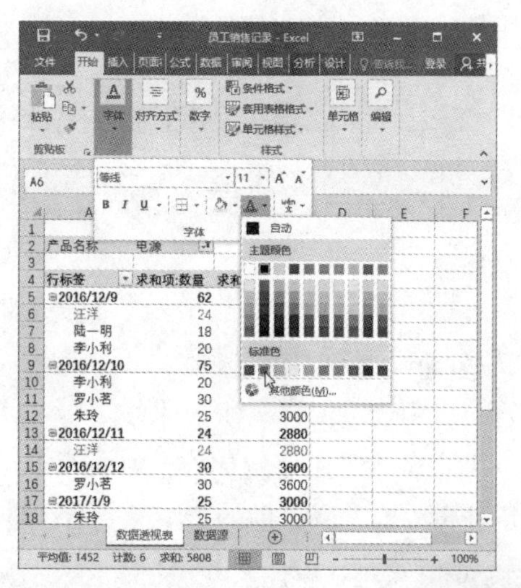

5.2.2 修改数据透视表中数值型数据的格式

在数据透视表中，数值区域中的数据在默认情况下是以“常规”单元格格式显示的。如果需要将其设置为特定的数字格式，如货币格式、时间格式等，就需要进行相应的设置。

例如，如果在代表金额的数值前添加货币符号，体现金额的货币种类，也就是在数据透视表中修改数值型数据的格式，步骤如下。

步骤 *1* 打开“员工销售记录.xlsx”素材文件，在数据透视表的数值区域中，右键单击需要设置的数值型数据所在列的任意单元格，在弹出的快捷菜单中执行“数字格式”命令。

步骤2 弹出“设置单元格格式”对话框，在“分类”列表框中根据需要选择数字格式的类型，然后在对应的页面中选择需要的数字格式，完成后单击“确定”按钮。

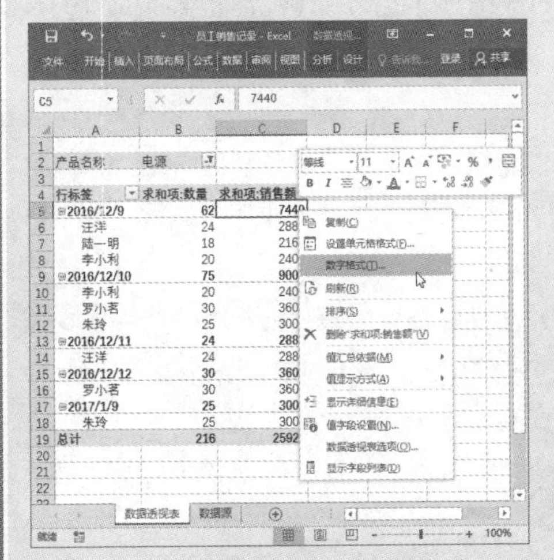

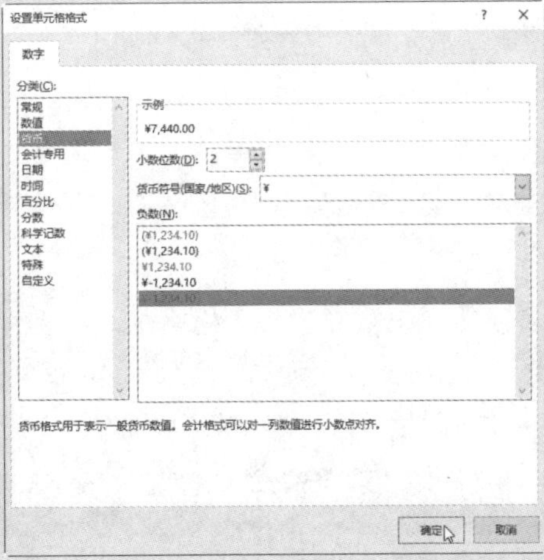

步骤3 返回数据透视表，即可看到修改格式后的效果，本例将“求和项:销售额”的数值型数据由常规格式修改为货币格式。

	A	B	C	D
1				
2	产品名称	电源		
3				
4	行标签	求和项:数量	求和项:销售额	
5	⊟2016/12/9	62	¥7,440.00	
6	汪洋	24	¥2,880.00	
7	陆一明	18	¥2,160.00	
8	李小利	20	¥2,400.00	
9	⊟2016/12/10	75	¥9,000.00	
10	李小利	20	¥2,400.00	
11	罗小茗	30	¥3,600.00	
12	朱玲	25	¥3,000.00	
13	⊟2016/12/11	24	¥2,880.00	
14	汪洋	24	¥2,880.00	
15	⊟2016/12/12	30	¥3,600.00	
16	罗小茗	30	¥3,600.00	
17	⊟2017/1/9	25	¥3,000.00	
18	朱玲	25	¥3,000.00	
19	总计	216	¥25,920.00	

提示：在“设置单元格格式”对话框中，先在“分类”列表框中选择“时间”“日期”等数字格式的类型，然后在对应的页面中根据需要设置相应的数字格式，完成后单击“确定”按钮，即可将数据透视表中数值型数据修改为相应的格式。

5.2.3 自定义数字格式

通过自定义数字格式可以设置表格中数据的表现方式。为实现这个目的，需

要用到自定义数字格式代码。

例如，在数据透视表“期中成绩表”中，将小于80分的成绩显示为“不及格”，将大于或等于80分并且小于120分的成绩显示为“及格”，将大于或等于120分的成绩显示为“优秀”，步骤如下。

步骤1 打开“期中成绩表.xlsx”素材文件，在数据透视表的数值区域中，右键单击需要设置的数值型数据所在列的任意单元格，在弹出的快捷菜单中执行“数字格式”命令。

步骤2 弹出“设置单元格格式”对话框，在“分类”列表框中选择“自定义”选项，然后在对应页面的“类型”文本框中输入“[>=120]"优""秀"; [>=80]"及""格"; "不""及""格"”，完成后单击“确定”按钮。

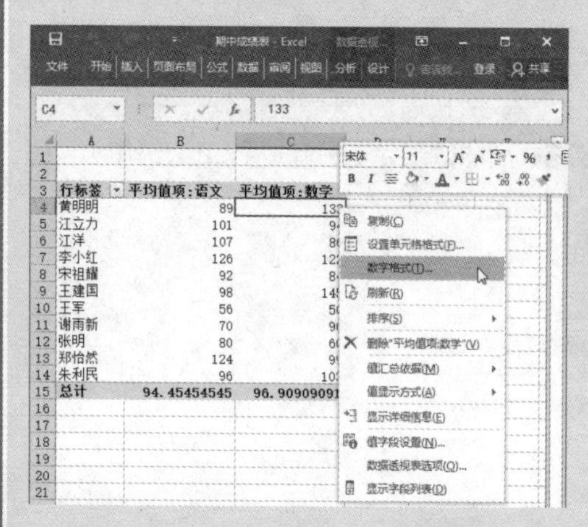

步骤3 返回数据透视表，即可看到自定义数字格式后的效果，本例将“平均值项:数学”的数据按照学生的成绩分数，显示为“不及格”、“及格”和“优秀”。

行标签	平均值项:语文	平均值项:数学
黄明明	89	优秀
江立力	101	及格
江洋	107	及格
李小红	126	优秀
宋祖耀	92	及格
王建国	98	优秀
王军	56	不及格
谢雨新	70	及格
张明	80	不及格
郑怡然	124	及格
朱利民	96	及格
总计	94.45454545	及格

注意：在自定义数字格式后，改变的是单元格的格式设置，而不是数据透视表中的统计值，因此选中在数据透视表中设置自定义数字格式的单元格，然后查看编辑栏，就会看到该单元格中的数值。

在自定义数字格式时，编写代码需要注意的基本规则如下。

- 在代码中，需要用“[]”符号将数据的判断条件标示出来，例如，[=1]表示当单元格中的值“等于1”时，[>=60]表示当单元格中的值“大于或等于60”时，[<=80]表示当单元格中的值“小于或等于80”时。
- 在代码中，判断条件之后紧跟着的就是在该条件下的显示结果，例如，输入代码“[<80]不及格”，表示当单元格中的值“小于80”时，单元格显示“不及格”。
- 在代码中，“[]”符号还可以用来标示颜色，以便进一步设置判断条件对应的显示结果，例如，输入代码“[<80][红色]不及格”，表示当单元格中的值“小于80”时，单元格显示为红色的“不及格”。

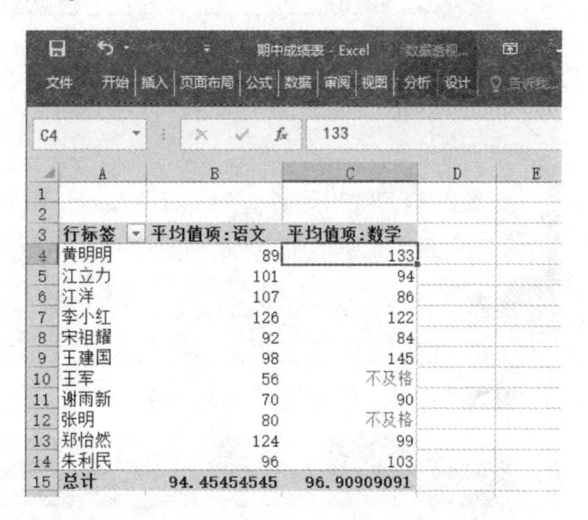

	A	B	C
3	行标签	平均值项:语文	平均值项:数学
4	黄明明	89	133
5	江立力	101	94
6	江洋	107	86
7	李小红	126	122
8	宋祖耀	92	84
9	王建国	98	145
10	王军	56	不及格
11	谢雨新	70	90
12	张明	80	不及格
13	郑怡然	124	99
14	朱利民	96	103
15	总计	94.45454545	96.90909091

- 在代码中，一组判断条件和其对应的显示结果，就形成了一个条件判断区间，各个条件判断区间需要以“;”分隔开。
- 对于数字格式来说，条件判断区间最多不能超过3个。

提示：在输入自定义数字格式的代码时，可以直接输入如“[<80]不及格;及格”的代码（不输入双引号），在单击“确认”按钮确认设置后，再次打开自定义数字格式的“设置单元格格式”对话框，可以看到系统将自动规范输入的代码，并在代码中加入双引号（""），使其变为“[<80]"不""及""格";"及""格"”。

5.2.4 设置错误值的显示方式

在数据透视表中执行计算时，有时会因为添加的计算项或计算字段而出现一些错误值，影响了数据的显示效果，如下图所示。

E8 #DIV/0!

	A	B	C	D	E
3	行标签	求和项:数量	求和项:合同金额	求和项:成本	求和项:利润率
4	D-120	2	720000	285593.94	60.33%
5	D-220	1	145000	234674.75	-61.84%
6	F-120	2	215000	271271.89	-26.17%
7	F-220	6	803000	940046.64	-17.07%
8	F-220换	1	0	177625.24	#DIV/0!
9	F-320	4	420000	411739.07	1.97%
10	F-320二代	1	0	32427.6	#DIV/0!
11	G-120	1	225000	113136.37	49.72%
12	G-220	3	725000	368634.01	49.15%
13	G-240	1	230000	237270.34	-3.16%
14	S-220	1	260000	122435.55	52.91%
15	S-240	1	0	235000	#DIV/0!
16	S-2404	1	88000	71975.7917	18.21%
17	S-320	3	860000	293980.47	65.82%
18	销售零件	10	4000	1500	62.50%
19	总计	38	4695000	3797311.662	19.12%

此时，为了让数据透视表中的数据更容易阅读，我们可以设置错误值的显示方式，使数据透视表变得更美观、明晰，步骤如下。

步骤1 打开“产品销售出库记录.xlsx”素材文件，在数据透视表中，使用鼠标右键单击任意单元格，在弹出的快捷菜单中执行“数据透视表选项”命令。

步骤2 弹出“数据透视表选项”对话框，切换到“布局和格式”选项卡，勾选“对于错误值，显示”复选框，在对应的文本框中根据需要设置错误值的显示方式，本例输入“X”，然后单击“确定”按钮即可。

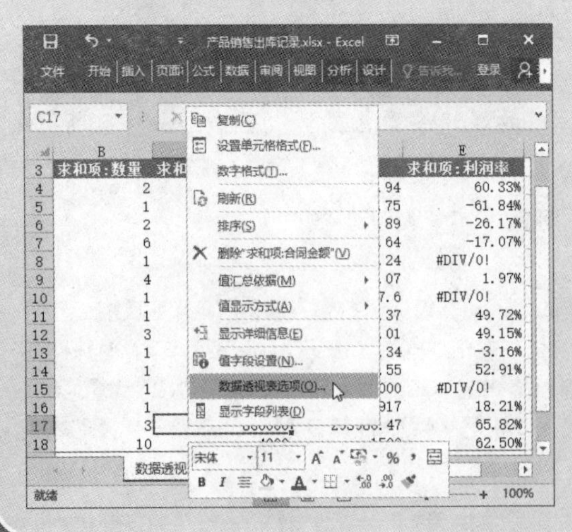

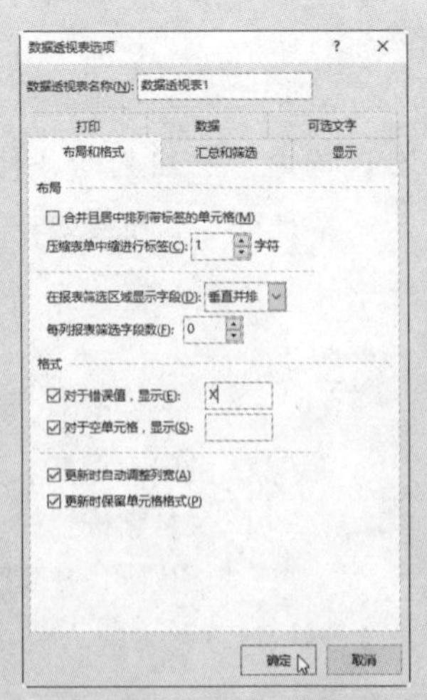

步骤3 返回数据透视表，即可看到设置后的效果，本例中，设置后错误值显示为“X”。

行标签	求和项:数量	求和项:合同金额	求和项:成本	求和项:利润率
D-120	2	720000	285593.94	60.33%
D-220	1	145000	234674.75	-61.84%
F-120	2	215000	271271.89	-26.17%
F-220	6	803000	940046.64	-17.07%
F-220换	1	0	177625.24	X
F-320	4	420000	411739.07	1.97%
F-320二代	1	0	32427.6	X
G-120	1	225000	113136.37	49.72%
G-220	3	725000	368634.01	49.15%
G-240	1	230000	237270.34	-3.16%
S-220	1	260000	122435.55	52.91%
S-240	1	0	235000	X
S-2404	1	88000	71975.7917	18.21%
S-320	3	860000	293980.47	65.82%
销售零件	10	4000	1500	62.50%
总计	**38**	**4695000**	**3797311.662**	**19.12%**

提示：在数据透视表中添加计算项或计算字段的方法，将在后面的相关章节中进行讲解。

5.2.5 处理数据透视表中的空白数据项

在日常工作中，有时数据源中会存在空白数据项。默认情况下，创建数据透视表后，在数据透视表的行字段中的空白数据项将显示为“(空白)”，而数值区域中的空白数据项将显示为空值（空单元格）。

行标签	求和项:数量	求和项:合同金额	求和项:成本
D-120	2	720000	285593.94
D-220	1	145000	234674.75
F-120	2	215000	271271.89
F-220	6	803000	940046.64
F-220换	1		177625.24
F-320	4	420000	411739.07
F-320二代	1		32427.6
G-120	1	225000	113136.37
G-220	3	725000	368634.01
G-240	1	230000	237270.34
S-220	1	260000	122435.55
S-240	1		235000
S-2404	1	88000	71975.7917
S-320	3	860000	293980.47
销售零件	1	40000	150000
(空白)	10	4000	1500
总计	**39**	**4735000**	**3947311.662**

这些以默认方式显示的空白数据项存在于数据透视表中，会使数据透视表显得杂乱无章。那么该如何解决这个问题呢？

此时，针对行字段中的空白数据项和数值区域中的空白数据项，可以分别使用不同的处理方法。

1. 处理行字段中的空白数据项

在数据透视表中，如果需要改变行字段中空白数据项的显示方式，可以利用Excel的替换功能来实现，其步骤如下。

步骤1 打开“处理空白数据项.xlsx”素材文件，在数据透视表所在的工作表中按“Ctrl+F”组合键，打开“查找和替换”对话框，切换到“替换”选项卡，在“查找内容”文本框中输入“(空白)”，在“替换为”文本框中输入“型号不明”，然后单击“全部替换”按钮。

步骤2 弹出提示对话框，单击“确定”按钮，Excel将按照设置替换行字段中空白数据项的显示方式。

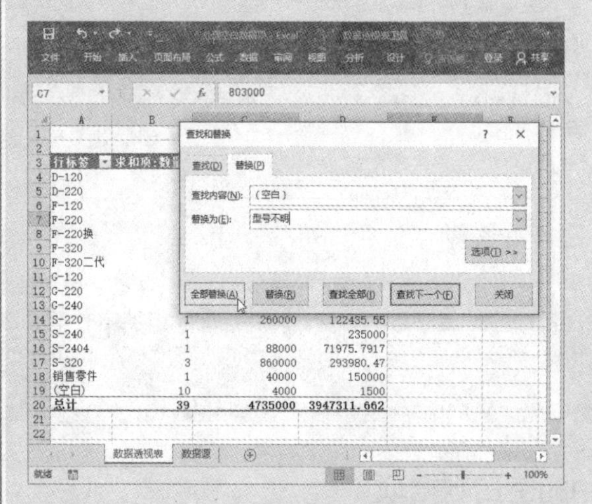

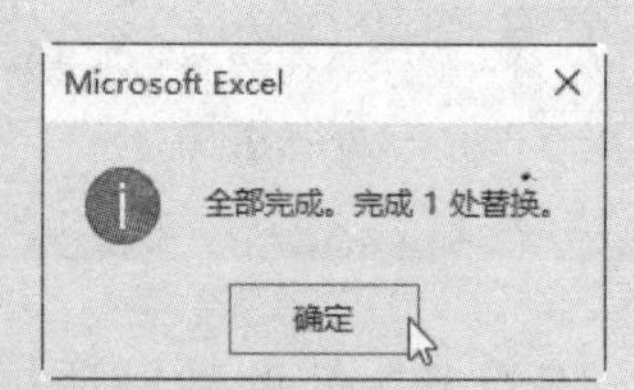

步骤3 完成设置后，单击“关闭”按钮关闭“查找和替换”对话框，返回数据透视表，即可看到利用替换功能改变行字段中空白数据项的显示方式后的效果。

行标签	求和项:数量	求和项:合同金额	求和项:成本
D-120	2	720000	285593.94
D-220	1	145000	234674.75
F-120	2	215000	271271.89
F-220	6	803000	940046.64
F-220换	1		177625.24
F-320	4	420000	411739.07
F-320二代	1		32427.6
G-120	1	225000	113136.37
G-220	3	725000	368634.01
G-240	1	230000	237270.34
S-220	1	260000	122435.55
S-240	1		235000
S-2404	1	88000	71975.7917
S-320	3	860000	293980.47
销售零件	1	40000	150000
型号不明	10	4000	1500
总计	39	4735000	3947311.662

技巧：在数据透视表中，还可以利用行字段的筛选功能，暂时隐藏行字段中的空白数据项及其相关数据记录，方法详见后面的相关章节。

2. 处理数值区域中的空白数据项

在数据透视表中，可以通过“数据透视表选项”对话框轻松处理数值区域中的空白数据项，根据需要设置空白数据项的填充内容。方法如下。

步骤 1 打开“产品销售出库记录.xlsx”素材文件，在数据透视表中，右键单击任意单元格，在弹出的快捷菜单中执行“数据透视表选项”命令。

步骤 2 弹出“数据透视表选项”对话框，切换到“布局和格式”选项卡，勾选“对于空单元格，显示”复选框，在对应的文本框中设置空单元格的显示方式，本例输入“待统计”，然后单击“确定”按钮即可。

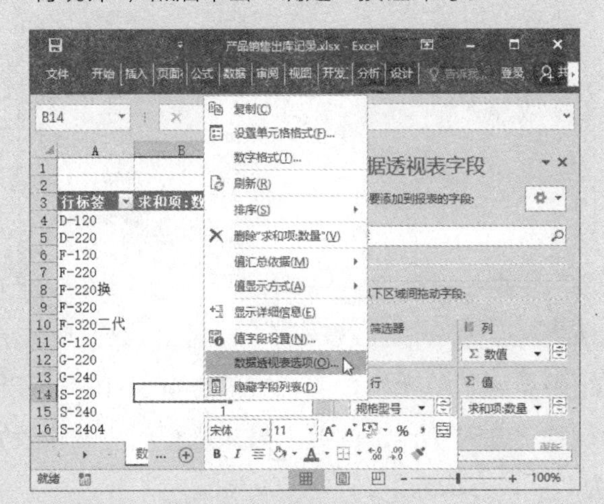

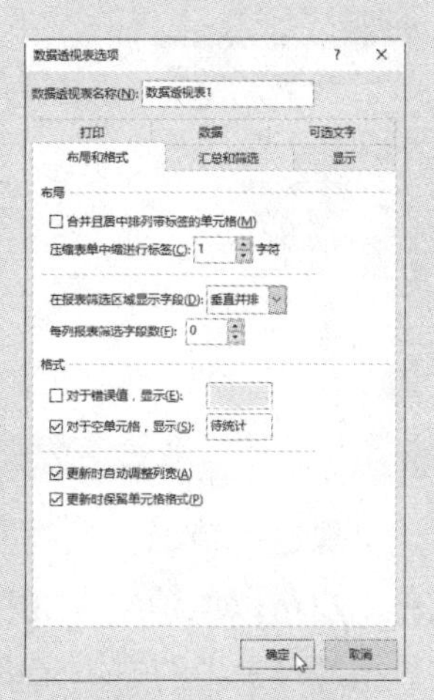

步骤 3 返回数据透视表，即可看到设置后的效果，本例中，设置后空白数据项显示为“待统计”。

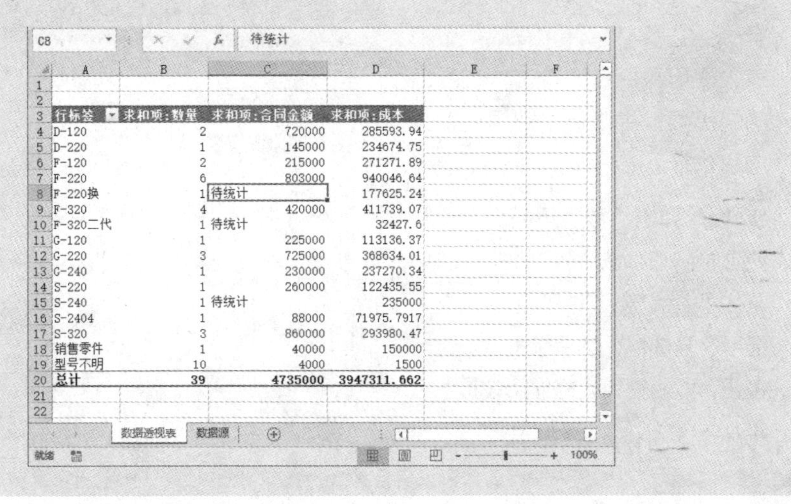

行标签	求和项:数量	求和项:合同金额	求和项:成本
D-120	2	720000	285593.94
D-220	1	145000	234674.75
F-120	2	215000	271271.89
F-220	6	803000	940046.64
F-220换	1	待统计	177625.24
F-320	4	420000	411739.07
F-320二代	1	待统计	32427.6
G-120	1	225000	113136.37
G-220	3	725000	368634.01
G-240	1	230000	237270.34
S-220	1	260000	122435.55
S-240	1	待统计	235000
S-2404	1	88000	71975.7917
S-320	3	860000	293980.47
销售零件	1	40000	150000
型号不明	10	4000	1500
总计	39	4735000	3947311.662

5.2.6 将数据透视表中的空单元格显示为“–”

在“数据透视表选项”对话框的“布局和格式”选项卡中，设置了“对于空单元格，显示”为“–”，但是数据透视表中的空单元格并没有显示为“–”，而是显示为数值“0”。

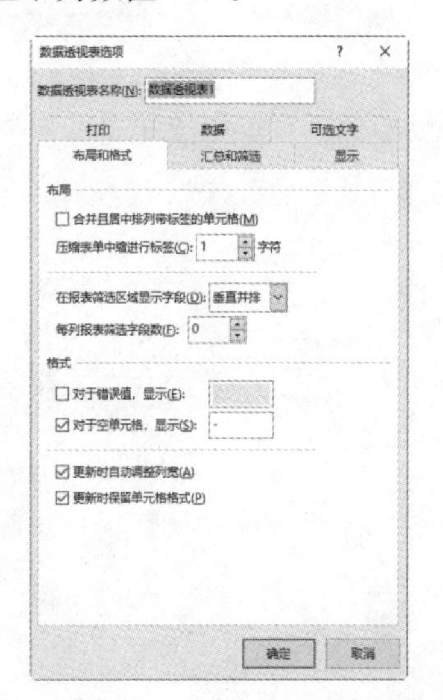

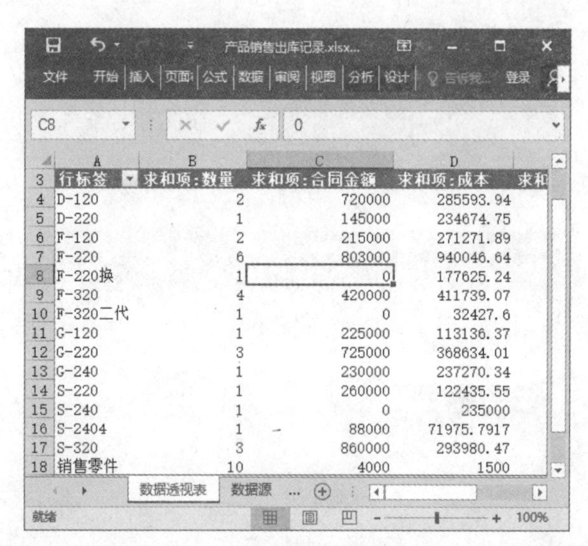

出现这种情况，是因为显示结果受到了单元格数字格式的影响。针对这种情况，用户可以取消空单元格显示设置，并对单元格的数字格式进行相应的设置，使数据透视表中的空单元格显示为“–”，方法如下。

步骤1 打开“产品销售出库记录.xlsx”素材文件，在数据透视表中使用鼠标右键单击，在弹出的快捷菜单中执行“数据透视表选项”命令。

步骤2 弹出“数据透视表选项”对话框，在“布局和格式”选项卡中取消勾选“对于空单元格，显示”复选框，然后单击“确定”按钮，取消空单元格显示设置。

步骤3 此时数据透视表数值区域

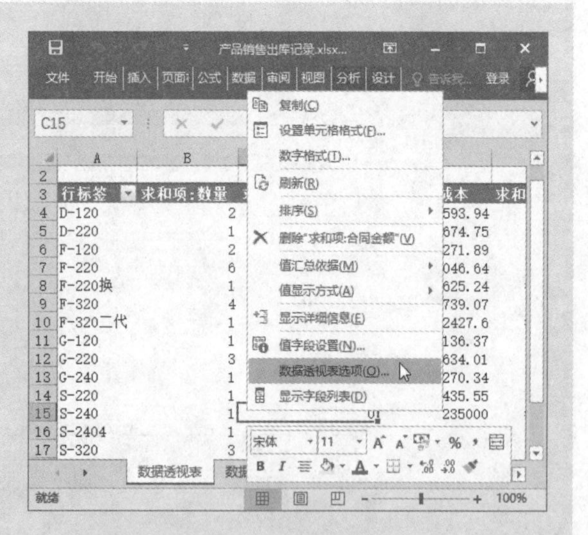

中的空单元格显示为“0”，单击数据透视表数值区域中的任意单元格，出现“数据透视表工具/分析”选项卡，在“活动字段”组中单击“字段设置”按钮。

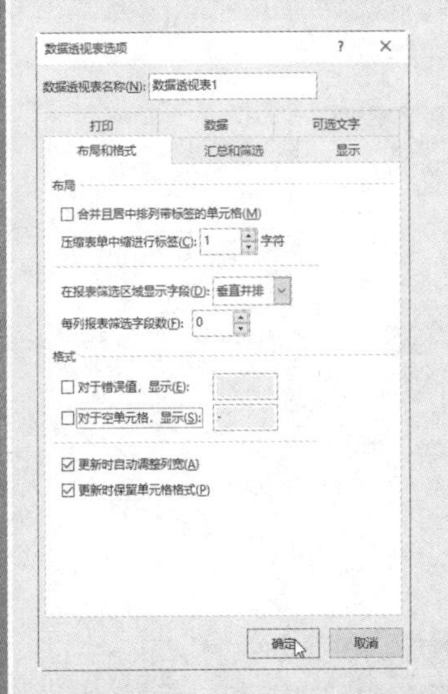

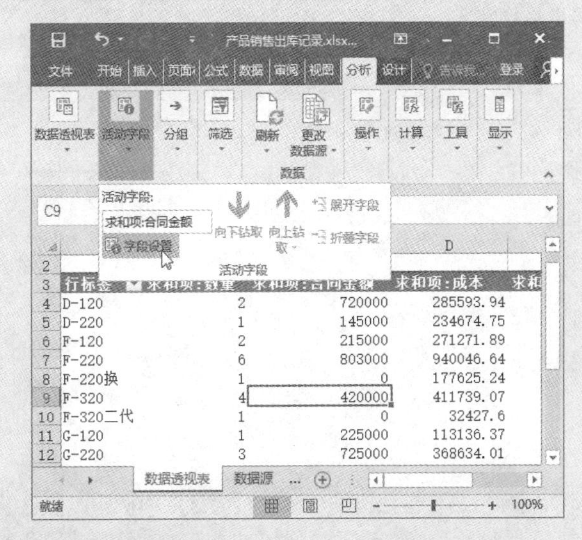

步骤*4* 弹出“值字段设置”对话框，单击“数字格式”按钮。

步骤*5* 弹出“设置单元格格式”对话框，在“数字”选项卡的“分类”列表框中选择“自定义”选项，在对应页面的“类型”文本框中输入“G/通用格式；G/通用格式；-”，单击“确定”按钮。

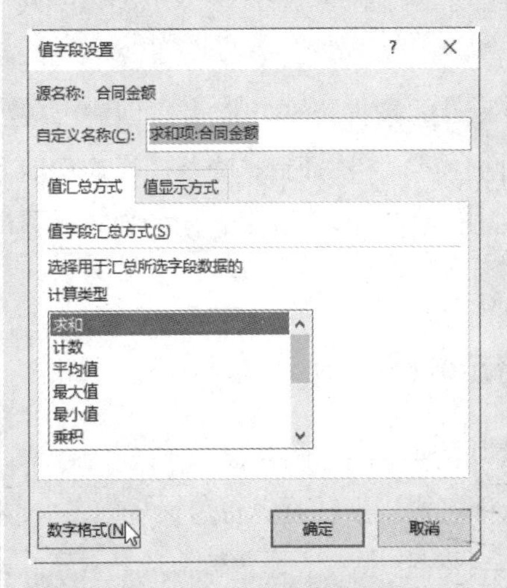

步骤*6* 返回“值字段设置”对话框，单击“确定”按钮确认设置，返回数据透视表即可看到数值区域中的空单元格显示为“-”。

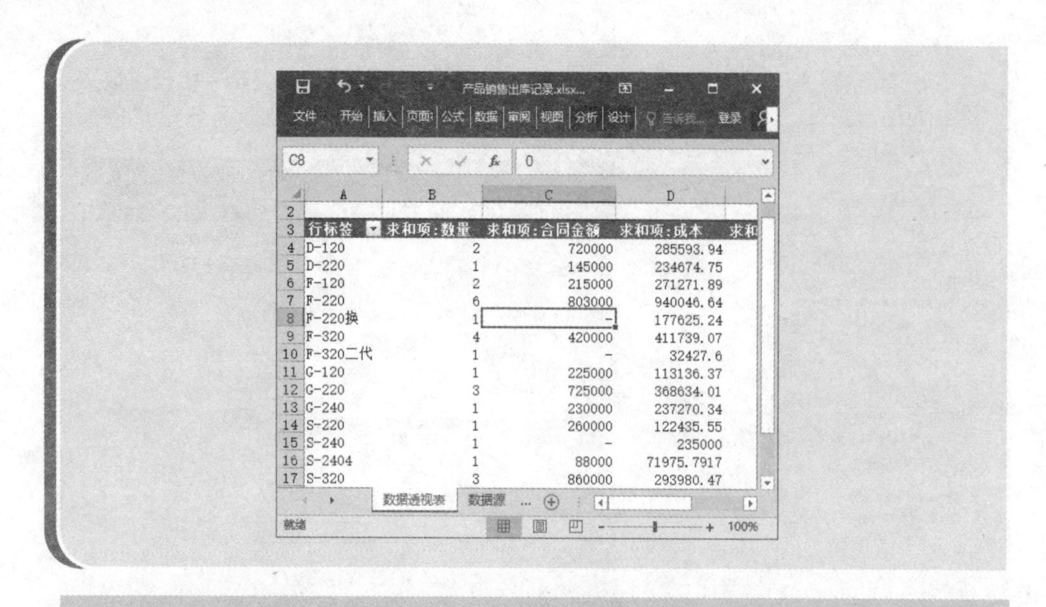

技巧：在数据透视表的数值区域中使用鼠标右键单击，在弹出的快捷菜单中执行“数字格式”命令，也可快速打开“设置单元格格式”对话框。

5.3 数据透视表与条件格式

熟悉Excel工作表的朋友都知道，使用Excel的条件格式功能可以创建出各种可视效果。在创建好数据透视表之后，我们同样可以利用Excel的条件格式功能，将“数据条”、“色阶”和“图标集”等样式应用到数据透视表中，来增强数据透视表的可视效果，使数据透视表更生动有趣。

5.3.1 突出显示数据透视表中的特定数据

在数据透视表中，利用Excel的条件格式功能可以突出显示某些特定的数据。在具体设置时，我们可以利用Excel预设的条件格式规则，或者自定义规则。

1. 利用预设规则突出显示数据

在Excel中，在“开始”选项卡的“样式”组中单击“条件格式”下拉按钮，即可打开下拉列表。在“条件格式”下拉列表中，提供了预设的“突出显示单元格规则”和“项目选取规则”子菜单。如果需要突出显示某些特定的数据，就可以利用这些预设的条件格式规则快速实现。

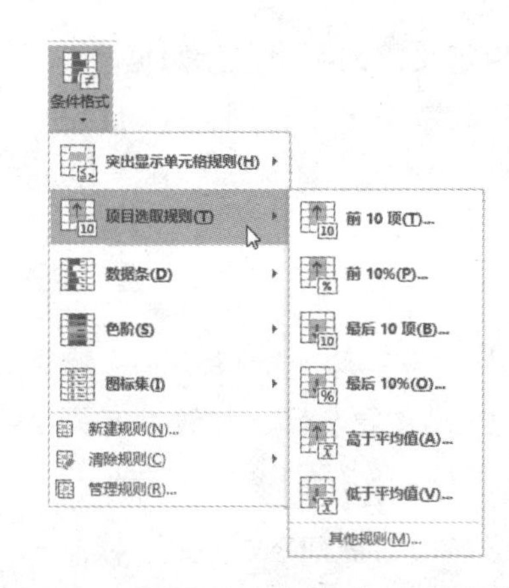

以突出显示数据透视表中不及格的分数，即80分以下的成绩为例，步骤如下。

步骤 1 打开“期中成绩表.xlsx”素材文件，切换到“数据透视表2”工作表，选中数据透视表中要设置条件格式的单元格区域，在“开始”选项卡的“样式”组中执行“条件格式”→“突出显示单元格规则”→“小于”命令。

步骤 2 弹出“小于”对话框，在“为小于以下值的单元格设置格式”文本框中输入“80”，在“设置为”下拉列表中选择“浅红填充色深红色文本”，完成后单击“确定”按钮。

步骤 3 返回数据透视表，即可看到设置后的效果，本例将数据透视表中80分以下的成绩所在的单元格，突出显示为浅红填充色深红色文本的样式。

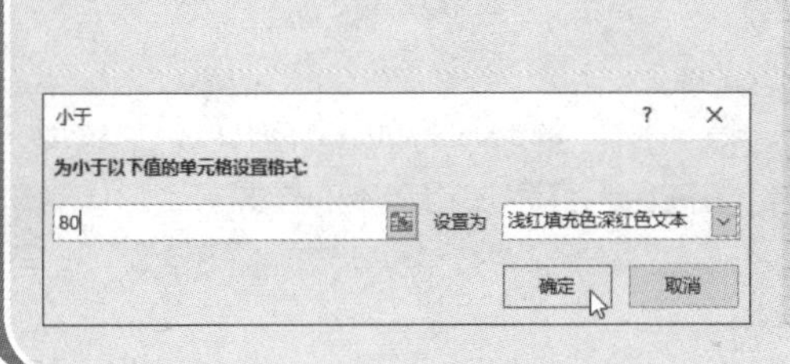

	A	B	C	D
1				
2				
3	行标签	平均值项:语文	平均值项:数学	平均值项:外语
4	黄明明	89	133	92
5	江立力	101	94	89
6	江洋	107	86	127
7	李小红	126	122	119
8	宋祖耀	92	84	103
9	王建国	98	145	134
10	王军	56	50	68
11	谢雨新	70	90	85
12	张明	80	60	75
13	郑怡然	124	99	128
14	朱利民	96	103	94
15	总计	94.45454545	96.90909091	101.2727273

2. 自定义规则突出显示数据

在数据透视表中，用户还可以自定义规则来突出显示某些特定的数据。例如，要在数据透视表中突出显示有不及格成绩的学生姓名，方法如下。

步骤 1 打开“期中成绩表.xlsx”素材文件，切换到“数据透视表3”工作表，选中数据透视表中要设置条件格式的单元格区域，在“开始”选项卡的“样式”组中执行“条件格式”→“新建规则”命令。

步骤 2 弹出“新建格式规则”对话框，选择规则类型为“使用公式确定要设置格式的单元格”，在对应的文本框中输入公式“=OR(B4<80,C4<80,D4<80)”，然后单击“格式”按钮。

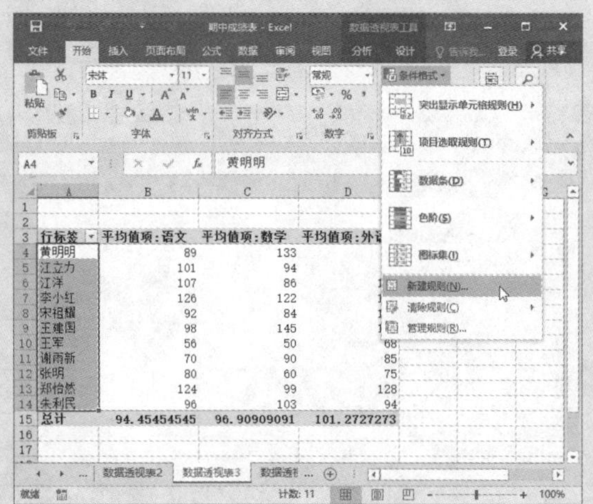

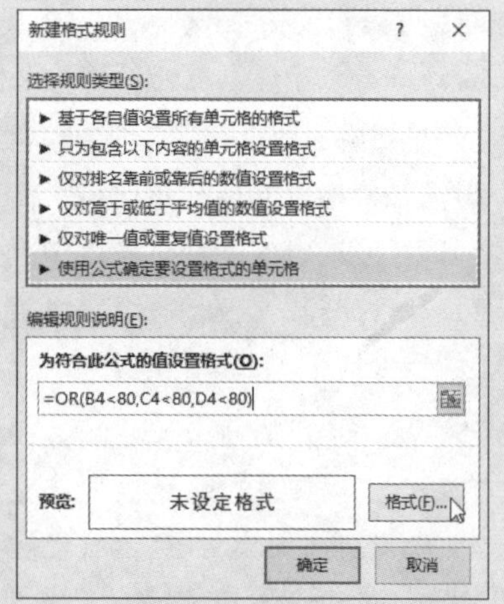

步骤 3 弹出“设置单元格格式”对话框，切换到“字体”选项卡，根据需要对字体样式进行设置。

步骤 4 切换到“填充”选项卡，根据需要设置单元格的填充颜色，设置完成后单击“确定”按钮。

步骤 5 返回“新建格式规则”对话框，在“预览”区中可以看到设置的单元格格式，然后单击“确定”按钮。

步骤 6 返回数据透视表，即可看到设置后的效果，本例将数据透视表中有不及格成绩的学生姓名所在的单元格突出显示为浅红填充色且红色加粗文本的样式。

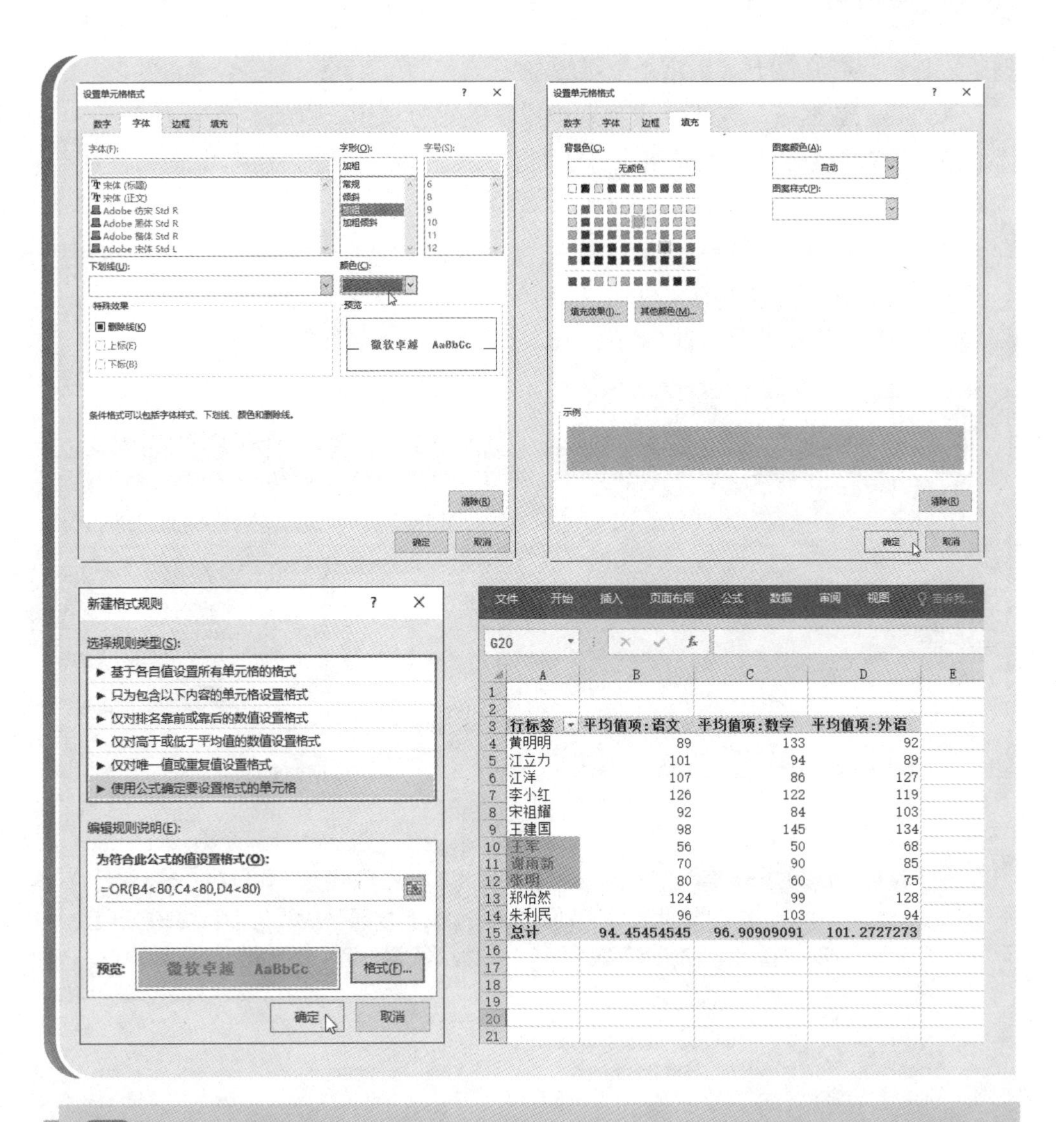

提示：逻辑函数OR表示任何一个参数逻辑值为True，即返回True；任何一个参数的逻辑值为False，即返回False。它的函数语法为OR(logical1, [logical2], ...)。在本例中使用的公式表示，要设置格式的单元格是有不及格成绩的学生姓名所在的单元格。

5.3.2　数据透视表与“数据条”

在数据透视表中，我们可以使用条件格式中的“数据条”样式来显示某些项目之间的对比情况。“数据条”的长度将代表单元格中数值的大小，数值越大，“数

据条”越长，数值越小，“数据条”越短。

下面将“数据条”样式应用到期中成绩的总分项中，以便对数据透视表中学生的总成绩有一个更直观的了解，方法如下。

步骤 1 打开“期中成绩表.xlsx”素材文件，切换到“数据透视表4”工作表，选中数据透视表中要设置条件格式的单元格区域，在“开始”选项卡的“样式”组中执行“条件格式”→“数据条”命令，在打开的子菜单中选择需要的数据条样式。

步骤 2 操作完成后，即可查看到为数据应用了数据条后的效果。

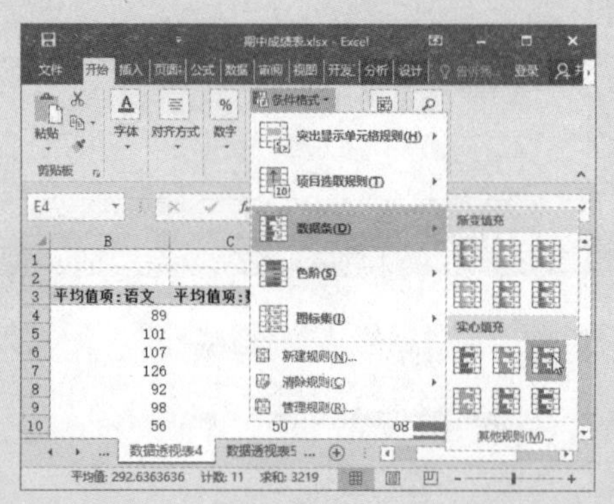

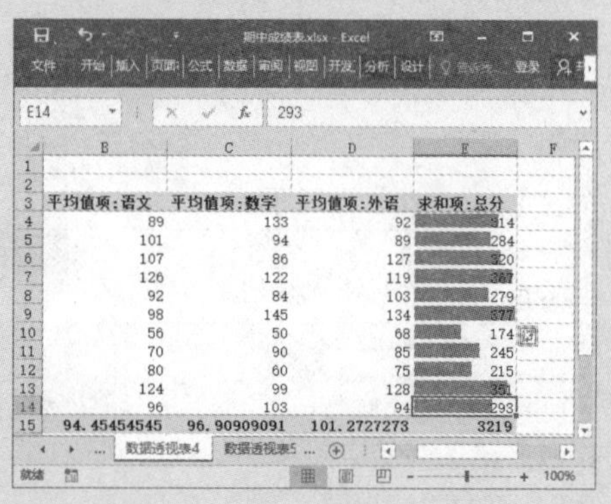

技巧：如果Excel提供的预设“数据条”样式不符合用户需要，可以在“条件格式”下拉列表的“数据条”子菜单中执行“其他规则”命令，打开“编辑规则说明”对话框，在“条形图外观”栏中根据需要设置“数据条”的外观样式。

编辑规则说明(E):

基于各自值设置所有单元格的格式:

格式样式(O): 数据条 仅显示数据条(B)

最小值 最大值

类型(T): 自动 自动

值(V): (自动) (自动)

条形图外观:

填充(F) 颜色(C) 边框(R) 颜色(L)

实心填充 无边框

负值和坐标轴(N)... 条形图方向(D): 上下文

预览:

确定 取消

5.3.3 数据透视表与“色阶”

在数据透视表中，我们还可以使用条件格式中的“色阶”样式，以显示某些项目之间的对比情况，增强数据透视表的可视性。下面将“色阶”样式应用到期中成绩的总分项中，以便对数据透视表中学生的总成绩有一个直观的了解，方法如下。

步骤 *1* 打开“期中成绩表.xlsx”素材文件，切换到“数据透视表5”工作表，选中数据透视表中要设置条件格式的单元格区域，在“开始”选项卡的“样式”组中执行“条件格式”→“色阶”命令，在打开的子菜单中选择需要的色阶样式。

步骤 *2* 操作完成后，即可查看到为数据应用色阶后的效果。

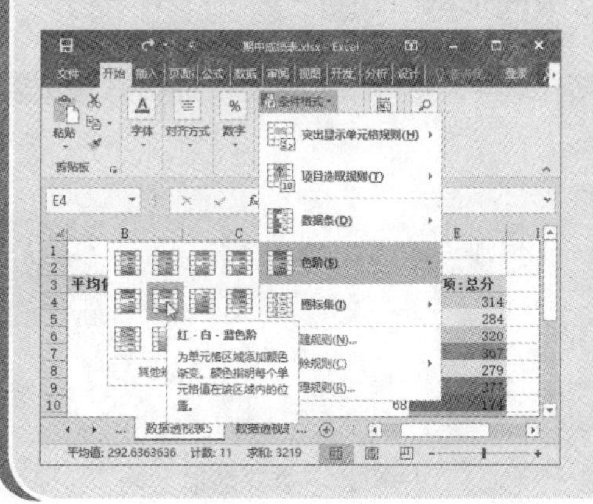

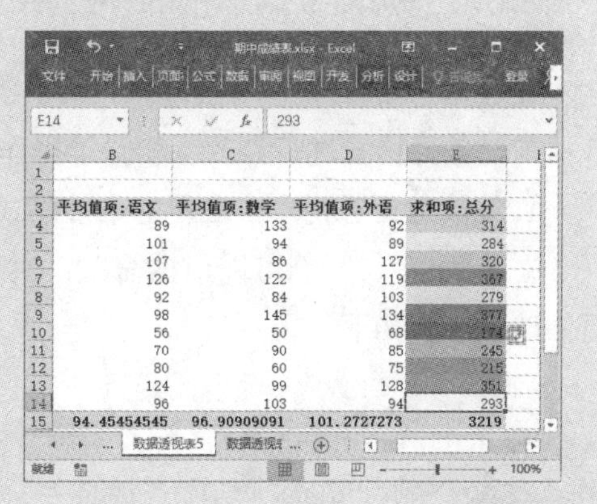

5.3.4 数据透视表与“图标集”

在数据透视表中，还可以使用条件格式中的“图标集”样式，以增强数据透视表的可视性，使其更加容易阅读和理解。

下面将“图标集”样式应用到期中成绩的总分项中，以便对数据透视表中学生的总成绩有一个直观的了解，方法如下。

步骤 *1* 打开“期中成绩表.xlsx”素材文件，切换到“数据透视表6”工作表，选中数据透视表中要设置条件格式的单元格区域，在“开始”选项卡的“样式”组中执行“条件格式”→“图标集”命令，在打开的子菜单中选择需要的图标集样式。

步骤 *2* 操作完成后，即可查看到为数据应用图标集后的效果。

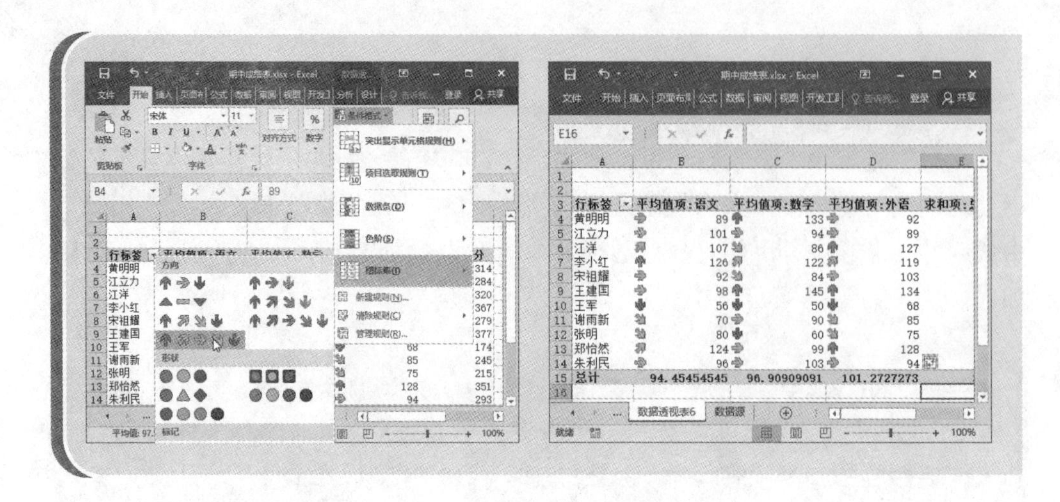

5.3.5 编辑数据透视表中应用的条件格式

在数据透视表中应用条件格式后，若不满意，还可以通过“条件格式规则管理器”对条件格式进行修改、删除等操作。

1. 修改数据透视表中应用的条件格式

在Excel中，我们可以根据需要，对数据透视表中应用的条件格式进行修改，步骤如下。

步骤1 打开“期中成绩表.xlsx”素材文件，在应用了条件格式的数据透视表中，选中任意单元格，切换到“开始”选项卡，在“样式”组中执行“条件格式”→“管理规则”命令。

步骤2 弹出“条件格式规则管理器”对话框，选中需要编辑的条件格式规则，单击“编辑规则”按钮。

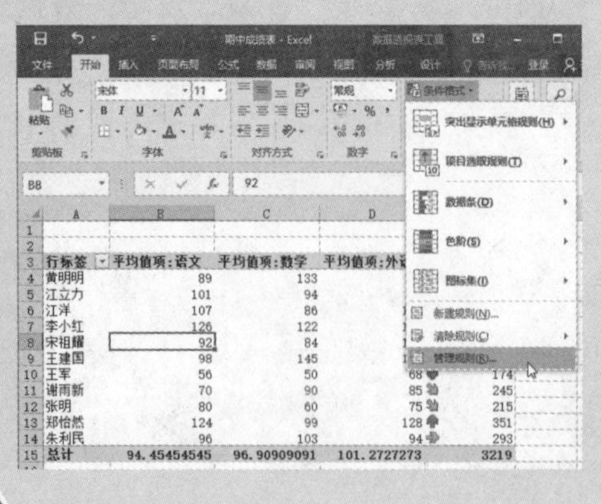

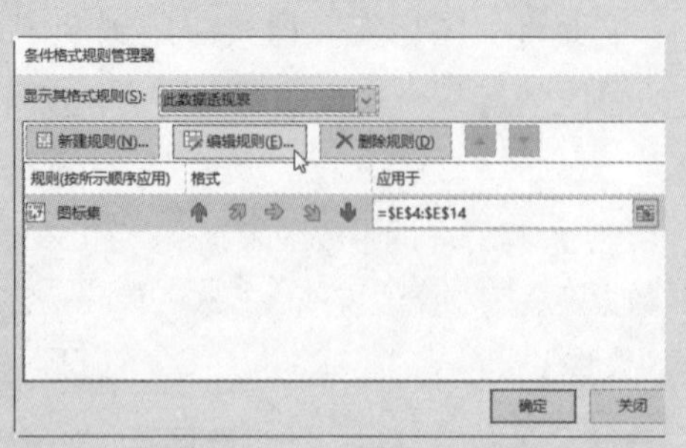

步骤 3 弹出“编辑格式规则”对话框，根据需要对已经设置的条件格式进行修改，完成后单击“确定”按钮。

步骤 4 返回“条件格式规则管理器”对话框，单击“确定”按钮即可，返回数据透视表，可以看到修改条件格式规则后的效果。

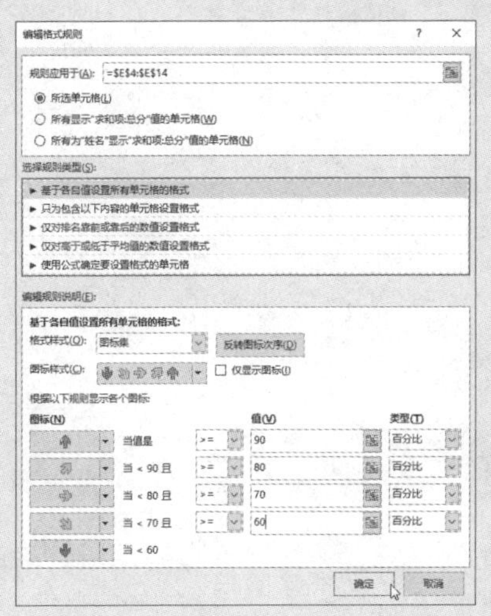

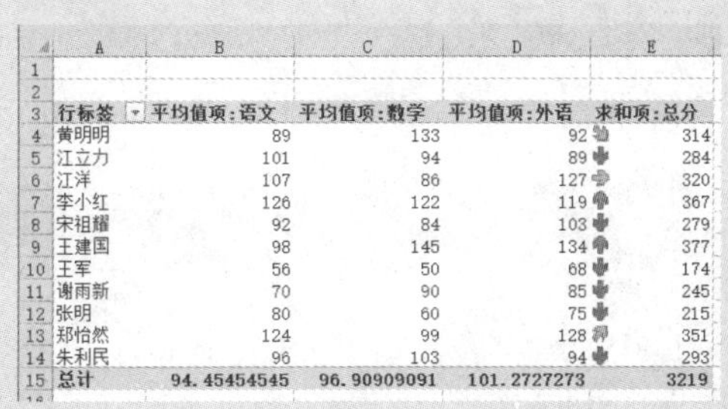

行标签	平均值项:语文	平均值项:数学	平均值项:外语	求和项:总分
黄明明	89	133	92	314
江立力	101	94	89	284
江洋	107	86	127	320
李小红	126	122	119	367
宋祖耀	92	84	103	279
王建国	98	145	134	377
王军	56	50	68	174
谢雨新	70	90	85	245
张明	80	60	75	215
郑怡然	124	99	128	351
朱利民	96	103	94	293
总计	94.45454545	96.90909091	101.2727273	3219

技巧：如果在“条件格式规则管理器”对话框中有多个规则，可以先选中需要设置的规则，再通过单击“删除规则”按钮右侧的“上移”按钮 和“下移”按钮来调整规则的优先级。

2. 删除数据透视表中应用的条件格式

在Excel中，如果需要删除数据透视表中应用的条件格式，主要有以下两种方法。

- 在应用了条件格式的数据透视表中，选中任意单元格，切换到“开始”选项卡，在“样式”组中执行→“清除规则”命令，在打开的子菜单中根据需要选择命令删除相应的规则即可。
- 在应用了条件格式的数据透视表中，选中任意单元格，切换到“开始”选项卡，在“样式”组中执行“条件格式”→“管理规则”命令，弹出

“条件格式规则管理器”对话框，选中需要删除的条件格式规则，单击“删除规则”按钮，然后单击“确定”按钮即可。

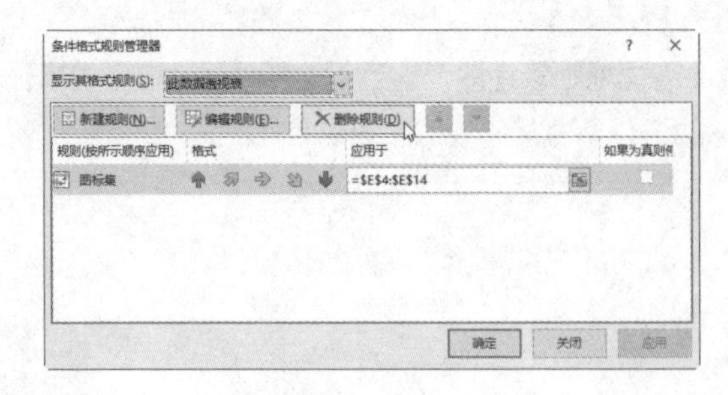

5.4 大师点拨

疑难① 如何为数据透视表设置边框

问题描述：为数据透视表设置系统内置的样式时，没有设置数据透视表边框，如果需要设置边框以便打印数据透视表，该怎么办呢？

解决方法：通过“边框”下拉列表为数据透视表设置表格边框，方法如下。

步骤 1 打开“员工销售记录.xlsx”素材文件，选中整个数据透视表，切换到“开始”选项卡，在“字体”组中单击“边框”下拉按钮，在打开的下拉列表中执行“所有框线”命令即可。

步骤 2 返回数据透视表，可以看到其中添加了边框。

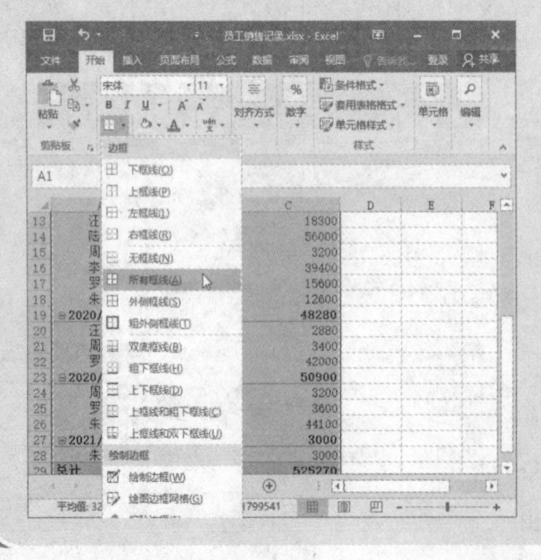

	A	B	C
1			
2	产品名称	(全部)	
3			
4	行标签	求和项:数量	求和项:销售额
5	2020/12/9	398	277990
6	汪洋	39	4380
7	陆一明	50	35760
8	周小刚	25	26250
9	李小利	110	39400
10	罗小茗	70	66000
11	朱玲	104	106200
12	2020/12/10	315	145100
13	汪洋	31	18300
14	陆一明	60	56000
15	周小刚	32	3200
16	李小利	110	39400
17	罗小茗	45	15600
18	朱玲	37	12600
19	2020/12/11	98	48280
20	汪洋	24	2880
21	周小刚	34	3400
22	罗小茗	40	42000
23	2020/12/12	104	50900
24	周小刚	32	3200
25	罗小茗	30	3600
26	朱玲	42	44100
27	2021/1/13	25	3000
28	朱玲	25	3000
29	总计	940	525270

提示： 如果需要为数据透视表添加边框并进一步设置边框样式，可以切换到“开始”选项卡，在“字体”组中单击“边框”下拉按钮，在打开的下拉列表中执行“其他边框”命令，在弹出的“设置单元格格式”对话框的“边框”选项卡中根据需要进行设置，完成后单击“确定”按钮即可。

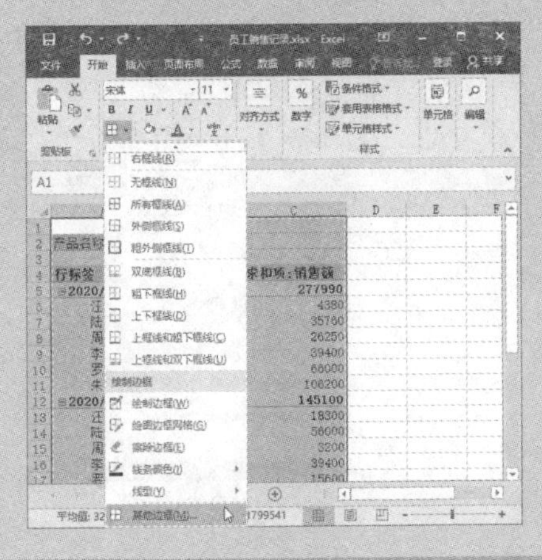

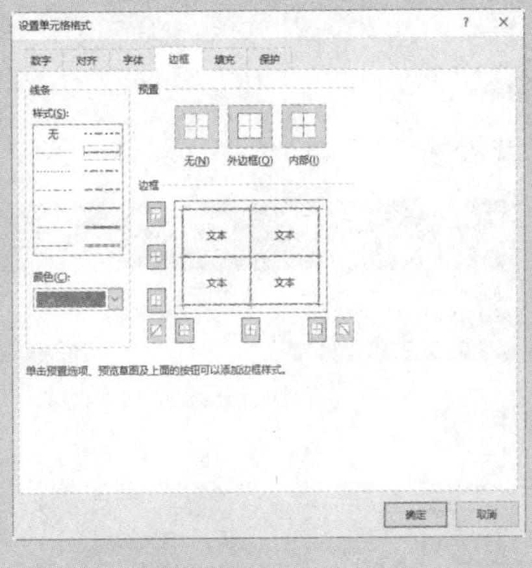

疑难② 如何将金额字段按四舍五入保留两位小数

问题描述： 在数据透视表中，有时数值字段中的金额数据经过求和或平均数等计算后，会出现金额数据保留的小数位数过多或位数不等的情况，使数据透视表显得杂乱，并且不利于对比金额数据的高低，该如何将金额数据设置为按四舍五入保留两位小数呢？

	A	B	C	D
3	行标签	求和项:数量	求和项:合同金额	求和项:成本
4	D-120	2	720000	285593.94
5	D-220	1	145000	234674.75
6	F-120	2	215000	271271.89
7	F-220	6	803000	940046.64
8	F-220换	1	0	177625.24
9	F-320	4	420000	411739.07
10	F-320二代	1	0	32427.6
11	G-120	1	225000	113136.37
12	G-220	3	725000	368634.01
13	G-240	1	230000	237270.34
14	S-220	1	260000	122435.55
15	S-240	1	0	235000
16	S-2404	1	88000	71975.7917
17	S-320	3	860000	293980.47
18	销售零件	10	4000	1500
19	总计	38	4695000	3797311.662

A 解决方法：要使数据透视表数值区域中的金额数据按四舍五入保留两位小数，可以通过设置数字格式来实现，方法如下。

步骤1 打开“产品销售出库记录.xlsx”素材文件，在数据透视表中，使用鼠标右键单击需要设置的字段所在列的任意单元格，在弹出的快捷菜单中执行“值字段设置”命令。

步骤2 弹出“值字段设置”对话框，单击“数字格式”按钮。

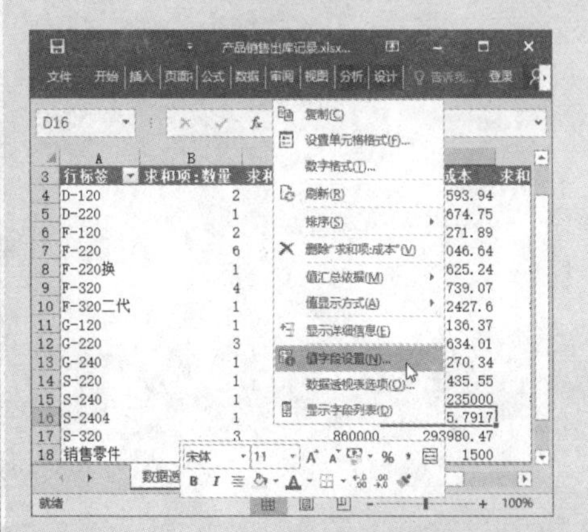

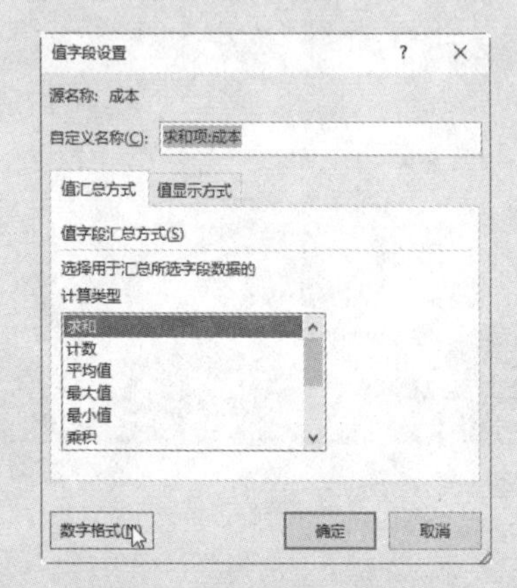

步骤3 弹出“设置单元格格式”对话框，在“数字”选项卡的“分类”列表框中选择“数值”选项，根据需要在“小数位数”微调框中设置四舍五入后保留的小数位数为“2”，勾选“使用千位分隔符”复选框，在“负数”列表框中选择负数样式，单击“确定”按钮。

步骤4 返回“值字段设置”对话框，单击“确定”按钮确认设置，返回数据透视表即可看到设置后的效果。

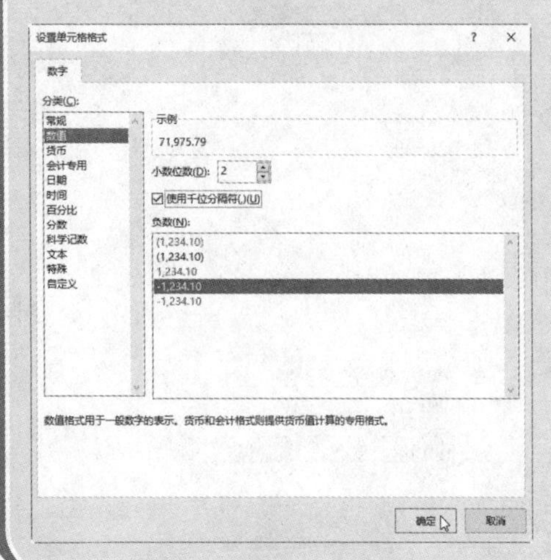

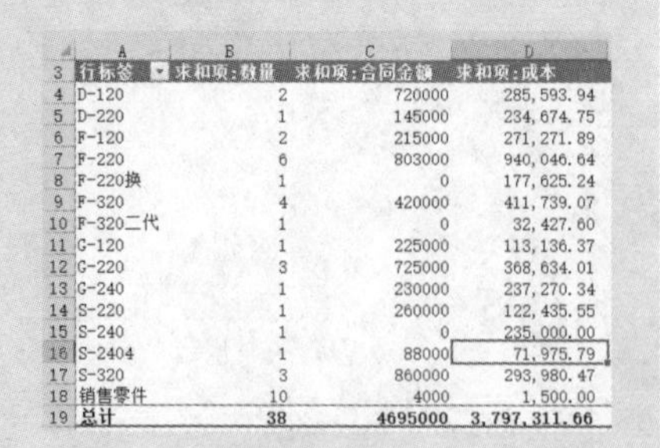

行标签	求和项:数量	求和项:合同金额	求和项:成本
D-120	2	720000	285,593.94
D-220	1	145000	234,674.75
F-120	2	215000	271,271.89
F-220	6	803000	940,046.64
F-220换	1	0	177,625.24
F-320	4	420000	411,739.07
F-320二代	1	0	32,427.60
G-120	1	225000	113,136.37
G-220	3	725000	368,634.01
G-240	1	230000	237,270.34
S-220	1	260000	122,435.55
S-240	1	0	235,000.00
S-2404	1	88000	71,975.79
S-320	3	860000	293,980.47
销售零件	10	4000	1,500.00
总计	38	4695000	3,797,311.66

技巧：选中要设置数字格式的单元格区域，在“开始”选项卡的“数字”组中单击“数字格式”下拉按钮，在打开的下拉列表中单击“数字”按钮，即可通过设置单元格数字格式的方法使金额数据按四舍五入保留两位小数。

疑难③　如何设置奇数行和偶数行颜色交错的显示样式

问题描述：在数据透视表中，如果行数过多，则容易发生看错行的情况，为了便于查看数据，需要设置数据透视表中的奇数行和偶数行的颜色交错显示，该如何设置呢？

3	行标签	求和项:数量	求和项:实际收款	求和项:销售额	计数项:优惠额
4	⊟2020/7/1	48	286	286	
5	柳橙汁	15	87	87	
6	蒙牛酸奶	13	69	69	
7	雪碧	20	130	130	
8	⊟2020/7/2	68	1170.7	1170.9	1
9	光明酸奶	5	37.5	37.5	
10	海鲜粉	20	430	430	
11	胡椒粉	9	34	34.2	1
12	花生油	12	345.6	345.6	
13	面粉	8	102.4	102.4	
14	小米	14	221.2	221.2	
15	⊟2020/7/3	140	1637.6	1652.6	2
16	瓜子	35	343	343	
17	柳橙汁	15	87	87	
18	啤酒	40	216	216	
19	巧克力	20	723.5	736	1
20	雪碧	18	114.5	117	1
21	玉米片	12	153.6	153.6	
22	⊟2020/7/4	170	1275.7	1278.9	1
23	光明酸奶	52	390	390	
24	胡椒粉	14	53.2	53.2	
25	蒙牛酸奶	60	480	480	
26	面粉	19	243.2	243.2	
27	营养快线	25	109.3	112.5	1
28	总计	426	4370	4388.4	4

解决方法：Excel提供了“镶边行”功能，通过勾选该复选框，可以快速为数据透视表设置奇数行和偶数行颜色交错的显示样式，方法如下。

步骤 1　打开“小卖部销售记录.xlsx”素材文件，在数据透视表中单击任意单元格，出现“数据透视表工具/设计”选项卡，在“数据透视表样式选项”组中勾选“镶边行”复选框。

步骤 2　返回数据透视表，即可看到设置后的效果。

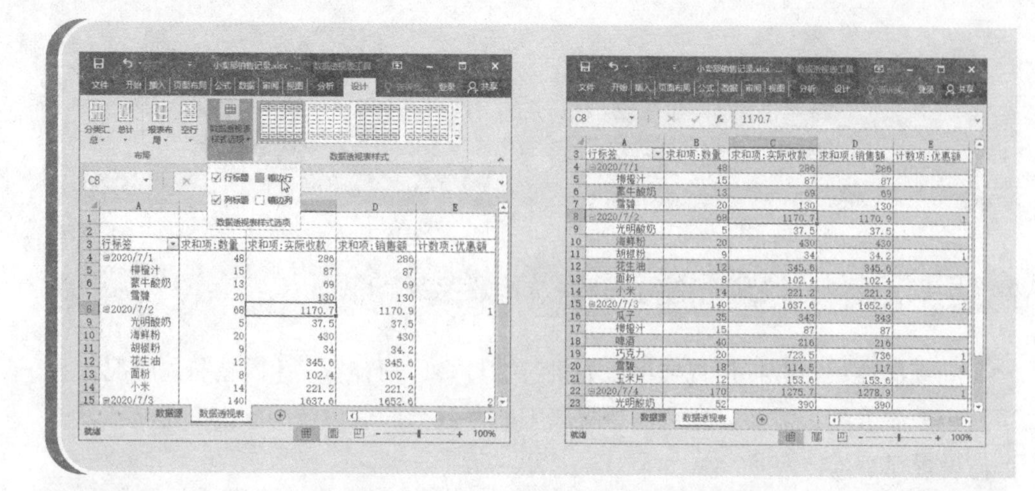

注意：对不同的数据透视表样式，系统预设了不同的“镶边行”样式。部分Excel内置数据透视表样式对应的“镶边行”样式，显示为在数据透视表行与行之间添加框线，而非奇数行和偶数行颜色交错的显示样式。

第6章

数据透视表的排序和筛选

创建数据透视表之后，要想做好数据分析工作，就要对数据进行整理。在Excel中强大的排序与筛选功能不仅可以应用到普通表格中，在处理数据透视表的时候也同样适用。因此，我们可以在数据透视表中轻松进行数据的排序、筛选等操作，还可以使用切片器对数据进行快速筛选。

本章导读：

- 数据透视表排序
- 数据透视表筛选
- 使用切片器快速筛选数据

6.1 数据透视表排序

在创建的数据透视表中，默认情况下，字段的位置是根据字段名称中第一个字的拼音首字母，自动从A～Z升序排列的。在工作中，如果我们要让数据透视表中的字段按照某些顺序排列，就需要进行相应的设置。

6.1.1 手动排序

在数据透视表中，通过拖动字段的方式可以直接调整字段之间的顺序。这种方法适用于需要调整顺序的字段不多，或者自动排序等方法无法实现目标效果的情况。

手动排序可以用两种方法来实现：通过鼠标拖动数据项对字段进行手动排序；通过移动命令对字段进行手动排序。

1. 通过鼠标拖动数据项对字段进行手动排序

例如，在下面的数据透视表中，需要将“空调”的顺序移动到“电视”与“冰箱之间”，就可以通过鼠标拖动“空调”，手动调整字段的顺序，具体方法如下。

注意：通过鼠标拖动数据项对字段进行手动排序，调整的是整个数据透视表中该字段的顺序，而不仅是被拖动的单独某部分数据。

步骤 1 打开“公司销售业绩.xlsx”素材文件，在数据透视表中，单击任何一个“空调”所在的单元格，将光标移动到单元格右下角，此时光标呈形状。

步骤 2 按住鼠标左键不放并拖动鼠标，此时可以看到一根较粗的线条表示字段被拖动到的位置，本例拖动“空调”至“电视”和“冰箱”之间。

步骤 3 释放鼠标左键，即可看到在数据

	A	B	C
1			
2			
3	行标签	求和项:数量	求和项:销售额
4	成都	651	2567070
5	电视	225	885780
6	冰箱	207	799140
7	空调	219	882150
8	昆明	412	1582900
9	电视	120	471500
10	冰箱	140	541400
11	空调	152	570000
12	攀枝花	412	1765810
13	电视	126	518250
14	冰箱	150	608840
15	空调	136	638720
16	玉溪	208	718520

透视表中，“空调”的顺序被调整到了“电视”和“冰箱”之间。

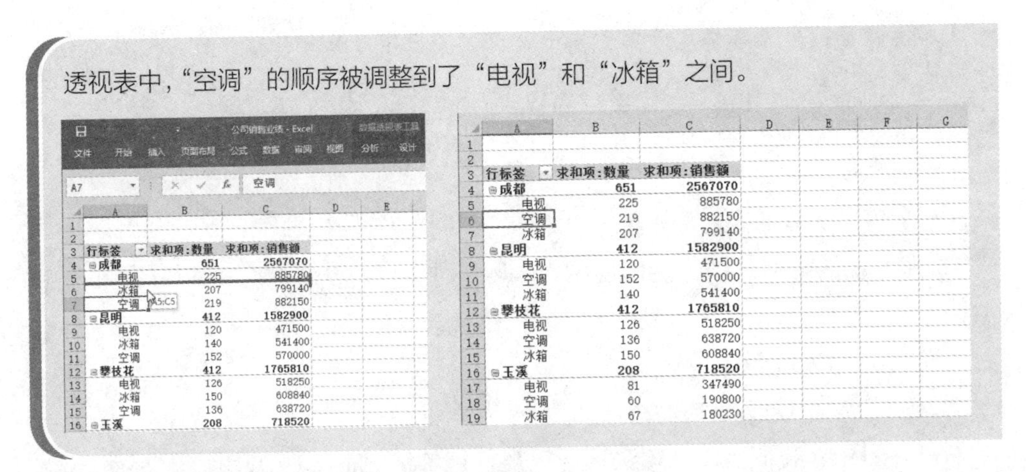

2. 通过移动命令对字段进行手动排序

通过移动命令也可以手动排序字段。例如，在下面的数据透视表中，要将“重庆”移动到数据透视表的开头，其方法如下。

选中“重庆”所在单元格，使用鼠标右键单击，在弹出的快捷菜单中展开“移动”子菜单，根据需要执行移动命令，本例执行“将‘重庆’移至开头”命令，即可看到“重庆”及其所含数据被移动到数据透视表的开头位置。

行标签	求和项:数量	求和项:销售额
⊟重庆	422	1723150
电视	128	523360
空调	123	486900
冰箱	171	712890
⊟成都	651	2567070
电视	225	885780
空调	219	882150
冰箱	207	799140
⊟昆明	412	1582900
电视	120	471500
空调	152	570000
冰箱	140	541400
⊟攀枝花	412	1765810
电视	126	518250
空调	136	638720
冰箱	150	608840
⊟玉溪	208	718520
电视	81	347490
空调	60	190800
冰箱	67	180230
总计	2105	8357450

6.1.2 自动排序

在Excel中，针对不同类型的数据，排序规则也有所不同。下面总结了一些常见的数据类型在升序情况下的排序规则。如果是降序，则排列顺序与下面所列的情况相反。

➤ 数字类数据：按照从小到大排序。

➤ 日期类数据：按照从最早的日期到最晚的日期排序。

- 文本类数据：当文本格式的单元格中含有数字、字母和各种符号时，文本类数据的排列顺序为“空格0~9！ #$%&()*,./:;?@[\]^_`{|}~+<=>A~Z”。
- 逻辑值数据：逻辑值False在前，逻辑值True在后。
- 错误值数据：所有错误值的优先级相同。
- 空单元格：空单元格无论升序还是降序排列总是位于最后。

按照上面的排序规则，在Excel中可以对数据进行自动排序，方法主要包括通过字段下拉列表自动排序，通过功能区按钮自动排序，以及通过“数据透视表字段”窗格自动排序等。

1. 通过字段下拉列表自动排序

在Excel中，我们可以利用数据透视表行标签标题下拉列表中的相应命令进行自动排序。具体方法如下。

单击行标签字段右侧的下拉按钮，在下拉列表中，选择需要排序的行字段，本例选择“所在城市”字段，然后根据需要执行“升序”或“降序”命令即可。

提示：本例的数据透视表拥有多个行字段，并以压缩形式显示在数据透视表中，因此需要在行标签字段下拉列表中选择要排序的字段。在一个下拉列表对应一个行字段的情况下，则无此选择。打开需要设置的行字段的下拉列表设置排序方式即可。

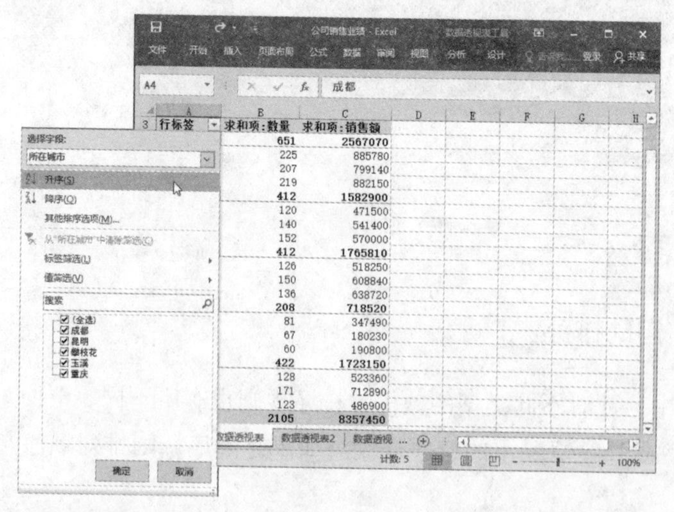

排序后，如果选择的是升序排序，行标签字段右侧的下拉按钮将变为形状；如果选择的是降序排序，下拉按钮则变为形状。

2. 通过功能区按钮自动排序

在Excel中，通过功能区的“升序”按钮和“降序”按钮可以快速自动排序。具体方法如下。

单击需要排序字段的标题或其任意数据项所在的单元格，切换到“数据”选项卡，在“排序和筛选”组中，根据需要单击“升序”按钮或“降序”按钮，即可快速对该字段进行升序排序或降序排序。

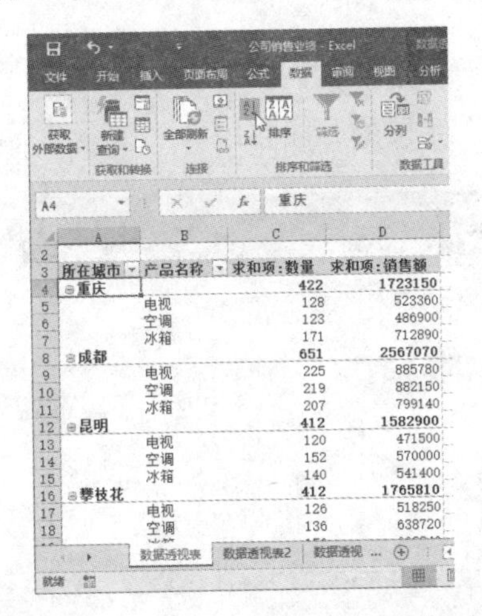

3. 通过“数据透视表字段”窗格自动排序

在Excel中，通过“数据透视表字段”窗格的字段列表可以进行自动排序，具体方法如下。

单击数据透视表中任意单元格，打开“数据透视表字段”窗格，在“选择要添加到报表的字段”列表框中，将光标指向要排序的字段右侧，此时将出现一个下拉按钮，单击该按钮，弹出字段下拉列表，在其中执行“升序”或“降序”命令即可自动排序。

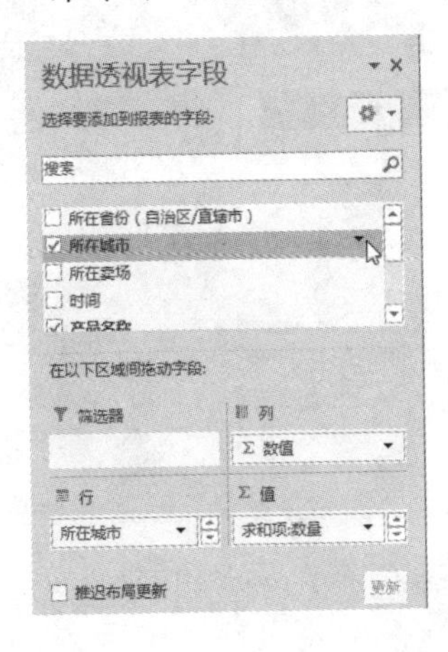

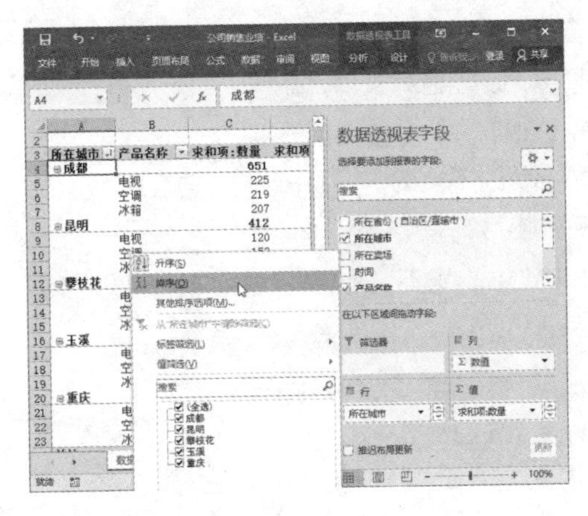

6.1.3 按其他排序选项排序

我们在日常工作中常会遇到各种排序需要，手动排序太麻烦，自动排序又不够灵活，不能满足工作需要，那该怎么办呢？

在Excel中就可以按照更加灵活多变的方式为数据透视表排序，下面将分别进行介绍。

1. 根据数值字段对行字段排序

在对数据透视表排序时，我们可以根据数值字段排序。下面提供了一个数据透视表，其中默认按照“产品名称”字段的升序排序。

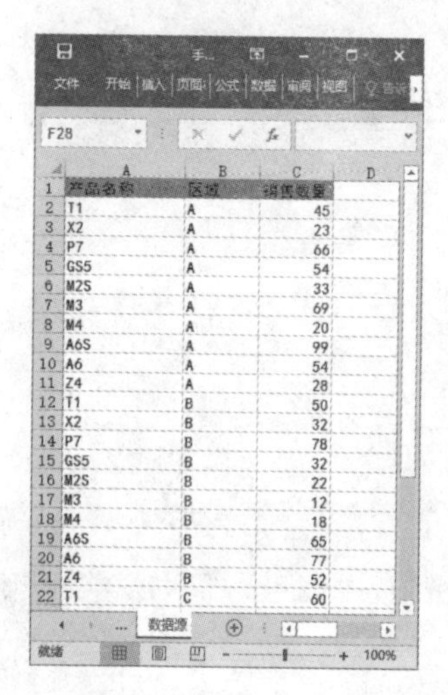

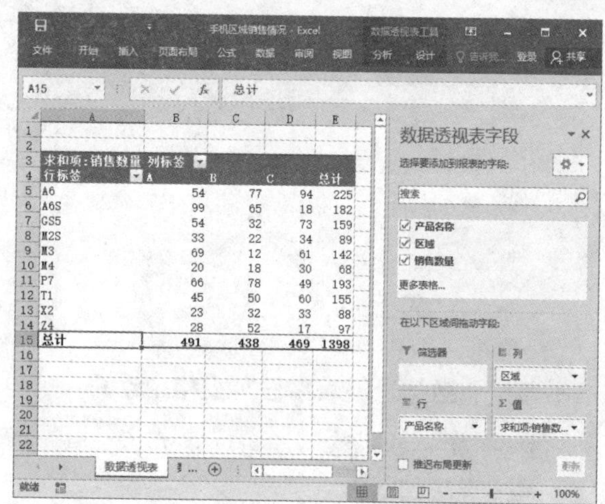

在该数据透视表中，需要对“产品名称”字段按照“求和项：销售数量”字段的汇总值升序排序，也就是说，要按照3个区域手机销售数量的求和汇总数据对产品进行升序排序，具体步骤如下。

步骤1 打开“手机区域销售情况.xlsx”素材文件，在数据透视表中，单击行标签字段右侧的下拉按钮，在打开的下拉列表中执行“其他排序选项”命令。

步骤2 弹出“排序（产品名称）”对话框，选中“升序排序（A到Z）依据”单

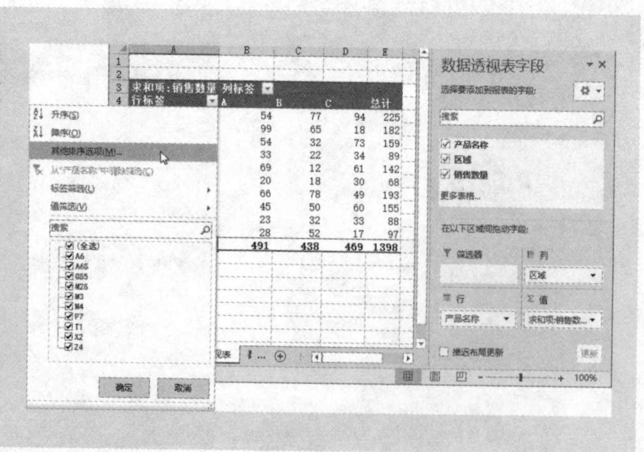

选项，在对应的下拉列表中选择“求和项:销售数量”选项，单击“确定”按钮。

步骤 3 返回数据透视表，即可看到对“产品名称”字段按照“求和项:销售数量”字段的汇总值升序排序后的效果。

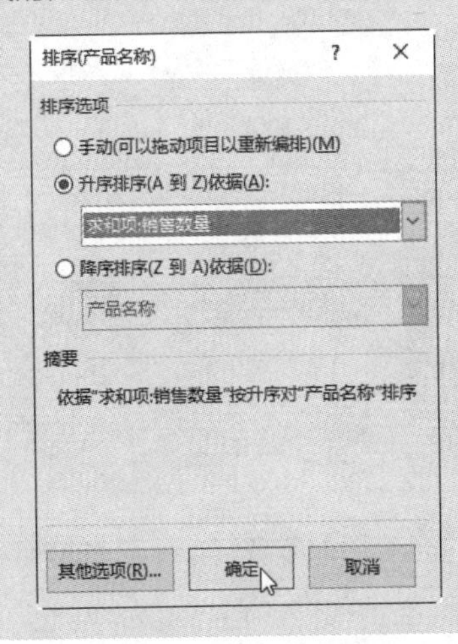

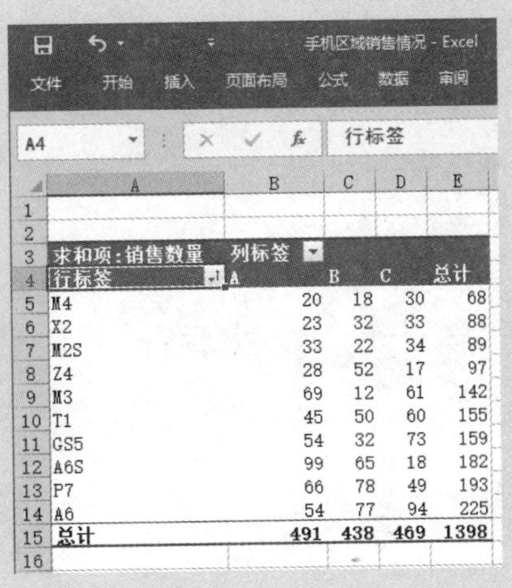

求和项:销售数量	列标签			
行标签	A	B	C	总计
M4	20	18	30	68
X2	23	32	33	88
M2S	33	22	34	89
Z4	28	52	17	97
M3	69	12	61	142
T1	45	50	60	155
GS5	54	32	73	159
A6S	99	65	18	182
P7	66	78	49	193
A6	54	77	94	225
总计	491	438	469	1398

2. 根据数值字段所在列对行字段排序

在Excel中，我们还可以根据数值字段所在列对行字段排序。仍然以前面提供的“手机区域销售情况”数据透视表为例，该数据透视表中，“区域”字段被设置为数据透视表的列字段，各产品的销售数量按区域分为A、B、C三列显示。

如果需要对“产品名称”字段按照某区域（如A区域）的销售数量值升序排序，而非按照三个区域的销售数量汇总值升序排序，其具体步骤如下。

步骤 1 单击行标签字段右侧的下拉按钮，在菜单中执行“其他排序选项”命令。

步骤 2 弹出“排序（产品名称）”对话框，选中“升序排序（A到Z）依据”单选项，在对应的下拉列表中选择“求和项:销售数量”选项，单击“其他选项”按钮。

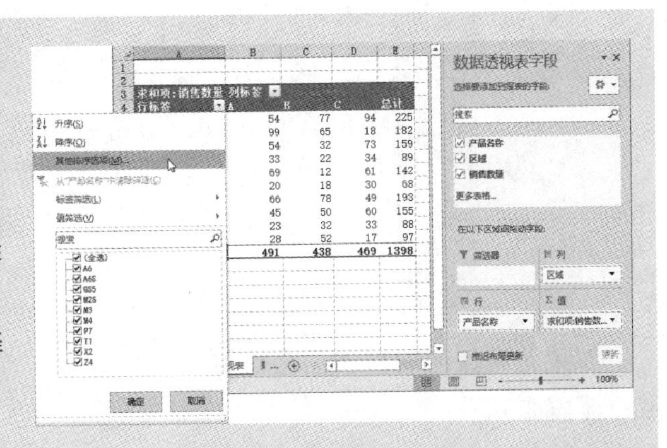

步骤 3 弹出“其他排序选项（产品名称）”对话框，选中“所选列中的值”单选

项，在对应的文本框中输入“$B$5”单元格引用地址，然后单击“确定”按钮。

步骤4 返回“排序（产品名称）”对话框，单击“确定”按钮，返回数据透视表，即可看到对“产品名称”字段按照数值字段所在列（本例为A区域销售数量所在列）升序排序后的效果。

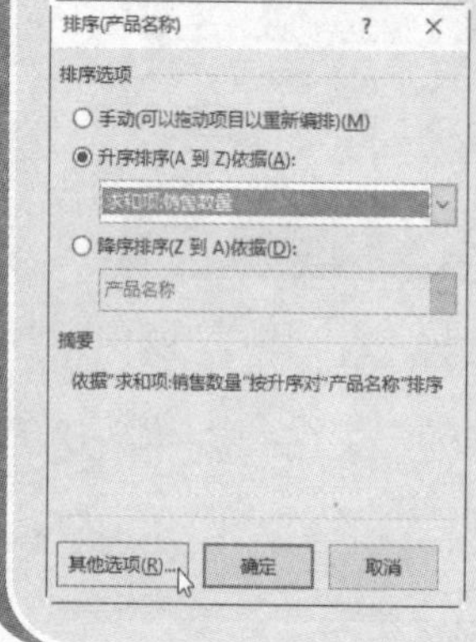

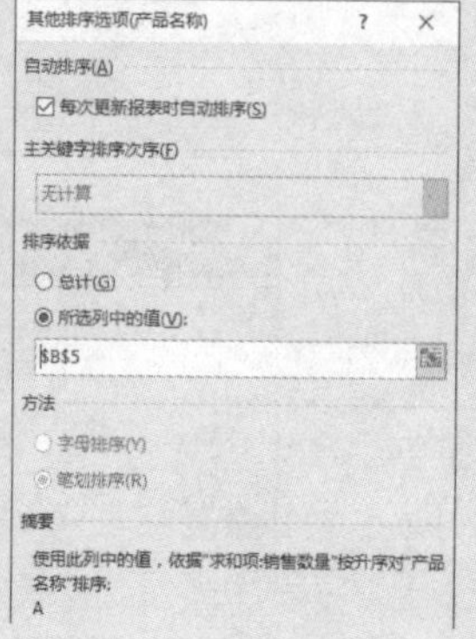

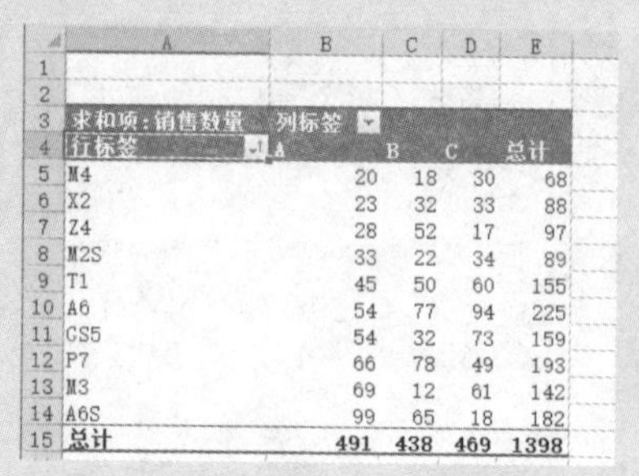

	A	B	C	D	E
1					
2					
3	求和项:销售数量	列标签			
4	行标签	A	B	C	总计
5	M4	20	18	30	68
6	X2	23	32	33	88
7	Z4	28	52	17	97
8	M2S	33	22	34	89
9	T1	45	50	60	155
10	A6	54	77	94	225
11	CS5	54	32	73	159
12	P7	66	78	49	193
13	M3	69	12	61	142
14	A6S	99	65	18	182
15	总计	491	438	469	1398

3. 根据笔画排序

在默认情况下，Excel中的汉字是按照拼音字母顺序进行排序的，如升序排序员工姓名时，会按照姓名第一个字的拼音首字母由A到Z排序，如果出现同姓时，则依次比较姓名中的第二个和第三个字。

	A	B	C	D
1	部门	(全部)		
2				
3	姓名	求和项:基本工资	求和项:餐补	求和项:交通补贴
4	安静	2250	300	100
5	曹浩	2200	300	100
6	曾惠	2200	300	100
7	曾曼	2200	300	100
8	曾云	7200	300	500
9	陈皓	2200	300	100
10	陈露	5300	300	200
11	陈其风	4300	300	200
12	陈曦	4650	600	200
13	程辰	2200	300	100
14	丁静	2300	300	100
15	董婕	2300	300	100
16	董康	2250	300	100
17	杜媛媛	2350	300	100
18	韩梅	2200	300	100

如果希望按照中国人的传统习惯，根据汉字“笔画”顺序来排序姓名等数据，步骤如下。

注意： 在Excel中的“笔画”排序规则并不完全符合中国人的传统习惯（先按汉字笔画数由少到多排序，同笔画数的汉字则按照起笔顺序横、竖、撇、捺、折排序，笔画数和笔形都相同的汉字，按字形结构排序，先左右、再上下，最后是整体字）。对于相同笔画数的汉字，Excel将按照其内码顺序进行排序，而不是按照笔画顺序排列。

步骤 1 打开“员工信息记录.xlsx”素材文件，在数据透视表中，单击行标签字段右侧的下拉按钮，在打开的下拉列表中执行“其他排序选项”命令。

步骤 2 弹出“排序（姓名）”对话框，选中“升序排序（A到Z）依据”单选项，在对应的下拉列表中选择“姓名”选项，单击“其他选项”按钮。

步骤 3 弹出“其他排序选项（姓名）”对话框，取消勾选的“每次更新报表时自动排序”复选框，选中“笔画排序”单选项，然后单击“确定”按钮。

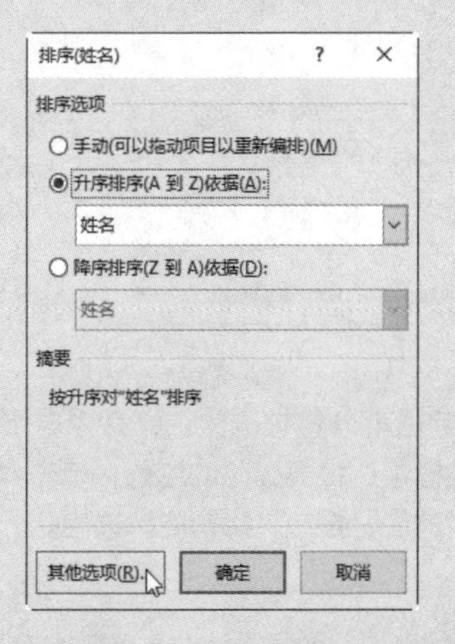

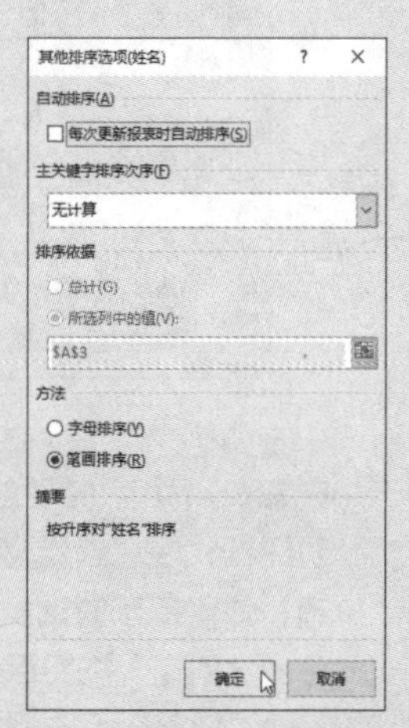

步骤 4 返回“排序（姓名）”对话框，单击“确定”按钮，返回数据透视表字段，即可看到对“姓名”字段按照汉字“笔画”顺序升序排序后的效果。

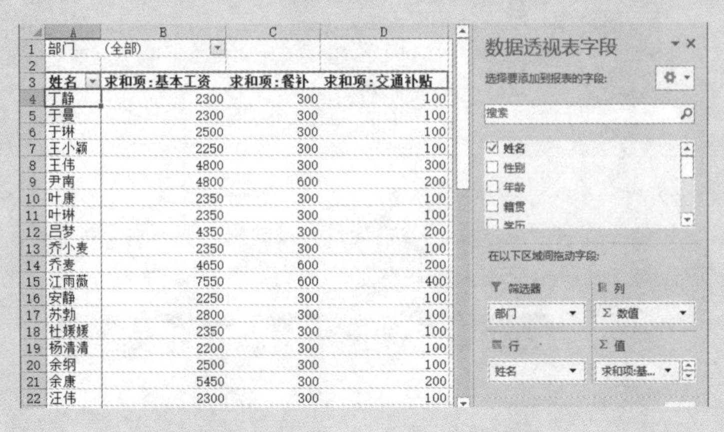

部门	(全部)		
姓名	求和项:基本工资	求和项:餐补	求和项:交通补贴
丁静	2300	300	100
于曼	2300	300	100
于琳	2500	300	100
王小颖	2250	300	100
王伟	4800	300	300
尹南	4800	600	200
叶康	2350	300	100
叶琳	2350	300	100
吕梦	4350	300	200
乔小麦	2350	300	100
乔麦	4650	600	200
江雨薇	7550	600	400
安静	2250	300	100
苏勃	2800	300	100
杜媛媛	2350	300	100
杨清清	2200	300	100
余纲	2500	300	100
余康	5450	300	200
汪伟	2300	300	100

4. 根据自定义序列排序

在工作中，有时需要让数据透视表按照一些特定的规则来排序，这些规则超出了Excel提供的默认排序功能。

例如，在“员工信息记录”表中要让公司各部门按照特定的顺序排序。这个操作是利用Excel默认的排序功能无法实现的，我们需要通过“自定义序列”的方法在Excel中创建一个符合自己需要的特殊顺序，进而让Excel根据这个顺序排序。

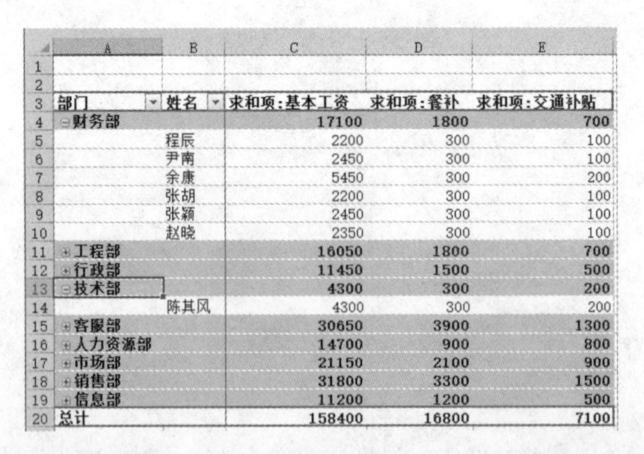

部门	姓名	求和项:基本工资	求和项:餐补	求和项:交通补贴
⊟财务部		17100	1800	700
	程辰	2200	300	100
	尹南	2450	300	100
	余康	5450	300	200
	张胡	2200	300	100
	张颖	2450	300	100
	赵晓	2350	300	100
⊞工程部		16050	1800	700
⊞行政部		11450	1500	500
⊟技术部		4300	300	200
	陈其风	4300	300	200
⊞客服部		30650	3900	1300
⊞人力资源部		14700	900	800
⊞市场部		21150	2100	900
⊞销售部		31800	3300	1500
⊞信息部		11200	1200	500
总计		158400	16800	7100

提示： 在Excel中添加了自定义序列后也可以将其删除。打开“自定义序列”对话框，在“自定义序列”列表框中选择要删除的序列，单击“删除”按钮，弹出提示对话框，再单击“确定”按钮，确认删除该序列，然后连续单击“确定”按钮保存设置即可。

例如，在下面的“员工信息记录”数据透视表中，要让公司部门按照“人力资源部”“行政部”“财务部”“市场部”“销售部”“客服部”“工程部”“信息部”“技术部”的顺序排序，其步骤如下。

步骤 1 打开“员工信息记录.xlsx”素材文件，在数据透视表中，切换到“文件”选项卡，执行“选项”命令。

步骤 2 弹出“Excel选项”对话框，切换到“高级”选项卡，在“常规”栏中单击“编辑自定义列表”按钮。

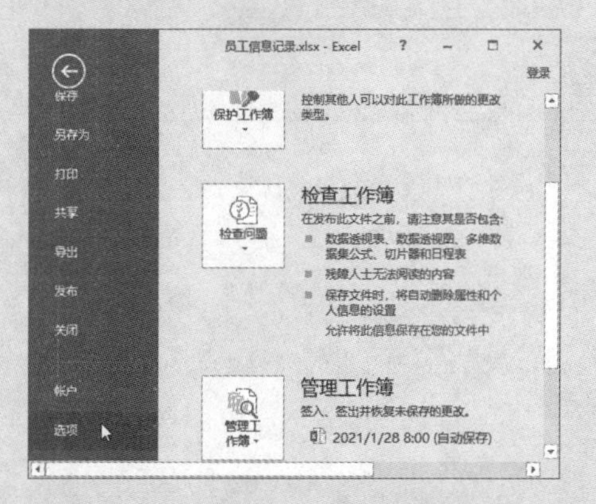

步骤 3 弹出“自定义序列”对话框，在“输入序列”列表框中根据需要输入自定义序列，单击“添加”按钮。

步骤 4 此时可以看到输入的序列已被添加到了左侧的“自定义序列”列表框中，单击“确定”按钮即可返回“Excel选项”对话框，然后单击“确定”按钮即可将输入的自定义序列保存到Excel中。

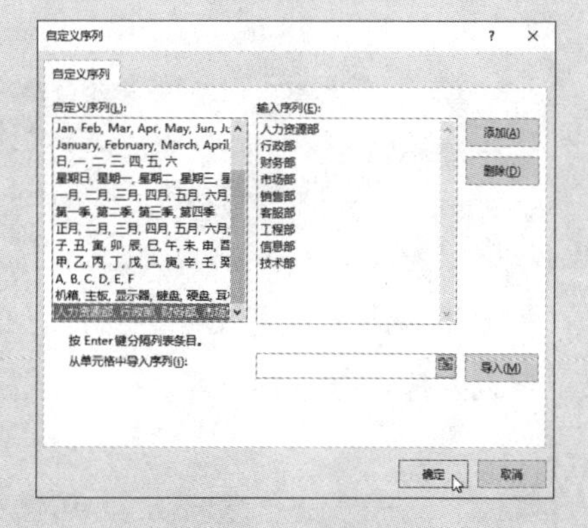

步骤 5 单击“部门”行字段右侧的下拉按钮，在打开的下拉列表中执行“升序”命令。

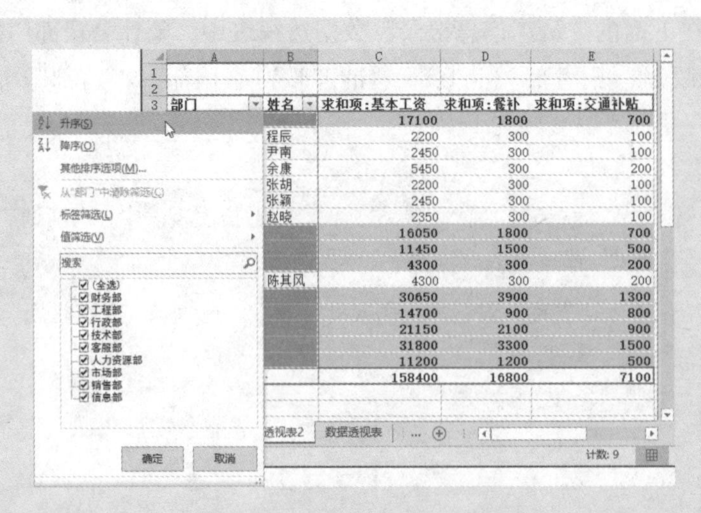

步骤 6 返回数据透视表，即可看到“部门”字段按照添加的自定义序列排序后的效果。

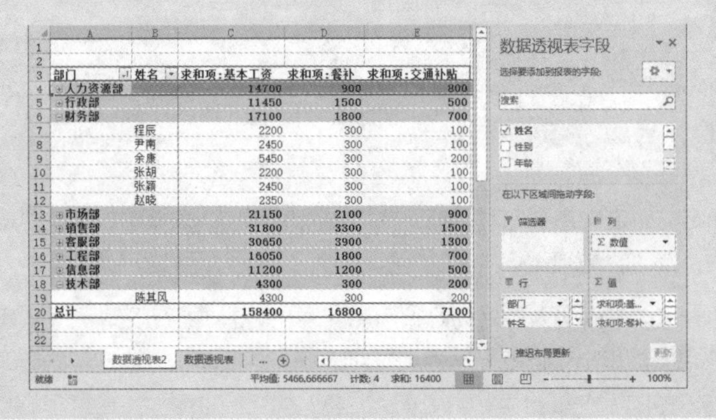

提示：在Excel中，用上述方法添加自定义序列后，该自定义序列的设置将保存在本地计算机中。在本地计算机中打开其他Excel工作簿进行排序和填充序列操作时，将可以应用该序列。

如果不再需要自定义序列排序，也可以在“自定义序列”对话框中删除自定义的序列，操作方法如下。

步骤 1 打开“员工信息记录.xlsx”素材文件，在数据透视表中，切换到“文件”选项卡，执行“选项”命令，弹出“Excel选项”对话框，切换到“高级”选项卡，在“常规”栏中单击“编辑自定义列表”按钮。

步骤2 弹出“自定义序列”对话框，在“自定义序列”列表框中选择要删除的序列，单击“删除”按钮。

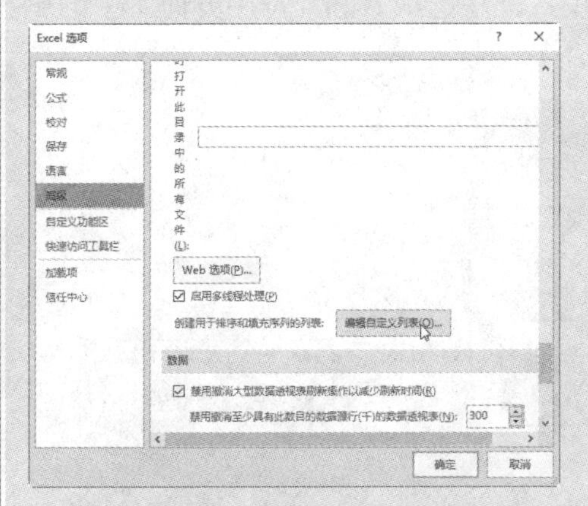

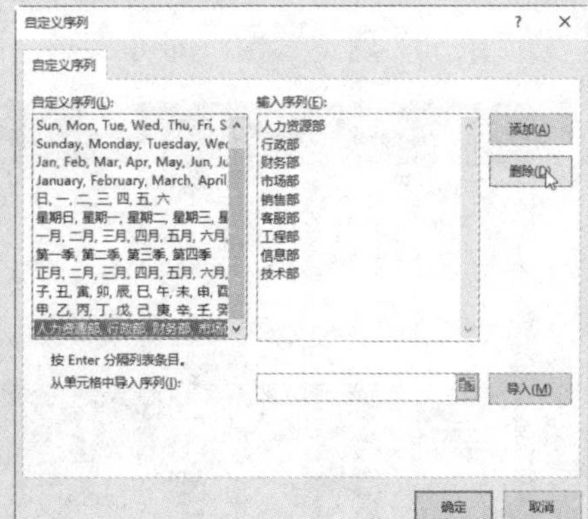

步骤3 弹出提示对话框，单击“确定”按钮，确认删除该序列。

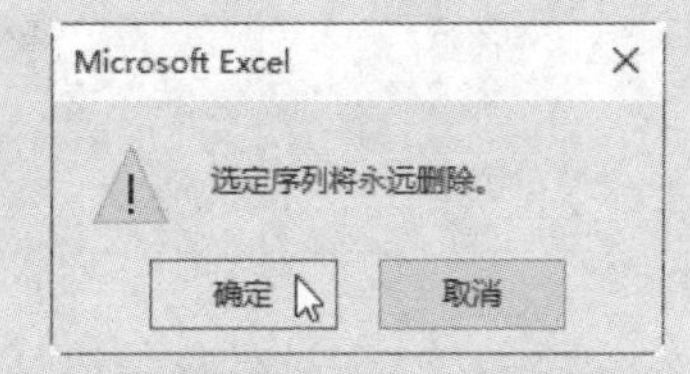

步骤4 此时可以看到在“自定义序列”列表框中所选序列都被删除了，单击“确定”按钮即可。

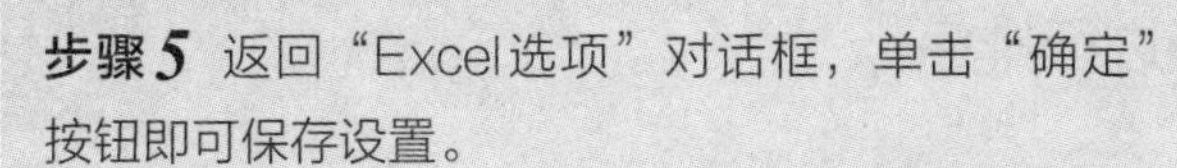
步骤5 返回“Excel选项”对话框，单击“确定”按钮即可保存设置。

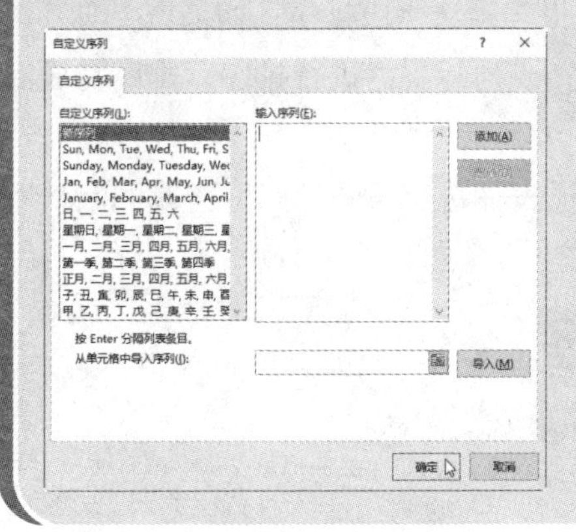

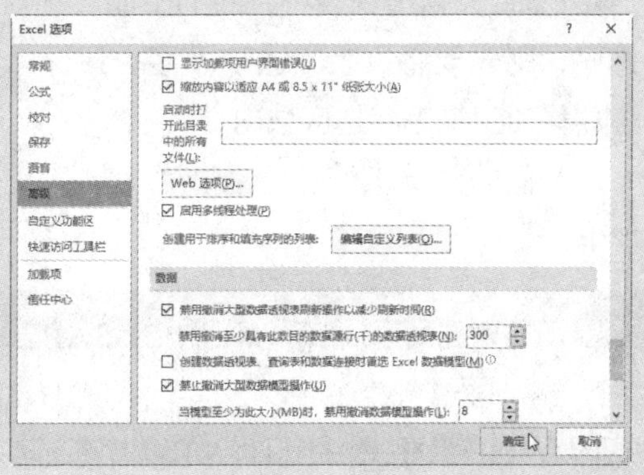

5. 按值排序

在Excel中，以下面的“员工信息记录”数据透视表为例，如果只想对“财务部”中的“姓名”按照“求和项:交通补贴”字段的汇总值进行排序，而不影响其他部门员工的排序情况，就可以通过“按值排序”对话框的方法实现，具体方法如下。

选中“财务部”对应的“求和项:交通补贴”字段所在数值区域的任意单元格，切换到“数据”选项卡，在“排序和筛选”组中单击“排序”按钮，弹出“按值排序”对话框，根据需要分别选中“排序选项”和“排序方向”中的单选项，然后单击“确定”按钮即可。

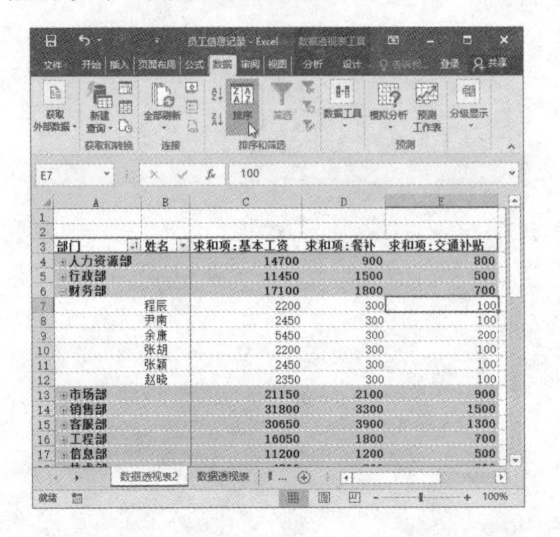

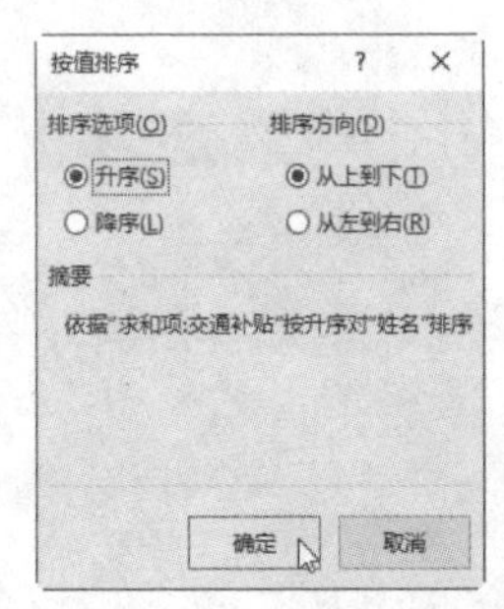

6.1.4 对报表筛选字段进行排序

在Excel数据透视表中，我们不能直接对报表筛选字段排序，如果需要对其进行排序，则先要将报表筛选字段移动到行标签或列标签内进行排序，排序完成后再将其移动到报表筛选区域内。

以下面的“员工信息记录”表为例，其报表筛选字段“部门”字段的默认顺序如下。

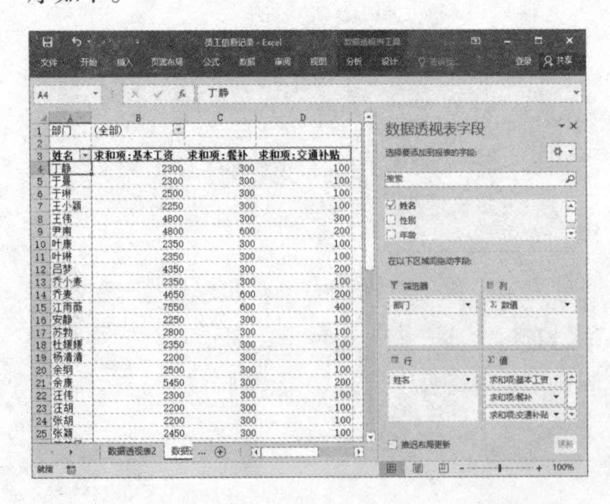

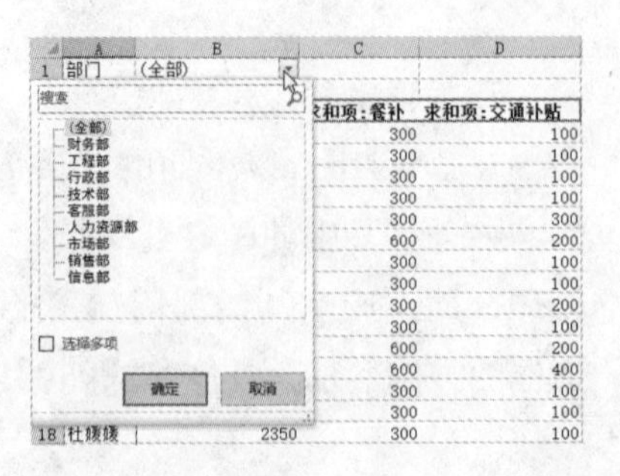

如果想要让“员工信息记录”表中的报表筛选字段（“部门”字段）按照降序排序，步骤如下。

步骤 1　打开“员工信息记录.xlsx”素材文件，在数据透视表中，打开“数据透视表字段”窗格，在报表筛选区域中使用鼠标按住左键不放，拖动“部门”字段到行标签区域“姓名”字段之前，然后释放鼠标。

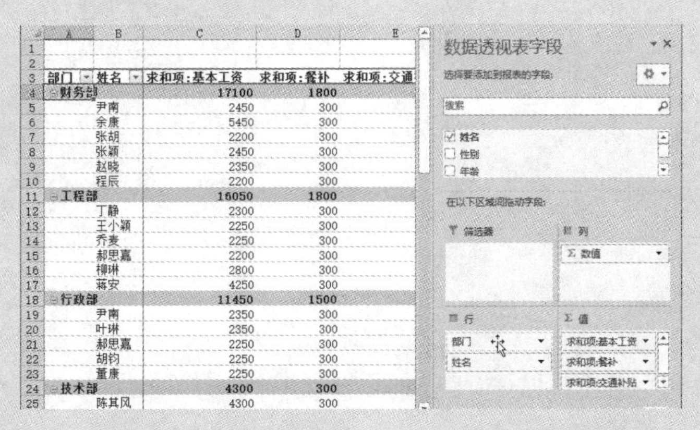

	A	B	C	D	E
1					
2					
3	部门	姓名	求和项:基本工资	求和项:餐补	求和项:交通
4	财务部		17100	1800	
5		尹南	2450	300	
6		余康	5450	300	
7		张胡	2200	300	
8		张颖	2450	300	
9		赵晓	2350	300	
10		程辰	2200	300	
11	工程部		16050	1800	
12		丁静	2300	300	
13		王小颖	2250	300	
14		乔麦	2250	300	
15		郝思嘉	2200	300	
16		柳琳	2800	300	
17		蒋安	4250	300	
18	行政部		11450	1500	
19		尹南	2350	300	
20		叶琳	2350	300	
21		郝思嘉	2250	300	
22		胡钧	2250	300	
23		董康	2250	300	
24	技术部		4300	300	
25		陈其风	4300	300	

步骤 2　此时数据透视表发生了相应的变化，单击“部门”行字段右侧的下拉按钮 ▾，在打开的下拉列表中执行“降序”命令。

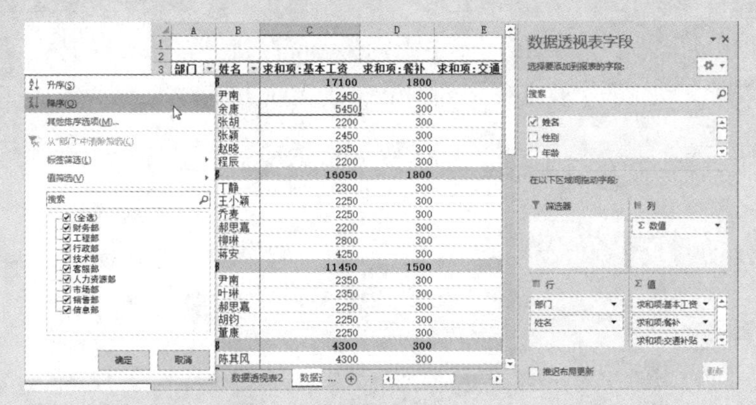

步骤 3　返回数据透视表，可以看到“部门”字段按照降序排序后的效果。

	A	B	C	D	E
1					
2					
3	部门	姓名	求和项:基本工资	求和项:餐补	求和项:交通补贴
4	信息部		11200	1200	[illegible]
5		吕梦	4350	300	200
6		乔小麦	2350	300	100
7		胡钧	2300	300	100
8		韩梅	2200	300	100
9	销售部		31800	3300	1500
10	市场部		21150	2100	900
11	人力资源部		14700	900	800
12		杨清清	2200	300	100
13		陈露	5300	300	200
14		曾云	7200	300	500
15	客服部		30650	3900	1300
16	技术部		4300	300	200
17	行政部		11450	1500	500
18	工程部		16050	1800	700
19	财务部		17100	1800	700
20	总计		158400	16800	7100

步骤 4　在“数据透视表字段”窗格中，在行标签区域中使用鼠标按住左键不放，拖动“部门”字段到报表筛选区域，然后释放鼠标。

步骤 5　此时数据透视表发生了相应的变

化，在报表筛选区域中单击“(全部)”选项右侧的下拉按钮▾，即可看到“部门”字段按照降序排序后的效果。

6.1.5 对数据透视表中的局部数据进行排序

在数据透视表中，排序通常是为所有数据排序，但是，某些情况下也会对局部数据进行排序。下图所示为某公司的员工信息记录，如果在该数据透视表中，只需要对财务部的员工姓名按照基本工资金额降序排序，就可以取消勾选的“每次更新报表时自动排序”复选框，分别设置每个部门的排序方式，方法如下。

	A	B	C	D	E
3	部门	姓名	求和项:基本工资	求和项:餐补	求和项:交通补贴
4	⊟财务部		17100	1800	700
5		程辰	2200	300	100
6		尹南	2450	300	100
7		余康	5450	300	200
8		张胡	2200	300	100
9		张颖	2450	300	100
10		赵晓	2350	300	100
11	⊟工程部		16050	1800	700
12		丁静	2300	300	100
13		郝思嘉	2200	300	100
14		蒋安	4250	300	200
15		柳琳	2800	300	100
16		乔麦	2250	300	100
17		王小颖	2250	300	100
18	⊞行政部		11450	1500	500
19	⊞技术部		4300	300	200
20	⊞客服部		30650	3900	1300
21	⊞人力资源部		14700	900	800
22	⊟市场部		21150	2100	900

步骤 1 打开“员工信息记录.xlsx”素材文件，在数据透视表中，单击“姓名”字段右侧的下拉按钮▾，打开字段下拉列表，在其中执行“其他排序选项”命令。

步骤 2 弹出“排序(姓名)”对话框，单击“其他选项”按钮。

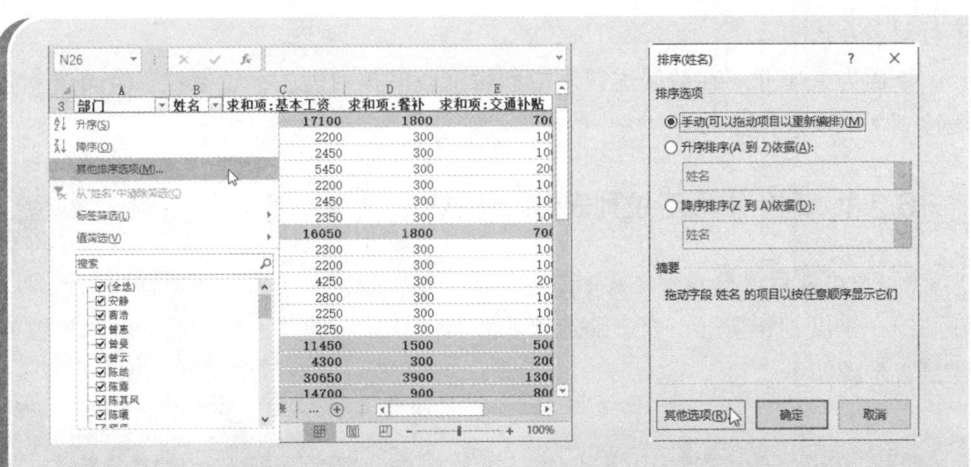

步骤 3 弹出“其他排序选项（姓名）”对话框，取消勾选的“每次更新报表时自动排序”复选框，单击“确定”按钮。

步骤 4 返回“排序（姓名）”对话框，单击“确定”按钮，然后返回数据透视表，选中财务部员工“求和项:基本工资”数值区域中的任意单元格，切换到“数据”选项卡，在“排序和筛选”组中单击“降序”按钮即可。

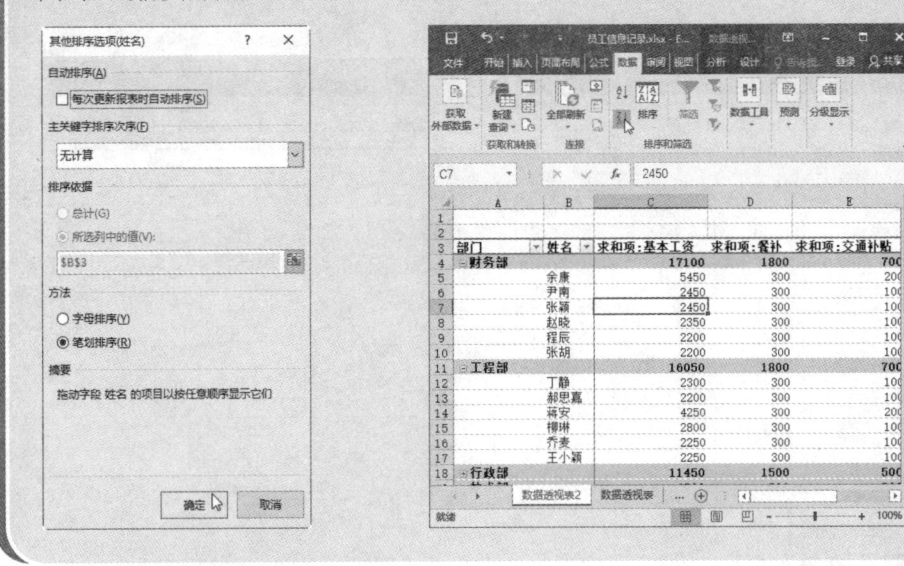

6.2 数据透视表筛选

前面已经介绍过，在数据透视表里，我们可以通过对报表筛选区域进行显示设置，来对数据透视表做整体筛选。如果需要对数据透视表中的行字段和列字段进行更多方式的筛选，该怎么办呢？

下面为大家介绍在数据透视表中利用字段下拉列表、字段标签、值筛选、字段搜索文本框进行筛选的方法，以及自动筛选，取消筛选等方法。

6.2.1　利用字段下拉列表进行筛选

在Excel数据透视表中，我们可以利用字段下拉列表中的列表来筛选数据。以在“第一季度销售情况”表中筛选出业务员“江洋”和“王军”三月的销售数据为例，步骤如下。

步骤 1 打开“第一季度销售情况.xlsx”素材文件，在数据透视表中，单击行标签右侧的下拉按钮，在打开的下拉列表中取消勾选的“(全选)”复选框，然后勾选“江洋”和“王军”复选框，单击“确定”按钮。

步骤 2 返回数据透视表，即可看到行标签右侧的下拉按钮变为形状，数据透视表中筛选出了业务员“江洋”和“王军”的销售数据。

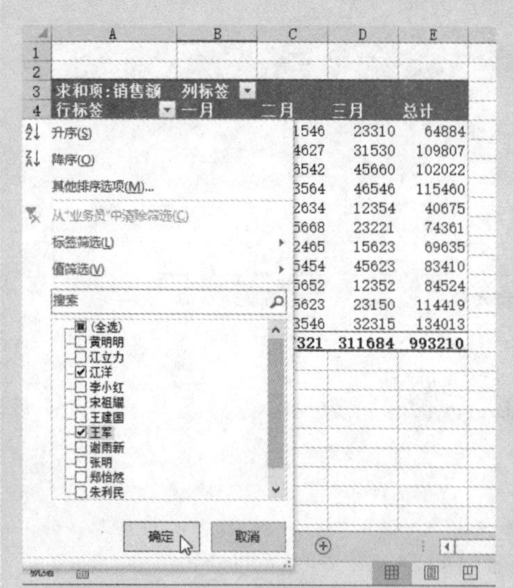

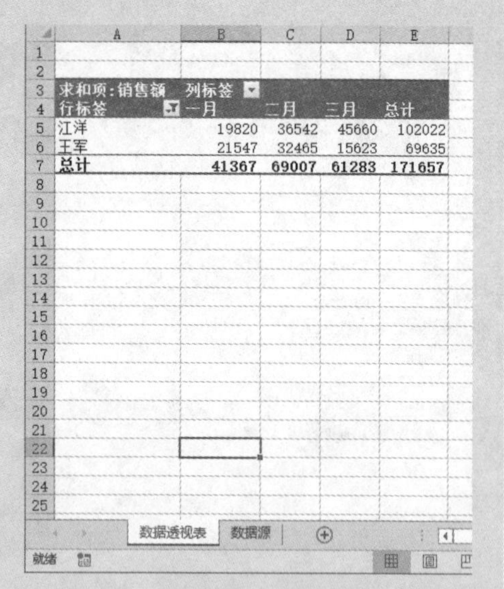

步骤 3 单击列标签右侧的下拉按钮，在打开的下拉列表中取消勾选的“(全选)”复选框，然后勾选“三月”复选框，单击“确定”按钮。

步骤 4 返回数据透视表，即可看到列标签右侧的下拉按钮变为形状，数据透视表中筛选出了业务员“江洋”和“王军”三月的销售数据。

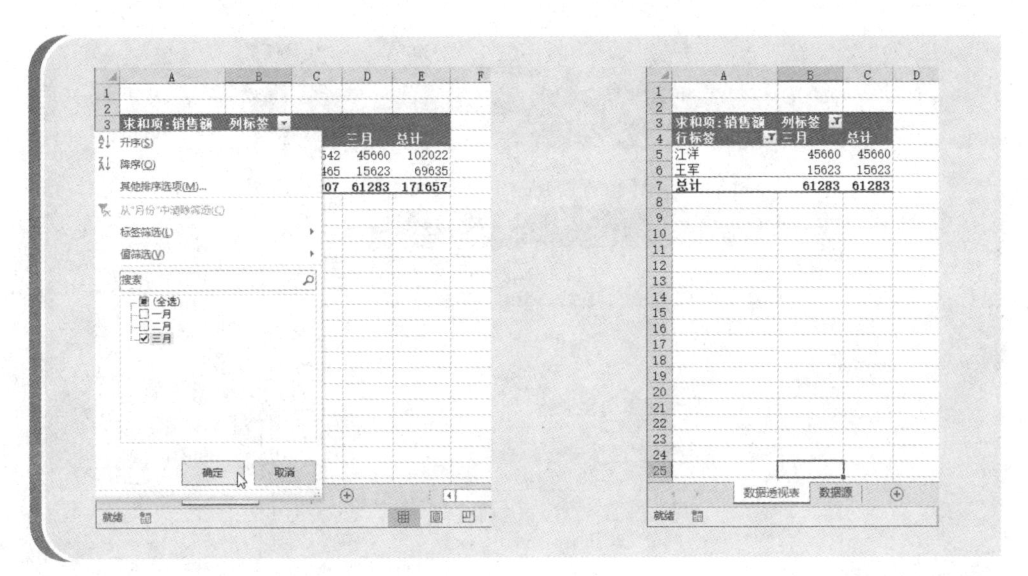

6.2.2　利用字段标签进行筛选

在Excel数据透视表中，我们可以利用字段标签来筛选数据。以在“第一季度销售情况”表中筛选出业务员“王”姓业务员的销售数据为例，方法如下。

步骤 *1* 打开“第一季度销售情况.xlsx”素材文件，在数据透视表中，单击行标签右侧的下拉按钮▾，在打开的下拉列表中展开“标签筛选”子菜单，本例根据需要执行“开头是”命令。

步骤 *2* 弹出“标签筛选（业务员）”对话框，设置“显示的项目的标签”为“开头是”“王”，然后单击“确定”按钮。

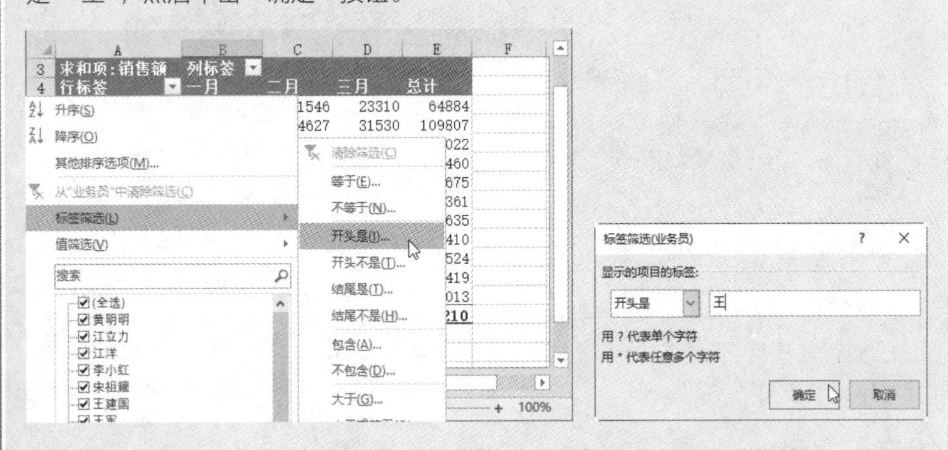

步骤 *3* 返回数据透视表，即可看到已经筛选出“王”姓业务员的销售数据。

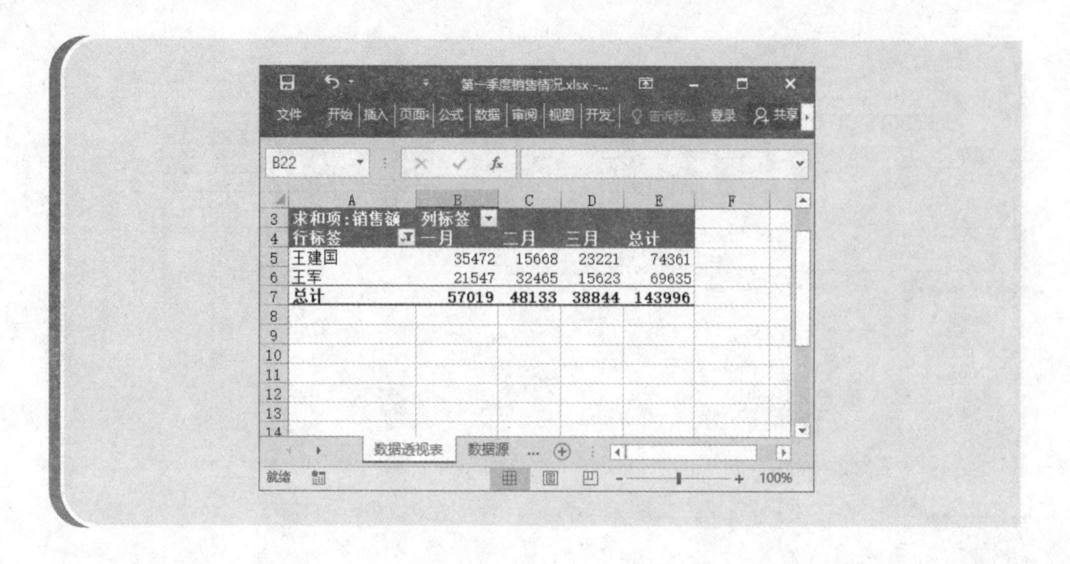

6.2.3 使用值筛选进行筛选

在Excel数据透视表中，用户可以使用值筛选来筛选数据。下面以“第一季度销售情况”表为例，分别筛选出累计销售额为前3名的业务员记录，以及第一季度销售额“最小”为20%的记录。

1. 筛选出“最大”的3项

在“第一季度销售情况”表中，要通过值筛选功能筛选出累计销售额为前3名的业务员记录，方法如下。

步骤1 打开“第一季度销售情况.xlsx”素材文件，在数据透视表中，单击行标签右侧的下拉按钮▾，在打开的下拉列表中展开“值筛选”子菜单，本例根据需要执行“前10项”命令。

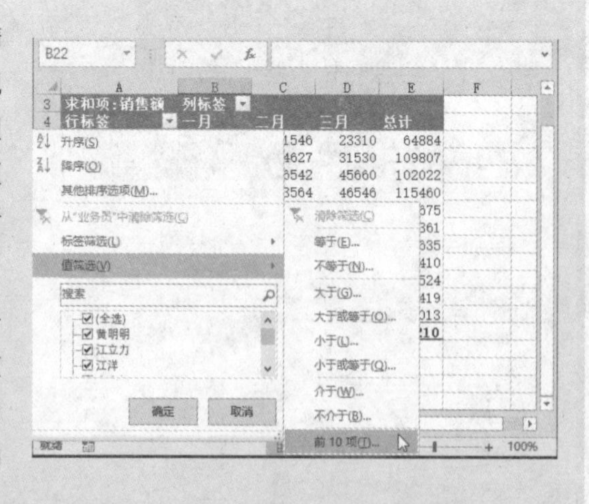

步骤2 弹出“前10个筛选（业务员）”对话框，设置“显示”的数据为“最大”“3”“项”，其依据为“求和项:销售额”，然后单击“确定”按钮。

步骤3 返回数据透视表，即可看到已经筛选出累计销售额为前3名的业务员记录。

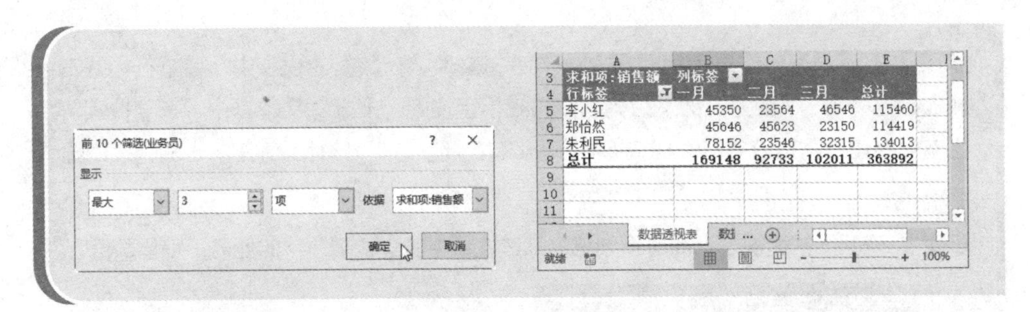

2. 筛选出“最小”为20%数据

在“第一季度销售情况”表中，要通过值筛选功能筛选出第一季度销售额在“最小”为20%的记录，同样需要利用“前10个筛选（业务员）”对话框，方法如下。

步骤 1 打开“第一季度销售情况.xlsx”素材文件，在数据透视表中，单击行标签右侧的下拉按钮，在打开的下拉菜单中展开“值筛选”子菜单，本例根据需要执行“前10项”命令。

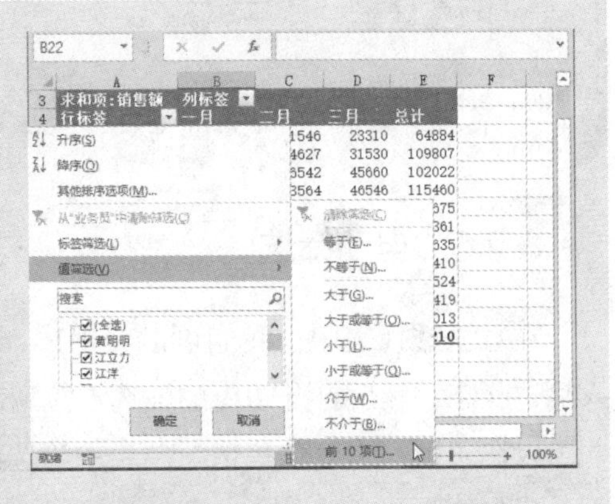

步骤 2 弹出“前10个筛选（业务员）”对话框，设置“显示”的数据为“最小”“20”“百分比”，其依据为“求和项：销售额”，然后单击“确定”按钮。

步骤 3 返回数据透视表，即可看到已经筛选出第一季度销售额最小为20%的记录。

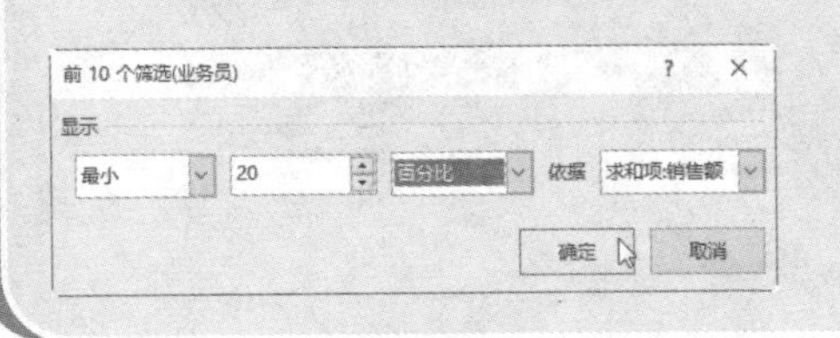

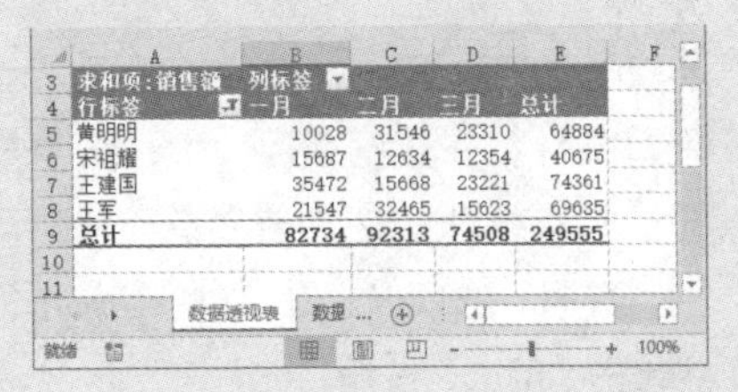

6.2.4　使用字段搜索文本框进行筛选

在Excel数据透视表中，我们可以利用字段下拉列表中的搜索文本框来筛选含有某汉字、字母、符号等的数据。以在“第一季度销售情况”表中筛选出姓名含有“明”字的业务员的销售数据为例，方法如下。

步骤 1 打开“第一季度销售情况.xlsx”素材文件，在数据透视表中，单击行标签右侧的下拉按钮，在打开的下拉列表中将光标定位到“搜索”文本框中，在“搜索”文本框中输入需要查找的数据内容，本例输入“明”字，Excel将在下方的列表中显示搜索结果，确认后单击“确定”按钮。

步骤 2 返回数据透视表，即可看到已经筛选姓名中包含“明”字的业务员销售数据。

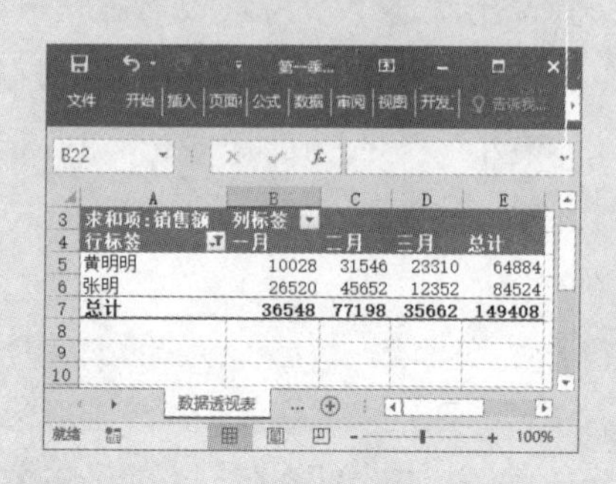

6.2.5 自动筛选

在数据透视表中，我们可以利用Excel的自动筛选功能，使整个数据透视表进入筛选状态，然后打开相应的筛选下拉列表对各字段进行筛选。

以在“第一季度销售情况”表中筛选出一月销售额超过30000元的销售数据为例，步骤如下。

步骤 1 打开“第一季度销售情况.xlsx”素材文件，在数据透视表中，选中与数据透视表相邻的任意空白单元格，切换到“数据”选项卡，在“排序和筛选”组中单击“筛选”按钮。

步骤 2 此时整个数据透视表进入筛选状态，单击“一月”右侧出现的下拉按钮，打开下拉列表，在其中展开“数字筛选”子菜单，执行“大于”命令。

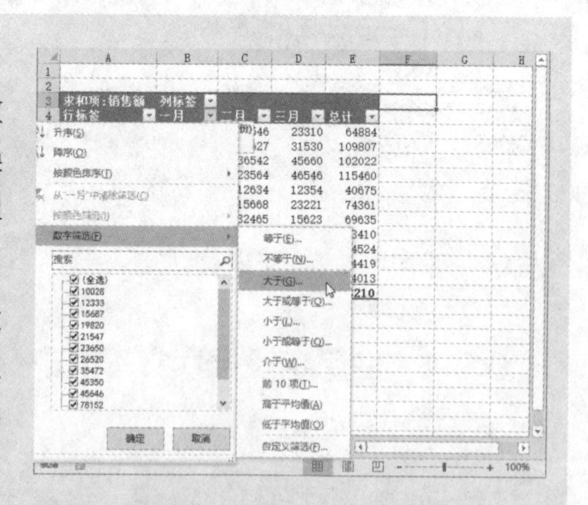

步骤 3 弹出“自定义自动筛选方式”对话框，本例设置显示“一月”“大于”

“30000”的数据，设置完成后单击“确定”按钮即可。

步骤 4 返回数据透视表，即可看到“一月”右侧的下拉按钮变为▼形状，数据透视表中筛选出了一月销售额超过30000元的销售数据。

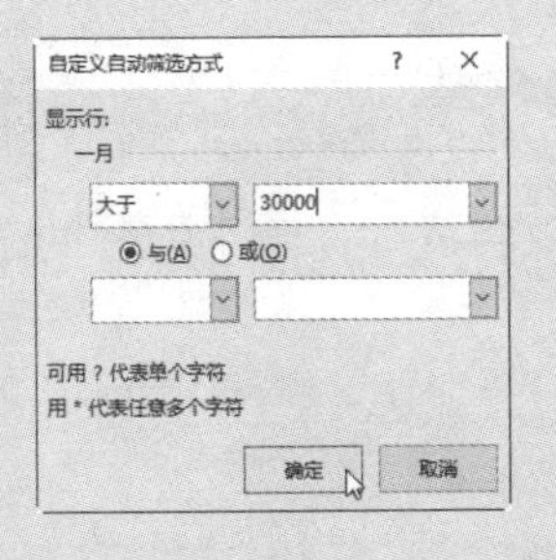

	A	B	C	D	E	F
1						
2						
3	求和项:销售额	列标签				
4	行标签	一月	二月	三月	总计	
8	李小红	45350	23564	46546	115460	
10	王建国	35472	15668	23221	74361	
14	郑怡然	45646	45623	23150	114419	
15	朱利民	78152	23546	32315	134013	
16	总计	334205	347321	311684	993210	
17						
18						
19						

提示：在自动筛选数据后，切换到“数据”选项卡，在“排序和筛选”组中再次单击“筛选”按钮，即可使数据透视表退出筛选状态。

6.2.6 取消筛选

用本章所介绍的各种方法在数据透视表中筛选数据之后，如果要取消筛选，恢复筛选前的状态，该怎么办呢？

单击字段右侧的▼按钮，打开字段下拉列表，执行其中的“从‘(字段名)’中清除筛选”命令即可。

此外，利用字段下拉列表和字段搜索文本框进行筛选后，还可以单击字段右侧▼按钮，打开相应的字段下拉列表，在列表中勾选“(全选)”复选框，然后单击“确定”按钮取消筛选。

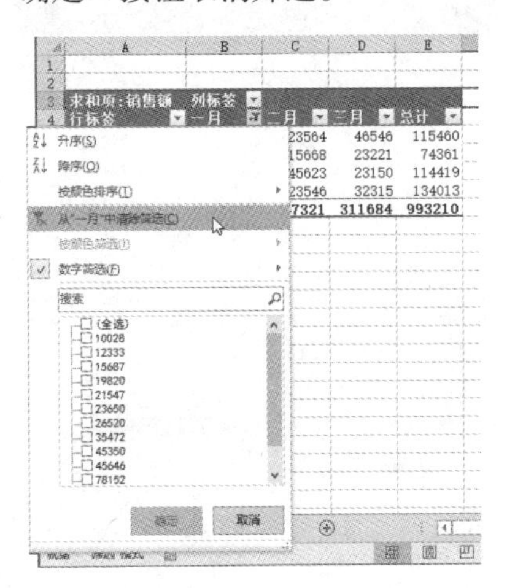

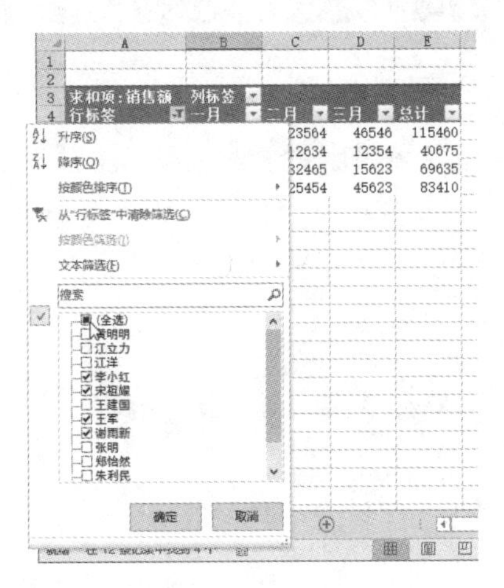

提示：在筛选数据后，切换到“数据”选项卡，在“排序和筛选”组中单击“清除”按钮，也可取消筛选，使数据透视表恢复筛选前的状态。

6.2.7 筛选出语文成绩高于平均分的学生名单

如下图所示，为某学校的学生成绩数据，现在要将成绩高于平均分的学生名单统计出来。

	A	B	C	D	E
3	行标签	平均值项:语文	平均值项:数学	平均值项:外语	求和项:总分
4	黄明明	89.00	133.00	92.00	314
5	江立力	101.00	94.00	89.00	284
6	江洋	107.00	86.00	127.00	320
7	李小红	126.00	122.00	119.00	367
8	宋祖耀	92.00	84.00	103.00	279
9	王建国	98.00	145.00	134.00	377
10	王军	56.00	50.00	68.00	174
11	谢雨新	70.00	90.00	85.00	245
12	张明	80.00	60.00	75.00	215
13	郑怡然	124.00	99.00	128.00	351
14	朱利民	96.00	103.00	94.00	293
15	**总计**	**94.45**	**96.91**	**101.27**	**3219**

此时，可以通过自动筛选得到需要的结果，步骤如下。

步骤 *1* 打开“期中成绩表.xlsx”素材文件，在数据透视表中，选中与数据透视表相邻的任意空白单元格，切换到“数据”选项卡，在“排序和筛选”组中单击“筛选”按钮。

步骤 *2* 此时整个数据透视表进入筛选状态，单击“平均值项:语文”右侧出现的下拉按钮，打开下拉列表，在其中展开“数字筛选”子菜单，执行“高于平均值”命令。

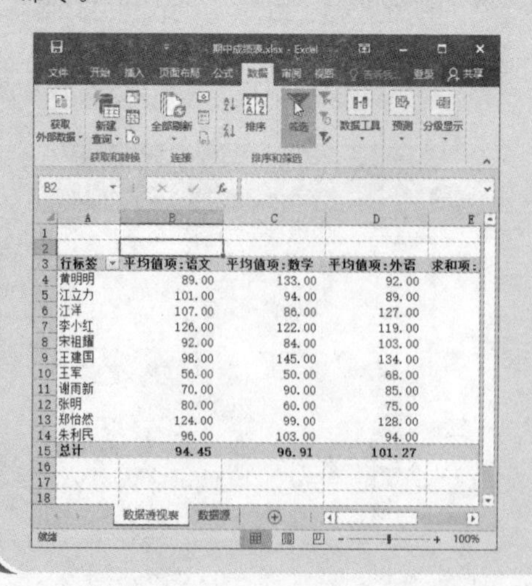

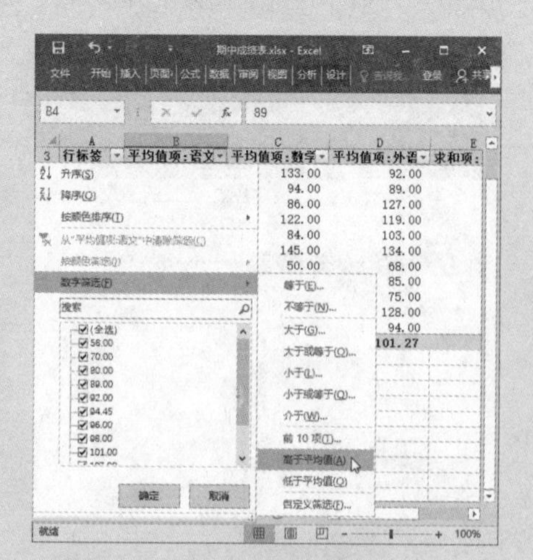

步骤 3 返回数据透视表，Excel已自动筛选出了语文成绩高于平均分的学生名单。

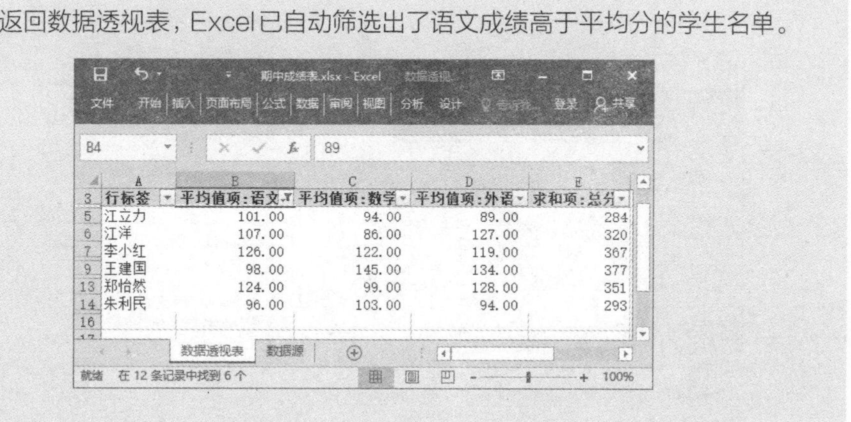

行标签	平均值项:语文	平均值项:数学	平均值项:外语	求和项:总分
江立力	101.00	94.00	89.00	284
江洋	107.00	86.00	127.00	320
李小红	126.00	122.00	119.00	367
王建国	98.00	145.00	134.00	377
郑怡然	124.00	99.00	128.00	351
朱利民	96.00	103.00	94.00	293

6.3 使用切片器快速筛选数据

在Excel 2016中，为数据透视表提供了切片器功能。通过切片器对数据透视表字段进行筛选，我们可以在切片器内非常直观地查看该字段的所有数据项信息。

6.3.1 切片器的创建与编辑

切片器是一种图形化的筛选方式，它为数据透视表中的每个字段都创建了一个选取器，可浮动显示于数据透视表之上。通过对选取器中字段项的筛选，可以十分直观地查看数据透视表中的信息。下面将分别介绍在数据透视表中插入切片器、使用切片器筛选字段项，以及清除筛选器等操作的方法。

1. 插入切片器

要在Excel数据透视表中插入切片器，主要有以下两种方法。

- 选中数据透视表中任意单元格，切换到“数据透视表工具/分析”选项卡，在“筛选”组中单击“插入切片器”按钮，弹出“插入切片器”对话框，勾选需要的字段名复选框，单击“确定”按钮即可。
- 选中数据透视表中任意单元格，切换到“插入”选项卡，在“筛选器”组中单击“切片器”按钮，弹出“插入切片器”对话框，勾选需要的字段名复选框，单击“确定”按钮即可。

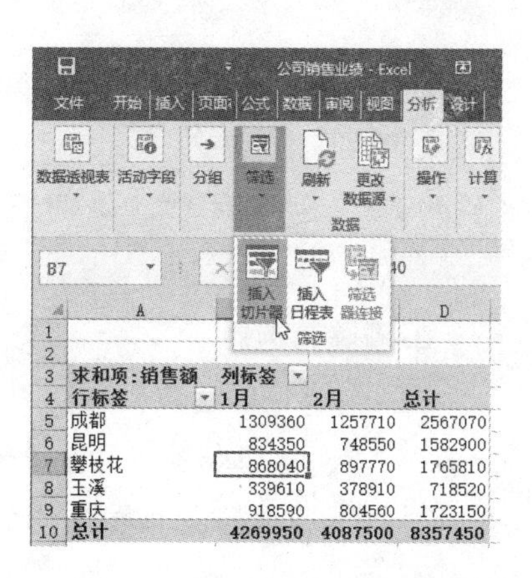

求和项:销售额	列标签		
行标签	1月	2月	总计
成都	1309360	1257710	2567070
昆明	834350	748550	1582900
攀枝花	868040	897770	1765810
玉溪	339610	378910	718520
重庆	918590	804560	1723150
总计	4269950	4087500	8357450

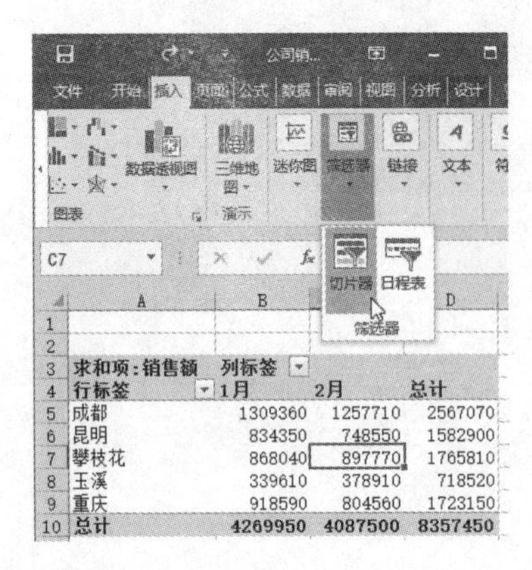
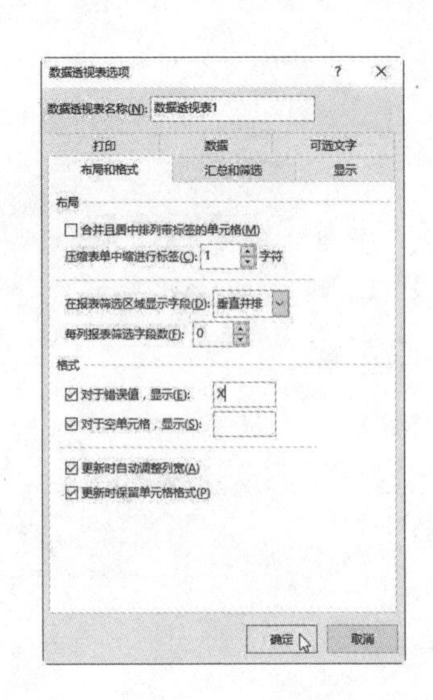

2. 筛选字段项

在数据透视表中插入切片器后，要对字段进行筛选，只需在相应的切片器筛选框内选择要查看的字段项即可。筛选后，未被选择的字段项将显示为灰色，同时该筛选框右上角的“清除筛选器”按钮呈可单击状态。

例如本例，要查看成都2号店1月电视机的销售额，则依次在“所在城市”切片器筛选框中选择“成都”选项，在“所在卖场”切片器筛选框中选择“2号店”选项，在“时间”切片器筛选框中选择“1月”选项，在“产品名称”切片器筛选框中选择“电视”选项即可。

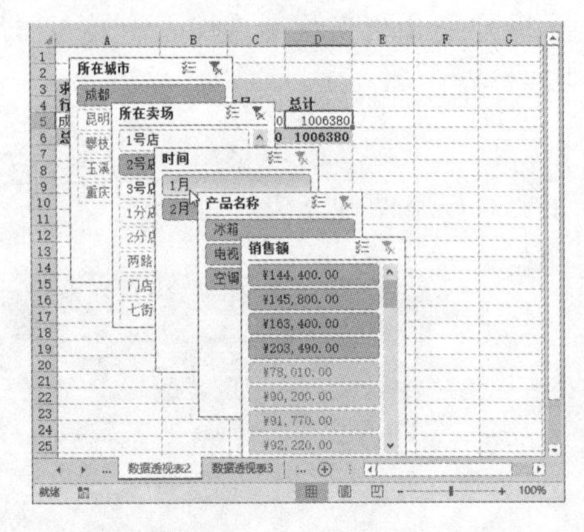
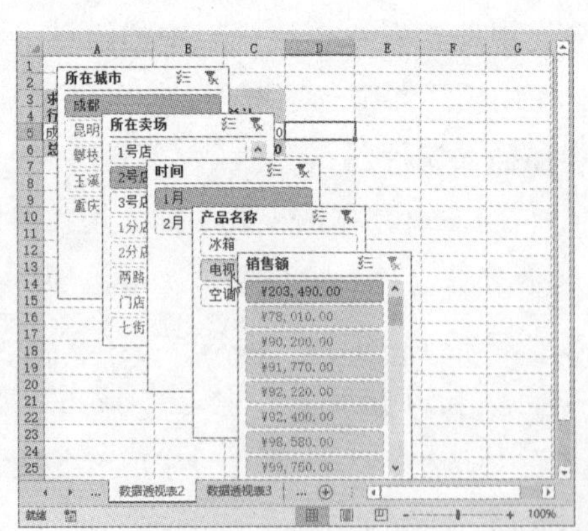
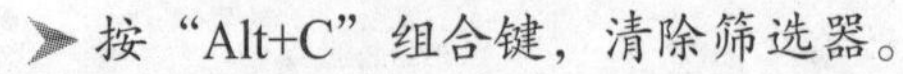

3. 清除筛选器

在切片器中筛选数据后，如果需要清除筛选结果，有以下几种方法。

➤ 按“Alt+C”组合键，清除筛选器。

➤ 单击相应筛选框右上角的“清除筛选器”按钮。

➤ 使用鼠标右键单击相应的切片器，在弹出的的快捷菜单中执行“从‘(所在城市)’中清除筛选器”命令即可。

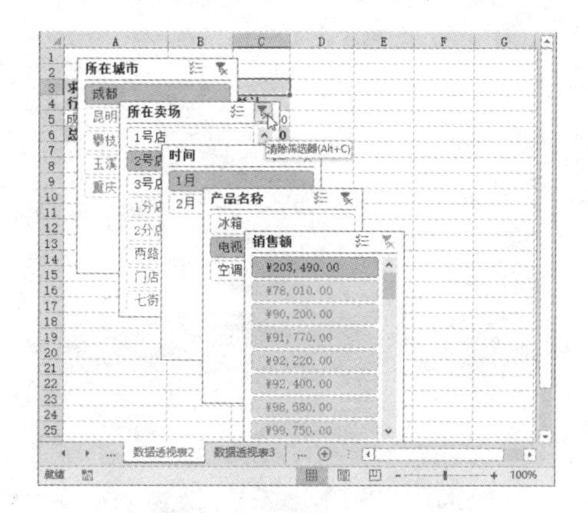

4. 更改切片器名称

在Excel中创建切片器后，我们可以根据需要更改切片器的名称，主要方法有以下两种。

➤ 选中要更改名称的切片器，切换到“切片器工具/选项”选项卡，在“切片器”组的“切片器题注”文本框中直接输入要更改的切片器名称，然后按“Enter”键确认即可。

➤ 选中要更改名称的切片器，切换到“切片器工具/选项”选项卡，在“切片器”组单击“切片器设置”按钮，弹出“切片器设置”对话框，在“标题”文本框中输入要更改的切片器名称，然后单击“确定”按钮即可。

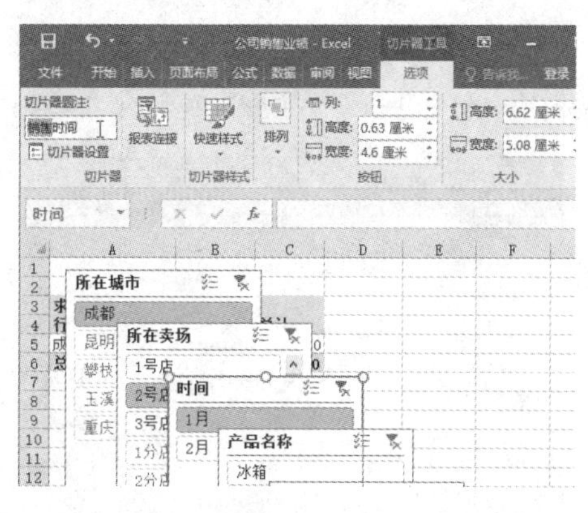

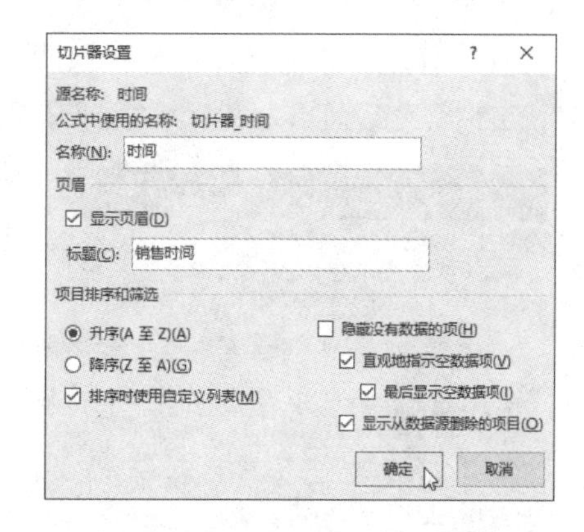

5. 更改切片器的前后显示顺序

在Excel中插入两个或两个以上的切片器之后，默认情况下这些切片器会被堆放在一起，按层次相互遮盖。如果需要更改切片器的前后显示顺序，可以通过下面3种方法来实现。

➤ 通过"切片器工具/选项"选项卡：选中要更改显示顺序的切片器，切换到"切片器工具/选项"选项卡，在"排列"组中根据需要执行"上移一层""置于顶层""下移一层""置于底层"命令，即可调整该切片器的前后显示顺序。

➤ 通过快捷菜单：使用鼠标右键单击需要更改显示顺序的切片器，在弹出的快捷菜单中，展开"置于顶层"或"置于底层"子菜单，根据需要执行"上移一层""置于顶层"或"下移一层""置于底层"命令，即可调整该切片器的前后显示顺序。

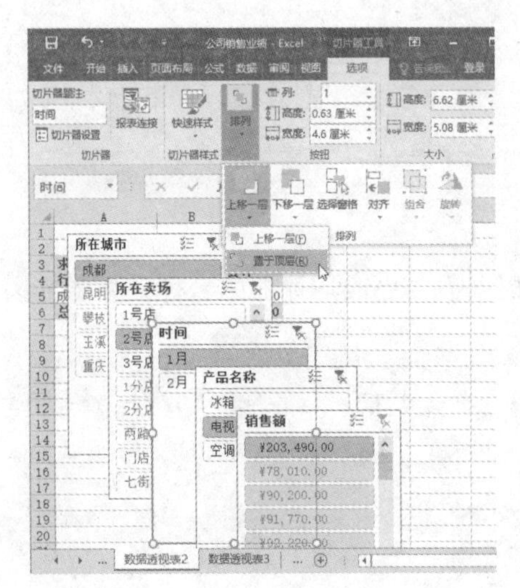

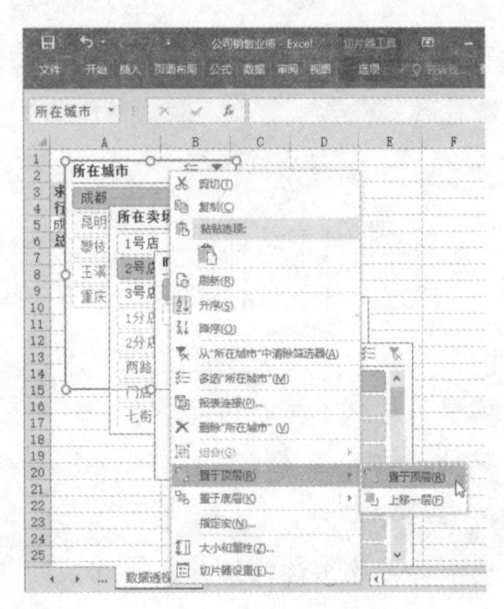

➤ 通过"选择"窗格：选中任意切片器，切换到"切片器工具/选项"选项卡，在"排列"组中单击"选择窗格"按钮，打开"选择"窗格，在其中选中要更改显示顺序的切片器，按住鼠标左键不放，拖动到适当位置后释放鼠标左键，即可调整该切片器的前后显示顺序，设置完成后单击"关闭"按钮×关闭窗格即可。

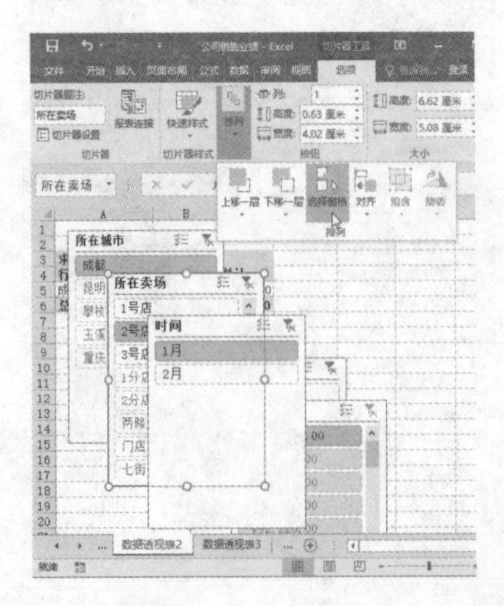

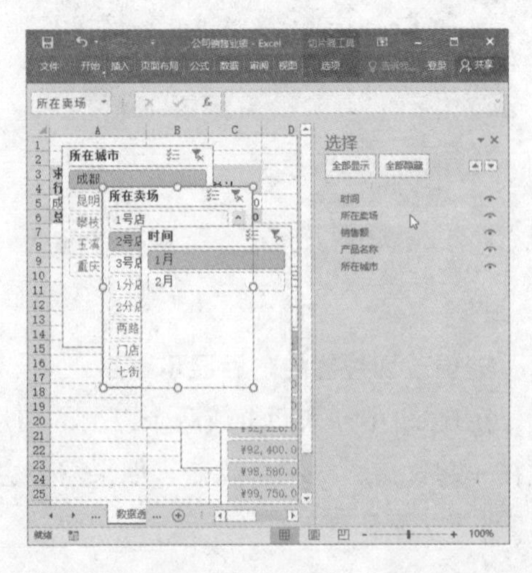

提示：将光标指向切片器，当光标呈![]形状时，按住鼠标左键不放，拖动切片器到适当位置后释放鼠标左键，即可移动切片器；选中切片器，将光标指向切片器控制框，当光标呈双向箭头形状如⤢、↕、⇔、⤡时，按住鼠标左键不放，拖动到适当位置后释放鼠标左键，即可调整切片器大小。

6. 排序切片器内的字段项

在Excel中创建切片器后，还可以根据需要对切片器中的字段项进行排序，主要方法有以下两种。

- 使用鼠标右键单击要排序字段项的切片器，在弹出的快捷菜单中根据需要执行“升序”或“降序”命令进行排序。
- 选中要排序字段项的切片器，切换到“切片器工具/选项”选项卡，在“切片器”组中单击“切片器设置”按钮，弹出“切片器设置”对话框，在“项目排序和筛选”栏中根据需要选择“升序”或“降序”排序即可。

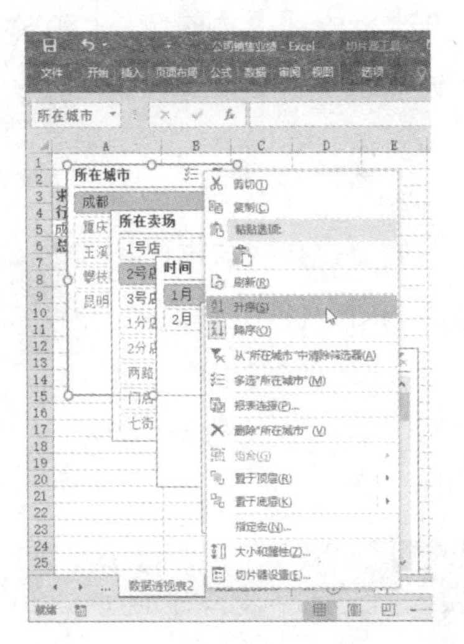

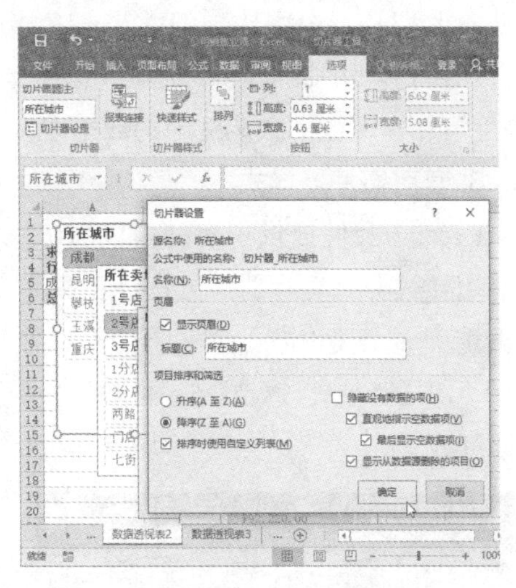

提示：在Excel中添加了自定义序列后，勾选“切片器设置”对话框中的“排序时使用自定义列表”复选框，可按自定义序列排序。

6.3.2 设置切片器外观

在数据透视表中插入切片器后，要想使切片器更美观和易读，我们可以对切片器外观进行设置，包括设置多列显示切片器字段项、更改切片器字段项的大小、套用切片器样式等。

1. 多列显示切片器字段项

在创建切片器之后，如果切片器中的字段项过多，筛选数据时就需要借助切片器内的字段项滚动条，为了便于进行筛选操作，我们可以设置字段项在切片器内多列显示。方法：选中要设置多列显示字段项的切片器，切换到“切片器工具/选项”选项卡，在“按钮”组中根据需要设置“列”微调框中的数据即可。

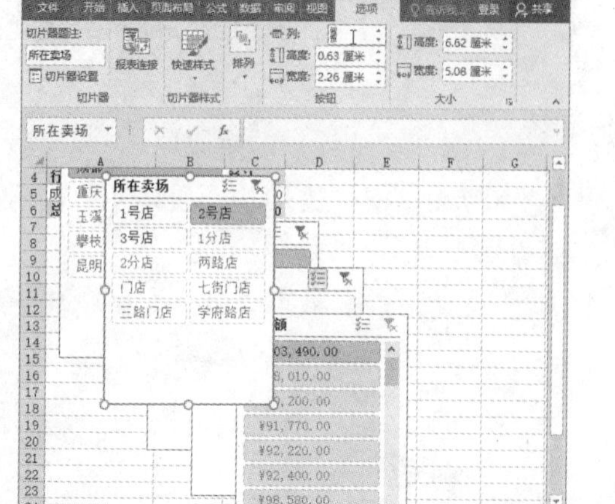

2. 更改切片器字段项的大小

在创建切片器后，我们可以根据需要更改切片器中字段项的大小。方法：选中要更改字段项大小的切片器，切换到“切片器工具/选项”选项卡，在“按钮”组中根据需要设置“高度”和“宽度”微调框中的数据即可。

3. 套用切片器样式

Excel为我们提供了多种内置的切片器样式，在创建切片器后可以快速套用样式美化切片器。方法：在按住“Ctrl”键的同时，使用鼠标左键单击选中多个要设置的切片器，然后释放“Ctrl”键，将其同时选中，然后在“切片器工具/选项”选项卡的“切片器样式”组中打开下拉列表，选择一种样式即可。

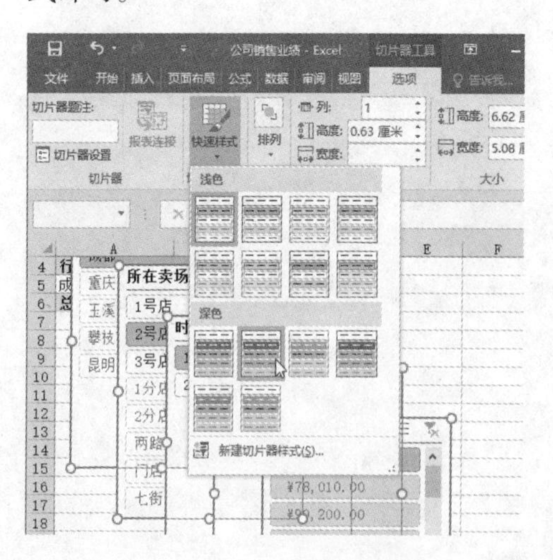

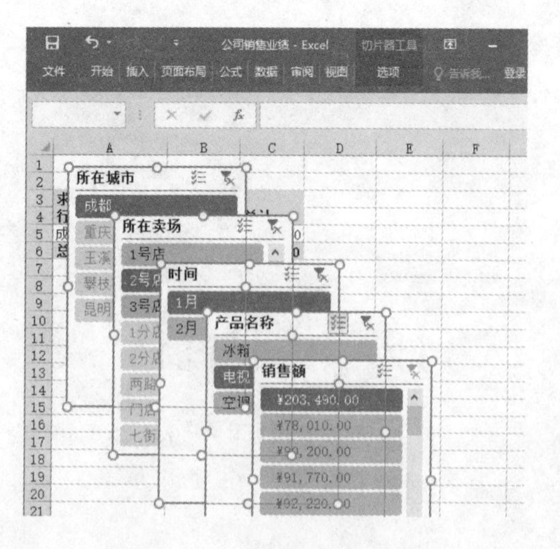

6.3.3 在多个数据透视表中共享切片器

在Excel中可以让依据同一数据源创建的多个数据透视表共享切片器，此时，筛选切片器中的一个字段项时，多个数据透视表将同时刷新，可实现多数据透视表的联动，从而快速进行多角度的数据分析。

在下面这张工作表中，依据同一数据源创建了4个数据透视表，显示出销售数据的不同分析角度。

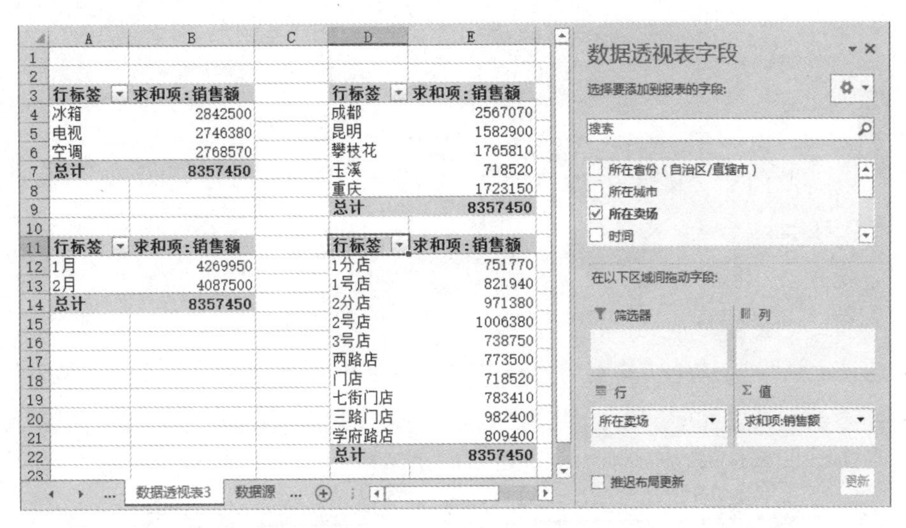

如果要为这4个数据透视表创建一个共享的"所在城市"切片器，实现多数据透视表的联动，以便快速进行多角度的数据分析，步骤如下。

步骤 *1* 打开"公司销售业绩.xlsx"素材文件，在数据透视表中，选中要创建共享切片器的任意数据透视表中的任意单元格，出现"数据透视表工具/分析"选项卡，在"筛选"组中单击"插入切片器"按钮。

步骤 *2* 弹出"插入切片器"对话框，勾选要创建切片器的字段名复选框，本例勾选"所在城市"复选框，单击"确定"按钮。

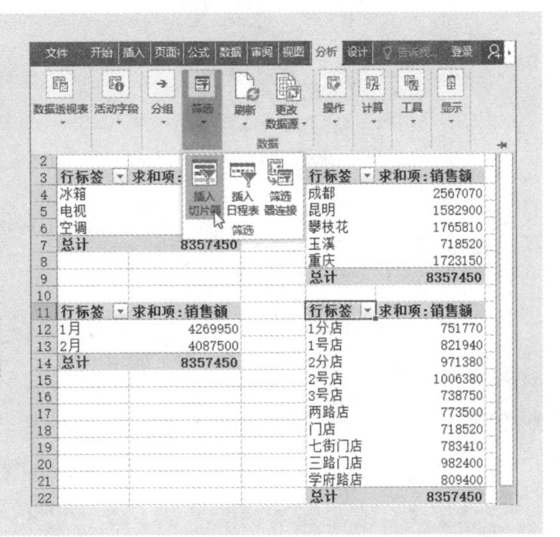

步骤3 返回工作表，选中插入的切片器，出现“切片器工具/选项”选项卡，在“切片器”组中单击“报表连接”按钮。

步骤4 弹出“数据透视表连接（所在城市）”对话框，勾选要共享切片器的多个数据透视表选项前的复选框，然后单击“确定”按钮即可。

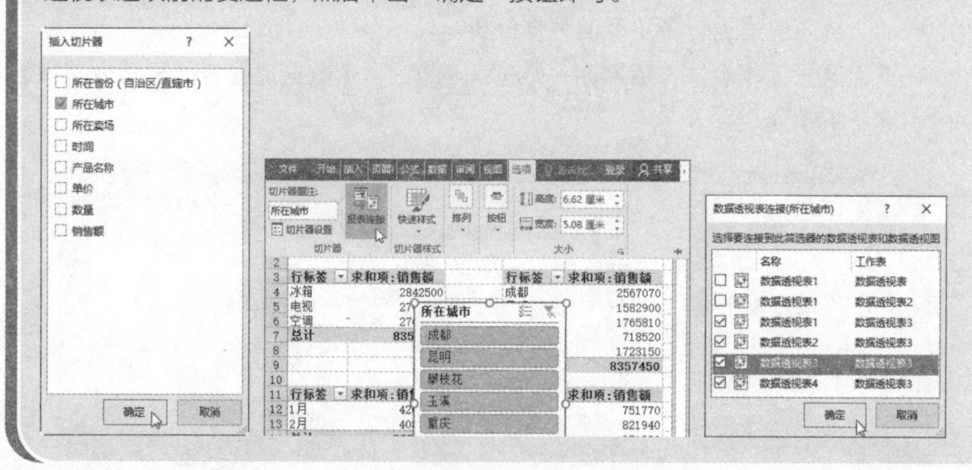

通过上述设置共享切片器后，在共享切片器中筛选字段时，被连接起来的多个数据透视表就会同时刷新。例如，在切片器中单击“成都”字段项，该工作表中共享切片器的4个数据透视表都会进行同步刷新。

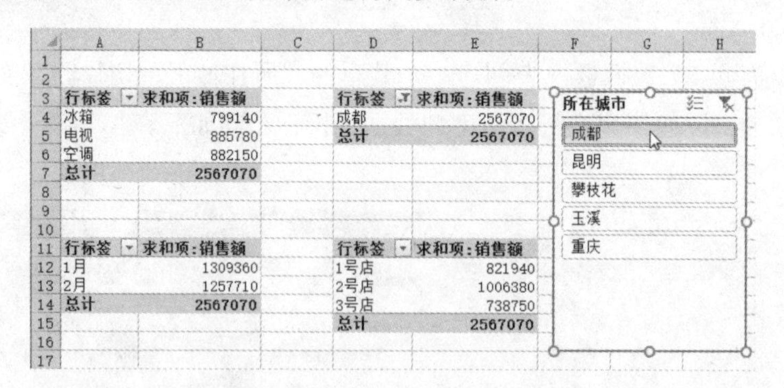

6.3.4 切片器的隐藏与删除

在Excel中创建切片器后，当用户不需要显示切片器时，可以将切片器隐藏或删除。

➤ 隐藏切片器：选中切片器，出现“切片器工具/选项”选项卡，在“排列”组中单击“选择窗格”按钮，打开“选择”窗格，在其中单击“全部隐藏”按钮即可隐藏工作表中所有的切片器；单击“全部显示”按钮即可显示工作表中所有的切片器；单击切片器名称后的按钮即可隐藏该切片器，隐藏后该按钮变为形状；单击切片器名称后的按钮即可重新显示被隐藏的切片器，显示后该按钮变为形状。

➤ 删除切片器：选中要删除的切片器，按“Delete”按钮，即可将其删除；使用鼠标右键单击要删除的切片器，在弹出的快捷菜单中执行“删除‘(所在城市)’”命令即可。

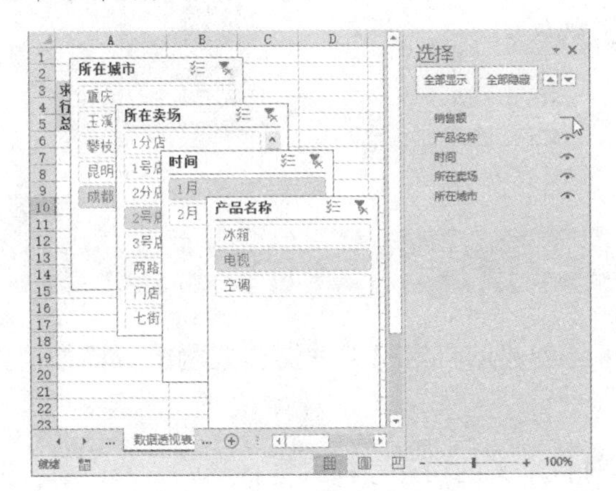

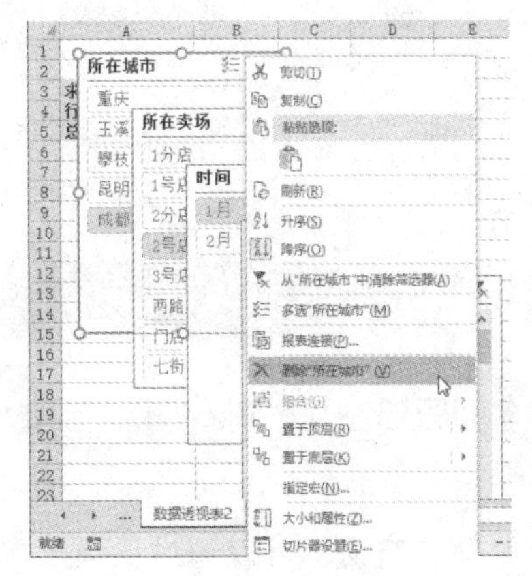

6.4　大师点拨

疑难 1　如何在切片器中筛选多个字段项

问题描述：如下图所示为某公司销售业绩的数据，其中创建了切片器，如果需要筛选出成都和重庆两个城市的销售数据，该怎么办呢？

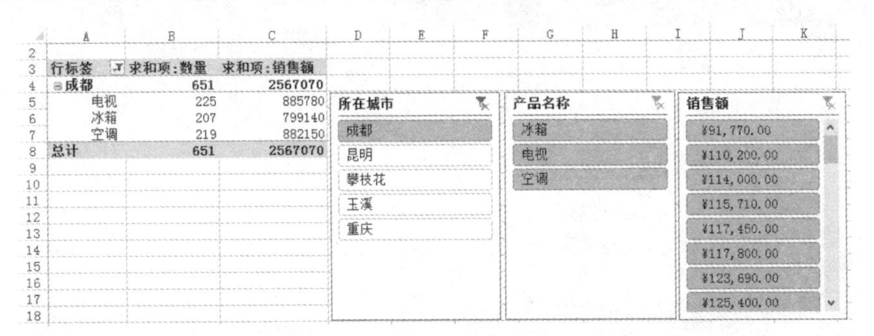

解决方法：可以在切片器中筛选多个字段项来实现这个筛选目标。在切片器筛选框内，在按“Ctrl”键的同时，使用鼠标左键单击要选择的多个字段项，选

择完成后释放鼠标左键即可。本例只需在“所在城市”切片器中选择“成都”和“重庆”字段项即可。

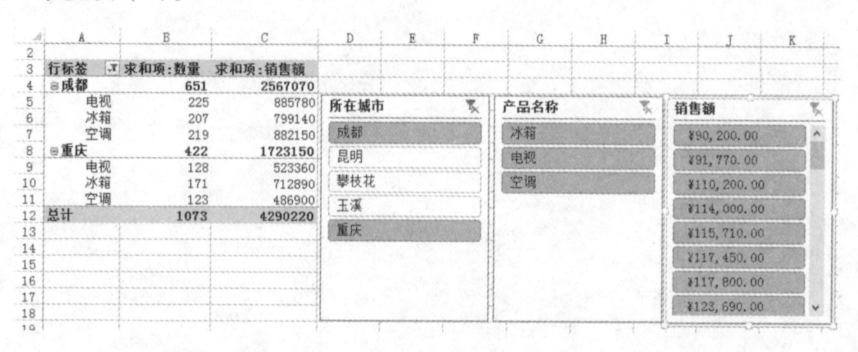

疑难❷ 如何删除自定义的切片器样式

Q 问题描述：在Excel中，需要将已创建的自定义切片器样式删除，该如何操作呢？

A 解决方法：可以通过快捷菜单对自定义的切片器样式进行删除、修改、复制等操作，步骤如下。

步骤 *1* 打开“公司销售业绩1.xlsx”素材文件，在数据透视表中，切换到“数据透视表2”工作表，选中其中任意一个切片器，出现“切片器工具/选项”选项卡，在“切片器样式”组中打开切片器样式下拉列表，在“自定义”栏中使用鼠标右键单击要删除的自定义切片器样式，弹出快捷菜单，在其中执行“删除”命令。

步骤 *2* 弹出提示对话框，单击“确定”按钮确认删除该自定义样式。

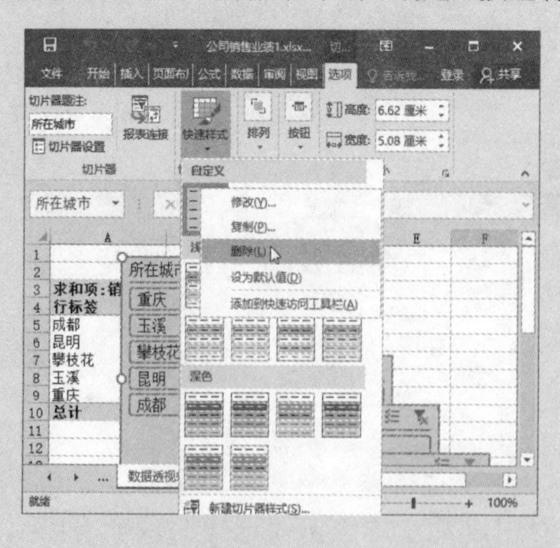

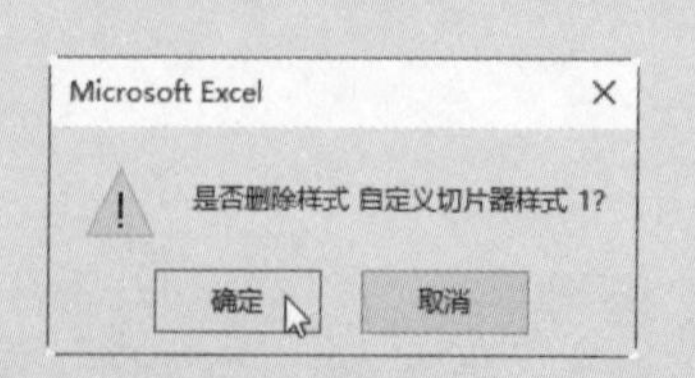

步骤 3 返回数据透视表，可以看到应用了该自定义样式的切片器，恢复了默认样式，再次打开切片器样式下拉列表，可以发现该自定义样式已经被删除了。

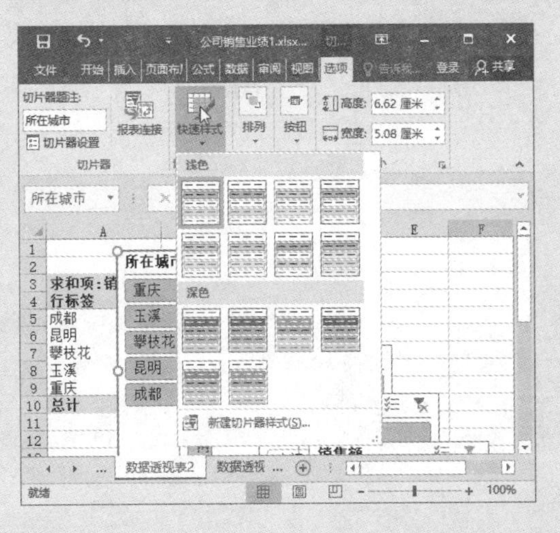

疑难 3 如何在切片器中不显示数据源的已删除项目

问题描述：在Excel中创建了数据透视表和切片器后，如果在数据源中删除了一些数据，刷新后数据透视表中将不再显示这些被删除的数据，但是在切片器中这些已经删除的数据仍然存在，这些字段项显示为灰色的不可筛选状态。由于数据源中经常需要添加、删除数据，所以切片器中的无效字段项就会越来越多，影响筛选操作。如何才能在切片器中不显示数据源已删除的项目呢？

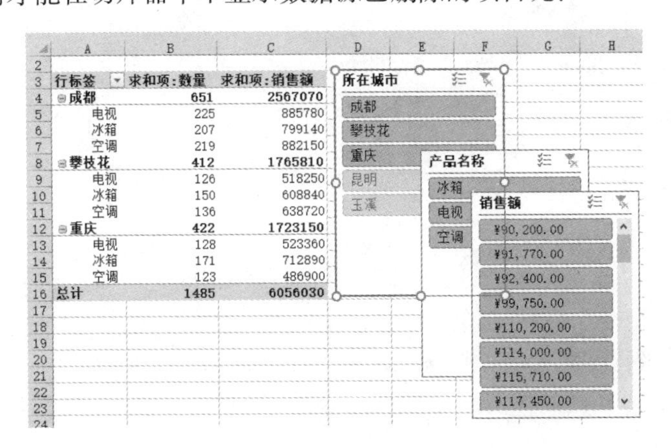

解决方法：可以取消勾选的“显示从数据源删除的项目”复选框来实现这个目的，步骤如下。

步骤 1 打开“不显示从数据源删除的项目.xlsx”素材文件，在数据透视表中，选中要设置的切片器，出现“切片器工具/选项”选项卡，在“切片器”组中单击“切片器设置”按钮。

步骤 2 弹出“切片器设置”对话框，取消勾选的“显示从数据源删除的项目”复选框，然后单击“确定”按钮即可。

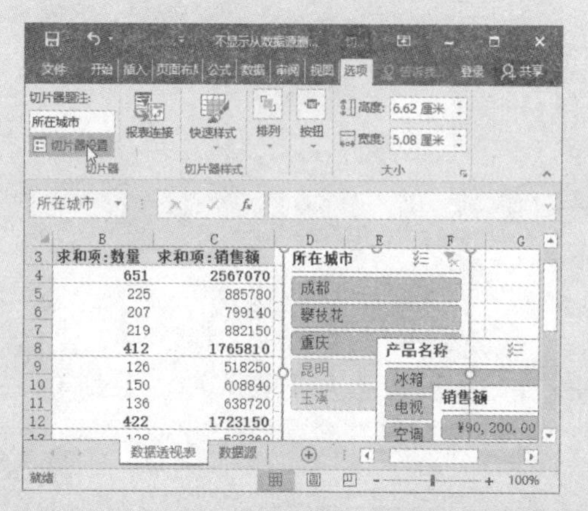

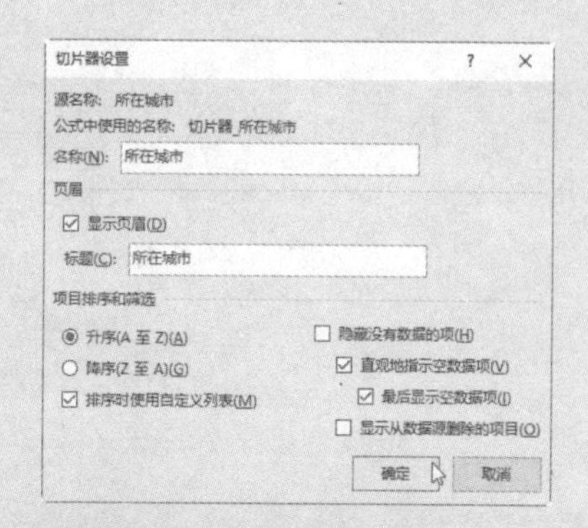

步骤 3 返回数据透视表，可以看到所选切片器中已不再显示数据源的已删除项目。

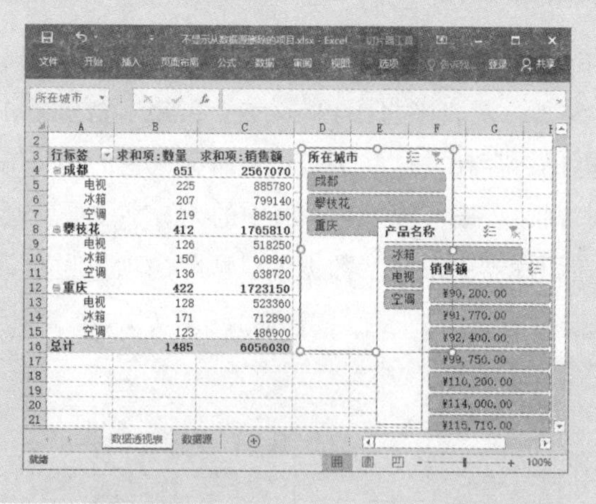

提示：在切片器中设置了不显示从数据源删除的项目后，如果数据源中的数据再次发生了变动，在刷新数据透视表后，数据透视表与切片器将同步显示刷新后的结果。

第7章

数据透视图

想要更直观、动态地展现数据透视表中的数据，可以通过数据透视图以图形的方式实现这个目的。

接下来我们就为大家详细介绍，如何创建数据透视图、移动数据透视图，以及设置数据透视图的结构布局、编辑美化数据透视图、刷新和删除数据透视图，并将数据透视图转为静态图表等的相关知识。

本章导读：

- 创建数据透视图
- 快速移动数据透视图
- 简单调整数据透视图的结构布局
- 编辑美化数据透视图
- 刷新和清空数据透视图
- 将数据透视图转为静态图表

7.1 创建数据透视图

创建数据透视图的方法非常简单。在Excel中创建数据透视图的方法，通常可以分为根据数据透视表创建数据透视图、根据数据源表创建数据透视图、通过数据透视表向导创建数据透视图，以及在图表工作表中创建数据透视图。

7.1.1 根据数据透视表创建数据透视图

在已经创建了数据透视表的情况下，我们可以根据已有的数据透视表来创建数据透视图，方法如下。

选中数据透视表中任意单元格，切换到“数据透视表工具/分析”选项卡，在“工具”组中单击“数据透视图”按钮，弹出“插入图表”对话框，根据需要选择一种图表类型，然后单击“确定”按钮即可。

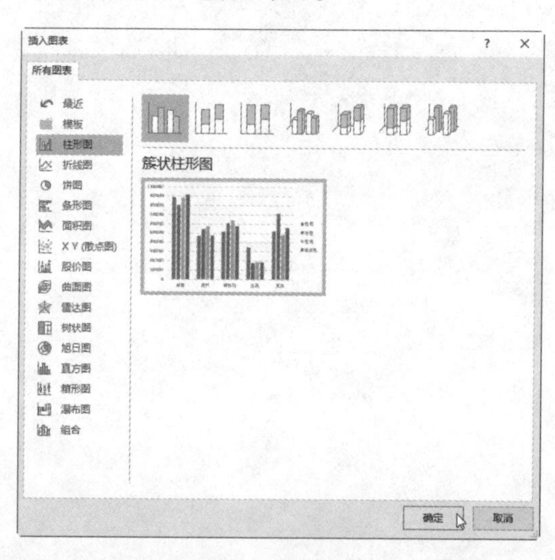

7.1.2 根据数据源表创建数据透视图

在Excel中，如果没有创建数据透视表，可以根据数据源表直接创建数据透视图，方法如下。

选中数据源表中的任意单元格，切换到“插入”选项卡，在“图表”组中执行“数据透视图”→“数据透视图”命令，弹出“创建数据透视图”对话框，选择要放置数据透视图的位置，然后单击“确定”按钮即可。

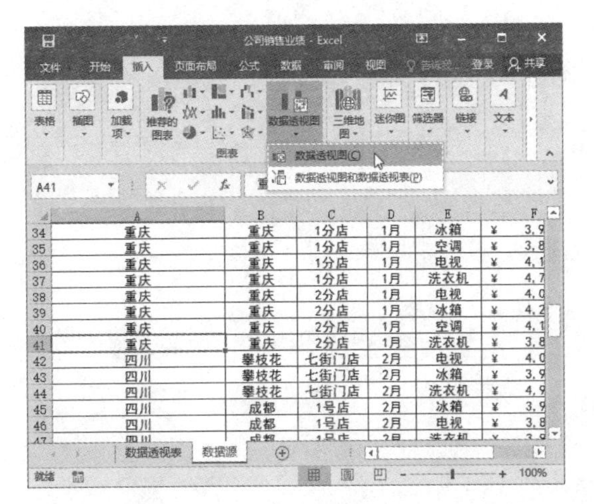

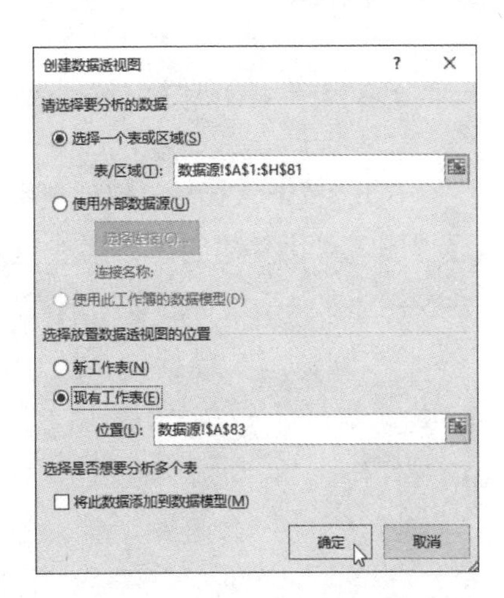

按照上述方法，根据数据源表创建数据透视图时，将创建一个空白的数据透视图和数据透视表。

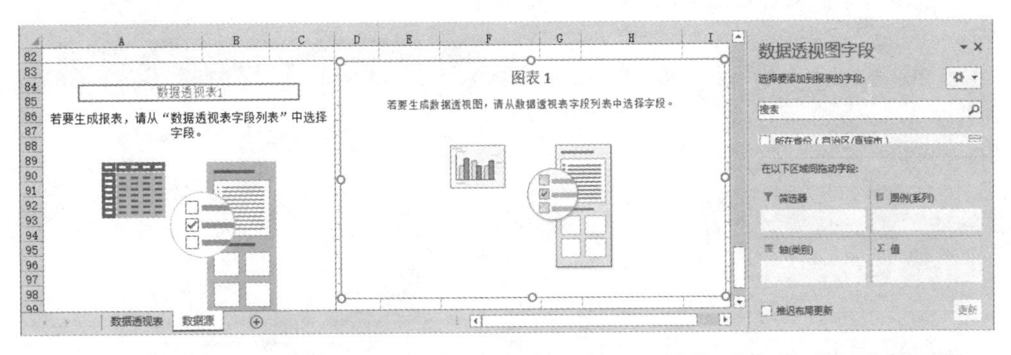

在“数据透视图字段”窗格中勾选相应的字段，并拖动字段到相应的区域，即可创建出相应的数据透视表和数据透视图。

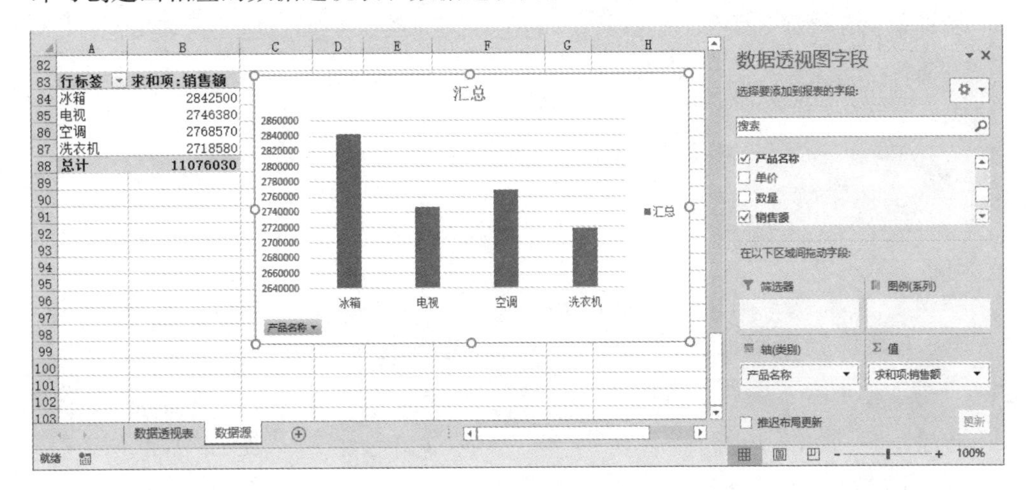

7.1.3 通过数据透视表向导创建数据透视图

在Excel中，我们可以通过数据透视表向导这个工具来创建数据透视表和数据透视图。对比其他创建数据透视表和数据透视图的方法，这个方法略显复杂，通常在创建非共享缓存的数据透视表和数据透视图的时候使用，步骤如下。

步骤 *1* 打开“公司销售业绩.xlsx”素材文件，在数据透视表中，选中数据源表中任意单元格，依次按“Alt”“D”“P”键。

步骤 *2* 弹出“数据透视表和数据透视图向导—步骤1（共3步）”对话框，选中创建报表类型为“数据透视图（及数据透视表）”单选项，单击“下一步”按钮。

步骤 *3* 弹出“数据透视表和数据透视图向导—第2步，共3步”对话框，Excel将自动添加数据源表格区域，单击“下一步”按钮即可。

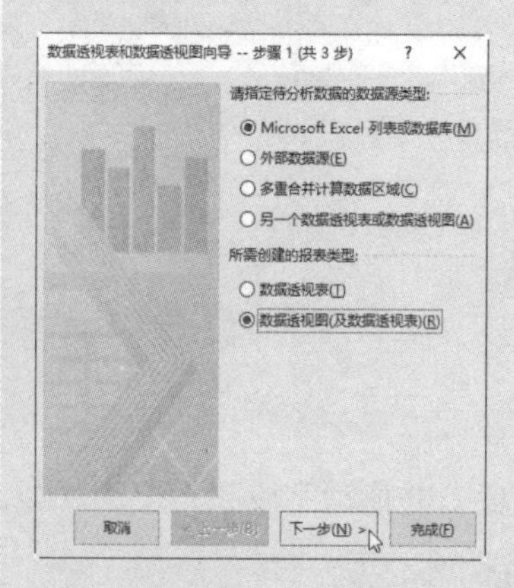

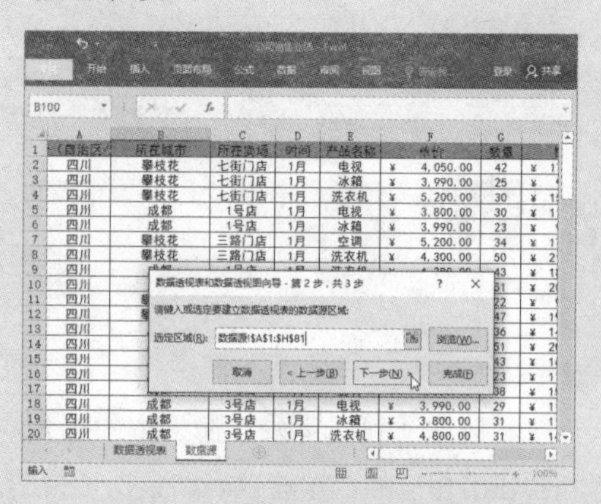

步骤 *4* 弹出提示对话框，根据需要选择是否创建非共享缓存的数据透视表和数据透视图。

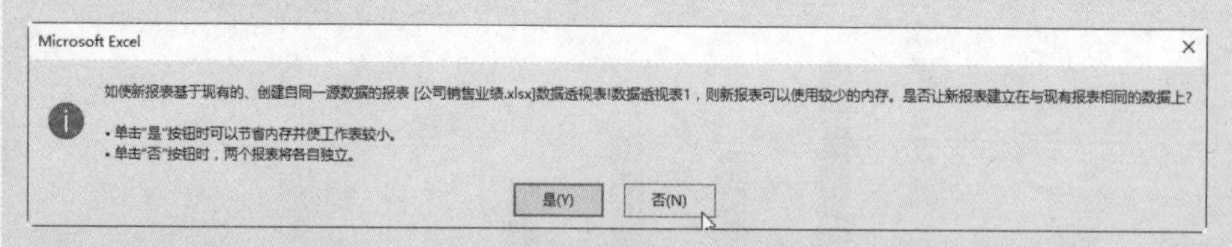

步骤 *5* 弹出“数据透视表和数据透视图向导—步骤3（共3步）”对话框，根据需要设置数据透视表和数据透视图的放置位置，本例选中“新工作表”单选项，单击“完成”按钮。

步骤 *6* 返回工作簿可以看到新建了一个工作表，其中创建了一个空白的数据透视表和一个空白的数据透视图，在“数据透视图字段”窗格中根据需要勾选字段即可。

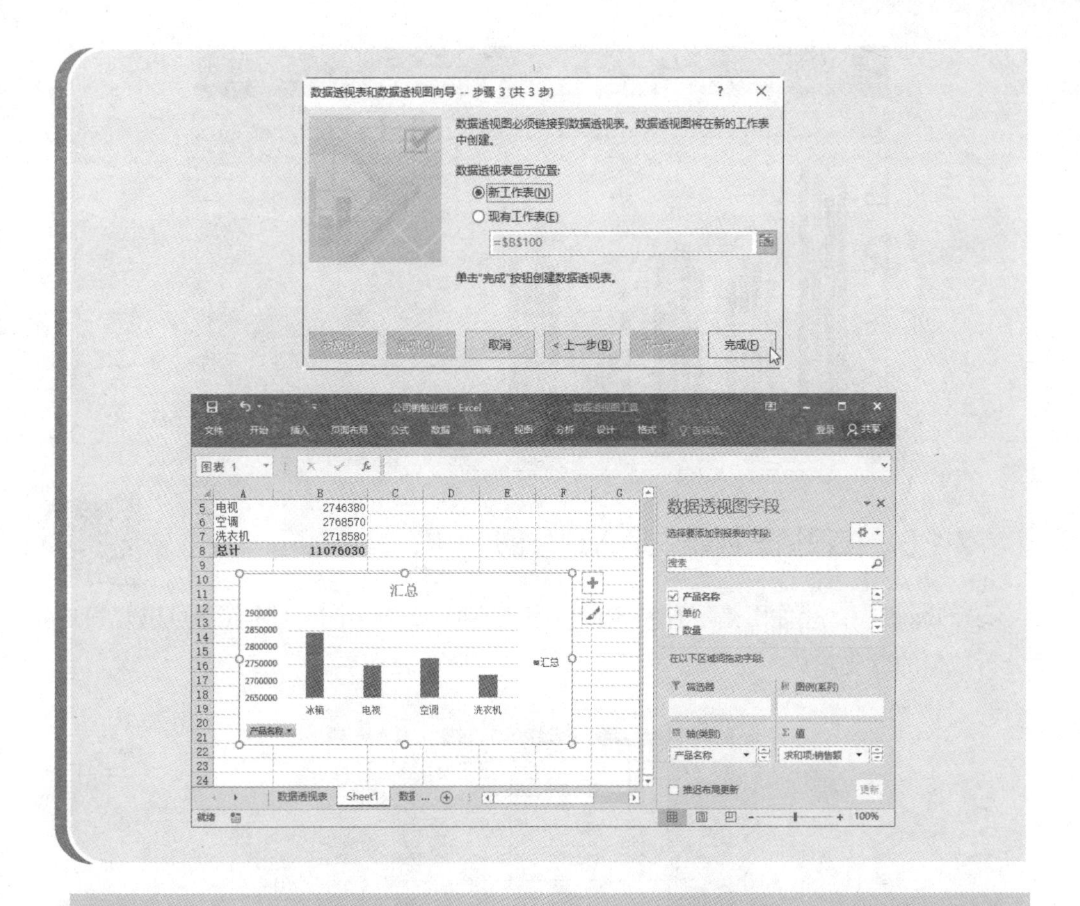

> **提示：** 在弹出的提示对话框中，如果单击“是”按钮即可创建共享缓存的数据透视表和数据透视图，单击“否”按钮将创建非共享缓存的数据透视表和数据透视图。两者各有利弊，前者的优点在于可以减少内存的额外开支，缺点在于，基于同一数据源创建的多个共享缓存的数据透视表和数据透视图，刷新其中任何一个都会同时刷新其他的数据透视表和数据透视图。默认情况下，用常规方法创建的是共享缓存的数据透视表和数据透视图。

7.1.4 在图表工作表中创建数据透视图

在Excel中，默认情况下会将数据透视表和数据透视图创建在同一个工作表中，如果需要单独创建一个图表工作表放置数据透视图，在已经创建数据透视表的情况下，可以通过功能键一键完成。

方法：选中数据透视表中任意单元格，按“F11”功能键，Excel将新建一个图表工作表（Chart1），并根据所选数据透视表在其中创建一个数据透视图。

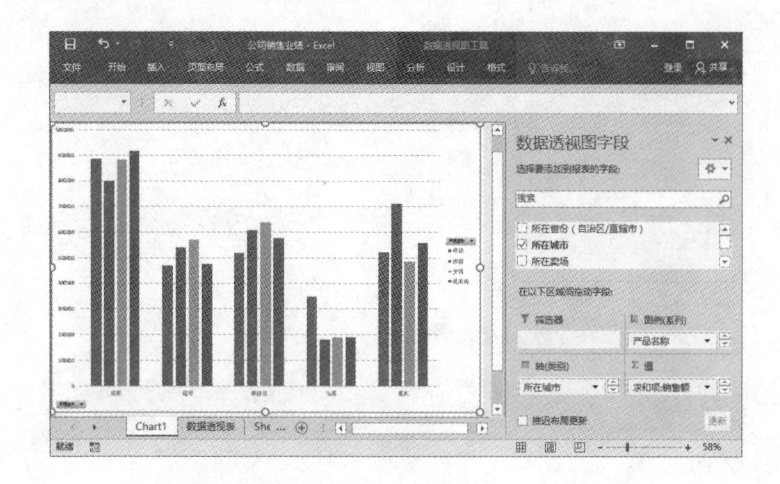

7.1.5 在数据透视表中插入迷你图

在Excel中，迷你图是一种特殊的图表，在普通表格中插入迷你图可以轻松地分析数据的变化趋势。

产品名称	1月	2月	3月	4月	5月	6月	总计	趋势分析
A6	54	77	94	54	54	54	387	
A6S	99	65	18	99	99	99	479	
GS5	54	32	73	54	54	54	321	
M2S	33	22	34	33	33	33	188	
M3	69	12	61	69	69	69	349	
M4	20	18	30	20	20	20	128	
P7	66	78	49	66	66	66	391	
T1	45	50	60	45	45	45	290	
X2	23	32	33	23	23	23	157	
Z4	28	52	17	28	28	28	181	
总计	491	438	469	491	491	491	2871	

在数据透视表中，为了更好的分析数据，同样可以使用迷你图，步骤如下。

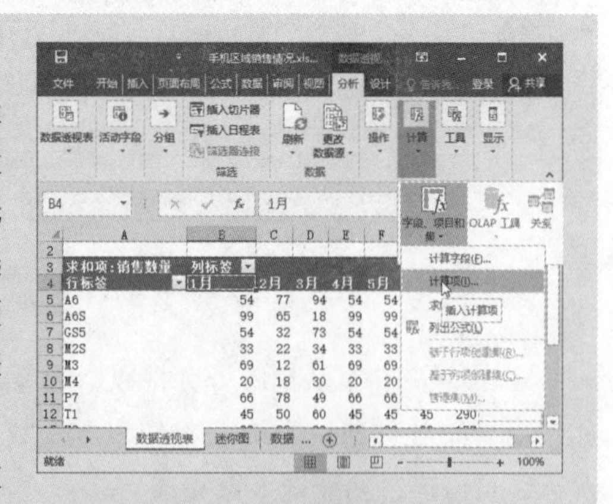

步骤1 打开“手机区域销售情况.xlsx”素材文件，在数据透视表中，要创建迷你图，先要在数据透视表中设置出放置迷你图的位置，选中数据透视表B4单元格，切换到“数据透视表工具/分析”选项卡，在“计算”组中单击“字段、项目和集”下拉按钮，在打开的下拉列表中执行“计算项”命令。

步骤2 弹出“在‘时间’中插入计算字段”对话框，在“字段”列表框中选中“时间”字段，在“名称”文本框中输入“趋势分析”，设置“公式”文本框中无内容，单击“确定”按钮。

步骤 3 返回数据透视表，可以看到“时间”字段中添加了一个“趋势分析”项，反映到数据透视表中，即新增了一个“趋势分析”列，选中该列的H5:H15单元格区域，切换到“插入”选项卡，在“迷你图”组中单击“折线图”按钮。

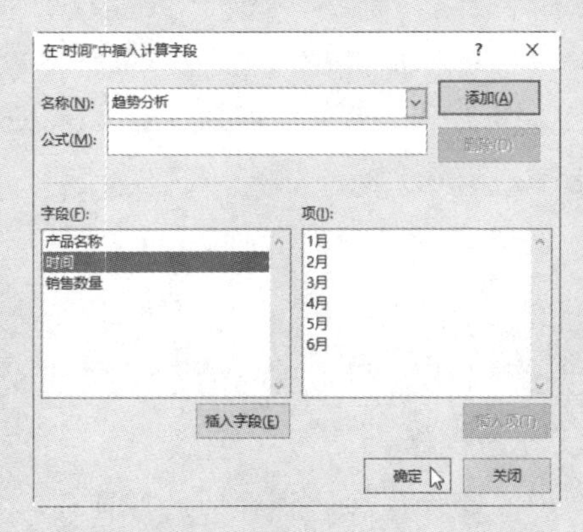

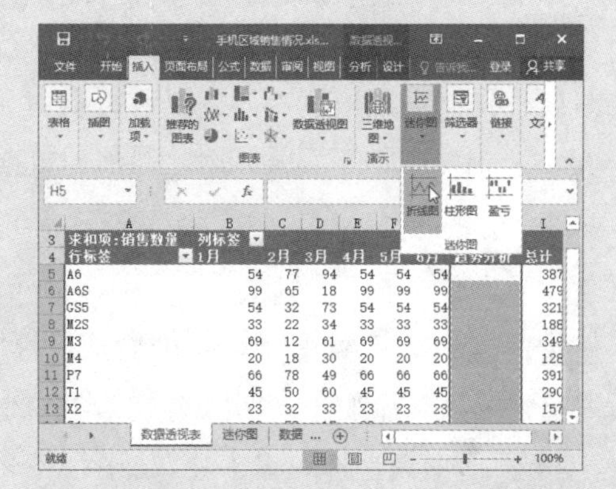

步骤 4 弹出“创建迷你图”对话框，Excel将自动设置“选择放置迷你图的位置”参数为H5:H15单元格区域，根据本例需要设置“选择所需的数据”为B5:G15单元格区域，单击“确定”按钮。

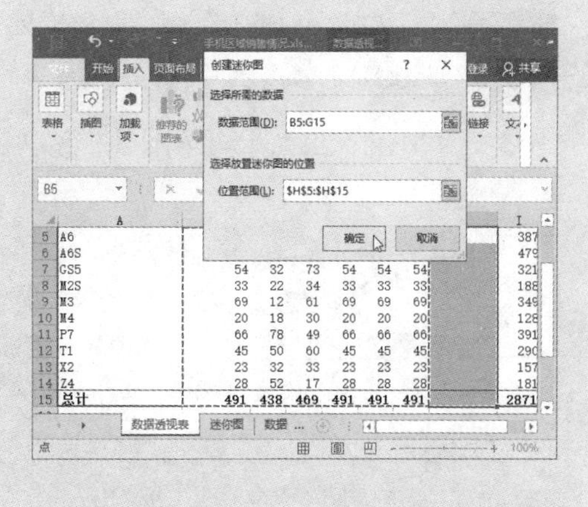

步骤 5 返回数据透视表，可以看到其中创建了迷你图，选中迷你图所在的单元格区域，切换到“迷你图工具/设计”选项卡，在“显示”组中勾选“高点”和“低点”复选框，设置显示迷你图的高点和低点，在“样式”组中展开标记颜色下拉列表，并在对应的子菜单中分别设置高点和低点的颜色。

步骤 6 设置完成后，即可得到最终结果。

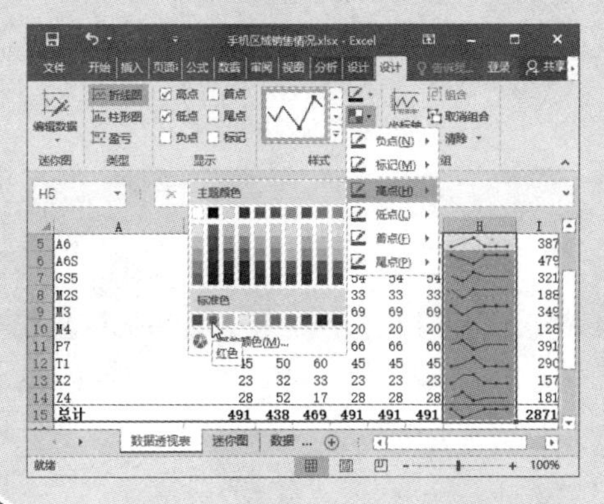

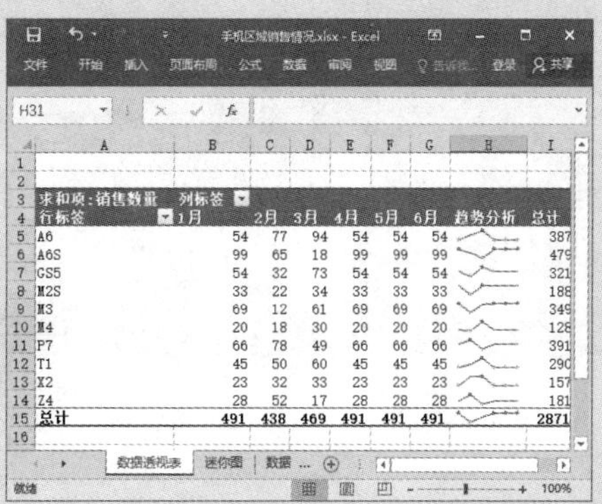

求和项:销售数量	列标签						
行标签	1月	2月	3月	4月	5月	6月	趋势分析	总计
A6	54	77	94	54	54	54		387
A6S	99	65	18	99	99	99		479
GS5	54	32	73	54	54	54		321
M2S	33	22	34	33	33	33		188
M3	69	12	61	69	69	69		349
M4	20	18	30	20	20	20		128
P7	66	78	49	66	66	66		391
T1	45	50	60	45	45	45		290
X2	23	32	33	23	23	23		157
Z4	28	52	17	28	28	28		181
总计	491	438	469	491	491	491		2871

7.2 快速移动数据透视图

如果数据透视图“放错了地方”怎么办呢？和普通图表一样，在创建数据透视图后，我们可以根据需要将其移动到其他工作表中，或者移动到图表专用的工作表（Chart）中。下面就介绍几种移动数据透视图的方法。

7.2.1 跨工作簿移动数据透视图

在Excel中，创建数据透视图后，可以通过复制、粘贴或剪切的方式直接移动数据透视图到其他工作表中，该方法可以跨工作簿操作。

➤ 移动：选中数据透视图，按“Ctrl+X”组合键进行剪切，然后切换到目标工作表，选中目标位置左上角单元格，按“Ctrl+V”组合键进行粘贴即可。

➤ 复制：选中数据透视图，按“Ctrl+C”组合键进行复制，然后切换到目标工作表，选中目标位置左上角单元格，按“Ctrl+V”组合键进行粘贴即可。

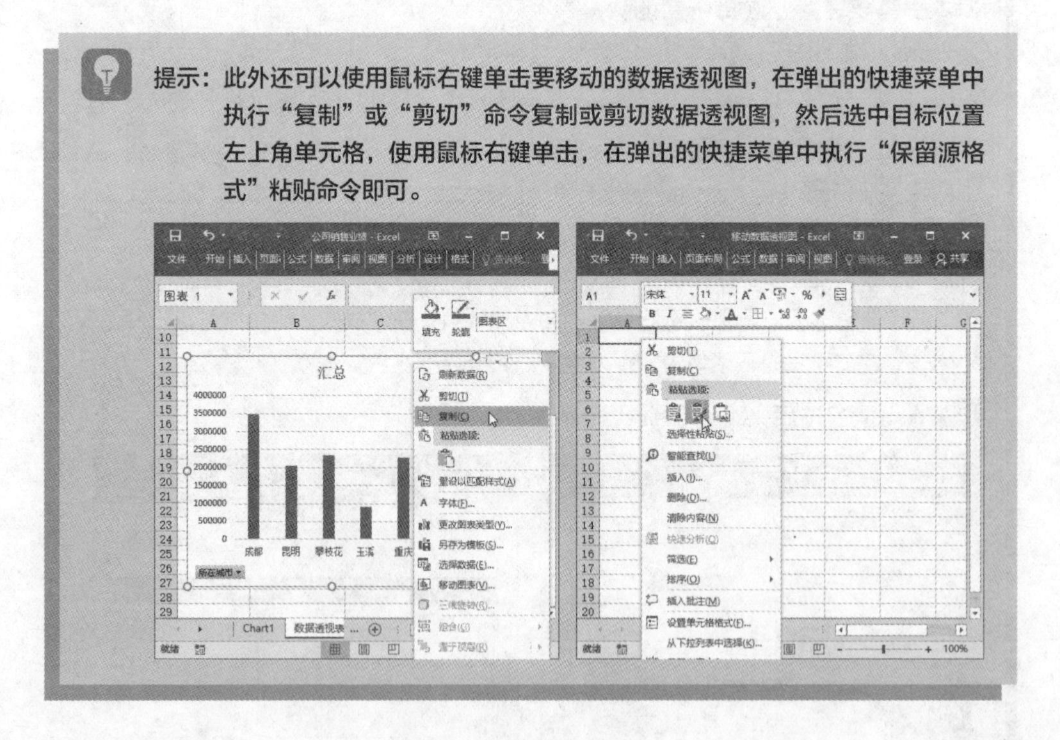

提示：此外还可以使用鼠标右键单击要移动的数据透视图，在弹出的快捷菜单中执行“复制”或“剪切”命令复制或剪切数据透视图，然后选中目标位置左上角单元格，使用鼠标右键单击，在弹出的快捷菜单中执行“保留源格式”粘贴命令即可。

7.2.2 移动数据透视图到同工作簿的其他工作表

在Excel中，创建数据透视图后，可以通过“移动图表”对话框将数据透视图移动到同一工作簿的其他工作表中。打开“移动图表”对话框的方法主要有以下两种。

- 通过快捷菜单：使用鼠标右键单击数据透视图，在弹出的快捷菜单中执行“移动图表”命令，即可打开“移动图表”对话框。
- 通过功能区按钮：选中数据透视图，在“数据透视图工具/设计”选项卡的“位置”组中执行“移动图表”命令，即可打开“移动图表”对话框。

打开“移动图表”对话框后，选中“对象位于”单选项，打开对应的下拉列表，选择要移动到的目标工作表，单击“确定”按钮即可。此时Excel将自动切换到目标工作表，并将数据透视图移动到目标工作表中。

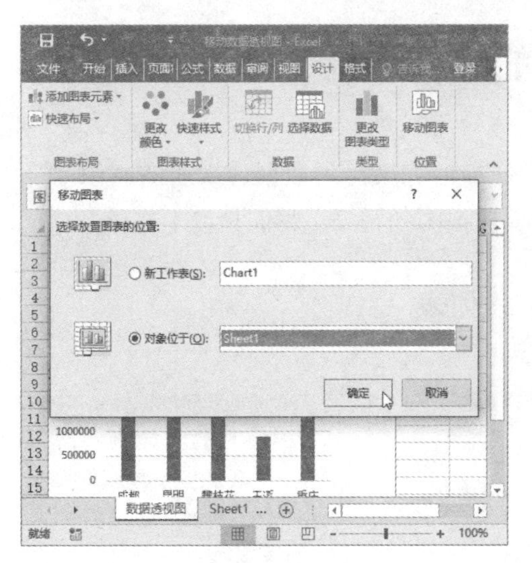

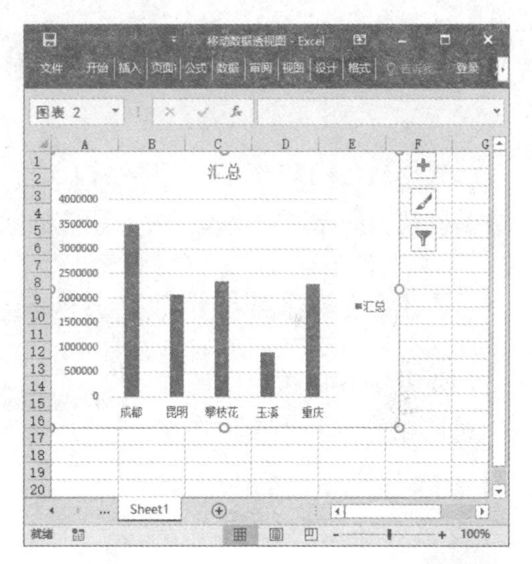

7.2.3 新建图表工作表并移动数据透视图

在创建数据透视图后，如果需要将其移动到专门的图表工作表（Chart）中，方法如下。

选中数据透视图，在“数据透视图工具/设计”选项卡的“位置”组中单击“移动图表”按钮，打开“移动图表”对话框，选中“新工作表”单选项，在对应的文本框中输入图表工作表名称，默认为“Chart1”，单击“确定”按钮即可。

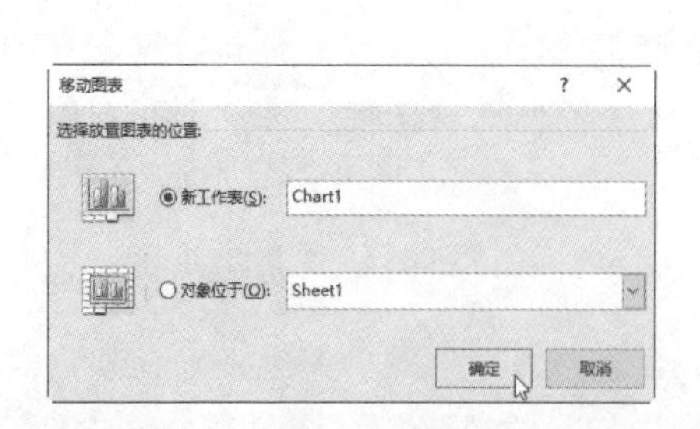

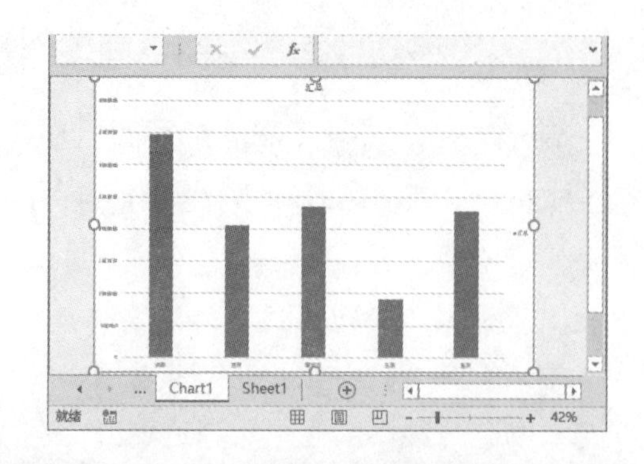

提示：如果将图表工作表中的数据透视图再次移动到普通工作表中，移动后的图表工作表将会被自动删除。

7.3 简单调整数据透视图的结构布局

数据透视图和普通图表的结构十分相似，但它会受到数据透视表的制约，当数据透视表的布局发生改变时，相应的数据透视图的布局也将同步发生变化。

7.3.1 隐藏或显示数据透视图字段列表

要设置数据透视图的结构布局就离不开“数据透视图字段”窗格，它与“数据透视表字段”窗格十分类似，只是“数据透视表字段”窗格中的“列”标签和“行”标签在“数据透视图字段”窗格中成为了“图例(系列)”和“轴(类别)”。

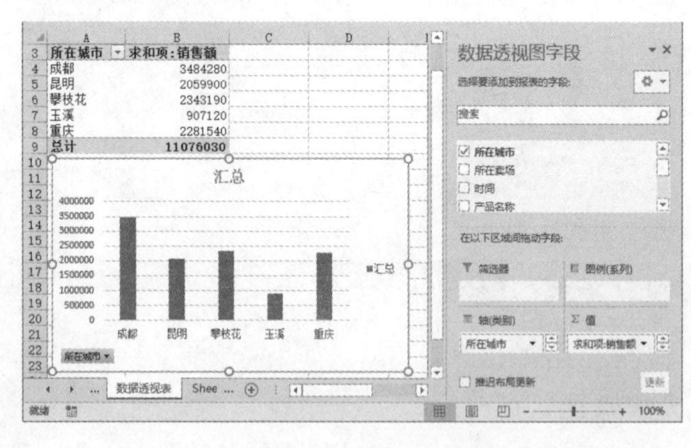

默认情况下，选中创建的数据透视图就可以打开“数据透视图字段”窗格，如果要隐藏或再次显示出该窗格，方法如下。

- 通过“关闭”按钮：单击“数据透视图字段”窗格右上角的“关闭”按钮×，即可关闭该窗格，将其隐藏起来。

➤ 通过“字段列表”按钮：选中数据透视图，切换到“数据透视图工具/分析”选项卡，在“显示/隐藏”组中单击“字段列表”按钮，使其呈未被选择状态即可隐藏窗格；要显示出被隐藏的窗格，在“显示/隐藏”组中单击“字段列表”按钮，使其呈选中状态即可。

➤ 通过快捷菜单命令：使用鼠标右键单击数据透视图，在弹出的快捷菜单中执行“隐藏字段列表”命令，即可隐藏“数据透视图字段”窗格；隐藏窗格后，快捷菜单中的命令将变为“显示字段列表”，执行该命令，即可显示被隐藏的窗格。

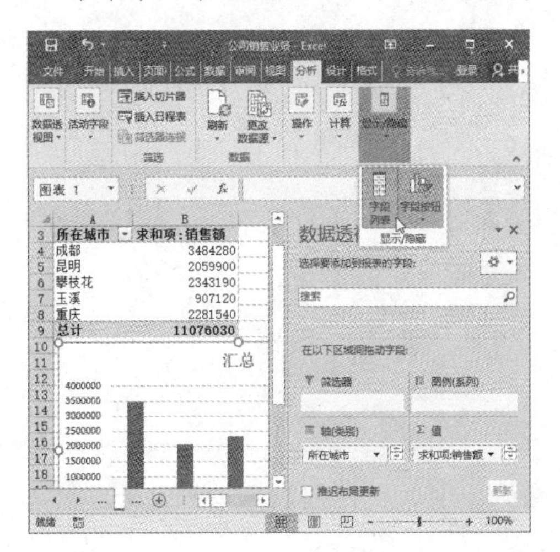

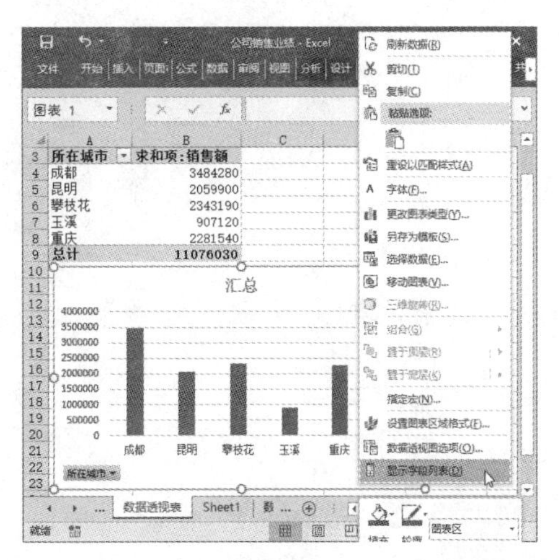

7.3.2 显示或隐藏数据透视图字段按钮

在默认情况下，在Excel 2016的数据透视图中提供了字段按钮，以便我们对数据透视图进行条件选择。根据需要可以设置显示或隐藏字段按钮，方法如下。

选中数据透视图，切换到“数据透视图工具/分析”选项卡，在“显示/隐藏”组中单击“字段按钮”下拉按钮，在打开的下拉列表中勾选相应选项，即可设置显示或隐藏字段按钮。在该下拉列表中，单击相应选项，即可勾选或取消勾选，勾选后选项前将显示✓图标，取消勾选后，选项前将不显示✓图标。

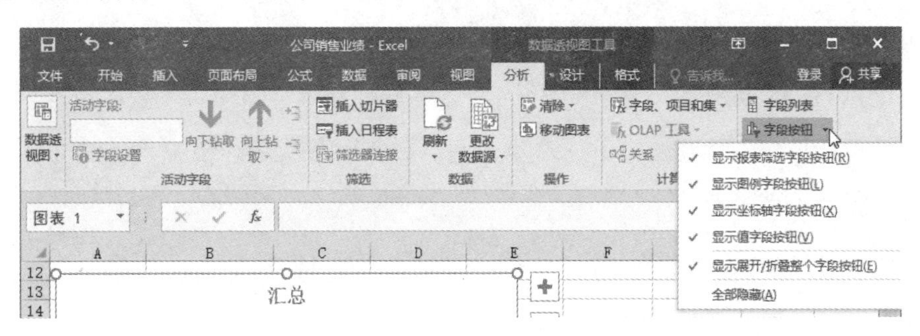

7.3.3 调整数据透视图的结构布局

在“数据透视图字段”窗格中，我们同样可以通过勾选字段名复选框、拖动字段等操作调整数据透视图和相应数据透视表的结构布局，操作方法参考在“数据透视图字段”窗格中调整数据透视表结构布局的方法，在这里就不再赘述了。

下面以“公司销售业绩”工作簿中的数据透视表和数据透视图为例，我们来看一下在“数据透视图字段”窗格中调整数据透视图结构布局的效果。

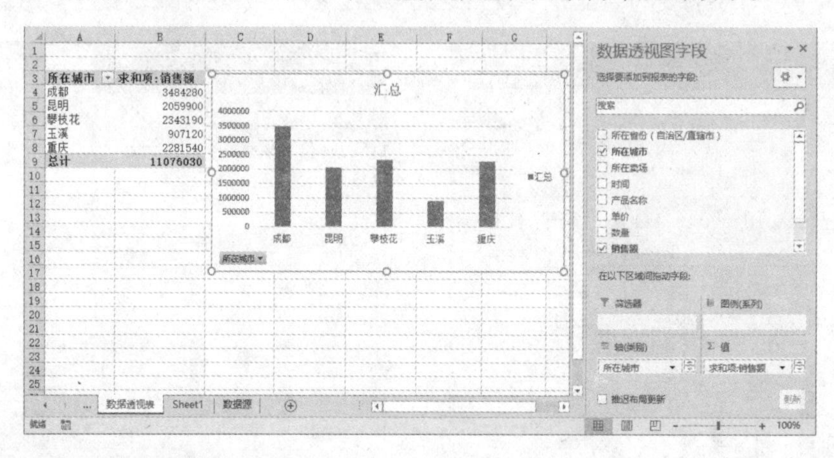

1. 设置“报表筛选”字段

在“数据透视图字段”窗格中，设置报表筛选字段后，反应在数据透视图里，即为报表筛选字段按钮。例如，勾选“所在城市”复选框，并将其添加到报表筛选区域，可以看到数据透视表中出现了相应的报表筛选区域，而数据透视图中出现了“所在城市”报表筛选字段按钮。单击该按钮，在打开的下拉列表中，可以进行相应的筛选操作。

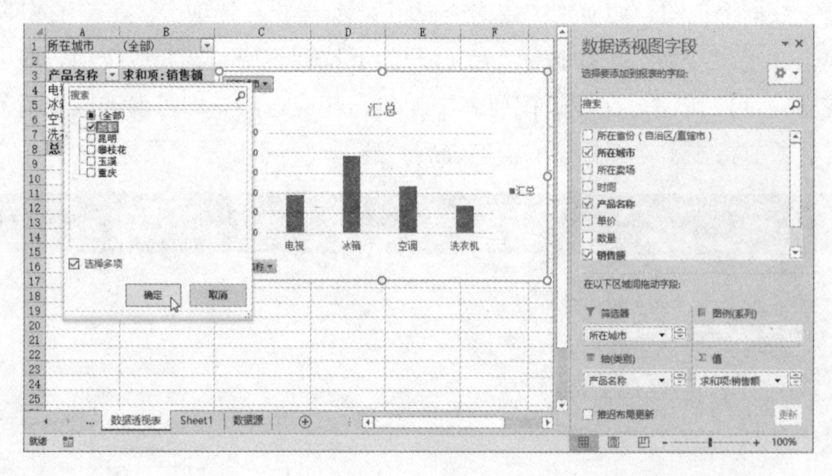

2. 设置“图例（系列）”字段

在“数据透视图字段”窗格中的“图例（系列）”区域，对应的是“数据透视表字段”窗格中的“列”标签区域。在“图例（系列）”区域中添加字段后，即可将该字段作为数据系列反映到数据透视图。

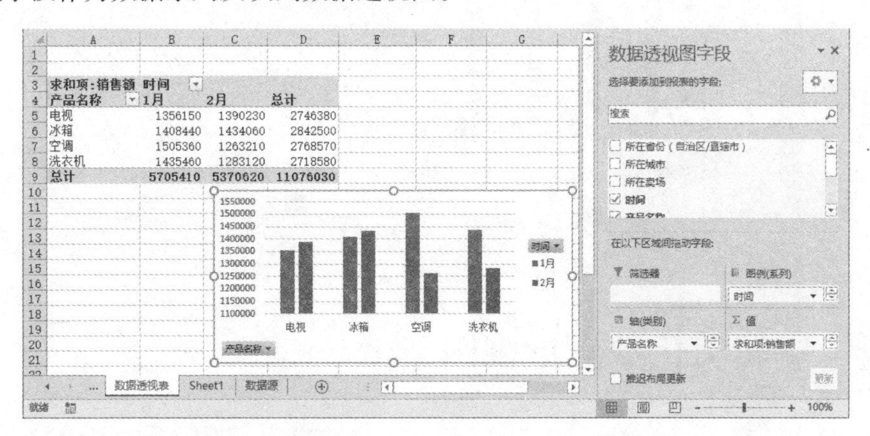

3. 设置“轴（类别）”字段

在“数据透视图字段”窗格中的“轴（类别）”区域，对应的是“数据透视表字段”窗格中的“行”标签区域。在“轴（类别）”区域中添加字段后，将反映到数据透视图的横坐标轴和数据透视表的行标签区域上。

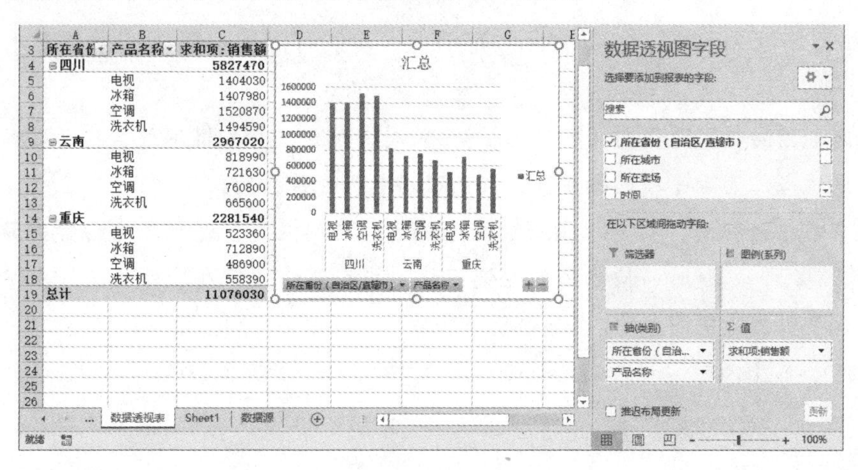

4. 设置“值”字段

在“数据透视图字段”窗格中的“值”区域与“数据透视表字段”窗格中的“值”区域对应。在“值”区域中添加字段后，即可将该字段作为数据系列反映到数据透视图中。

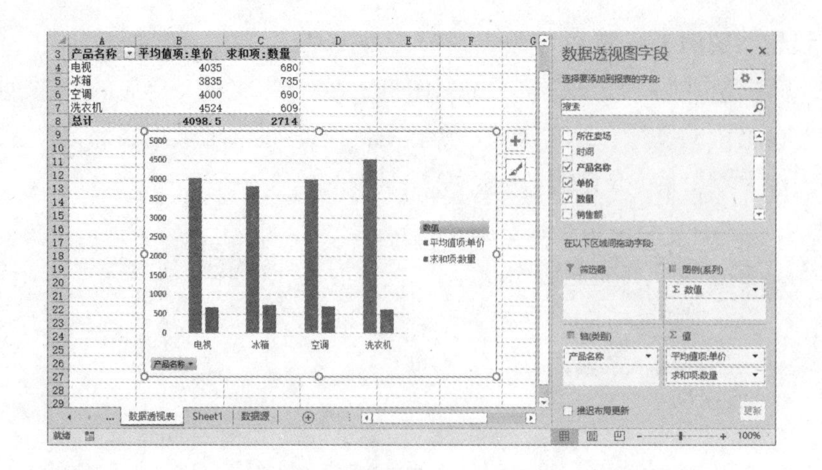

7.4 编辑美化数据透视图

创建数据透视图不“漂亮”怎么办？要想使数据透视图美观，更加符合展现数据的需要，可以通过进一步的编辑美化来实现。

7.4.1 调整数据透视图的大小和位置

与普通图表一样，创建数据透视图后，我们可以根据需要调整其大小和位置，方法如下。

➤ 将光标指向数据透视图，当光标呈✥形状时，按住鼠标左键不放，拖动数据透视图到适当位置后释放鼠标左键，即可移动数据透视图的位置。

➤ 选中数据透视图，将光标指向数据透视图的控制框，当光标呈双向箭头形状，如⤢、↕、⇔、⤡时，按住鼠标左键不放，拖动到适当位置后释放鼠标左键，即可调整数据透视图大小。

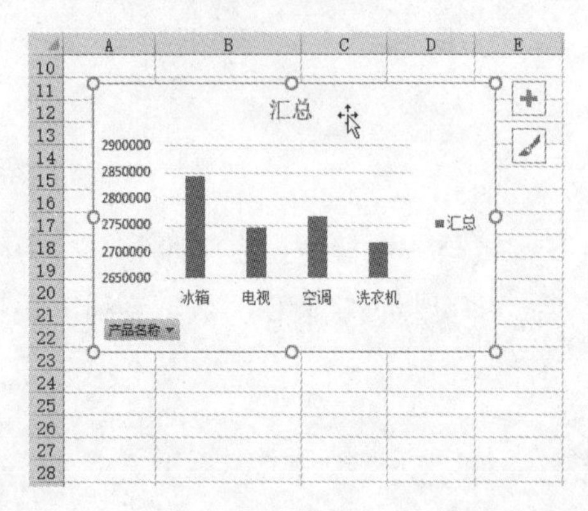

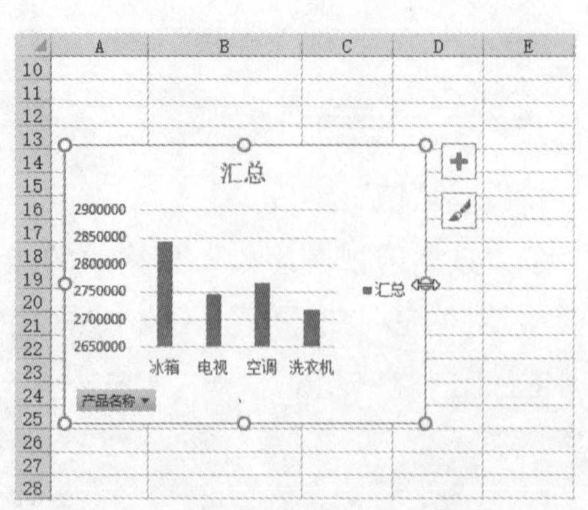

7.4.2 更改数据系列的图表类型

在创建数据透视图后，有时需要更改数据系列的图表类型。例如，数据透视图中的两个数据系列单位不同，由于其数值相差太大，使其中一个数据系列不可见。

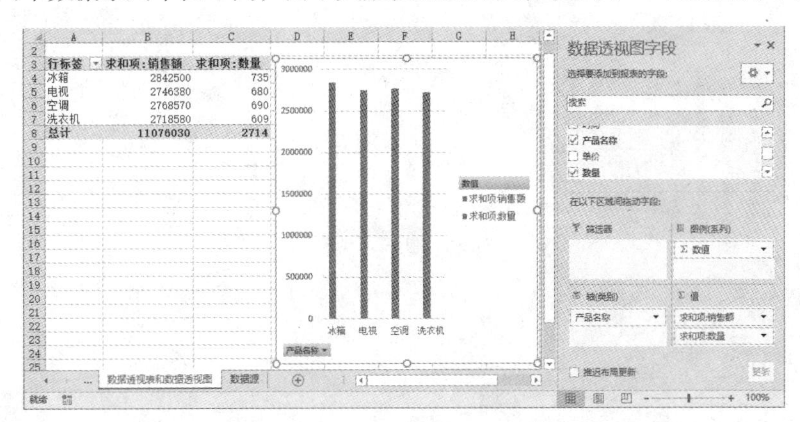

本例中，为了让“求和项:数量”系列在数据透视图中显示出来，可以将其设置为次坐标，并变更该数据系列的图表类型，步骤如下。

步骤 1 打开“公司销售业绩 1.xlsx”素材文件，在数据透视表中，切换到“数据透视图”工作表，选中数据透视图，切换到“数据透视图工具/格式”选项卡，在“当前所选内容”组中展开下拉列表，选择“系列‘求和项:数量’”选项。

步骤 2 此时“求和项:数量”系列为选中状态，在“当前所选内容”组中选择“设置所选内容格式”选项。

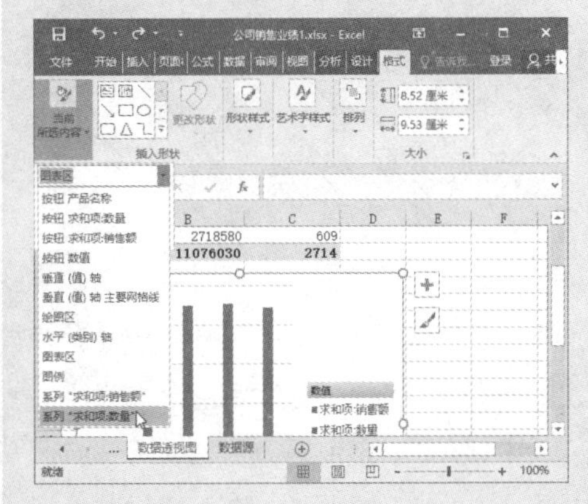

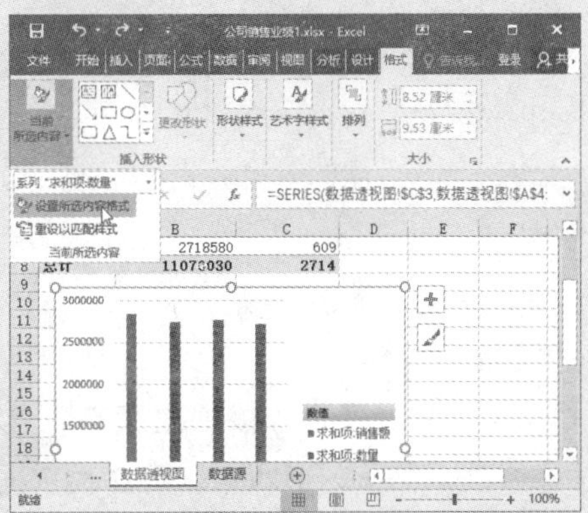

步骤 3 保持“求和项:数量”系列为选中状态，打开“设置数据系列格式”窗格，选中“次坐标轴”单选项，完成后单击“关闭”按钮✕关闭窗格。

步骤 4 保持“求和项:数量”系列为选中状态，切换到“数据透视图工具/设计”选项卡，在“类型”组中单击“更改图表类型”按钮。

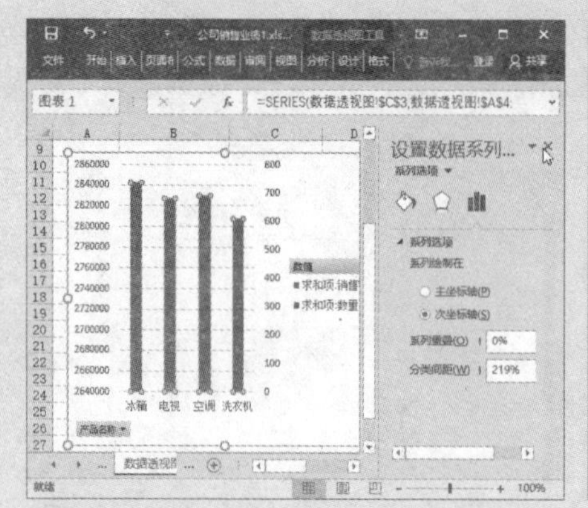

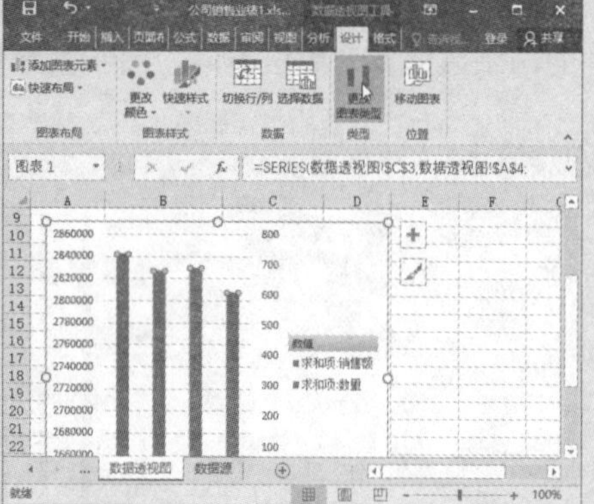

步骤 5 弹出“更改图表类型”对话框，选择“组合”选项，设置“求和项:数量”系列的图表类型为“折线图”，保持勾选“次坐标轴”复选框，预览效果确定无误后，单击“确定”按钮即可。

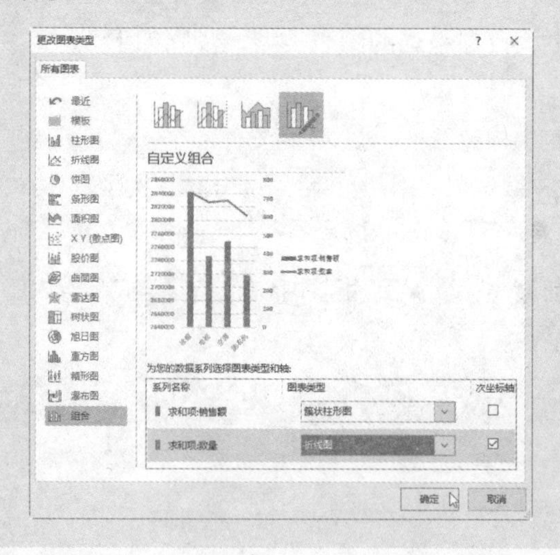

7.4.3 修改数据图形的样式

在Excel中，我们可以根据需要修改数据图形的样式，使其更清晰、美观。例如，修改数据标记的形状，以及修改数据系列图形的填充色等，方法如下。

选中要设置的数据系列，使用鼠标右键单击，在弹出的快捷菜单中执行“设置数据系列格式”命令，打开“设置数据系列格式”窗格，在“填充与线条”选项卡中可以为数据系列设置需要的填充色和线条样式，如图案填充、渐变填充、图片或纹理填充，以及实线、渐变线等多种图形线条样式。

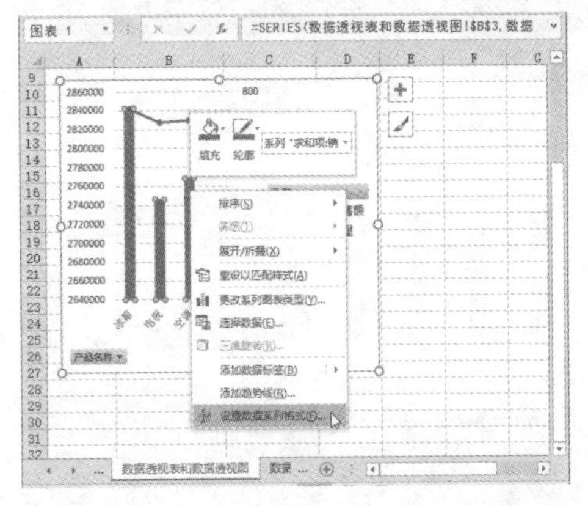

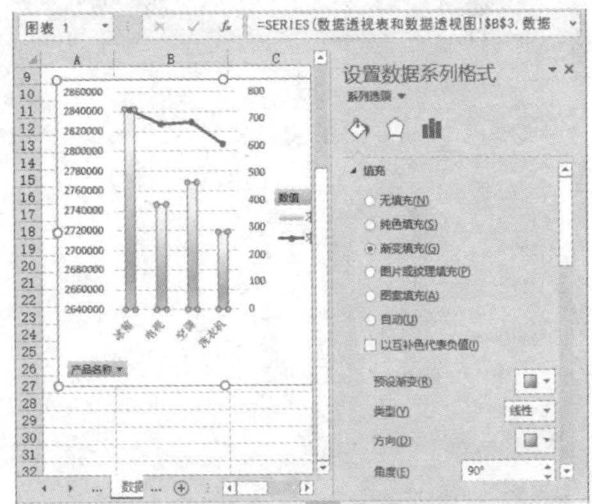

> 提示：在“设置数据系列格式”窗格中，切换到“效果”选项卡，即可为数据系列图形设置阴影、外发光、柔滑边缘、三维格式等效果。

7.4.4 设置系列重叠并调整分类间距

系列重叠和分类间距这两项参数常常用来设置一些特殊的图表效果。以设置数据透视图中的“求和项:数量”系列和“平均值项:单价”系列重叠为例，步骤如下。

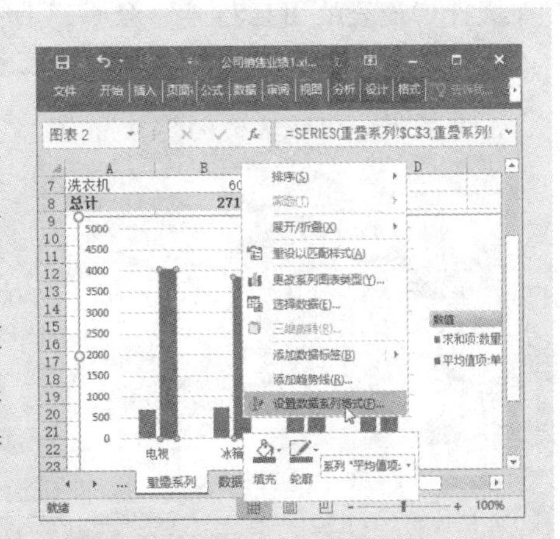

步骤 1 打开“公司销售业绩 1.xlsx”素材文件，在数据透视表中，切换到“重叠系列”工作表，选中“平均值项:单价”系列，使用鼠标右键单击，在弹出的快捷菜单中执行“设置数据系列格式”命令。

步骤 2 打开“设置数据系列格式”窗格，在“系列选项”选项卡的“系列选项”栏中根据需要设置“系列重叠”和“分类间距”参数，完成后关闭窗格。

步骤 3 打开“数据透视图字段”窗格，在“值”区域中调整“平均值项:单价”字段和“求和项:数量”字段的位置，可以看到两个数据系列交换了前后顺序，设置“系列重叠”和“分类间距”参数的效果更明显。

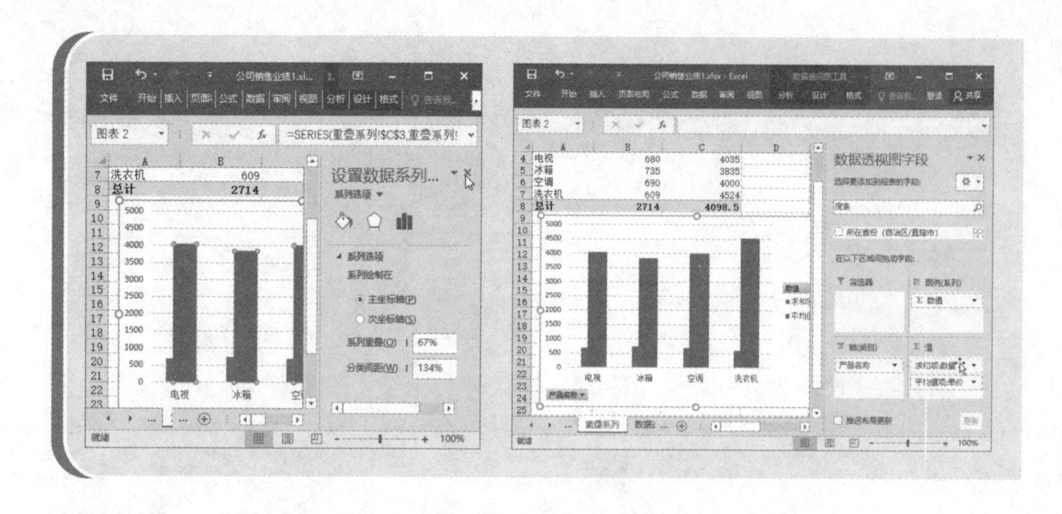

7.4.5 设置图表区域及绘图区域的底色

在默认情况下，创建的数据透视图图表区域及绘图区域的底色为白色，为了突出显示数据透视图，我们可以自定义图表区域及绘图区域的底色，方法如下。

- 设置图表区域的底色：右键单击数据透视图的图表区域，在弹出的快捷菜单中执行“设置图表区格式”命令，打开“设置图表区格式”窗格，在“填充与线条”选项卡的“填充”栏中选择一种填充方式，根据需要进行设置，完成后单击“关闭”按钮✕关闭窗格即可。
- 设置绘图区域的底色：右键单击数据透视图的绘图区域，在弹出的快捷菜单中执行“设置绘图区格式”命令，打开“设置绘图区格式”窗格，在“填充与线条”选项卡的“填充”栏中选择一种填充方式，根据需要进行设置，完成后单击“关闭”按钮✕关闭窗格即可。

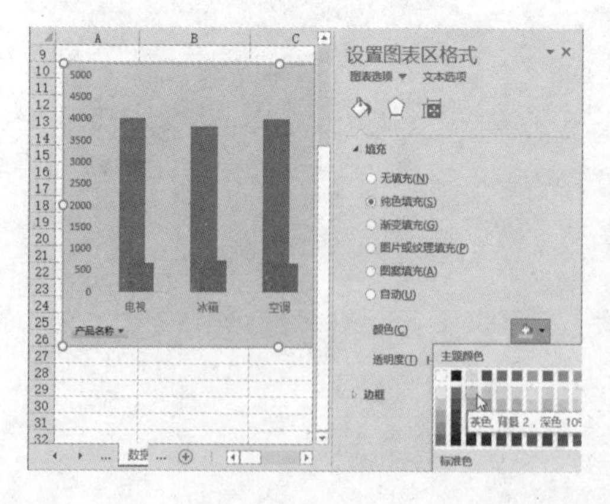

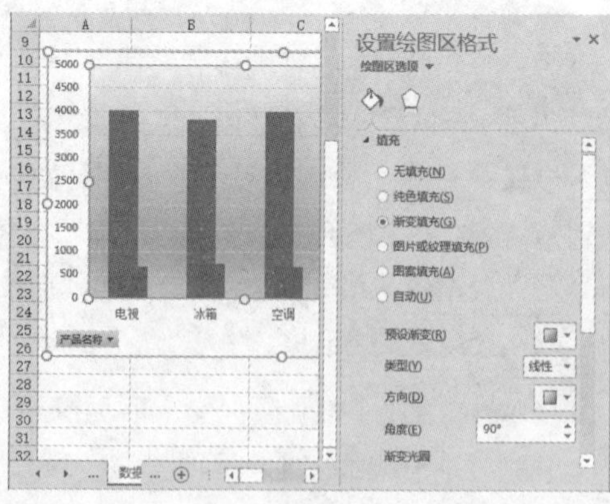

7.4.6 快速设置数据透视图的图表布局

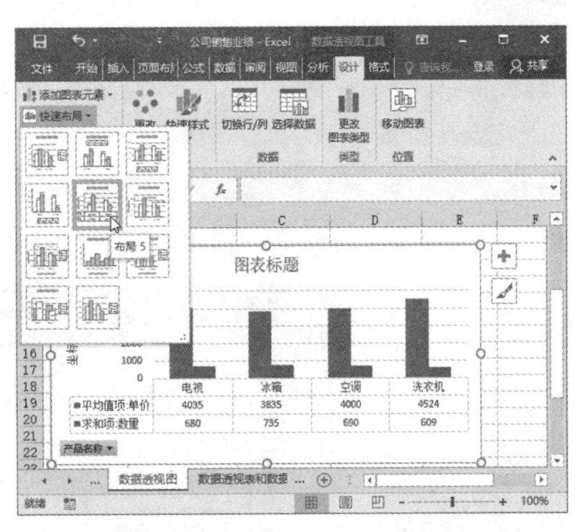

Excel提供了11种数据透视图的图表布局，通过应用这些快速布局，我们可以轻松地设置数据透视图的图表布局，方法如下。

选中数据透视图，切换到“数据透视图工具/设计”选项卡，在“图表布局”组中单击“快速布局”下拉按钮，在打开的下拉列表中根据需要选择一种图表布局应用到数据透视图中即可。

提示：在“快速布局”下拉列表中，将光标指向某个图表布局时，可以预览布局效果。

7.4.7 快速设置数据透视图的图表样式和颜色

Excel还提供了多种数据透视图的图表样式和配色方案，以方便将其快速应用到数据透视图中。

- 应用样式：选中数据透视图，切换到“数据透视图工具/设计”选项卡，在“图表样式”组中单击“快速样式”下拉按钮，在其中根据需要选择一种图表样式即可。

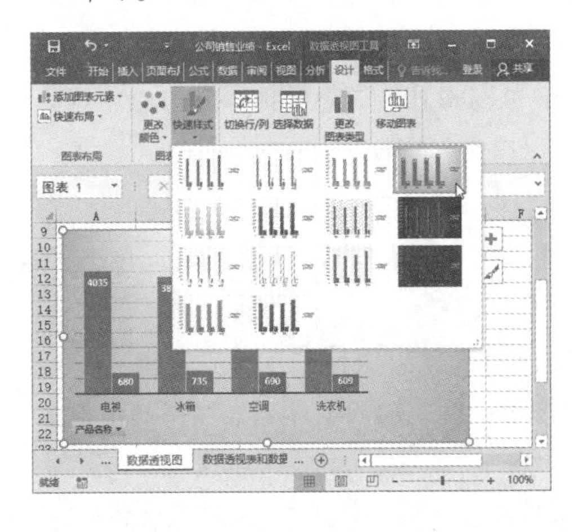

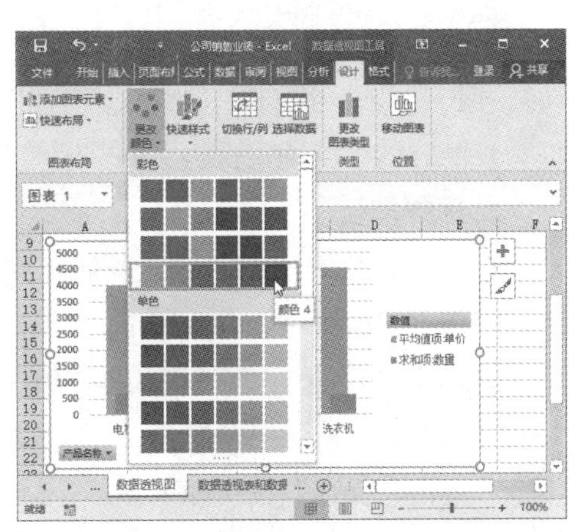

➤ 更改颜色：选中数据透视图，切换到“数据透视图工具/设计”选项卡，在“图表样式”组中单击“更改颜色”下拉按钮，在其中可以快速设置图表的配色方案。

7.4.8 通过主题快速改变数据透视图的样式

Excel提供了“主题”功能，一个“主题”就是一套设置好的颜色、字体、效果等设计方案。选中数据透视图，切换到“页面布局”选项卡，在“主题”组中打开“主题”下拉列表，根据需要选择一种主题即可快速改变数据透视图的样式。

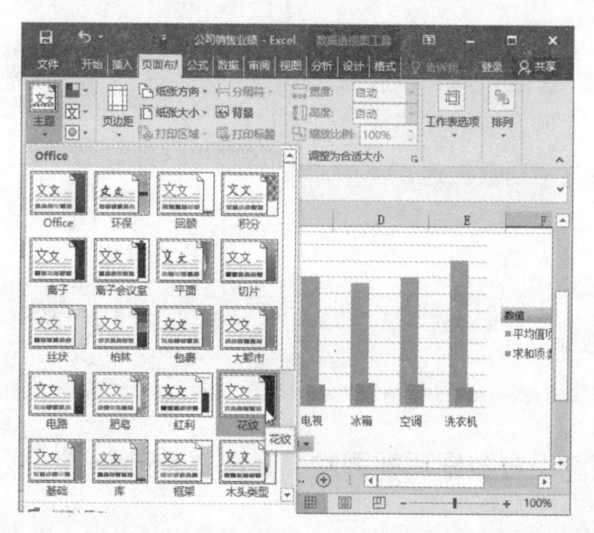

> **注意：变更主题改变的将不仅是所选数据透视图的样式，工作簿中其他表格、图表、数据透视表等对象的样式也将发生相应的改变。**

7.4.9 使用图表模板

在Excel中，我们设置好数据透视图后，可以将其另存为模板，当再次创建数据透视图时就可以调用自定义的图表模板，以提高工作效率。

1. 保存模板

在设置好数据透视图后，我们可以将其保存为图表模板，以便在之后的工作中快速调用，方法如下。

右键单击要保存为图表模板的数据透视图，弹出快捷菜单，执行“另存为模板”命令，弹出“保存图表模板”对话框，输入文件名，保持其他设置不变，单击“保存”按钮即可。

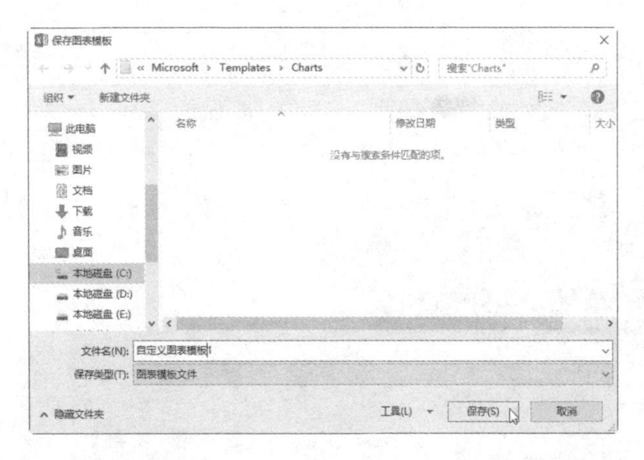

2. 调用模板

保存自定义图表模板之后，我们就可以在新建数据透视图时调用该模板快速完成图表设置，方法如下。

选中要套用模板的数据透视图，切换到“数据透视图工具/设计”选项卡，在“类型”组中单击“更改图表类型”按钮，弹出“更改图表类型”对话框，选择“模板”选项，在对应的“我的模板”界面中选择需要调用的自定义图表模板，然后单击“确定”按钮即可。

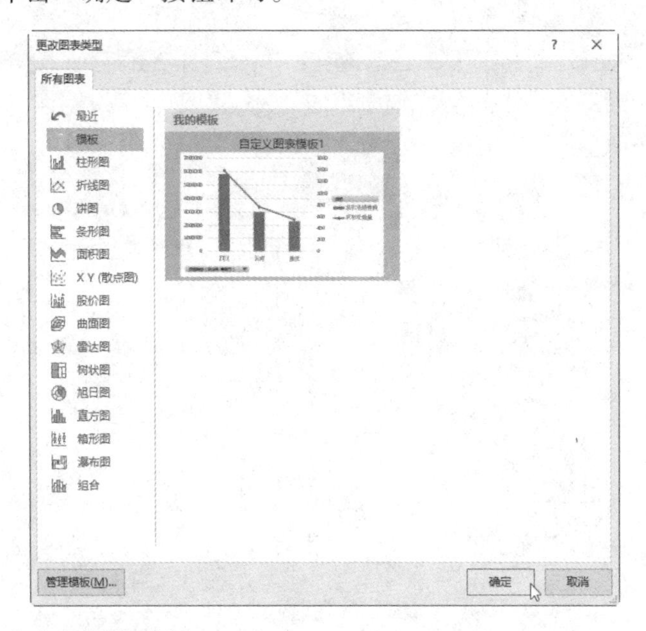

3. 删除自定义的图表模板

在Excel中保存自定义的图表模板后，就可以通过“管理模板”按钮删除自定义图表模板，步骤如下。

步骤 1 由于自定义图表模板保存在本地计算机中，因此可以打开任意一个创建有数据透视图的工作簿，选中数据透视图，切换到“数据透视图工具/设计”选项卡，在“类型”组中单击“更改图表类型”按钮。

步骤 2 弹出“更改图表类型”对话框，选择“模板”选项，在对应的界面中单击“管理模板”按钮。

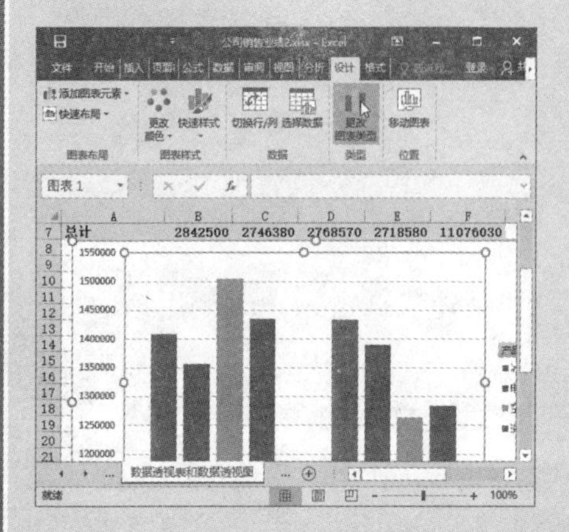

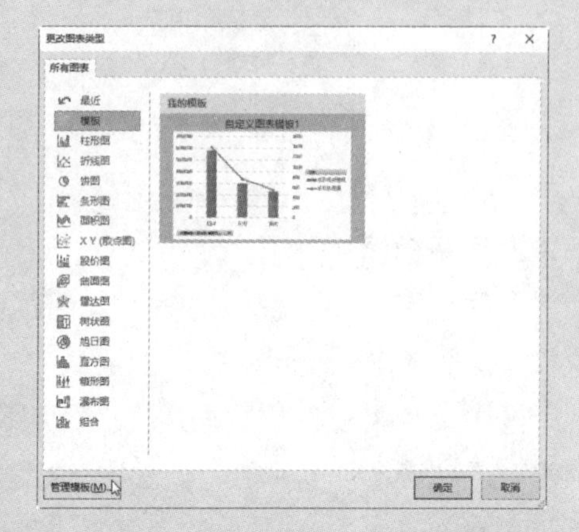

步骤 3 在打开的文件夹窗口中右键单击要删除的模板文件，并在弹出的快捷菜单中选择“删除”选项，完成后关闭该窗口。

步骤 4 返回“更改图表类型”对话框，单击“确定”按钮保存退出。再次打开“更改图表类型”对话框，在“模板”选项组的“我的模板”界面中可以看到“图表 1”模板已经被删除了。

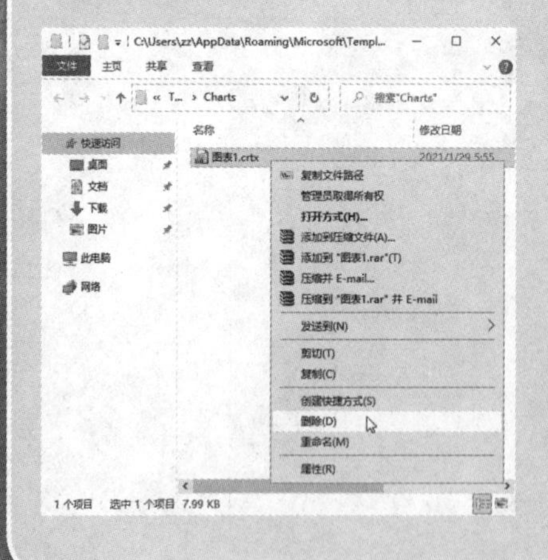

7.5 刷新和清空数据透视图

在创建好数据透视图之后，如果数据源发生了变化，我们可以刷新数据透视图，以获取最新数据信息。如果需要重新选取数据透视图字段，更改数据透视图的结构布局，可以清空数据透视图，然后再进行操作。

7.5.1 刷新数据透视图

与数据透视表类似，在数据源发生变化后，我们可以刷新数据透视图，主要有以下两种方法。

- 选中数据透视图，切换到“数据透视图工具/分析”选项卡，在“数据”组中单击“刷新”下拉按钮，并在打开的下拉列表中根据需要执行“刷新”或“全部刷新”命令即可。
- 右键单击数据透视图，在弹出的快捷菜单中执行“刷新数据”命令即可。

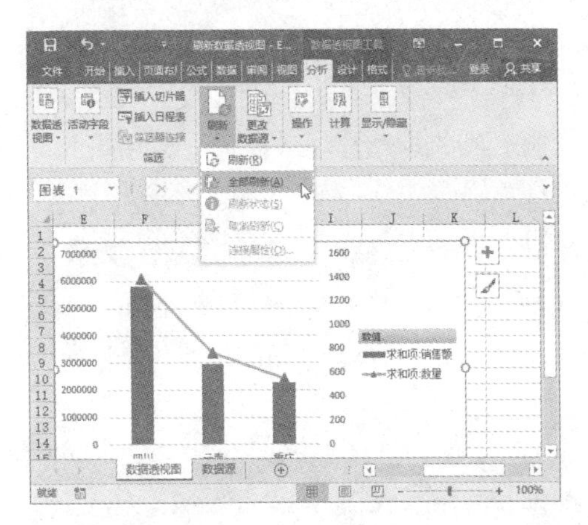
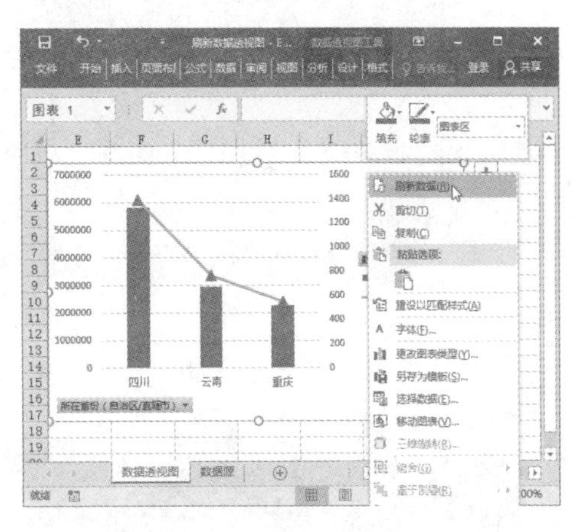

提示：执行“刷新”命令，将从连接到活动单元格的来源获取最新的数据信息；执行“全部刷新”命令，将刷新工作簿中的所有源获取最新的数据信息。

7.5.2 清空数据透视图

在创建数据透视图后，如果对数据透视图的结构布局不满意，需要重新选取数据透视图字段，可以先清空数据透视图使其成为一张空白的数据透视图，然后再进行操作。

方法：选中要清空的数据透视图，切换到“数据透视图工具/分析”选项卡，在“操作”组中单击“清除”下拉按钮，并在打开的下拉列表中执行“全部清除”命令即可。

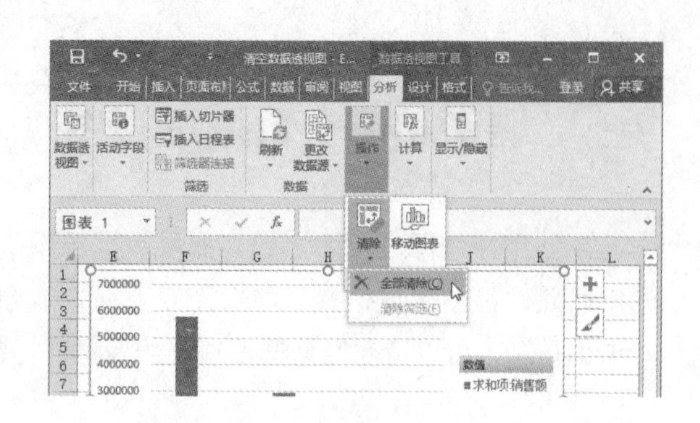

7.6 将数据透视图转为静态图表

在Excel中，数据透视图是基于数据透视表创建的一种动态图表，当与其相关联的数据透视表发生改变时，数据透视图也会同步发生变化。

如果需要获得一张静态的、不受数据透视表变动影响的数据透视图，可以将数据透视图转为静态图表，断开与数据透视表的连接。

7.6.1 将数据透视图转为图片形式

要将数据透视图转为静态图表，可以直接将其转化为图片形式保存，步骤如下。

步骤1 打开“将数据透视图转化为静态图表.xlsx”素材文件，右键单击要转化为图片形式的数据透视图，在快捷菜单中执行“复制”命令。

步骤2 切换到目标工作表，选中目标位置，右键单击，在快捷菜单中执行“选择性粘贴”命令。

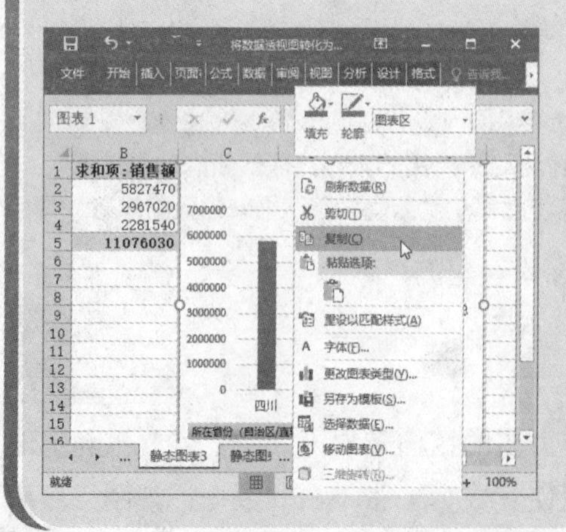

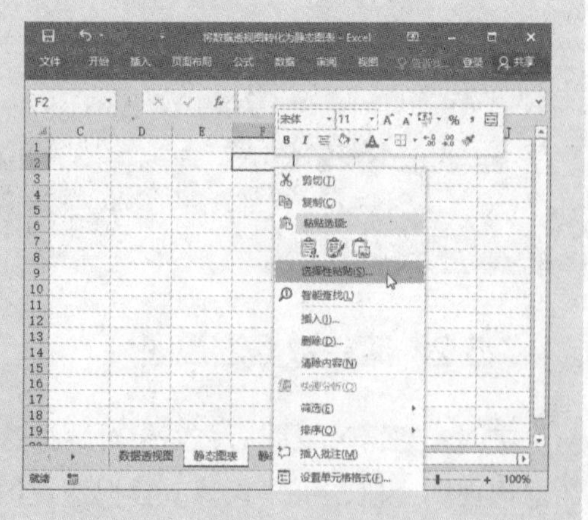

步骤 3 弹出“选择性粘贴”对话框，在“方式”列表框中选择需要的图片格式，然后单击“确定”按钮。

步骤 4 返回工作表，即可看到复制的数据透视图以图片形式保存在工作表中，源数据透视表发生任何变动都不会影响到该数据透视图图片。

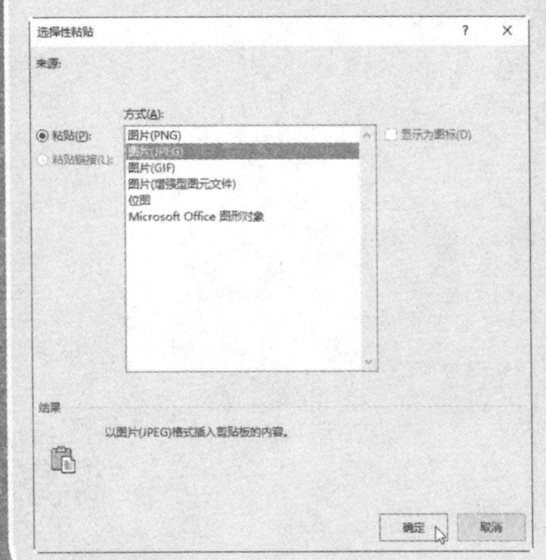

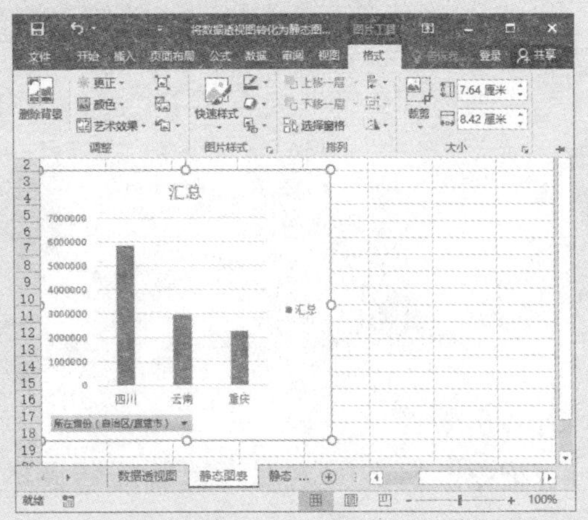

注意：转化为图片形式保存的“数据透视图”，不能再以图表的方式修改其中的数据内容。

7.6.2 直接删除数据透视表

要使数据透视图不受关联数据透视表的影响，可以在设置好数据透视图后，选中整个数据透视表，按“Delete”键将数据透视表整个删除。

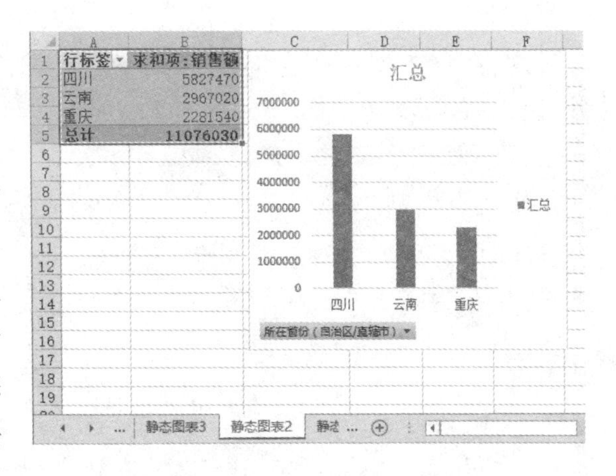

此时数据透视图仍然存在，但是数据透视图中的系列数据将被转为常量数组的形式，从而形成静态的图表。需要注意的是，这种方法虽然保留了数据透视图的图表形态，但删除与其相关联的数据透视表后，数据透视图的数据完整性遭到了破坏。

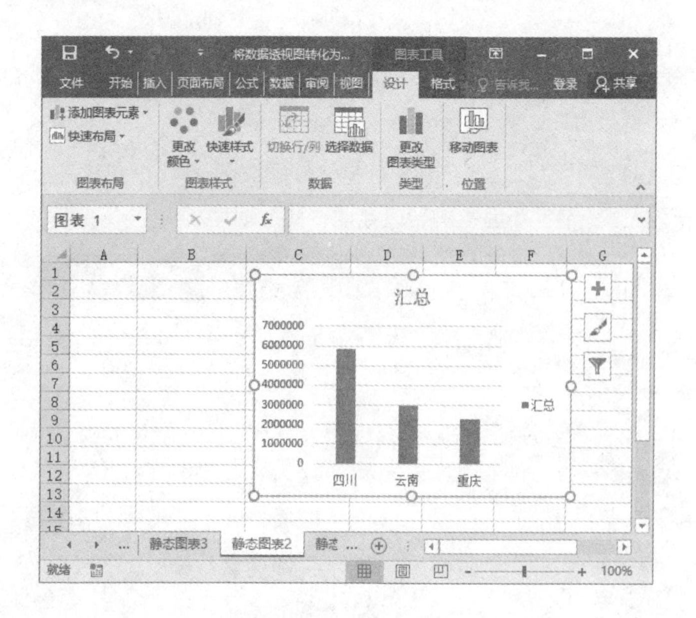

7.6.3 将数据透视表复制成普通数据表

如果我们需要在保留数据透视表的数据的同时，将其对应的数据透视图转化为静态图表，可以利用“选择性粘贴”功能将数据透视表复制成普通的数据表，从而实现这个目的，步骤如下。

注意：数据透视表转化为普通数据表后，将会失去数据透视表的功能。

步骤 *1* 打开“将数据透视图转化为静态图表.xlsx”素材文件，选中整个数据透视表，使用鼠标右键单击，在快捷菜单中执行“复制”命令。

步骤 *2* 切换到“开始”选项卡，在“剪切板”组中单击“粘贴”下拉按钮，并在打开的下拉列表中执行“值”命令。

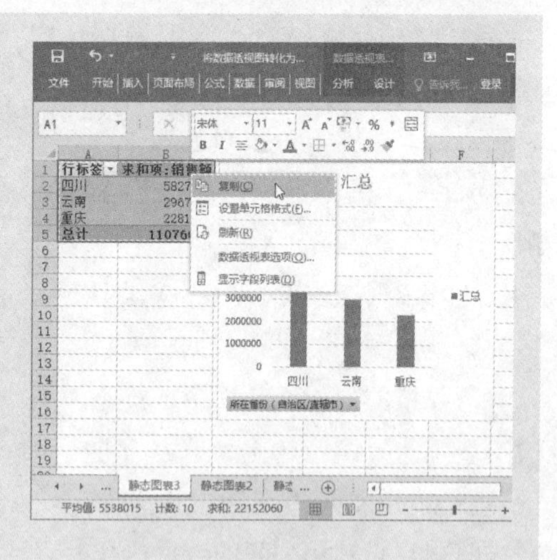

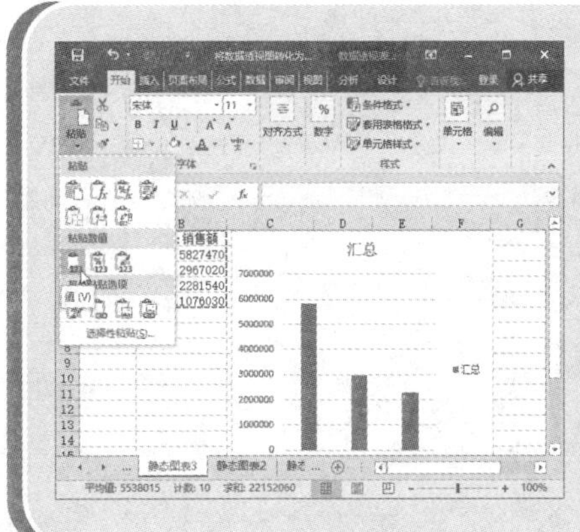

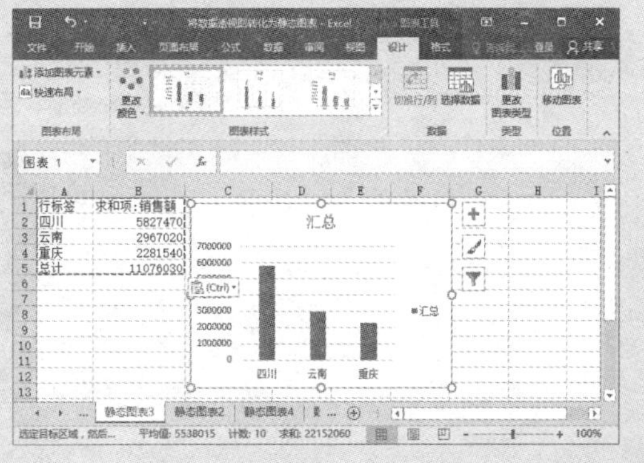

7.6.4 转化数据透视图并保留数据透视表

如果我们需要在保留数据透视表功能的同时，将其对应的数据透视图转化为静态图表，断开数据透视图与数据透视表之间的连接，步骤如下。

步骤 1 打开“将数据透视图转化为静态图表.xlsx”素材文件，选中整个数据透视表，按“Ctrl+C”组合键进行复制，选中目标单元格，按“Ctrl+V”组合键进行粘贴，得到一个新的数据透视表。

步骤 2 选中与数据透视图相关联的源数据透视表，按“Delete”键删除该数据透视表，将数据透视图转化为静态图表。

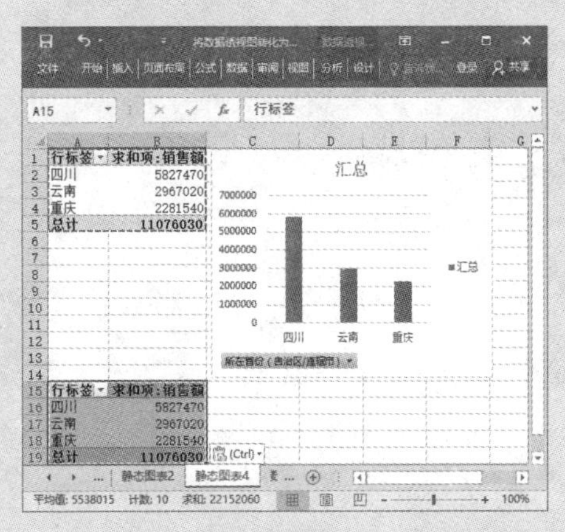

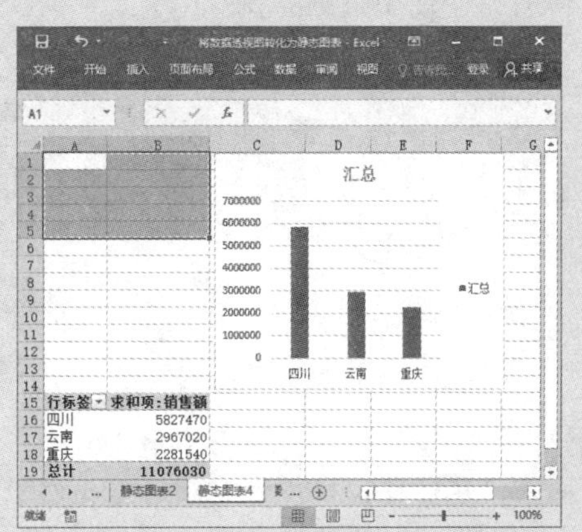

步骤 3 选中与数据透视图无关联的新数据透视表，按“Ctrl+X”组合键进行剪切，然后选中目标单元格，按“Ctrl+V”组合键进行粘贴，将其移动到工作表中的适当位置，即可在保留数据透视表功能的情况下，将数据透视图转化为静态图表。

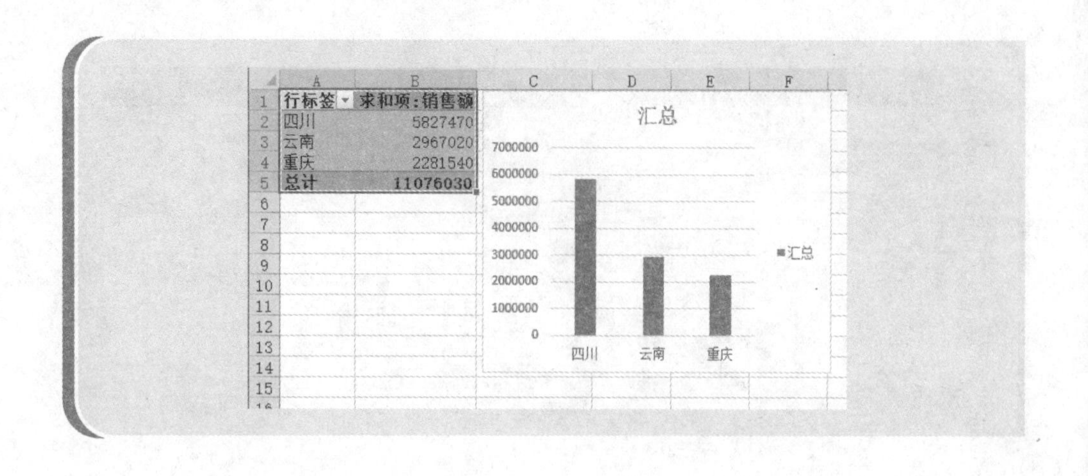

7.7 大师点拨

疑难① 数据透视图是否有使用限制

问题描述：在创建数据透视图时，选择创建“XY（散点图）”时“确定”按钮为灰色不可选择状态，Excel数据透视图具体有哪些使用限制呢？

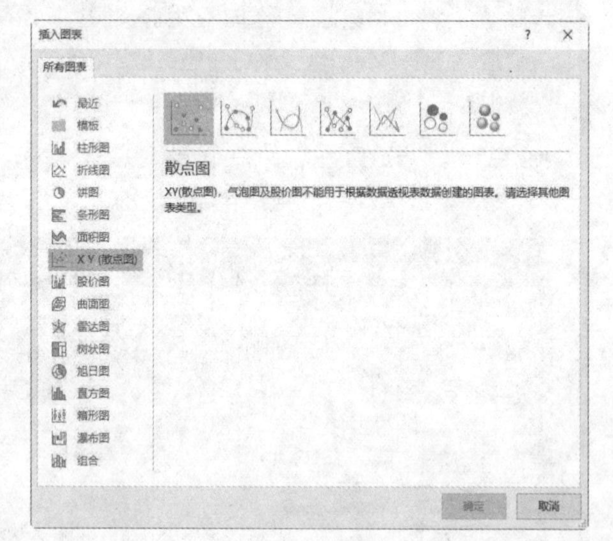

解决方法：在Excel 2016中，数据透视图与普通图表的功能基本一致，但仍然存在一些限制，具体内容如下。

- 数据透视图无法创建XY（散点图）、气泡图和股价图。
- 在数据透视图中，无法通过“选择数据源”对话框调整图形系列的位置顺序。打开该对话框，其中的“图例项（系列）”位置调整按钮为灰色不可用状态。
- 在数据透视图中添加趋势线时，如果添加或删除数据透视图相关数据透视表的字段，可能丢失这些趋势线。
- 由于数据透视图是基于数据透视表创建的，无法在不改变数据透视表布局的情况下，删除数据透视图中的图形系列，也无法像普通图表一样，直接通过修改透视图系列公式的参数值来修改图形。

疑难② 如何切换数据透视图中数据行/列的显示

问题描述：在如图所示的数据透视图中，可以将水平坐标轴上的分类标签由月份换成产品名称，如果将数据系列换成月份，切换数据透视图中的数据行/列能显示吗？

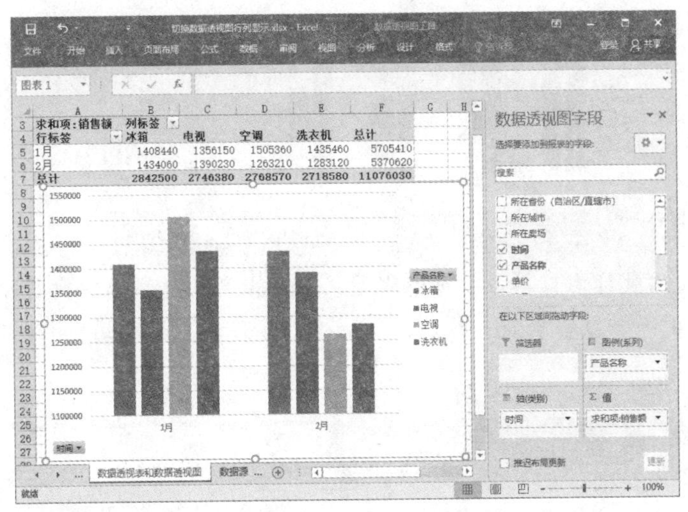

解决方法：能。在Excel中切换数据透视图中数据行/列的显示，有多种方法。

➤ **方法1**：选中数据透视图，在“数据透视图工具/设计”选项卡的“数据”组中单击“切换行/列”按钮即可。

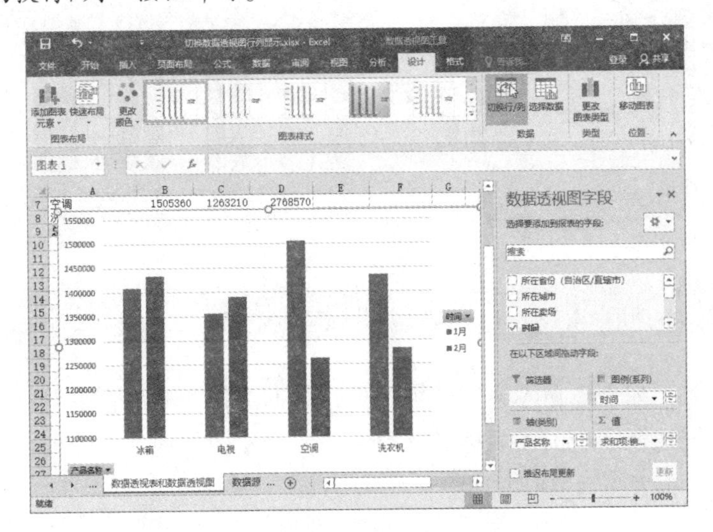

➤ **方法2**：选中数据透视图，打开“数据透视图字段”窗格，将“轴（类别）”区域和“图例（系列）”区域中的字段互换即可。

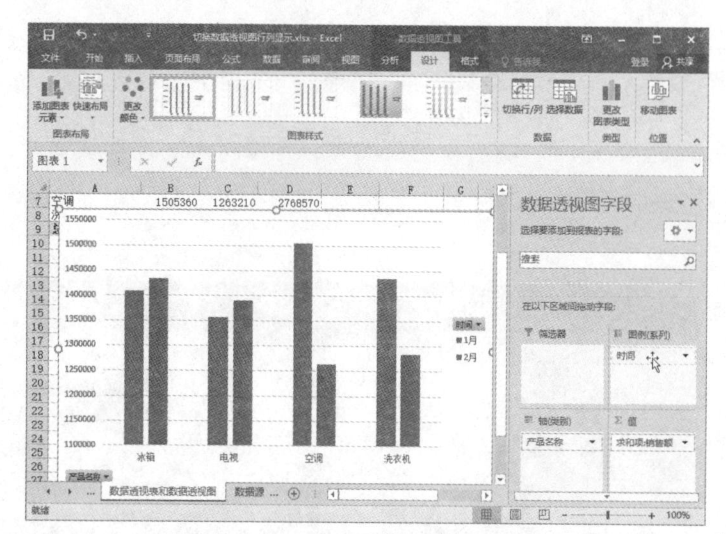

➤ **方法3**：使用鼠标右键单击数据透视图，在弹出的快捷菜单中执行“选择数据”命令，弹出“选择数据源”对话框，单击“切换行/列”按钮，设置完成后单击“确定”按钮即可。

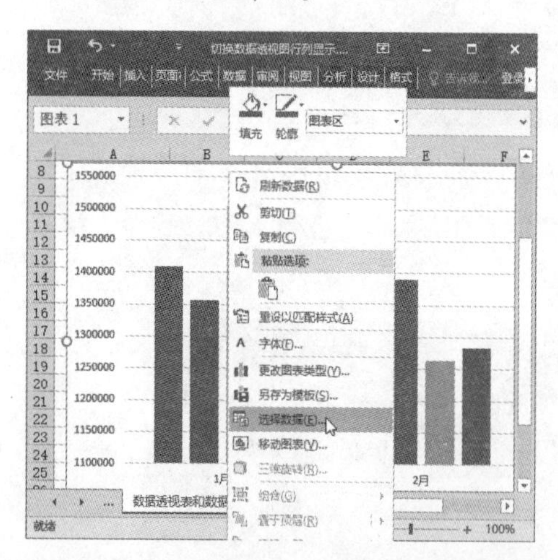

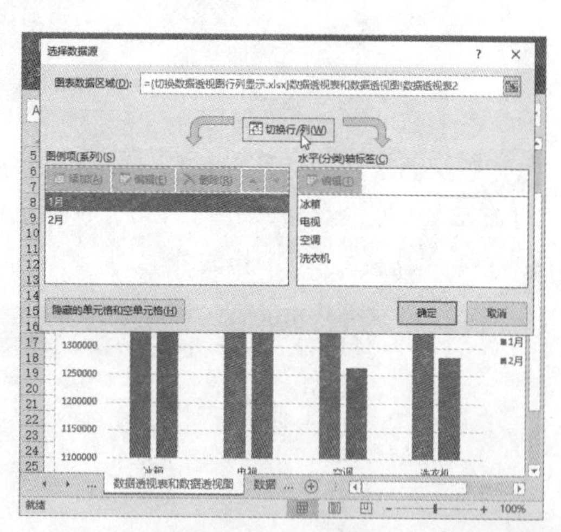

疑难3 如何使数据透视图标题与报表筛选字段项同步

问题描述：如下图所示，默认情况下，数据透视表中的报表筛选字段的项，和对应的数据透视图中的图表标题并没有同步显示，如何才能使数据透视图中图表标题显示为报表筛选字段的项呢？

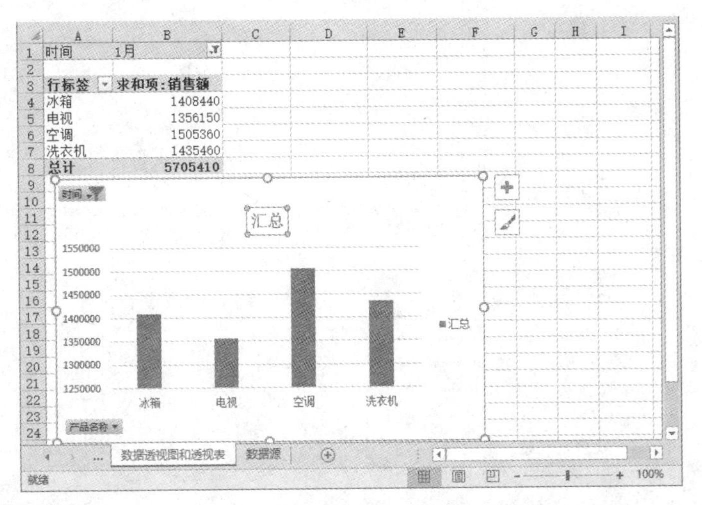

解决方法：虽然Excel没有提供这个功能，但通过设置单元格绝对引用可以同步显示数据透视图标题与报表筛选字段项，步骤如下。

步骤 1 打开“公司销售业绩2.xlsx”素材文件，单击数据透视图中的图表标题文本框，在对应的编辑栏中输入公式“=数据透视图和透视表!$B$1”。

步骤 2 按“Enter”键确认输入即可，返回工作表，在数据透视表的报表筛选区域中根据需要筛选数据，可以看到数据透视图标题与报表筛选字段项同步显示了。

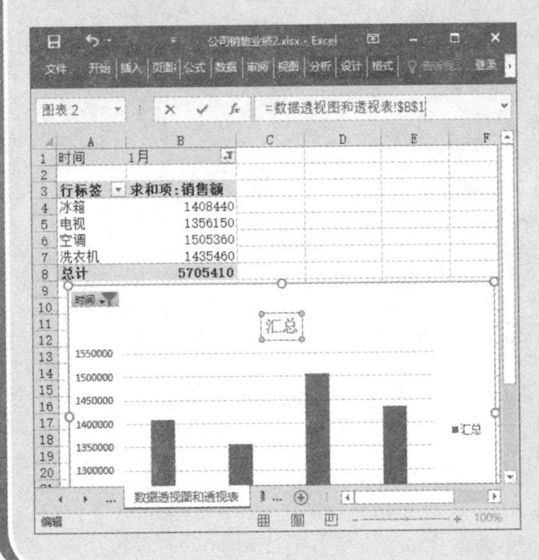

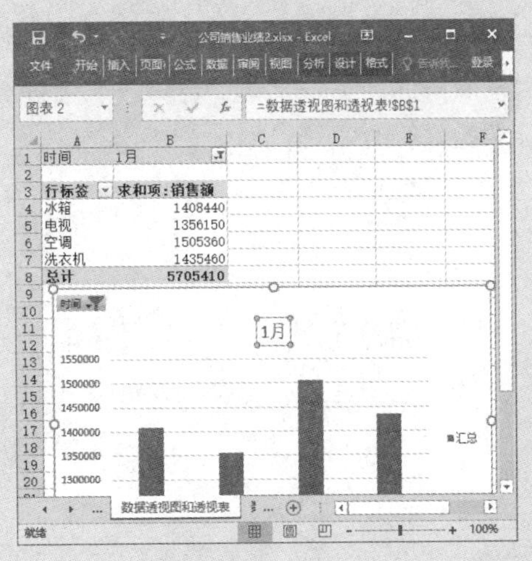

第8章

数据透视表的项目组合

为了应对数据分析需求的多样性，Excel数据透视表提供了项目组合功能。通过该功能可以对数字、日期、文本等不同类型的数据项采取多种组合方式，来满足我们对数据透视表分类汇总的不同需求。

- 组合数据透视表内的数据项
- 取消项目的组合

8.1 组合数据透视表内的数据项

在Excel数据透视表内，我们可以通过手动或自动两种方法组合数据项。使用手动方式组合数据透视表内的数据项，适用于组合分类项不多的情况，其优点在于组合方式较为灵活，但操作较烦琐。使用数据透视表的自动组合功能，则比手动组合更快速高效，但灵活性要差。

8.1.1 手动组合数据透视表内的数据项

当数据透视表中组合分类项不多时，可以通过手动组合以更灵活的方式组合获得数据透视表中的数据。下面提供了一个“小电器商品销售汇总”数据透视表，其中“商品名称”字段的数据项命名规则为“商品品牌–商品型号–商品类别”。

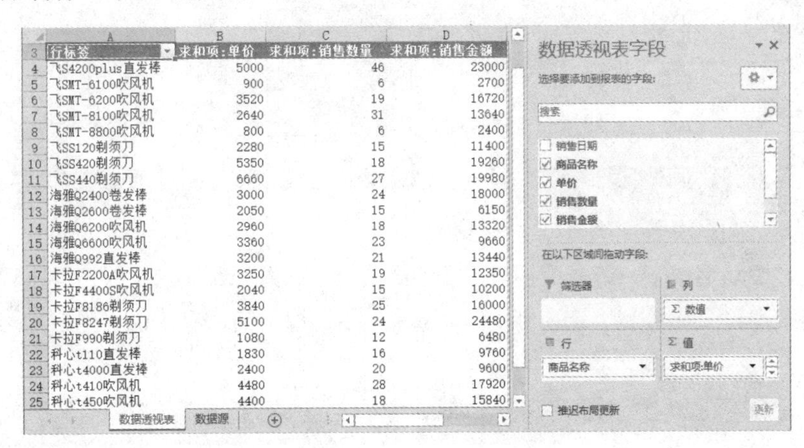

行标签	求和项:单价	求和项:销售数量	求和项:销售金额
飞S4200plus直发棒	5000	46	23000
飞SMT-6100吹风机	900	6	2700
飞SMT-6200吹风机	3520	19	16720
飞SMT-8100吹风机	2640	31	13640
飞SMT-8800吹风机	800	6	2400
飞SS120剃须刀	2280	15	11400
飞SS420剃须刀	5350	18	19260
飞SS440剃须刀	6660	27	19980
海雅Q2400卷发棒	3000	24	18000
海雅Q2600卷发棒	2050	15	6150
海雅Q6200吹风机	2960	18	13320
海雅Q6600吹风机	3360	23	9660
海雅Q992直发棒	3200	21	13440
卡拉F2200A吹风机	3250	19	12350
卡拉F4400S吹风机	2040	15	10200
卡拉F8186剃须刀	3840	25	16000
卡拉F8247剃须刀	5100	24	24480
卡拉F990剃须刀	1080	12	6480
科心t110直发棒	1830	16	9760
科心t4000直发棒	2400	20	9600
科心t410吹风机	4480	28	17920
科心t450吹风机	4400	18	15840

根据“商品名称”字段的数据项命名规则将商品按类别分组，步骤如下。

步骤 1 打开“小电器商品销售汇总.xlsx”素材文件，单击行标签右侧下拉按钮，在打开的下拉列表中展开“标签筛选”子菜单，在其中执行“结尾是”命令。

步骤 2 弹出“标签筛选（商品名称）”对话框，设置显示的项目的标签为“结尾是”“吹风机”，单击“确定”按钮。

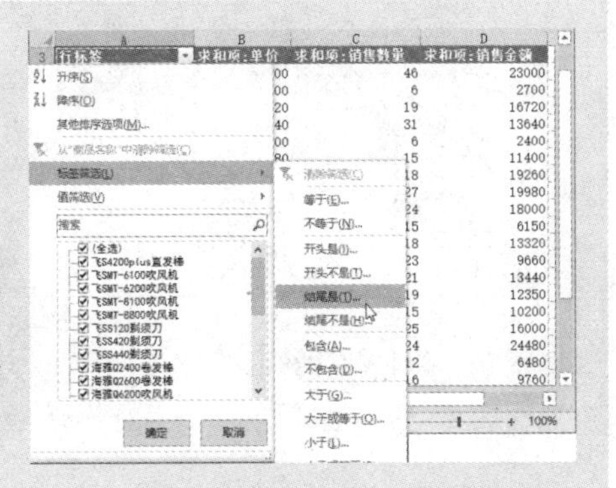

步骤 3 返回数据透视表，可以看到筛选结果，选中数据透视表的任意单元格，切换到“数据透视表工具/分析”选项卡，在“操作”组中执行“选择”→“启用选定内容”命令，开启该状态。

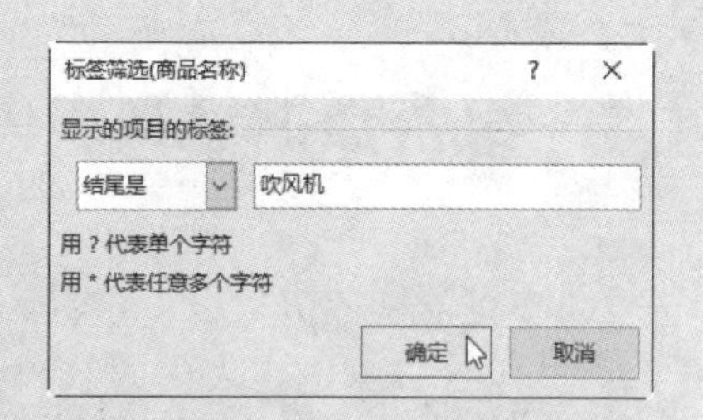

步骤 4 选中筛选出来的整个“商品名称”字段的“吹风机”数据项，在“数据透视表工具/分析”选项卡的“分组”组中单击“组选择”按钮，根据所选内容创建组。

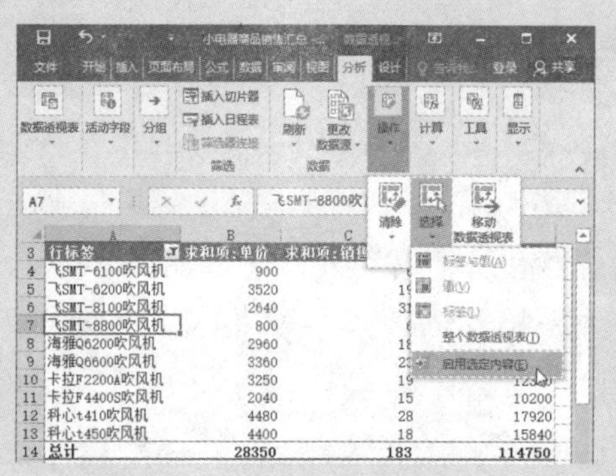

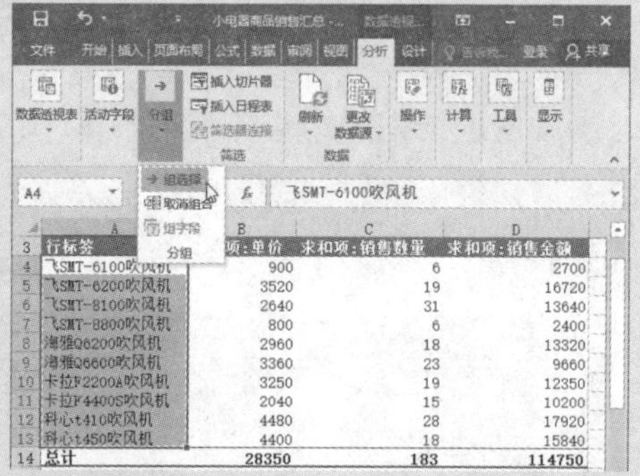

步骤 5 返回数据透视表，可以看到创建数据组后的效果，选中字段项名称“数据组1”所在单元格，在编辑栏中将其修改为“吹风机”。

步骤 6 默认情况下，数据透视表以压缩形式显示，为了后面的设置，需要切换到“数据透视表工具/设计”选项卡，在“布局”组中执行“报表布局”→“以大纲形式显示”命令，更改数据透视表的报表布局。

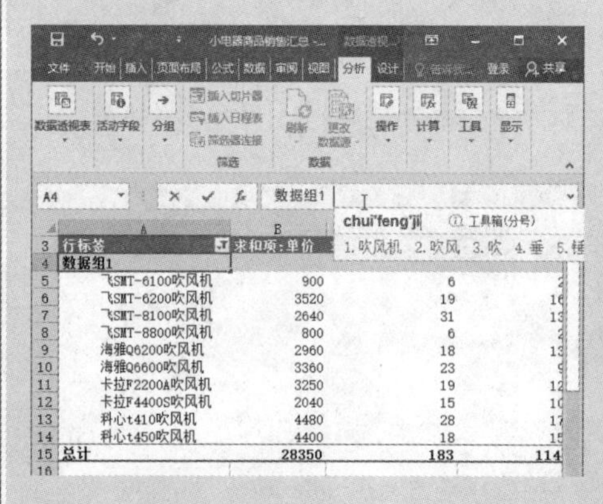

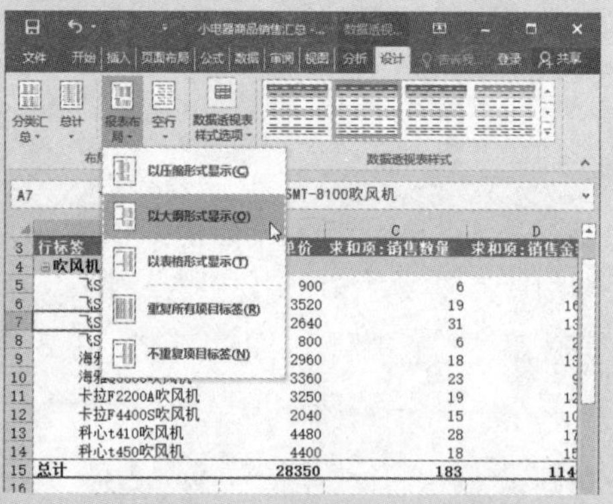

步骤 7 返回数据透视表，可以看到以大纲形式显示的报表效果，选中字段标题“商品名称2”所在单元格，在编辑栏中将其修改为“商品分类”。

步骤 8 单击“商品名称”右侧下拉按钮，在打开的下拉列表中执行“标签筛选”→“结尾是”命令。

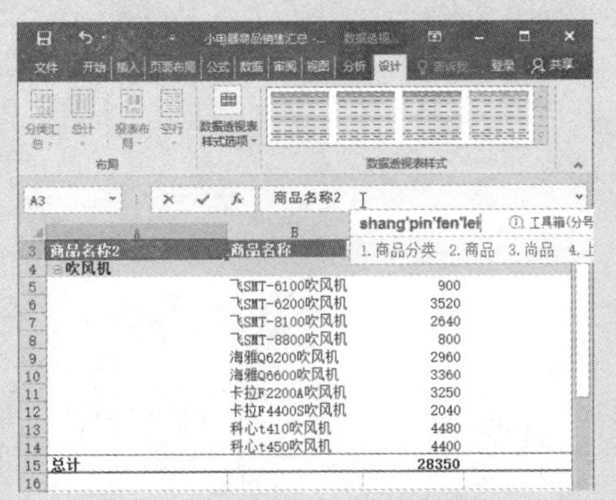

步骤 9 弹出“标签筛选（商品名称）”对话框，设置显示的项目的标签为“结尾是”“卷发棒”，单击“确定”按钮。

步骤 10 因已经进入“启用选定内容”状态，此时选中筛选出来的整个“商品名称”字段的“卷发棒”数据项，在“数据透视表工具/分析”选项卡的“分组”组中单击“组选择”按钮，根据所选内容创建组即可。

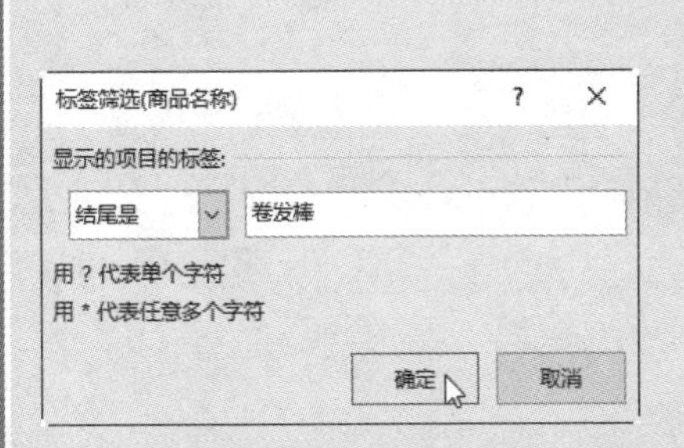

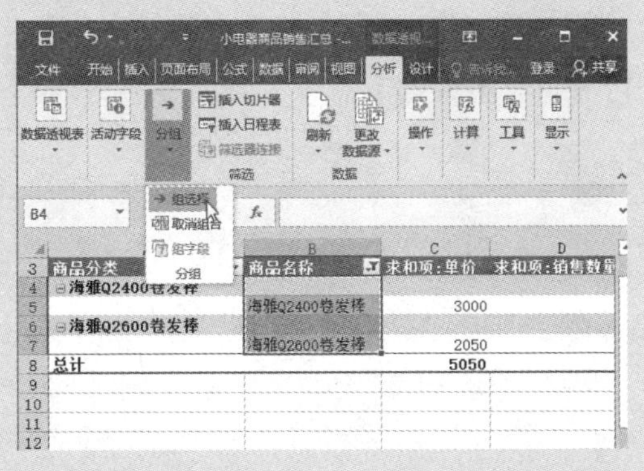

步骤 11 返回数据透视表，可以看到创建数据组后的效果，选中字段项名称“数据组2”所在单元格，在编辑栏中将其修改为“卷发棒”。

步骤 12 重复上述步骤，将整个数据透视表中的“商品名称”字段的数据项都按类别分组，完成后单击“商品名称”右侧下拉按钮，在打开的下拉列表中执行“从‘商品名称’中清除筛选”命令，清除筛选以便查看整个数据透视表的分组效果。

步骤 13 返回数据透视表，可以看到根据“商品名称”字段的数据项命名规则将商品按类别分组后的效果。

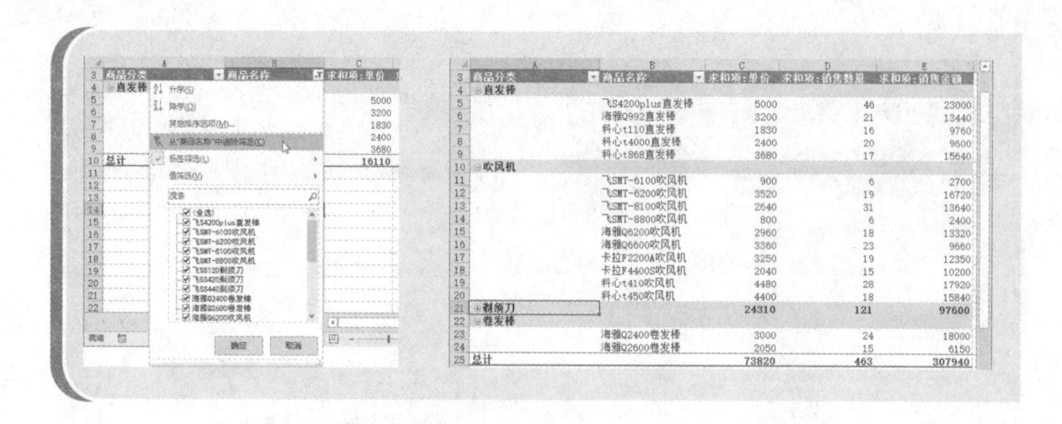

8.1.2 自动组合数据透视表内的日期数据项

在Excel数据透视表中，我们可以利用自动组合方式对日期数据项进行分组。按照年、季度、月、星期等多种类型，日期可以被分为多种不同的范围，拥有丰富多样的组合方式。

1. 对日期按年分组

以“员工信息登记表”数据透视表为例，其中员工参加工作的时间以“2015年1月1日”的日期格式显示，如果要对员工参加工作时间按年进行分组，步骤如下。

步骤1 打开“员工信息登记表.xlsx”素材文件，使用鼠标右键单击数据透视表中日期字段所在列内的任意一个单元格，在弹出的快捷菜单中执行“创建组”命令。

步骤2 弹出“组合”对话框，Excel将自动填写起止时间，如有特殊需求，可以手动输入，在“步长”列表框中Excel默认选择“月”选项，本例需取消选择“月”选项，只选择“年”选项，然后单击“确定”按钮。

步骤3 返回数据透视表，即可看到对员工参加工作时间按年进行分组后的效果。

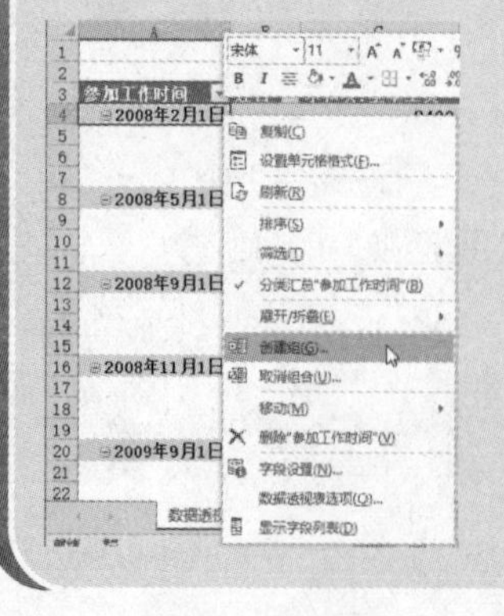

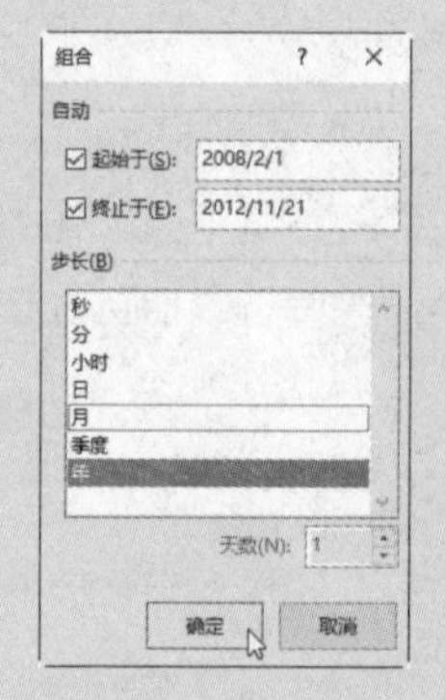

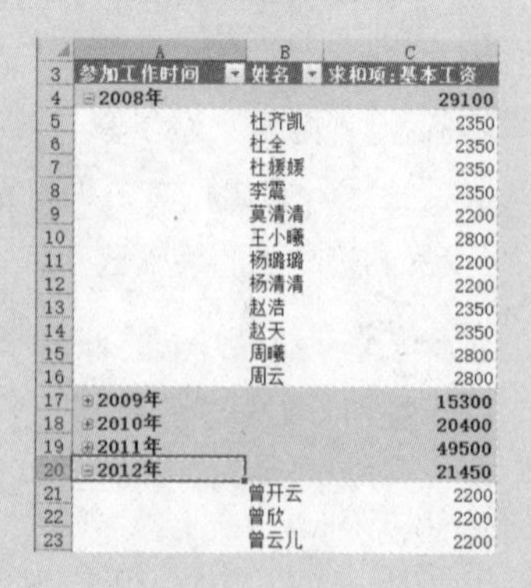

注意：在对日期型数据分组前，先要确保该数据为日期类型数据，而不是形似日期数据的文本数据。

2. 对日期按季度分组

在日常工作中，有时需要对日期按季度进行分组，如在对商品销售情况进行统计时，可按季度进行汇总。

对日期按季度自动分组的方法与对日期按年分组的方法大体相同，但需要注意的是，当数据源中的日期数据包含多个年份，而不仅是一年中的数据时，在“分组”对话框中需要同时选择“年”和“季度”选项来进行分组，步骤如下。

步骤 *1* 打开“电器产品销售业绩.xlsx”素材文件，使用鼠标右键单击数据透视表中日期字段所在列内的任意一个单元格，在弹出的快捷菜单中执行“创建组”命令。

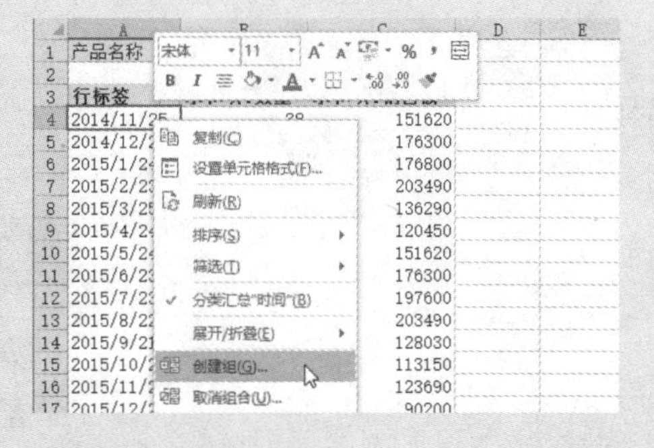

步骤 *2* 弹出“组合”对话框，Excel将自动填写起止时间，如有特殊需求，可以手动输入。在“步长”列表框中选择“季度”和“年”选项，然后单击“确定”按钮。

步骤 *3* 返回数据透视表，即可看到对员工参加工作时间按季度进行分组后的效果。

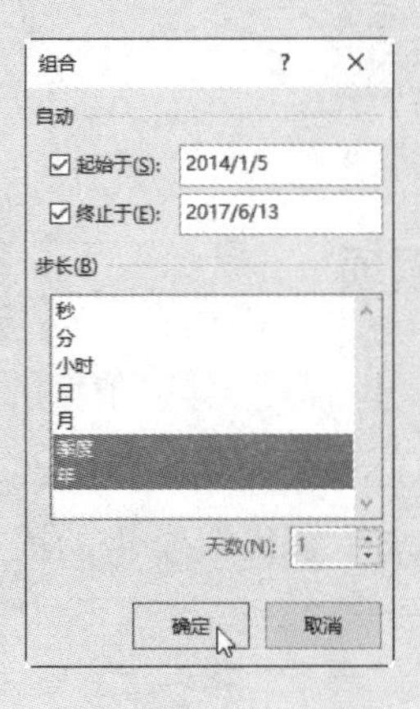

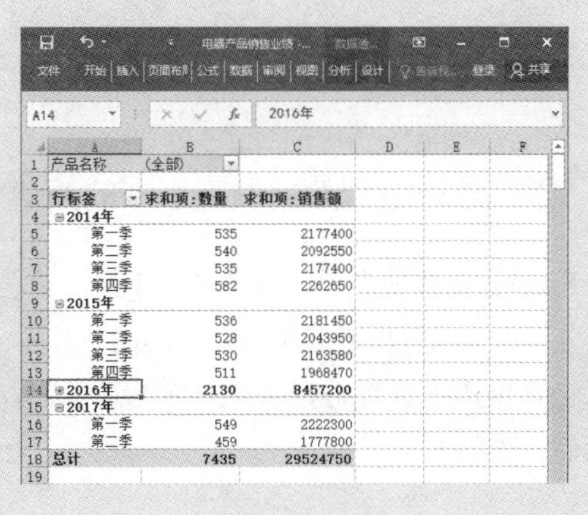

产品名称	(全部)	
行标签	求和项:数量	求和项:销售额
2014年		
第一季	535	2177400
第二季	540	2092550
第三季	535	2177400
第四季	582	2262650
2015年		
第一季	536	2181450
第二季	528	2043950
第三季	530	2163580
第四季	511	1968470
2016年	2130	8457200
2017年		
第一季	549	2222300
第二季	459	1777800
总计	7435	29524750

3. 对日期按月分组

制作月报表是日常工作中经常遇到的情况。对日期按月自动分组的方法与对日期按季度分组的方法相似，当数据源中的日期数据包含了多个年份的数据时，在“分组”对话框中需要同时选择“年”和“月”选项进行分组，步骤如下。

步骤 1 打开“电器产品销售业绩.xlsx”素材文件，使用鼠标右键单击数据透视表中日期字段所在列内的任意一个单元格，在弹出的快捷菜单中执行“创建组”命令。

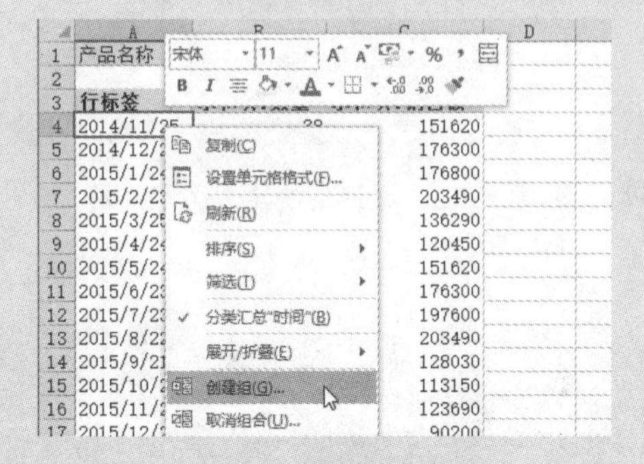

步骤 2 弹出“组合”对话框，Excel将自动填写起止时间，如有特殊需求，可以手动输入。在“步长”列表框中选择“月”和“年”选项，然后单击“确定”按钮。

步骤 3 返回数据透视表，即可看到对员工参加工作时间按月进行分组后的效果。

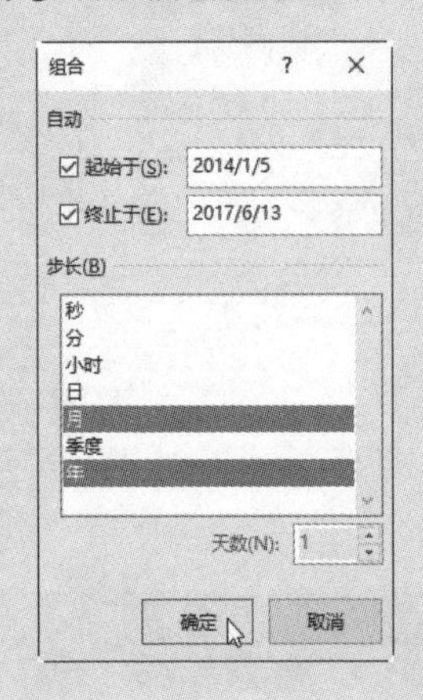

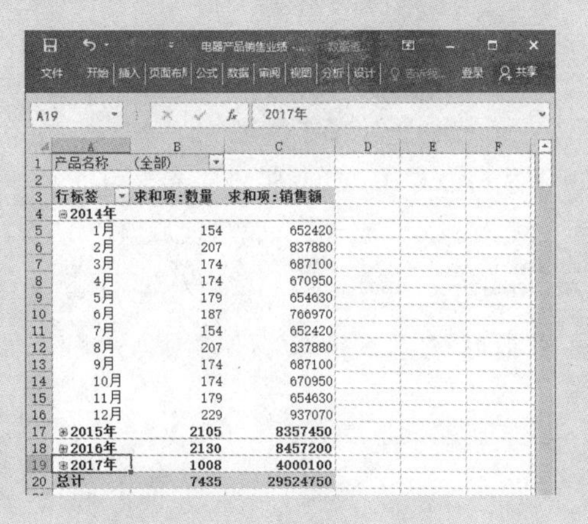

产品名称	(全部)	
行标签	求和项:数量	求和项:销售额
⊟2014年		
1月	154	652420
2月	207	837880
3月	174	687100
4月	174	670950
5月	179	654630
6月	187	766970
7月	154	652420
8月	207	837880
9月	174	687100
10月	174	670950
11月	179	654630
12月	229	937070
⊞2015年	2105	8357450
⊞2016年	2130	8457200
⊞2017年	1008	4000100
总计	7435	29524750

8.1.3 自动组合数据透视表内的数值型数据项

在Excel数据透视表中，对于员工年龄、学生成绩、基本工资等数值型的数据可以将其分段，从而分析不同年龄段、不同分数段、不同工资段中的数据情况。

以将学生语文成绩分段，统计各段学生的人数，来了解班级学生的语文成绩情况为例，步骤如下。

步骤1 打开“期末成绩表.xlsx”素材文件，使用鼠标右键单击数据透视表中“语文”字段所在列内的任意一个单元格，在弹出的快捷菜单中执行“创建组”命令。

步骤2 弹出“组合”对话框，Excel将自动填写起止数，如有特殊需求，可以手动输入。在“步长”列表框中根据需要输入步长，然后单击“确定”按钮。

步骤3 返回数据透视表，即可看到将学生语文成绩分段，统计各段学生人数后的效果。

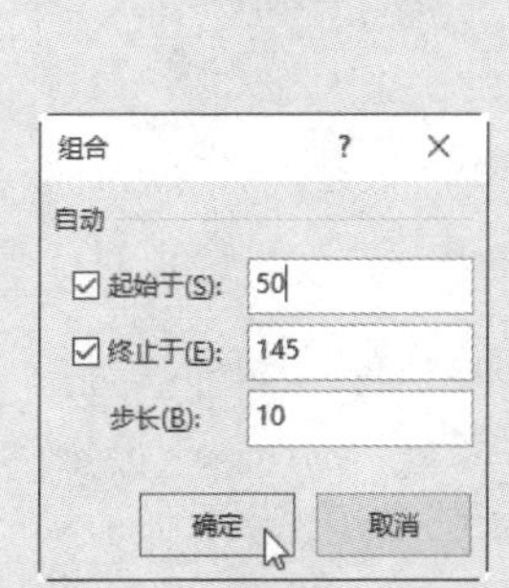

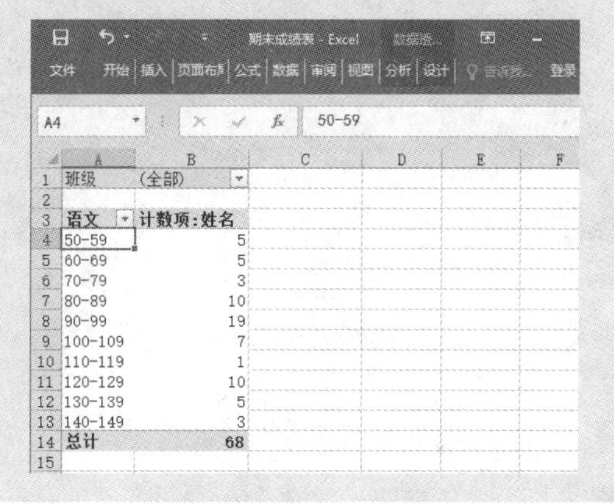

8.1.4 组合数据透视表内的文本数据项

在Excel中可以对文本类型的数据内容进行组合。例如，将商品名称、所在城市等数据内容，按商品类别、所在省份地区等进行分组。

与日期数据、数值型数据不同，Excel无法自动识别我们希望对文本类型的数据内容按什么样的标准分组，只能使用手动分组的方法分组文本内容。例如，在“食用油销售情况”数据透视表中，可以将“所在地”划分为东北、华北、华东三大地区，如果需要按地区对所在地分组，其步骤如下。

步骤1 打开“食用油销售情况.xlsx”素材文件，按“Ctrl”键，单击“北京”“河北”“山西”“天津”所在单元格，将其同时选中，然后单击鼠标右键，在弹出的快捷菜单中执行“创建组”命令。

步骤2 此时将创建“数据组1”，默认情况下，数据透视表以压缩形式显示，为了后面的设置，需要切换到“数据透视表工具/设计”选项卡，在“布局”组中执行“报表布局”→“以大纲形式显示”命令，更改数据透视表的报表布局。

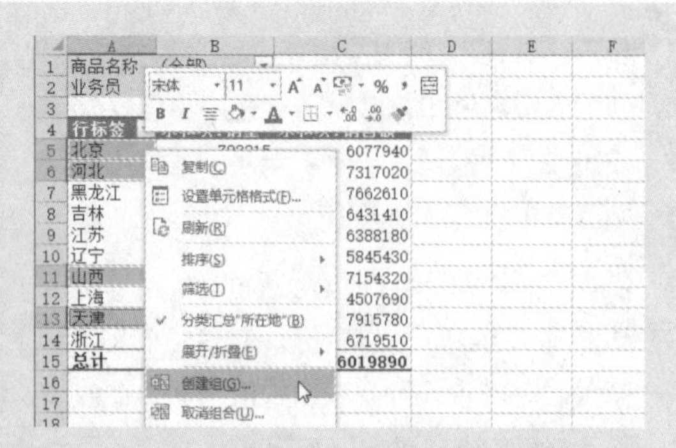

步骤3 返回数据透视表，可以看到设置后的效果，选中“数据组1”单元格，在编辑栏中将其修改为“华北地区”。

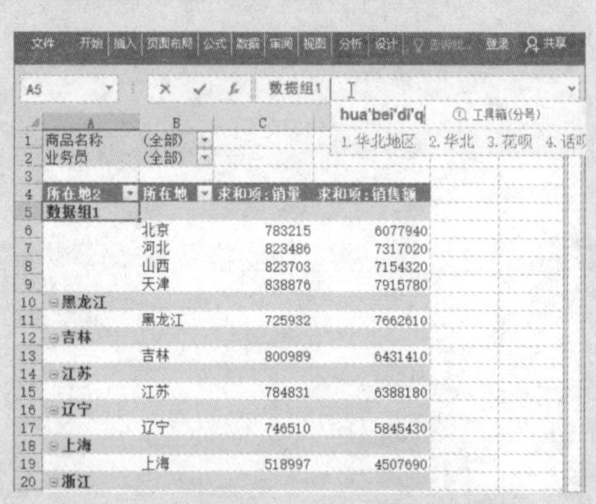

步骤4 选中“所在地2”字段单元格，在编辑栏中将其修改为“所在地区”。

步骤5 按照上述方法，创建“东北地区”和“华东地区”组即可。

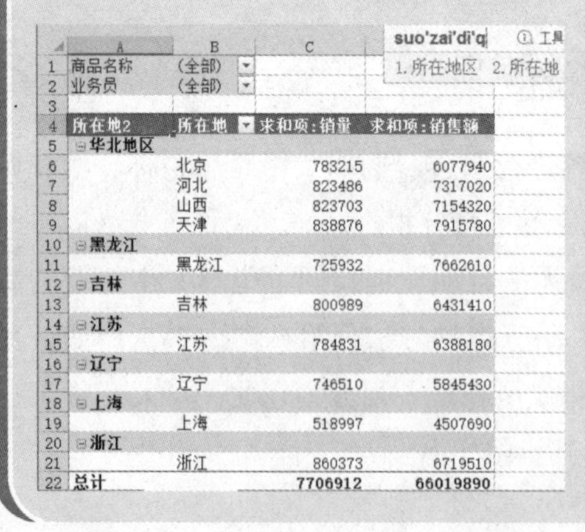

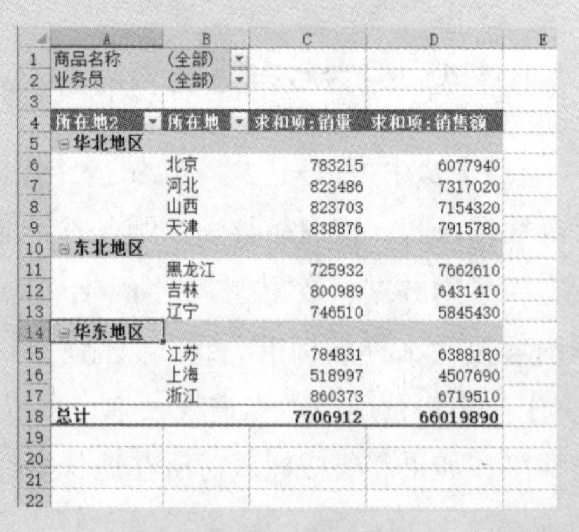

8.1.5 按上、下半年汇总产品销量

如图所示为品牌食用油的销售数据，如果按月分类显示每种商品每月的销售

情况则行数过多，不利于阅读，现在需要将每种商品的销售情况按上、下半年进行汇总。

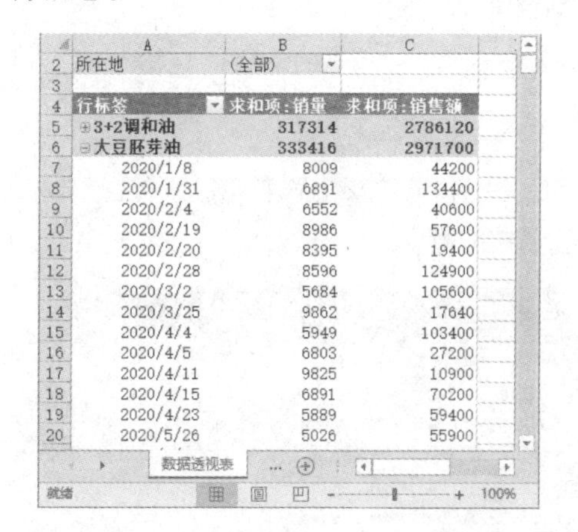

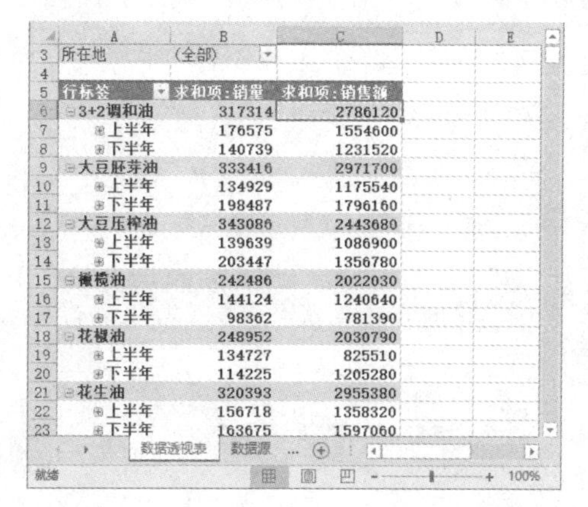

此时，可以通过手动组合设置每种商品按上、下半年汇总，并配合调整字段所在区域来减少手动组合时的重复操作，以提高效率，步骤如下。

步骤 1 打开“食用油销售情况1.xlsx”素材文件，使用鼠标右键单击数据透视表任意单元格，在弹出的快捷菜单中执行“显示字段列表”命令，打开“数据透视表字段”窗格，在其中将“商品名称”字段由行区域调整到报表筛选区域。

步骤 2 在数据透视表的“销售日期”字段中，选中1月至6月的数据项，单击鼠标右键，在弹出的快捷菜单中执行“创建组”命令。

步骤 3 此时可以看到数据透视表中新增加一个“销售日期2”字段，并创建了“数据组1”，选中“数据组1”所在单元格，在编辑栏中将该分组名称重命名为“上半年”。

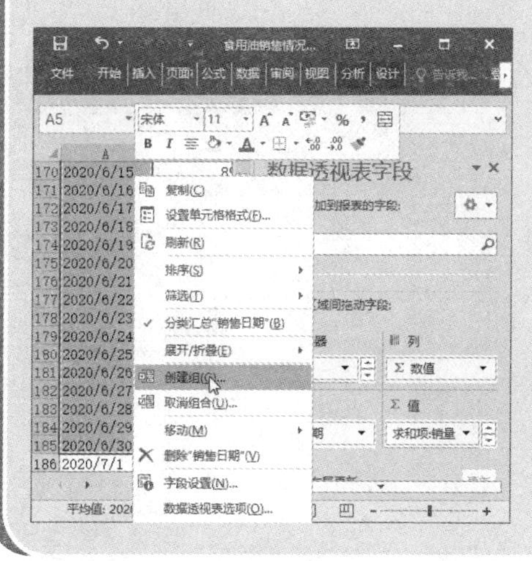

步骤 4 在数据透视表的“销售日期”字段中，选中7月至12月的数据项，单击鼠标右键，在弹出的快捷菜单中执行“创建组”命令创建“数据组2”。

步骤 5 将“数据组2”分组名称重命名为“下半年”，将“销售日期2”字段名称改为“月份”。

步骤 6 在“数据透视表字段”窗格中，将“商品名称”字段由报表筛选区域调整到行区域，设置完成后单击“关闭”按钮×关闭窗格即可。

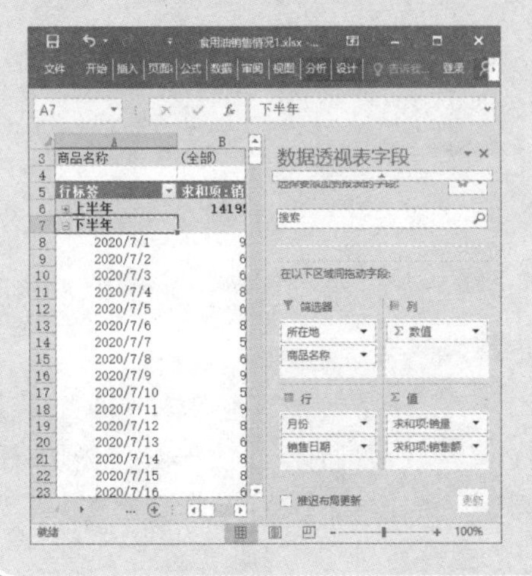

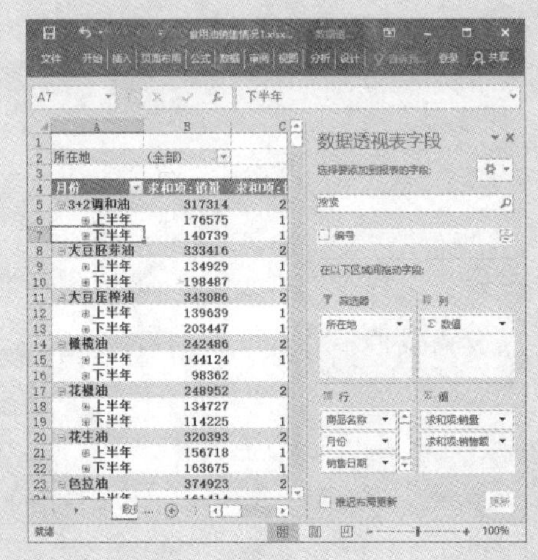

8.1.6 按“旬”分组汇总数据

某卖场每旬上交一次报表，汇总当前商品销售情况，以便总公司制定下一个旬次的营销策略和工作任务等，数据源如左图所示，现在需要将其制作成如右图效果的数据透视表。

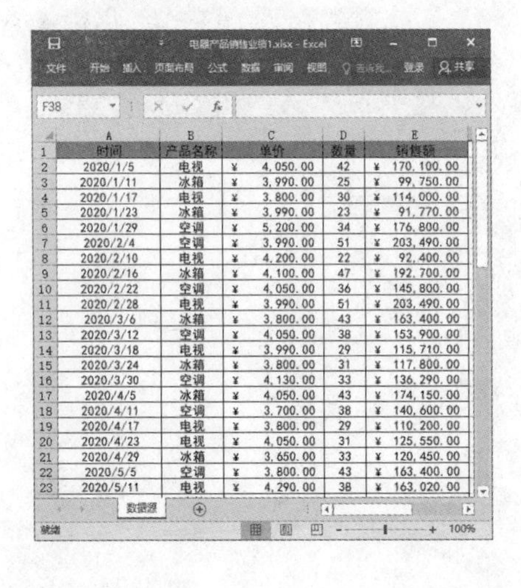

	A	B	C	D	E
1	时间	产品名称	单价	数量	销售额
2	2020/1/5	电视	¥ 4,050.00	42	¥ 170,100.00
3	2020/1/11	冰箱	¥ 3,990.00	25	¥ 99,750.00
4	2020/1/17	电视	¥ 3,800.00	30	¥ 114,000.00
5	2020/1/23	冰箱	¥ 3,990.00	23	¥ 91,770.00
6	2020/1/29	空调	¥ 5,200.00	34	¥ 176,800.00
7	2020/2/4	空调	¥ 3,990.00	51	¥ 203,490.00
8	2020/2/10	电视	¥ 4,200.00	22	¥ 92,400.00
9	2020/2/16	冰箱	¥ 4,100.00	47	¥ 192,700.00
10	2020/2/22	空调	¥ 4,050.00	36	¥ 145,800.00
11	2020/2/28	电视	¥ 3,990.00	51	¥ 203,490.00
12	2020/3/6	冰箱	¥ 3,800.00	43	¥ 163,400.00
13	2020/3/12	空调	¥ 4,050.00	38	¥ 153,900.00
14	2020/3/18	电视	¥ 3,990.00	29	¥ 115,710.00
15	2020/3/24	冰箱	¥ 3,800.00	31	¥ 117,800.00
16	2020/3/30	空调	¥ 4,130.00	33	¥ 136,290.00
17	2020/4/5	冰箱	¥ 4,050.00	43	¥ 174,150.00
18	2020/4/11	空调	¥ 3,700.00	38	¥ 140,600.00
19	2020/4/17	电视	¥ 3,800.00	29	¥ 110,200.00
20	2020/4/23	电视	¥ 4,050.00	31	¥ 125,550.00
21	2020/4/29	冰箱	¥ 3,650.00	33	¥ 120,450.00
22	2020/5/5	空调	¥ 3,800.00	43	¥ 163,400.00
23	2020/5/11	电视	¥ 4,290.00	38	¥ 163,020.00

	A	B	C
3	行标签	求和项:数量	求和项:销售额
4	1月上旬	42	170100
5	1月下旬	57	268570
6	1月中旬	55	213750
7	2月上旬	73	295890
8	2月下旬	87	349290
9	2月中旬	47	192700
10	3月上旬	43	163400
11	3月下旬	64	254090
12	3月中旬	67	269610
13	4月上旬	43	174150
14	4月下旬	64	246000
15	4月中旬	67	250800
16	5月上旬	43	163400
17	5月下旬	69	250200
18	5月中旬	67	241030
19	6月上旬	60	238230
20	6月下旬	94	395090

此时，可以利用函数公式在数据源中添加辅助列，然后再制作数据透视表，方法如下。

步骤 1 打开“电器产品销售业绩 1.xlsx”素材文件，使用鼠标右键单击数据透视表任意单元格，在弹出的快捷菜单中执行“显示字段列表”命令，打开“数据透视表字段”窗格，在其中将“商品名称”字段由行区域调整到报表筛选区域。

步骤 2 选中 F2 单元格，将光标指向单元格右下角，当光标呈“十”字形状时，按住鼠标左键向下拖动，到适当位置后释放鼠标左键，复制公式创建辅助列。

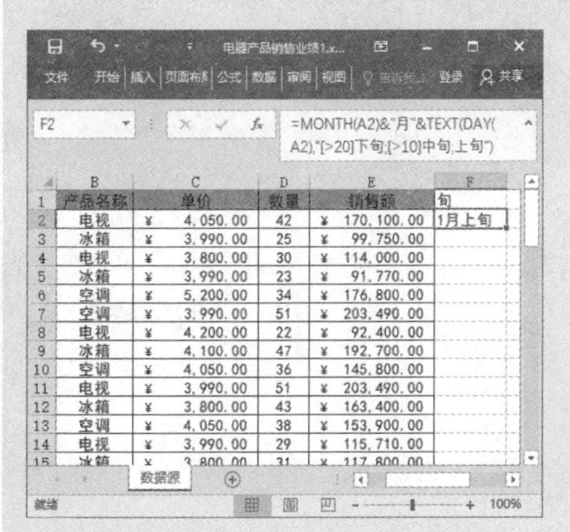

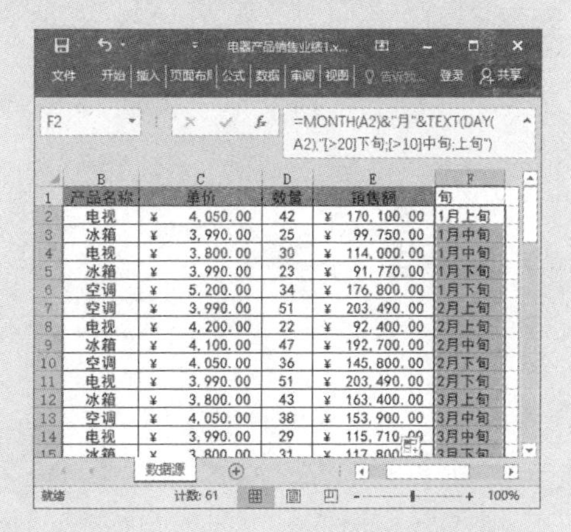

步骤 3 选中数据源中任意单元格，切换到“插入”选项卡，在“表格”组中单击“数据透视表”按钮。

步骤 4 弹出“创建数据透视表”对话框，选择在新工作表中创建数据透视表，单击“确定”按钮。

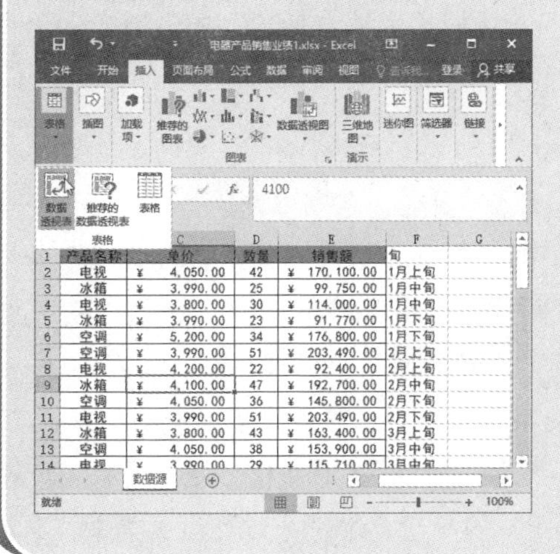

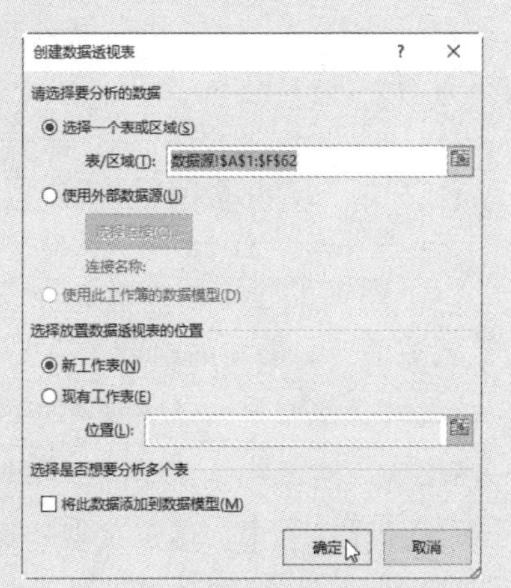

步骤5 此时在工作簿中新建了一个工作表，并将创建的数据透视表放置其中，打开“数据透视表字段”窗格根据需要勾选字段即可。

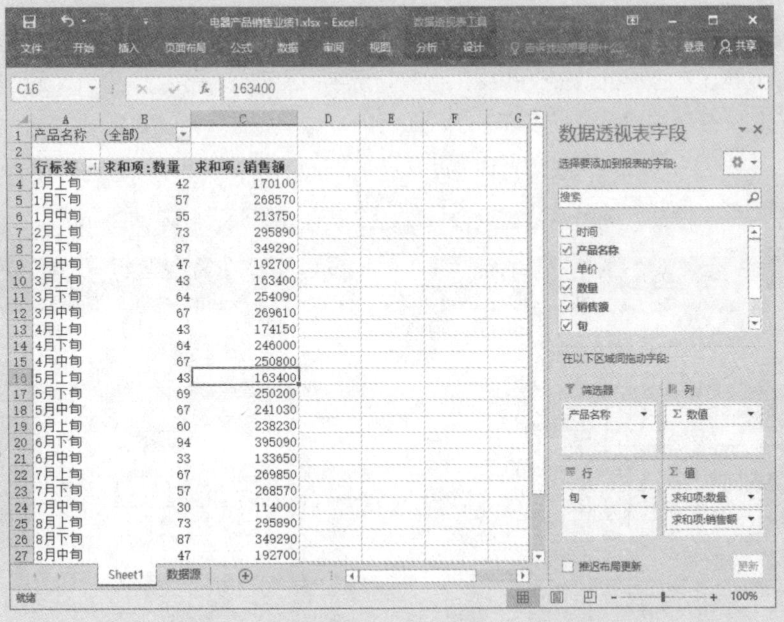

8.2 取消项目的组合

在Excel数据透视表中，对数据项进行组合之后，想要取消项目的组合，使数据透视表恢复组合前的状态怎么办呢？下面我们从取消自动组合和取消手动组合两个方面来进行介绍。

8.2.1 取消项目的自动组合

以下面提供的数据透视表为例，其中的日期项是通过自动组合按月进行分组的，要取消对日期项的组合，主要有以下两种方法。

- 在数据透视表中，选中日期字段（“年”和“时间”）的字段标题或其任意一个字段项，单击鼠标右键，在弹出的快捷菜单中执行“取消组合”命令即可。
- 在数据透视表中，选中日期字段（“年”和“时间”）的字段标题或其任意一个字段项，切换到“数据透视表工具/分析”选项卡，在“分组”组中单击“取消组合”按钮即可。

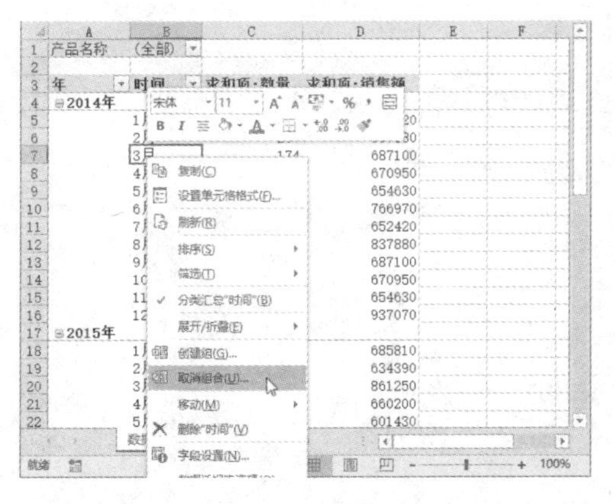
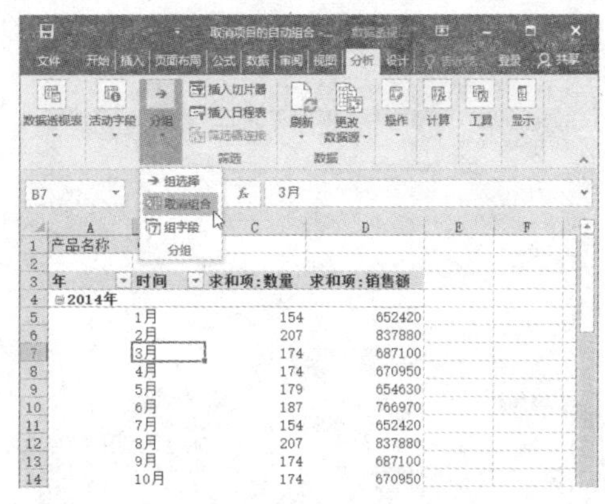

8.2.2 取消项目的手动组合

在Excel数据透视表中，对数据项进行手动组合后，取消手动组合的方式可以分为局部取消组合和完全取消组合两种，方法大致相同，只是执行“取消组合”命令时的对象有所不同。

以下面提供的数据透视表为例，其中根据“商品名称”字段的数据项命名规则将商品按类别进行了分组。

➤ 局部取消组合：如果只需要取消“商品分类”字段中的“直发棒”数据项的组合，可以选中“商品分类”字段中的“直发棒”字段项，然后通过单击右键打开的快捷菜单或功能区选项卡执行“取消组合”命令即可。

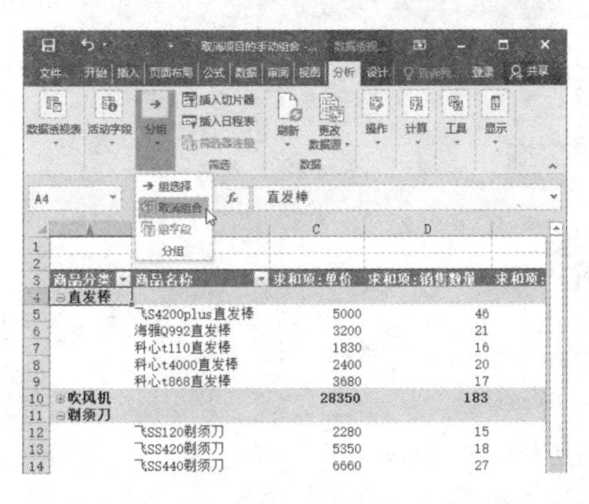
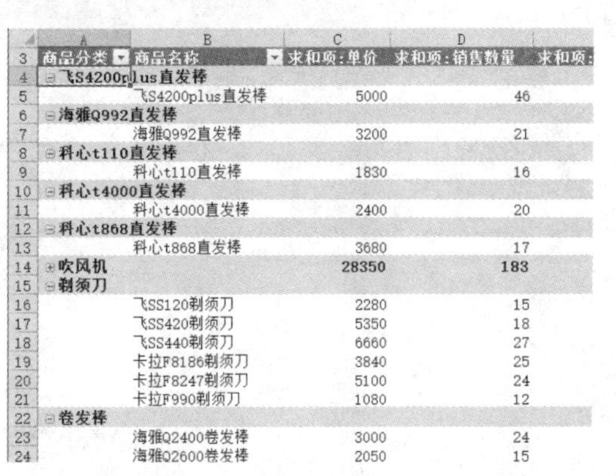

➤ 完全取消组合：如果需要完全取消数据透视表中的手动组合，则选中进行组合的字段标题，如“商品分类”字段标题，然后通过单击右键打开的快捷菜单或功能区选项卡执行“取消组合”命令即可。

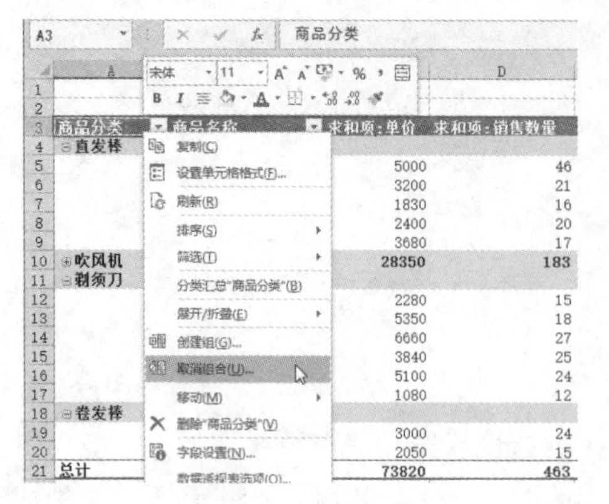

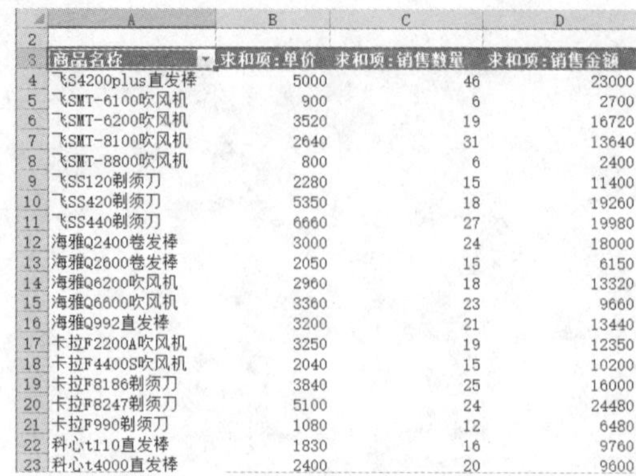

商品名称	求和项:单价	求和项:销售数量	求和项:销售金额
飞S4200plus直发棒	5000	46	23000
飞SMT-6100吹风机	900	6	2700
飞SMT-6200吹风机	3520	19	16720
飞SMT-8100吹风机	2640	31	13640
飞SMT-8800吹风机	800	6	2400
飞SS120剃须刀	2280	15	11400
飞SS420剃须刀	5350	18	19260
飞SS440剃须刀	6660	27	19980
海雅Q2400卷发棒	3000	24	18000
海雅Q2600卷发棒	2050	15	6150
海雅Q6200吹风机	2960	18	13320
海雅Q6600吹风机	3360	23	9660
海雅Q992直发棒	3200	21	13440
卡拉F2200A吹风机	3250	19	12350
卡拉F4400S吹风机	2040	15	10200
卡拉F8186剃须刀	3840	25	16000
卡拉F8247剃须刀	5100	24	24480
卡拉F990剃须刀	1080	12	6480
科心t110直发棒	1830	16	9760
科心t4000直发棒	2400	20	9600

8.3 大师点拨

疑难① 如何对报表筛选字段进行分组

问题描述：在如下的数据透视表中，需要对报表筛选字段“所在地”进行分组时，受到Excel项目组合功能的限制，无法直接对其进行分组，该如何实现这个操作呢？

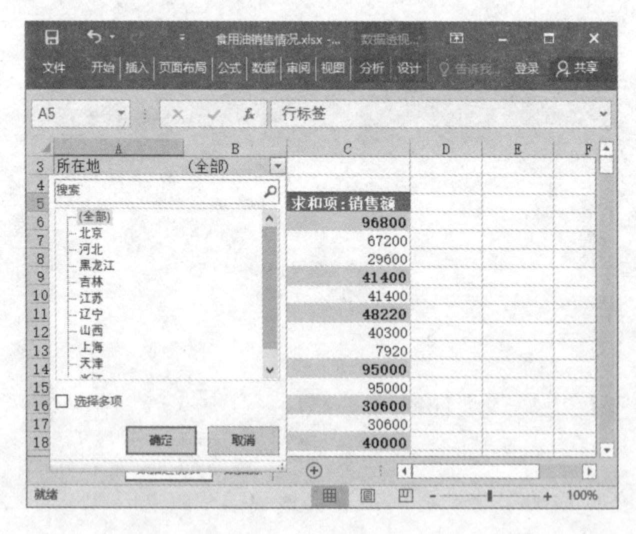

解决方法：在Excel数据透视表中，如果需要对报表筛选字段进行分组，可以先将报表筛选字段拖动到行区域或列区域对其进行分组，然后再将该字段拖回到报表筛选区域即可。

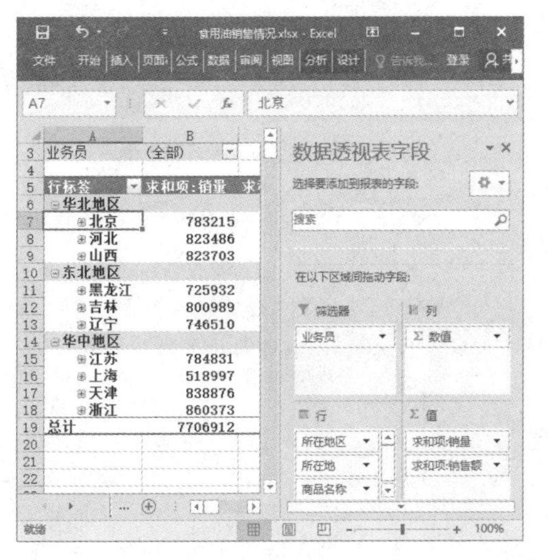

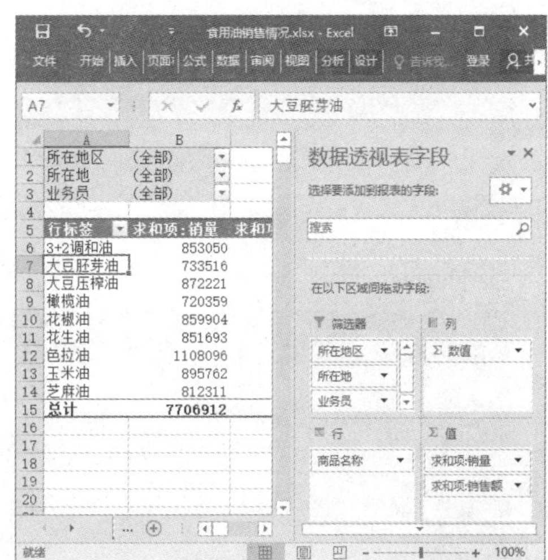

疑难❷ 如何按等第成绩统计学生人数

问题描述：下面提供了一张某学校某年级学生期末数学成绩的数据透视表，现在需要将150分制成绩转换为等第成绩，按照121 ～ 150分为A等，90 ～ 120分为B等，90分以下为C等，来统计各个班级各档次的学生人数，该如何操作呢？

解决方法：本例中步长不等距，要实现目标效果，可以先通过手动组合150分制成绩，然后修改项目名称，步骤如下。

步骤1 打开“期末成绩表1.xlsx”素材文件，在数据透视表中，选中小于90分的数学成绩，切换到“数据透视表工具/分析”选项卡，在“分组”组中单击“组选择”按钮。

步骤2 此时可以看到数据透视表中新增加一个“数学2”字段，并创建了“数据组1”。

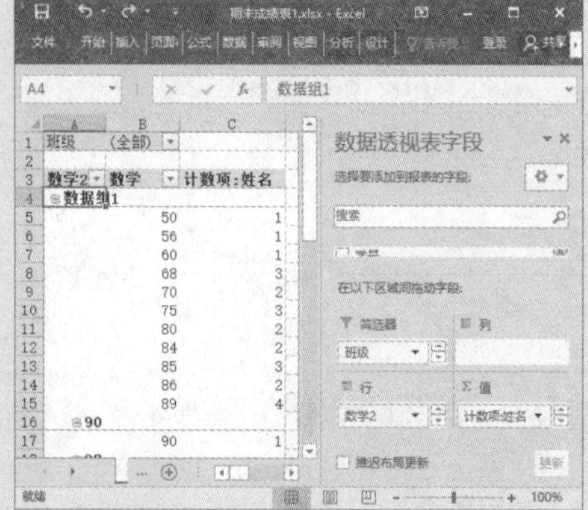

步骤3 根据分制成绩与等第成绩的对照情况，继续创建数据组，并将“数据组1”改为“C”，“数据组2”改为“B”，“数据组3”改为“A”，将“数学2”字段名改为“等第成绩”。

步骤4 将“计数项:姓名”字段名改为“人数”，单击“等第成绩”字段右侧下拉按钮，在打开的下拉列表中执行“升序”命令，将其按升序排序。

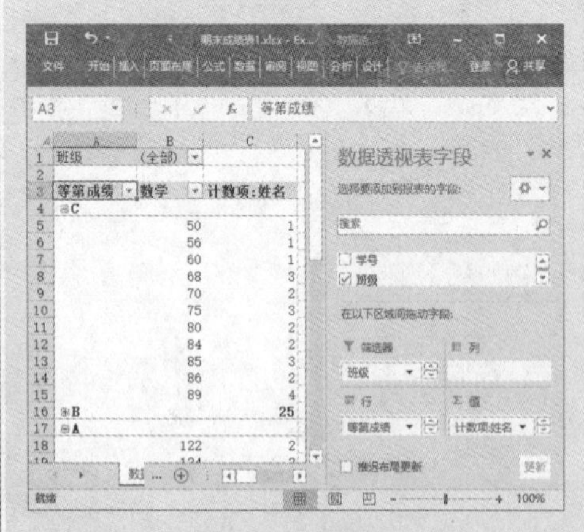

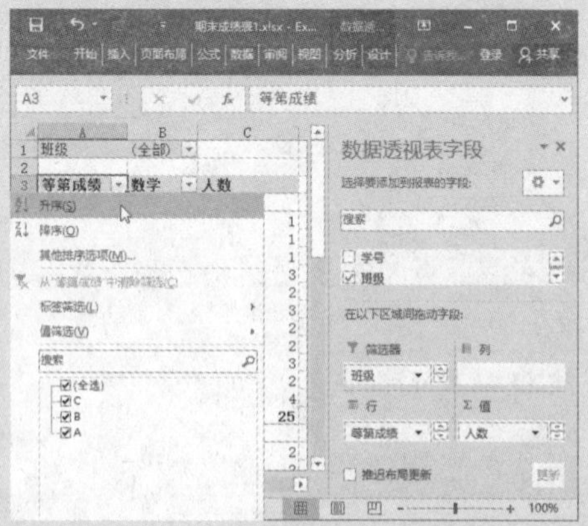

步骤5 在“数据透视表字段”窗格中取消勾选“数学”字段，将“班级”字段由报表筛选区域拖动到行区域即可。

班级	等第成绩	人数
1班		33
	A	9
	B	12
	C	12
2班		35
	A	10
	B	13
	C	12
总计		68

疑难 3 如何按条件组合日期型数据

问题描述：下面提供了一张某卖场电器产品的销售业绩表，数据源表如左图所示，现在需要以每月 26 日至下月 25 日为一个结算周期，对日期按月分组，以汇总销售情况，效果如右图所示，该如何操作呢？

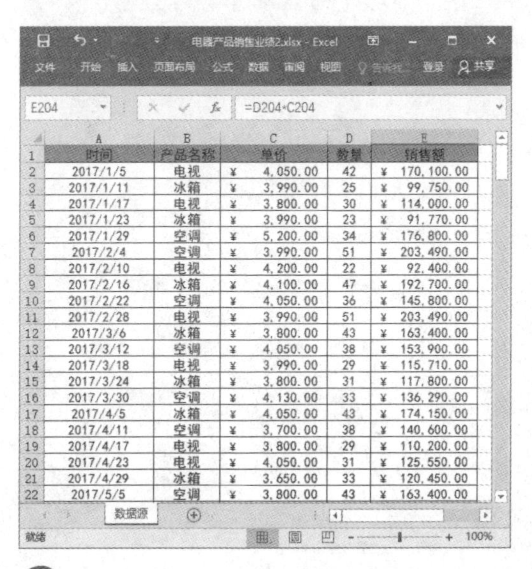

时间	产品名称	单价	数量	销售额
2017/1/5	电视	¥ 4,050.00	42	¥ 170,100.00
2017/1/11	冰箱	¥ 3,990.00	25	¥ 99,750.00
2017/1/17	电视	¥ 3,800.00	30	¥ 114,000.00
2017/1/23	冰箱	¥ 3,990.00	23	¥ 91,770.00
2017/1/29	空调	¥ 5,200.00	34	¥ 176,800.00
2017/2/4	空调	¥ 3,990.00	51	¥ 203,490.00
2017/2/10	电视	¥ 4,200.00	22	¥ 92,400.00
2017/2/16	冰箱	¥ 4,100.00	47	¥ 192,700.00
2017/2/22	空调	¥ 4,050.00	36	¥ 145,800.00
2017/2/28	电视	¥ 3,990.00	51	¥ 203,490.00
2017/3/6	冰箱	¥ 3,800.00	43	¥ 163,400.00
2017/3/12	空调	¥ 4,050.00	38	¥ 153,900.00
2017/3/18	电视	¥ 3,990.00	29	¥ 115,710.00
2017/3/24	冰箱	¥ 3,800.00	31	¥ 117,800.00
2017/3/30	空调	¥ 4,130.00	33	¥ 136,290.00
2017/4/5	冰箱	¥ 4,050.00	43	¥ 174,150.00
2017/4/11	空调	¥ 3,700.00	38	¥ 140,600.00
2017/4/17	电视	¥ 3,800.00	29	¥ 110,200.00
2017/4/23	电视	¥ 4,050.00	31	¥ 125,550.00
2017/4/29	冰箱	¥ 3,650.00	33	¥ 120,450.00
2017/5/5	空调	¥ 3,800.00	43	¥ 163,400.00

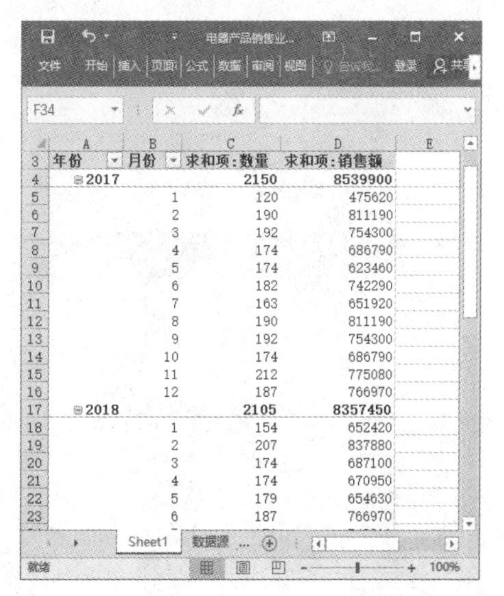

年份	月份	求和项:数量	求和项:销售额
2017		2150	8539900
	1	120	475620
	2	190	811190
	3	192	754300
	4	174	686790
	5	174	623460
	6	182	742290
	7	163	651920
	8	190	811190
	9	192	754300
	10	174	686790
	11	212	775080
	12	187	766970
2018		2105	8357450
	1	154	652420
	2	207	837880
	3	174	687100
	4	174	670950
	5	179	654630
	6	187	766970

解决方法：可以利用函数公式先在数据源中添加辅助列，然后再制作数据透视表，步骤如下。

步骤 1 打开“电器产品销售业绩2.xlsx”素材文件，在数据源表的F1单元格中输入“年份”，F2单元格中输入公式“=IF(AND(MONTH(A2)=12,DAY(A2)>=26),YEAR(A2)+1,YEAR(A2))”，然后选中F2单元格，将光标指向单元格右下角，当光标呈十字形状时，按住鼠标左键向下拖动，到适当位置后释放鼠标左键，复制公式创建辅助列。

步骤 2 在G1单元格中输入“月份”，在G2单元格中输入公式“=IF(AND(MONTH(A2)=12,DAY(A2)>=26),1,IF(DAY(A2)<=25,MONTH(A2),MONTH(A2)+1))”，选中G2单元格，将光标指向单元格右下角，当光标呈十字形状时，按住鼠标左键向下拖动，到适当位置后释放鼠标左键，复制公式创建辅助列。

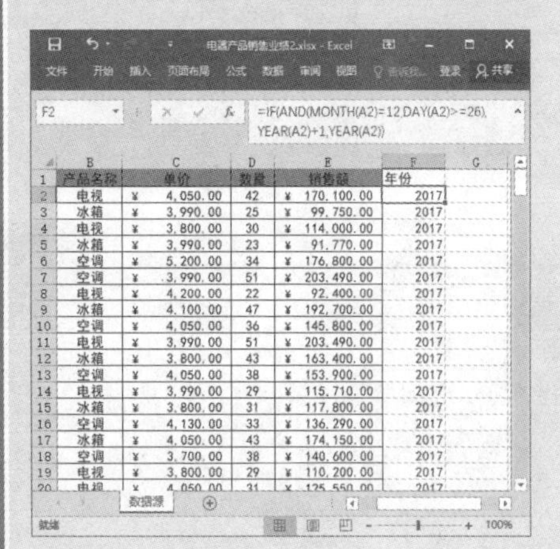

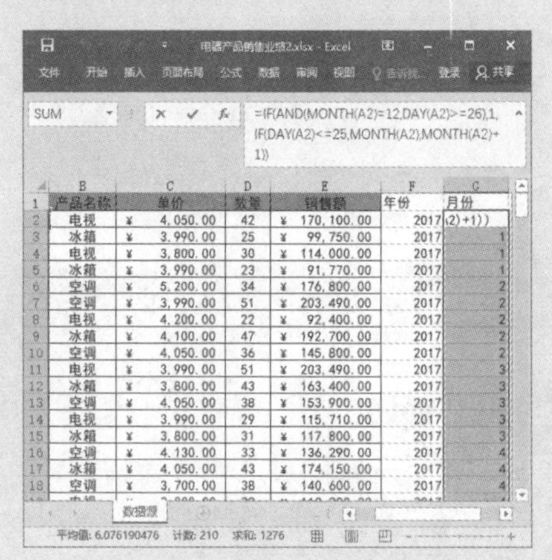

步骤 3 选中数据源中任意单元格，切换到“插入”选项卡，在“表格”组中单击“数据透视表”按钮。

步骤 4 弹出“创建数据透视表”对话框，选择在新工作表中创建数据透视表，单击“确定”按钮。

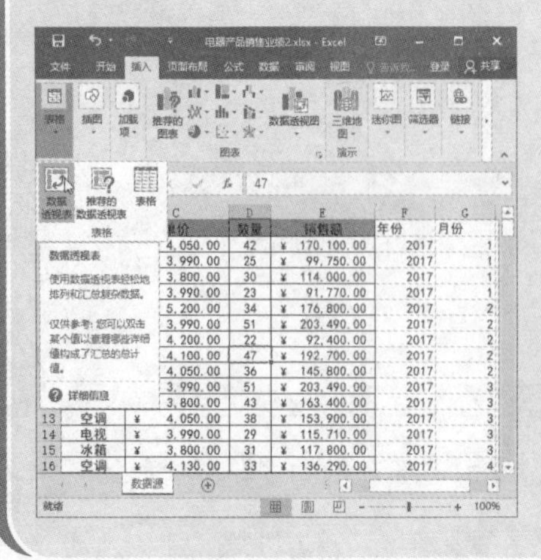

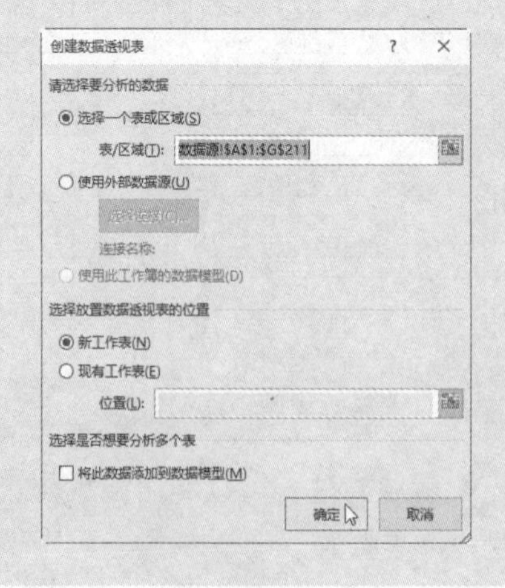

步骤 5 此时在工作簿中新建了一个工作表，并将创建的数据透视表放置其中，打开“数据透视表字段”窗格，根据需要勾选“年份”“月份”“数量”“销售额”字段，将“年份”“月份”放置在行区域，将“数量”“销售额”字段放置在数值区域即可。

步骤 6 默认情况下，数据透视表的报表布局以压缩形式显示，为了使数据透视表更容易阅读，可以选中数据透视表中任意单元格，切换到“数据透视表工具/设计”选项卡，在“布局”组中单击“报表布局”下拉按钮，在打开的下拉列表中执行“以大纲形式显示”命令，更改报表布局显示方式。

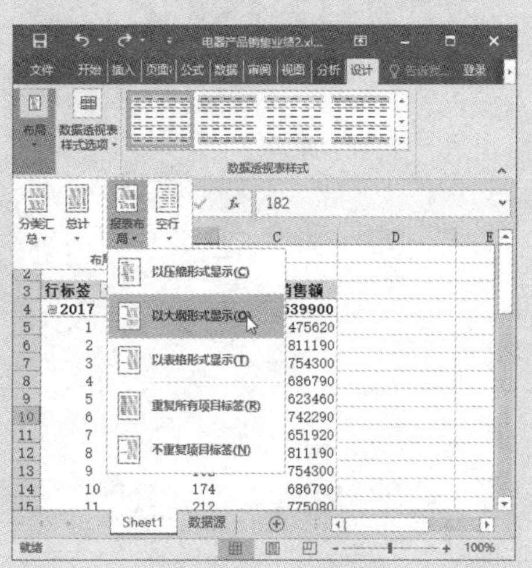

第9章

数据计算

创建数据透视表进行数据分析工作时，可少不了数据计算这一步。为了对数据透视表中的数据进行分析，我们可以通过设置字段汇总方式和值显示方式、添加新的计算字段和计算项等方法来获得数据计算结果，并将结果按照适当的方式展示出来。

本章导读：

- 设置数据透视表的字段汇总方式
- 自定义数据透视表的值显示方式
- 计算字段和计算项

9.1 设置数据透视表的字段汇总方式

在Excel数据透视表中，我们可以通过设置数据透视表的字段汇总方式来自动对数据进行不同的计算，以便对数据进行分析。

9.1.1 更改字段的汇总方式

在默认情况下，数据透视表对数值区域中的数值字段使用了求和的方式汇总，如“销售金额”等，对非数值字段使用了计数的方式汇总，如“姓名”等。此外，Excel还提供了“平均值”、“最大值”、“最小值”和“乘积”等汇总方式。

如果需要更改数据透视表字段的汇总方式，主要有以下两种方法。

- 通过单击右键打开的快捷菜单：在数据透视表的数值区域要更改汇总方式的数值列中，使用鼠标右键单击任意单元格，在弹出的快捷菜单中展开“值汇总依据”子菜单，在其中选择汇总方式即可。

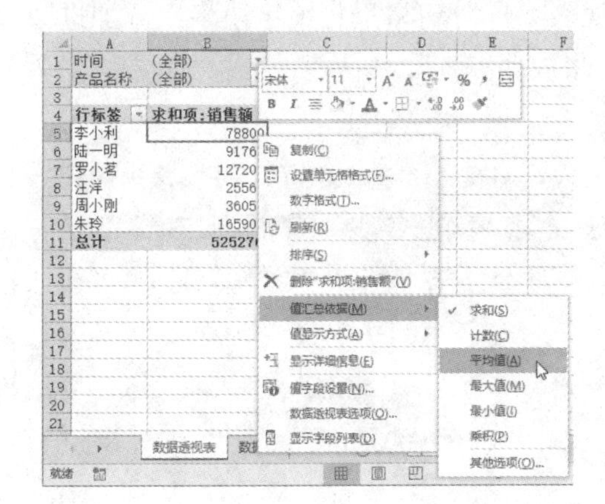

- 通过“值字段设置”对话框：打开“数据透视表字段”窗格，单击要设置的值字段右侧的下拉按钮，在打开的下拉列表中执行“值字段设置”命令，打开“值字段设置”对话框，在“值汇总方式”选项卡的“计算类型”列表框中，选择一种汇总方式，然后单击“确定”按钮即可。

提示：在数据透视表的数值区域中，在要更改汇总方式的数值列中，使用鼠标右键单击任意单元格，在弹出的快捷菜单中执行“值字段设置”命令，也可打开“值字段设置”对话框。

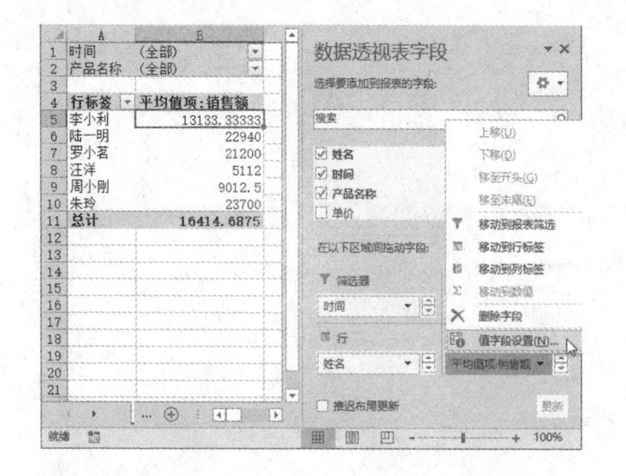
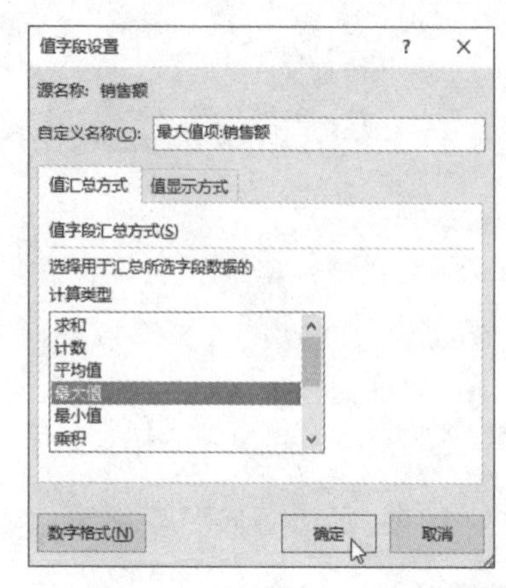

9.1.2 对同一字段使用多种汇总方式

在数据透视表中，我们还可以对数值区域中的同一个字段同时使用多种汇总方式。例如，对“销售额”字段同时使用“求和”、“最大值”和“平均值”等方式进行汇总。

要实现这种效果，需要在“数据透视表字段”窗格里将该字段多次添加进数值区域中，并为其设置不同的汇总方式，步骤如下。

步骤 1 打开“员工销售记录.xlsx”素材文件，切换到“数据透视表”工作表，打开“数据透视表字段”窗格，在字段列表中选中“销售额”字段，使用鼠标左键将其拖动到“值”区域中，使用这样的方法重复添加2个“销售额”字段到数值区域，完成后关闭窗格。

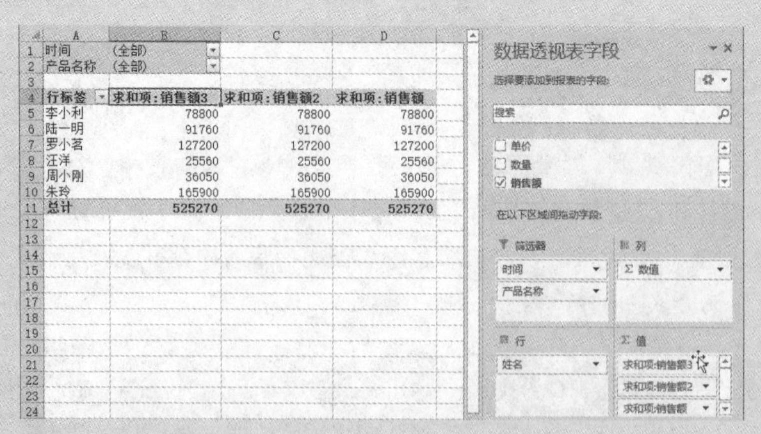

步骤 2 返回数据透视表，右键单击添加的“求和项:销售额3”字段任意数据项所在单元格，在弹出的菜单中执行“值字段设置”命令。

步骤3 弹出“值字段设置”对话框，在“值汇总方式”选项卡的“计算类型”列表框中，选择“最大值”选项，在“自定义名称”文本框中修改字段名称，然后单击“确定”按钮即可。

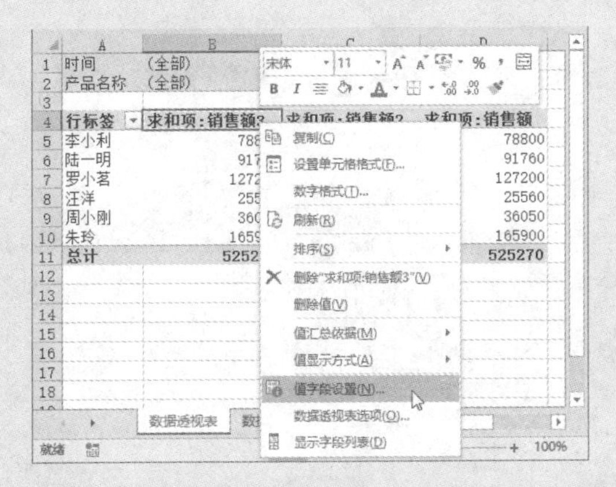

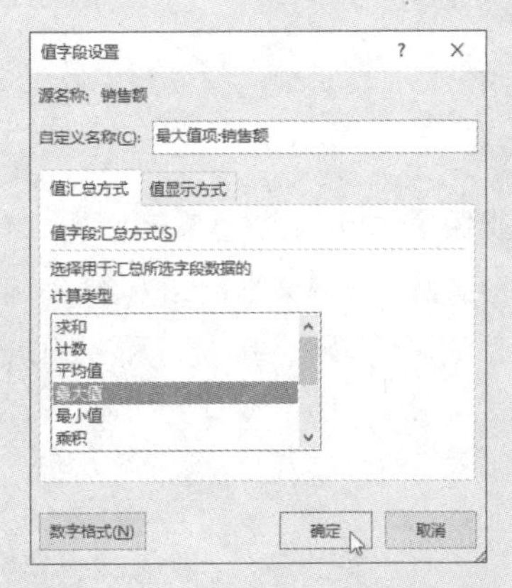

步骤4 返回数据透视表，可以看到原“求和项:销售额3”字段变更为“最大值项:销售额”字段，其汇总方式变为计算最大值。

步骤5 用同样的方法将“求和项:销售额2”字段变更为“平均值项:销售额”字段，将其汇总方式变为计算平均值即可。

	A	B	C	D
1	时间	(全部)		
2	产品名称	(全部)		
3				
4	行标签	最大值项:销售额	平均值项:销售额	求和项:销售额
5	李小利	32000	13133.33333	78800
6	陆一明	33600	22940	91760
7	罗小茗	42000	21200	127200
8	汪洋	16800	5112	25560
9	周小刚	26250	9012.5	36050
10	朱玲	52500	23700	165900
11	总计	52500	16414.6875	525270
12				

9.2 自定义数据透视表的值显示方式

Excel提供了多种数据透视表的值显示方式，以满足数据分析的不同需求。下面介绍一些在数据透视表中常用的值显示方式的设置方法和效果。

9.2.1 巧用“总计的百分比”值显示方式

在数据透视表中，利用“总计的百分比”值显示方式，可以得到数据透视表内各数据项占总比重的情况。

例如，要在公司销售业绩数据透视表中对各城市、各产品销售额占总销售额的比重进行分析，我们可以对“求和项:销售额”字段设置“总计的百分比”的值显示方式，步骤如下。

	A	B	C	D	E	F
2						
3	求和项:销售额	产品名称				
4	所在城市	电视	冰箱	空调	洗衣机	总计
5	成都	885780	799140	882150	917210	3484280
6	昆明	471500	541400	570000	477000	2059900
7	攀枝花	518250	608840	638720	577380	2343190
8	玉溪	347490	180230	190800	188600	907120
9	重庆	523360	712890	486900	558390	2281540
10	总计	2746380	2842500	2768570	2718580	11076030
11						

步骤1 打开“公司销售业绩.xlsx”素材文件，在数据透视表中右键单击“求和项:销售额”字段，在弹出的快捷菜单中执行“值字段设置”命令。

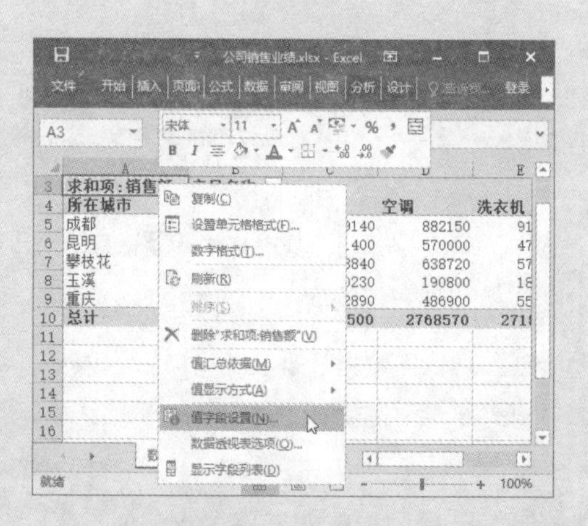

步骤2 弹出“值字段设置”对话框，切换到“值显示方式”选项卡，在“值显示方式”下拉列表中选择“总计的百分比”选项，单击“确定”按钮。

步骤3 返回数据透视表，可以看到“求和项:销售额”字段的数据已经更改为百分比显示。

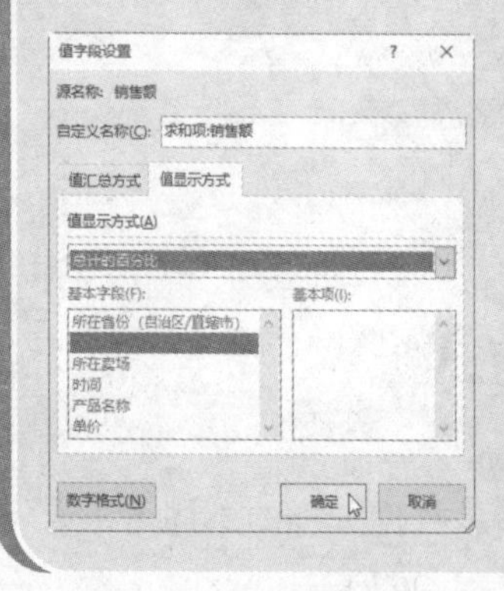

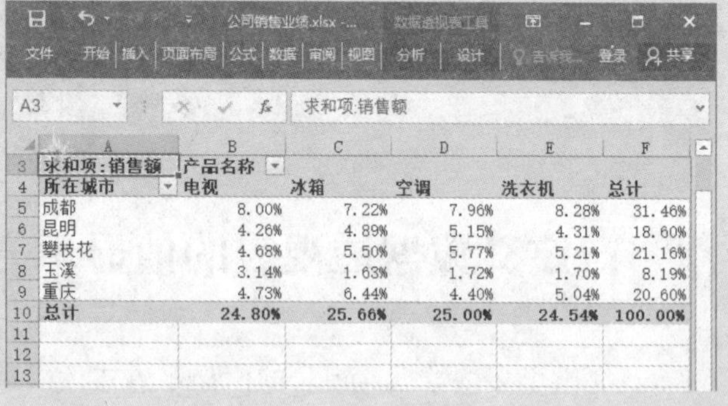

	A	B	C	D	E	F
3	求和项:销售额	产品名称				
4	所在城市	电视	冰箱	空调	洗衣机	总计
5	成都	8.00%	7.22%	7.96%	8.28%	31.46%
6	昆明	4.26%	4.89%	5.15%	4.31%	18.60%
7	攀枝花	4.68%	5.50%	5.77%	5.21%	21.16%
8	玉溪	3.14%	1.63%	1.72%	1.70%	8.19%
9	重庆	4.73%	6.44%	4.40%	5.04%	20.60%
10	总计	24.80%	25.66%	25.00%	24.54%	100.00%

9.2.2 巧用“列汇总的百分比”值显示方式

在数据透视表中，利用“列汇总的百分比”值显示方式，可以在列汇总数据的基础上，得到该列中各个数据项占列总计比重的情况。

例如，要在如图所示的公司销售业绩数据透视表中，得到各城市销售金额占总销售金额的百分比，可以在数据透视表中添加一个“求和项:销售额”字段，并将其值显示方式设置为“列汇总的百分比”，步骤如下。

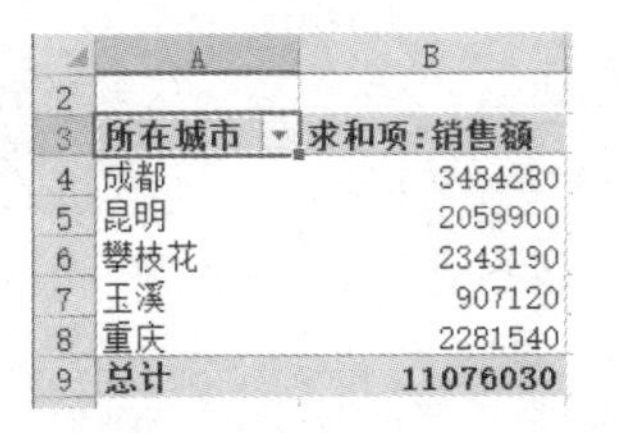

所在城市	求和项:销售额
成都	3484280
昆明	2059900
攀枝花	2343190
玉溪	907120
重庆	2281540
总计	11076030

所在城市	各地销售额占比	求和项:销售额
成都	31.46%	3484280
昆明	18.60%	2059900
攀枝花	21.16%	2343190
玉溪	8.19%	907120
重庆	20.60%	2281540
总计	100.00%	11076030

步骤 1 打开“公司销售业绩.xlsx”素材文件，切换到“数据透视表”工作表，打开“数据透视表字段”窗格，在字段列表中选中“销售额”字段，使用鼠标左键将其拖动到“值”区域中，在数据透视表中添加1个“求和项:销售额2”字段到数值区域，完成后关闭窗格。

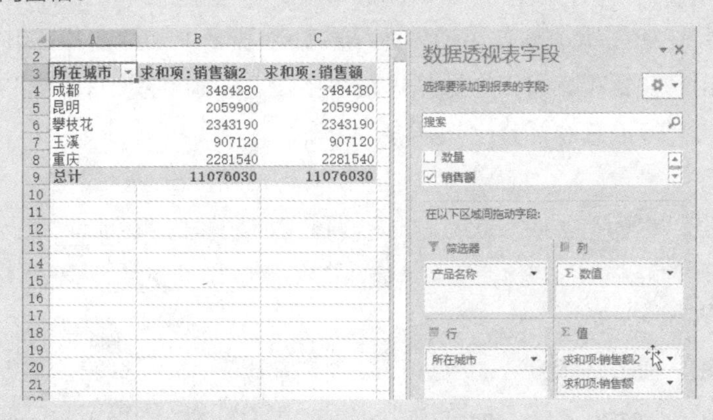

步骤 2 返回数据透视表，右键单击“求和项:销售额2”字段，在弹出的快捷菜单中执行“值字段设置”命令。

步骤 3 弹出“值字段设置”对话框，切换到“值显示方式”选项卡，在“值显示方式”下拉列表中选择“列汇总的百分比”选项，在“自定义名称”文本框中修改字段名称，单击“确定”按钮即可。

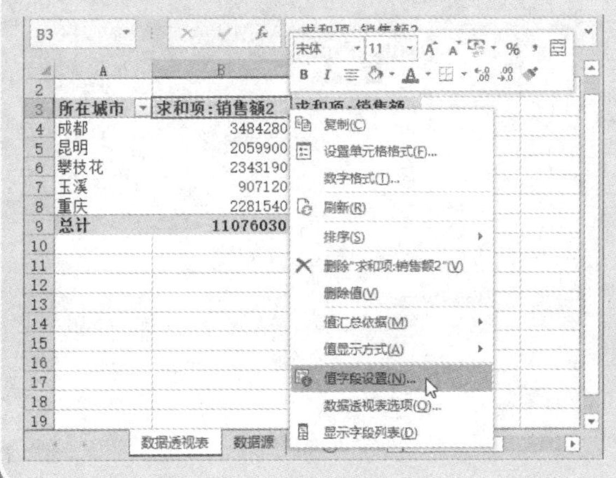

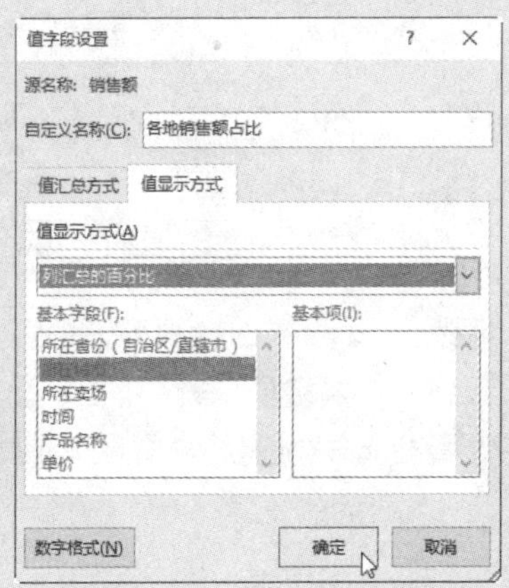

9.2.3 巧用“行汇总的百分比”值显示方式

在数据透视表中，利用“行汇总的百分比”值显示方式，可以在行汇总数据的基础上，得到该行中各个数据项占行总计比重的情况。

求和项:销售额	产品名称				
所在城市	电视	冰箱	空调	洗衣机	总计
成都	885780	799140	882150	917210	3484280
昆明	471500	541400	570000	477000	2059900
攀枝花	518250	608840	638720	577380	2343190
玉溪	347490	180230	190800	188600	907120
重庆	523360	712890	486900	558390	2281540
总计	2746380	2842500	2768570	2718580	11076030

例如，要在如图所示的公司销售业绩数据透视表中，得到各城市销售金额中各类产品的销售额比率，可以在数据透视表中设置“求和项:销售额”字段的值显示方式设置为“行汇总的百分比”，步骤如下。

步骤 1 打开“公司销售业绩.xlsx”素材文件，切换到“数据透视表”工作表，在数据透视表中，右键单击“求和项：销售额”字段，在弹出的快捷菜单中执行“值字段设置”命令。

步骤 2 弹出“值字段设置”对话框，切换到“值显示方式”选项卡，在“值显示方式”下拉列表中选择“行汇总的百分比”选项，单击“确定”按钮即可。

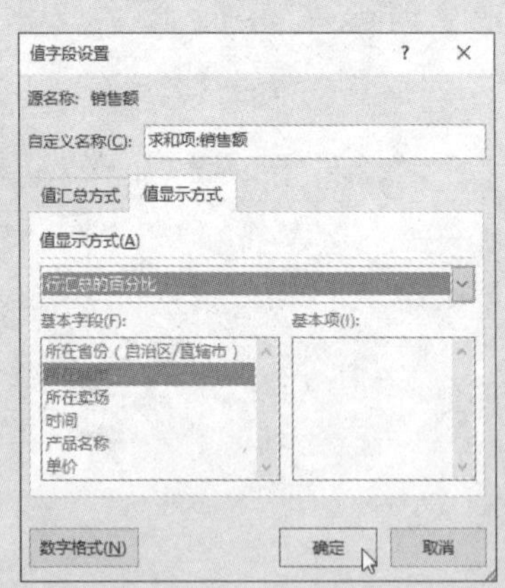

步骤 3 返回数据透视表，即可看到将“求和项:销售额”字段的值显示方式设置为“行汇总的百分比”后的效果。

求和项:销售额	产品名称				
所在城市	电视	冰箱	空调	洗衣机	总计
成都	25.42%	22.94%	25.32%	26.32%	100.00%
昆明	22.89%	26.28%	27.67%	23.16%	100.00%
攀枝花	22.12%	25.98%	27.26%	24.64%	100.00%
玉溪	38.31%	19.87%	21.03%	20.79%	100.00%
重庆	22.94%	31.25%	21.34%	24.47%	100.00%
总计	24.80%	25.66%	25.00%	24.54%	100.00%

9.2.4 巧用“百分比”值显示方式

在数据透视表中，利用“百分比”值显示方式，可以设置一个固定的基本字段的基本项，将字段中其他项与该基本项对比，可得到任务完成率、生产进度之类的报表。

	A	B	C
1	产品名称	(全部)	
2			
3	行标签	求和项:销售额	
4	朱玲	165900	
5	周小刚	36050	
6	汪洋	25560	
7	罗小茗	127200	
8	陆一明	91760	
9	李小利	78800	
10	销售任务	50000	
11	总计	575270	
12			

	A	B	C
1	产品名称	(全部)	
2			
3	行标签	求和项:销售额	
4	朱玲	331.80%	
5	周小刚	72.10%	
6	汪洋	51.12%	
7	罗小茗	254.40%	
8	陆一明	183.52%	
9	李小利	157.60%	
10	销售任务	100.00%	
11	总计		
12			

例如，要在如图所示的“员工销售记录”数据透视表中，得到员工完成销售任务的完成度，可以在数据透视表中设置“求和项:销售额”字段的值显示方式为“百分比”，方法如下。

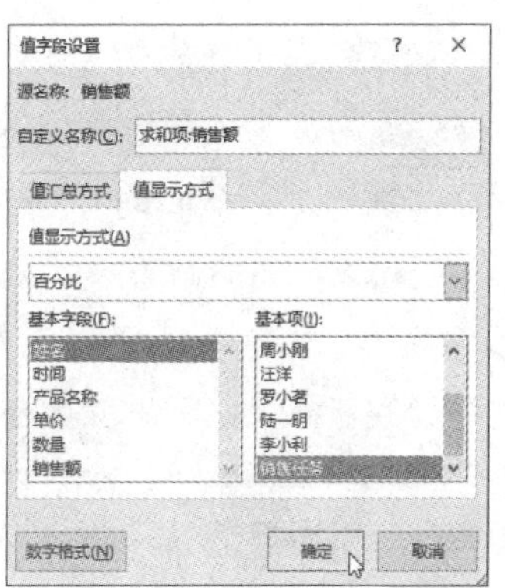

在数据透视表中，右键单击“求和项:销售额”字段，在弹出的快捷菜单中执行“值字段设置”命令，弹出“值字段设置”对话框，切换到“值显示方式”选项卡，在“值显示方式”下拉列表中选择“百分比”选项，在对应的“基本字段”列表框中选择“姓名”字段，在“基本项”列表框中选择“销售任务”选项，单击“确定”按钮即可。

9.2.5 巧用“父行汇总的百分比”值显示方式

在数据透视表中，利用“父行汇总的百分比”值显示方式，可以提供一个基本字段的基本项和该字段的父行汇总项的对比，得到构成率的报表。

	A	B	C
2			
3	所在城市	产品名称	求和项:销售额
4	⊟成都	电视	885780
5		冰箱	799140
6		空调	882150
7		洗衣机	917210
8	成都 汇总		3484280
9	⊞昆明		2059900
10	⊞攀枝花		2343190
11	⊞玉溪		907120
12	⊟重庆	电视	523360
13		冰箱	712890
14		空调	486900
15		洗衣机	558390
16	重庆 汇总		2281540
17	总计		11076030

	A	B	C
2			
3	所在城市	产品名称	求和项:销售额
4	⊟成都	电视	25.42%
5		冰箱	22.94%
6		空调	25.32%
7		洗衣机	26.32%
8	成都 汇总		31.46%
9	⊞昆明		18.60%
10	⊞攀枝花		21.16%
11	⊞玉溪		8.19%
12	⊟重庆	电视	22.94%
13		冰箱	31.25%
14		空调	21.34%
15		洗衣机	24.47%
16	重庆 汇总		20.60%
17	总计		100.00%

例如，要在如图所示的“公司销售业绩”数据透视表中，得到产品在各城市中占销售总额的百分比，可以在数据透视表中设置“求和项:销售额”字段的值显示方式为“父行汇总的百分比”，方法如下。

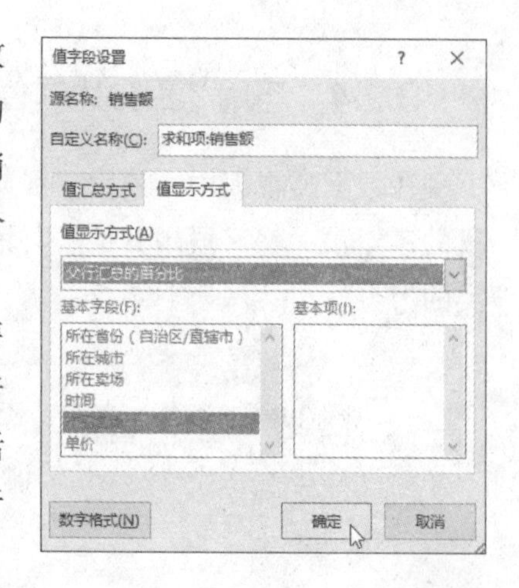

在数据透视表中，右键单击“求和项:销售额”字段所在单元格，在弹出的快捷菜单中执行“值字段设置”命令，弹出“值字段设置”对话框，切换到“值显示方式”选项卡，选择“父行汇总的百分比”选项，单击“确定”按钮即可。

9.2.6 巧用“父列汇总的百分比”值显示方式

在数据透视表中，利用“父列汇总的百分比”值显示方式，可以通过一个基本字段的基本项和该字段的父列汇总项的对比，得到构成率的报表。

例如，在下面的“公司销售业绩”数据透视表中，要得到产品在各城市中占销售总额的百分比。

	A	B	C	D	E	F	G
3	求和项:销售额		产品名称				
4	所在省份（自治区/直辖市）	所在城市	电视	冰箱	空调	洗衣机	总计
5	⊟四川		1404030	1407980	1520870	1494590	5827470
6		成都	885780	799140	882150	917210	3484280
7		攀枝花	518250	608840	638720	577380	2343190
8	⊟云南		818990	721630	760800	665600	2967020
9		昆明	471500	541400	570000	477000	2059900
10		玉溪	347490	180230	190800	188600	907120
11	⊟重庆		523360	712890	486900	558390	2281540
12		重庆	523360	712890	486900	558390	2281540
13	总计		2746380	2842500	2768570	2718580	11076030

可在数据透视表中设置“求和项:销售额”字段的值显示方式为“父列汇总的百分比”，方法如下。

步骤 *1* 打开“公司销售业绩1.xlsx”素材文件，在数据透视表中，右键单击“求和项:销售额”字段所在单元格，在弹出的快捷菜单中执行“值字段设置”命令。

步骤 *2* 弹出“值字段设置”对话框，切换到“值显示方式”选项卡，选择“父列汇总的百分比”选项，单击“确定”按钮即可。

步骤 *3* 返回数据透视表，即可看到将“求和项:销售额”字段的值显示方式设置为“父列汇总的百分比”后的效果。

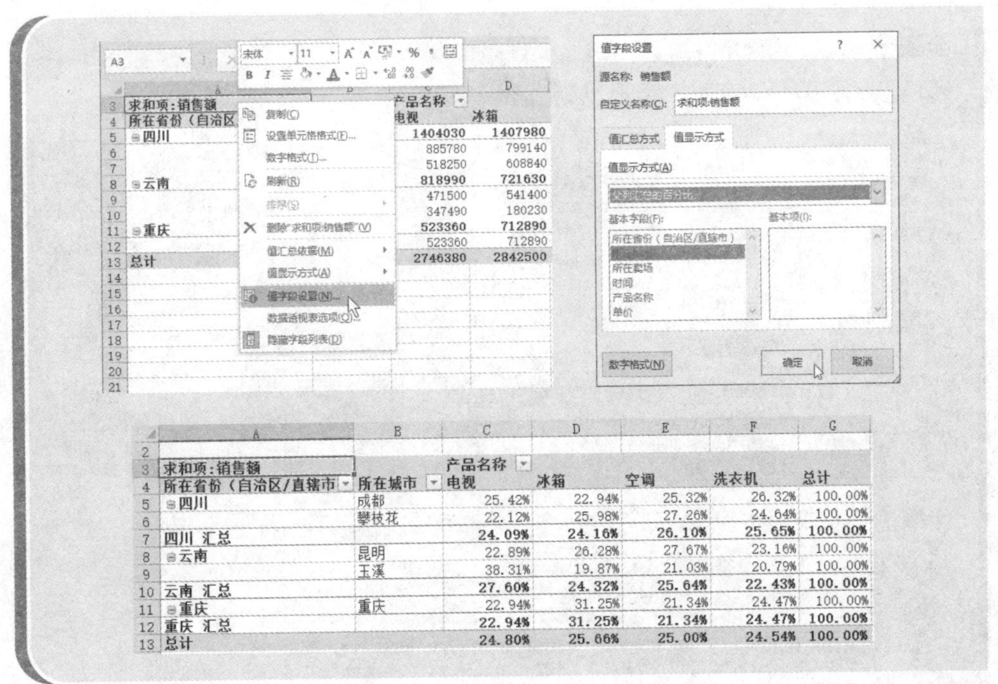

求和项:销售额		产品名称				
所在省份（自治区/直辖市）	所在城市	电视	冰箱	空调	洗衣机	总计
⊟四川	成都	25.42%	22.94%	25.32%	26.32%	100.00%
	攀枝花	22.12%	25.98%	27.26%	24.64%	100.00%
四川 汇总		24.09%	24.16%	26.10%	25.65%	100.00%
⊟云南	昆明	22.89%	26.28%	27.67%	23.16%	100.00%
	玉溪	38.31%	19.87%	21.03%	20.79%	100.00%
云南 汇总		27.60%	24.32%	25.64%	22.43%	100.00%
⊟重庆	重庆	22.94%	31.25%	21.34%	24.47%	100.00%
重庆 汇总		22.94%	31.25%	21.34%	24.47%	100.00%
总计		24.80%	25.66%	25.00%	24.54%	100.00%

9.2.7 巧用“父级汇总的百分比”值显示方式

在数据透视表中，利用“父级汇总的百分比”值显示方式，可以通过一个基本字段的基本项和该字段的父级汇总项的对比，得到构成率的报表。

例如，要在下图的“公司销售业绩”数据透视表中，得到各产品在不同省份的销售额构成率，可以在数据透视表中设置“求和项:销售额”字段的值显示方式。

求和项:销售额		产品名称				
所在省份（自治区/直辖市）	所在城市	电视	冰箱	空调	洗衣机	总计
⊟四川		1404030	1407980	1520870	1494590	5827470
	成都	885780	799140	882150	917210	3484280
	攀枝花	518250	608840	638720	577380	2343190
⊟云南		818990	721630	760800	665600	2967020
	昆明	471500	541400	570000	477000	2059900
	玉溪	347490	180230	190800	188600	907120
⊟重庆		523360	712890	486900	558390	2281540
	重庆	523360	712890	486900	558390	2281540
总计		2746380	2842500	2768570	2718580	11076030

将数据透视表中“求和项:销售额”字段的值显示方式设置为“父级汇总的百分比”，步骤如下。

步骤 1 打开“公司销售业绩 1.xlsx”素材文件，在数据透视表中，使用鼠标右键单击数值区域中的任意单元格，在弹出的快捷菜单中执行“值显示方式”→“父级汇总的百分比”命令。

步骤 2 弹出“值显示方式（求和项:销售额）”对话框，设置“基本字段”为“所在省份（自治区/直辖市）”，单击“确定”按钮即可。

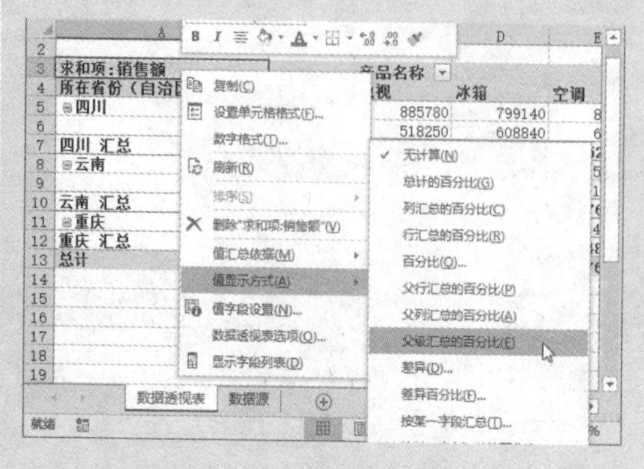

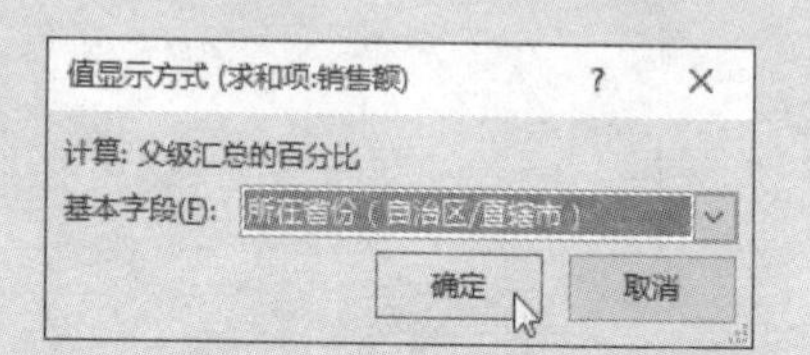

步骤 3 返回数据透视表，即可看到将“求和项:销售额”字段的值显示方式设置为“父级汇总的百分比”后的效果。

	A	B	C	D	E	F	G
2							
3	求和项:销售额		产品名称				
4	所在省份（自治区/直辖市）	所在城市	电视	冰箱	空调	洗衣机	总计
5	⊟四川	成都	63.09%	56.76%	58.00%	61.37%	59.79%
6		攀枝花	36.91%	43.24%	42.00%	38.63%	40.21%
7	四川 汇总		100.00%	100.00%	100.00%	100.00%	100.00%
8	⊟云南	昆明	57.57%	75.02%	74.92%	71.66%	69.43%
9		玉溪	42.43%	24.98%	25.08%	28.34%	30.57%
10	云南 汇总		100.00%	100.00%	100.00%	100.00%	100.00%
11	⊟重庆	重庆	100.00%	100.00%	100.00%	100.00%	100.00%
12	重庆 汇总		100.00%	100.00%	100.00%	100.00%	100.00%
13	总计						

9.2.8 巧用“差异”值显示方式

在数据透视表中，利用“差异”值显示方式，可以设置一个基本字段的基本项，然后计算出该字段其他项减去基本项后的结果。

	A	B	C	D	E	F	G	H	I	J	K	L	M	N	O
1															
2															
3	求和项:金额		月份												
4	费用属性	科目名称	01月	02月	03月	04月	05月	06月	07月	08月	09月	10月	11月	12月	总计
5	⊟预算额	办公用品费	750	200	4500	3450	3200		2450	4500	3200	2450	3200	3450	31350
6		办公设备					200			3200		3200	200	200	7000
7		差旅费	32000	24500	30000	40000	45000	45000	80000	45000	45000	32000	80000	75000	573500
8		公司车辆消耗	3200	3200	3200	4500	4500	4500	20000	4500	3200	3200	20000	4500	78500
9		过桥过路费	2000	450	2450	3000	4500	3200	3000	3000	2450	2000	4500	3200	33750
10		固定电话费	4500	4500	4500	2450	4500	4500	4500	2450	3550	2450	2450	2450	42800
11		手机电话费	4500	4500	4500	4500	4500	4500	4500	4500	4500	4500	4500	4500	54000
12	预算额 汇总		46950	37350	49150	57900	66400	61700	114450	67150	61900	49800	114850	93300	820900
13	⊟实际发生额	办公用品费	258.5	28	4788.5	3884.4	2285		2452	4827.8	2825.8	2825.5	2755.48	3823.42	30754.4
14		办公设备					37			2758		2408	220.8	570.48	5994.28
15		差旅费	28782.4	23888	30085.2	40775.2	48545.8	44877.8	80282.8	57242.7	45825.4	28585.5	80583.8	79432.9	588907.6
16		公司车辆消耗	2727.88	2522	2840	4277.8	7587.27	4787.32	8322.85	5320.85	3820.7	2820	22827.6	7285.2	75139.45
17		过桥过路费	2230	348	2525	3225	5783.5	2342	2888	3288	2348	885	20045	2285	48192.5
18		固定电话费	2200	1800	2530	2387.88	2530	2387.88	1177.88	2848.88	2331.75	2827.55	2300.75	2430.88	27753.45
19		手机电话费	2800	3845	8352.08	2245	3782.82	20000.8	5452.02	7484.33	7828.08	7845.3	7325.24	7582.48	84543.17
20	实际发生额 汇总		38999	32431	51121	56795	70551	74396	100576	83771	64980	48197	136059	103410	861284.9
21	总计		85949	69781	100271	114695	136951	136096	215026	150921	126880	97997	250909	196710	1682185

例如，要在公司年度费用预算与实际发生额数据透视表中，计算出预算额和实际发生额之间的差距，可以在数据透视表中设置“求和项:金额”字段的值显示方式为“差异”，方法如下。

在数据透视表中，右键单击“求和项:金额”字段所在单元格，在弹出的快捷菜单中执行“值字段设置”命令，弹出“值字段设置”对话框，切换到“值显示方式”选项卡，设置“值显示方式”为“差异”，“基本字段”为“费用属性”，“基本项”为“实际发生额”，然后单击“确定”按钮即可。

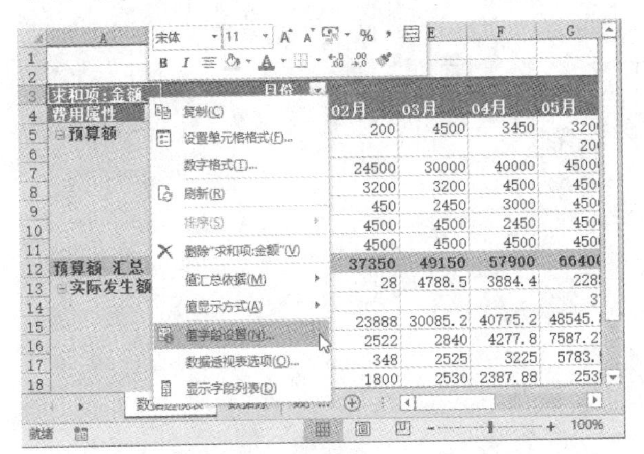

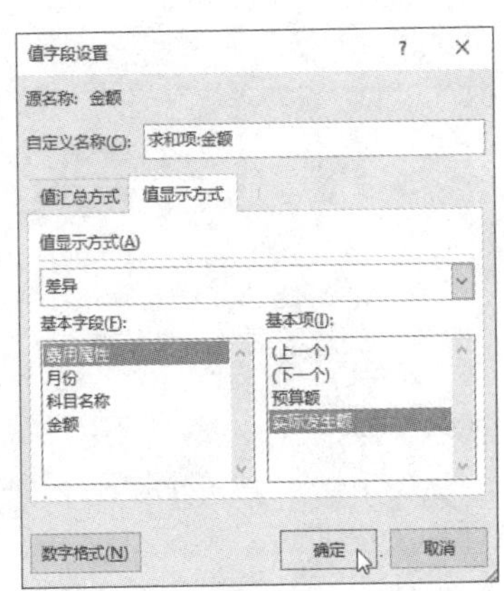

按照上述设置，选择“实际发生额”作为“基本项”，在进行差异计算时，Excel会在“预算额”字段的数值区域中显示出“预算额”–“实际发生额”的计算结果，效果如图。

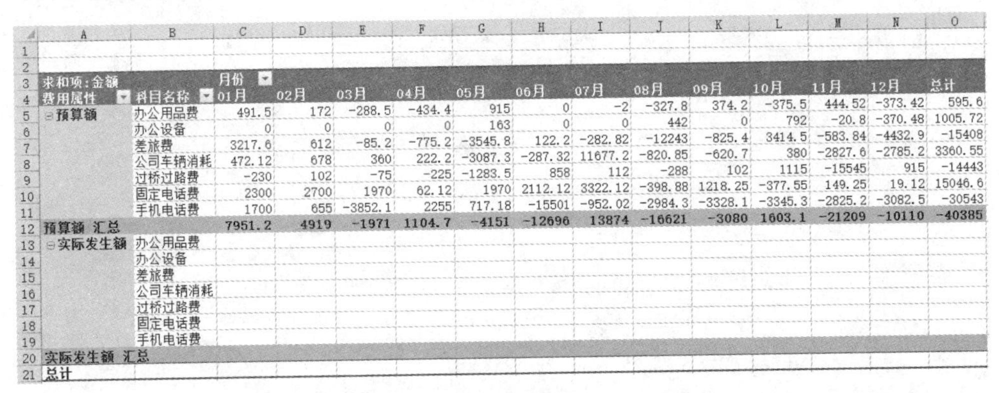

求和项:金额		月份												
费用属性	科目名称	01月	02月	03月	04月	05月	06月	07月	08月	09月	10月	11月	12月	总计
⊟预算额	办公用品费	491.5	172	-288.5	-434.4	915	0	-2	-327.8	374.2	-375.5	444.52	-373.42	595.6
	办公设备	0	0	0	0	163	0	0	442	0	792	-20.8	-370.48	1005.72
	差旅费	3217.6	612	-85.2	-775.2	-3545.8	122.2	-282.82	-12243	-825.4	3414.5	-583.84	-4432.9	-15408
	公司车辆消耗	472.12	678	360	222.2	-3087.3	-287.32	11677.2	-820.85	-620.7	380	-2827.6	-2785.2	3360.55
	过桥过路费	-230	102	-75	-225	-1283.5	858	112	-288	102	1115	-15545	915	-14443
	固定电话费	2300	2700	1970	62.12	1970	2112.12	3322.12	-398.88	1218.25	-377.55	149.25	19.12	15046.6
	手机电话费	1700	655	-3852.1	2255	717.18	-15501	-952.02	-2984.3	-3328.1	-3345.3	-2825.2	-3082.5	-30543
预算额 汇总		7951.2	4919	-1971	1104.7	-4151	-12696	13874	-16621	-3080	1603.1	-21209	-10110	-40385
⊟实际发生额	办公用品费													
	办公设备													
	差旅费													
	公司车辆消耗													
	过桥过路费													
	固定电话费													
	手机电话费													
实际发生额 汇总														
总计														

同理，如果在设置时，选择“预算额”作为“基本项”，Excel数据透视表将在进行差异计算时，在“实际发生额”字段的数值区域中显示出“实际发生额”–“预算额”的计算结果。

求和项:金额		月份												
费用属性	科目名称	01月	02月	03月	04月	05月	06月	07月	08月	09月	10月	11月	12月	总计
⊟预算额	办公用品费													
	办公设备													
	差旅费													
	公司车辆消耗													
	过桥过路费													
	固定电话费													
	手机电话费													
预算额 汇总														
⊟实际发生额	办公用品费	-491.5	-172	288.5	434.4	-915	0	2	327.8	-374.2	375.5	-444.52	373.42	-595.6
	办公设备	0	0	0	0	-163	0	0	-442	0	-792	20.8	370.48	-1005.7
	差旅费	-3217.6	-612	85.2	775.2	3545.8	-122.2	282.82	12242.7	825.4	-3414.5	583.84	4432.94	15407.6
	公司车辆消耗	-472.12	-678	-360	-222.2	3087.27	287.32	-11677	820.85	620.7	-380	2827.58	2785.2	-3360.6
	过桥过路费	230	-102	75	225	1283.5	-858	-112	288	-102	-1115	15545	-915	14442.5
	固定电话费	-2300	-2700	-1970	-62.12	-1970	-2112.1	-3322.1	398.88	-1218.3	377.55	-149.25	-19.12	-15047
	手机电话费	-1700	-655	3852.08	-2255	-717.18	15500.8	952.02	2984.33	3328.08	3345.3	2825.24	3082.48	30543.2
实际发生额 汇总		-7951	-4919	1970.8	-1105	4151.4	12696	-13874	16021	3079.7	-1603	21209	10110	40385
总计														

9.2.9 巧用“差异百分比”值显示方式

在数据透视表中，利用“差异百分比”值显示方式，可以先设置一个基本字段的基本项，然后计算出该字段其他项减去基本项后所得数据同基本项的比值。

求和项:数量	产品名称			
年	冰箱	电视	空调	总计
2014年	726	714	752	2192
2015年	735	680	690	2105
2016年	760	680	690	2130
2017年	338	294	376	1008
总计	2559	2368	2508	7435

例如，要在“电器产品销售业绩”数据透视表中，计算出以2014年为标准的产品销售数量的变化趋势，可以在数据透视表中设置“求和项:数量”字段的值显示方式为“差异百分比”，步骤如下。

步骤 1 打开“电器产品销售业绩.xlsx”素材文件，切换到“数据透视表”工作表，在数据透视表中，右键单击“求和项:数量”字段所在单元格，在弹出的快捷菜单中执行“值字段设置”命令。

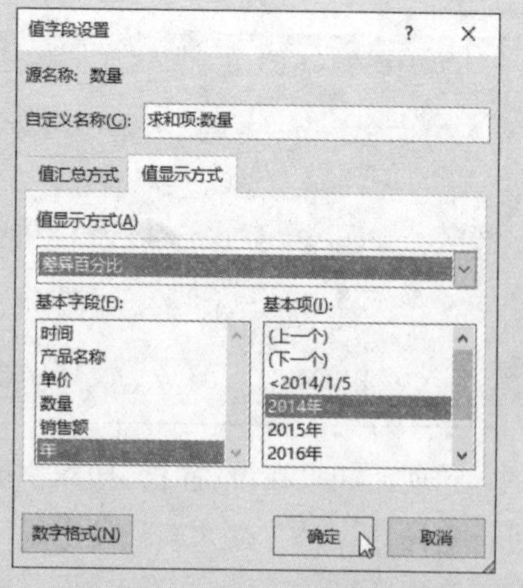

步骤 2 弹出“值字段设置”对话框，切换到“值显示方式”选项卡，设置“值显示方式”为“差异百分比”，“基本字段”为“年”，“基本项”为“2014年”，然后单击“确定”按钮即可。

步骤 3 返回数据透视表，即可看到将“求和项:数量”字段的值显示方式设置为“差异百分比”后的效果。

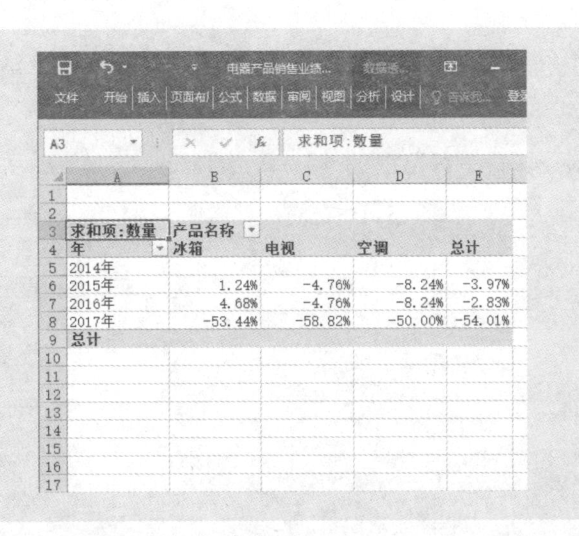

求和项:数量	产品名称			
年	冰箱	电视	空调	总计
2014年				
2015年	1.24%	-4.76%	-8.24%	-3.97%
2016年	4.68%	-4.76%	-8.24%	-2.83%
2017年	-53.44%	-58.82%	-50.00%	-54.01%
总计				

提示：以本例中2015年冰箱销售数量的差异百分比数据为例，其计算公式为（2015年冰箱销售数量−2014年冰箱销售数量）/2014年冰箱销售数量。

9.2.10 巧用“按某一字段汇总”值显示方式

在数据透视表中，利用“按某一字段汇总”值显示方式，可以设置一个基本字段，然后按该字段累计计算数据，如按月累计计算销售额、按日期累计计算账户余额等。

例如，在“电器产品销售业绩”数据透视表中，按月计算出产品的累计销售额，可以在数据透视表中设置“求和项:销售额”字段的值显示方式为“按某一字段汇总”，步骤如下。

步骤 1 打开“电器产品销售业绩.xlsx”素材文件，切换到“数据透视表2”工作表，在数据透视表中，右键单击“求和项:销售额”字段所在单元格，在弹出的快捷菜单中执行“值显示方式”→“按某一字段汇总”命令。

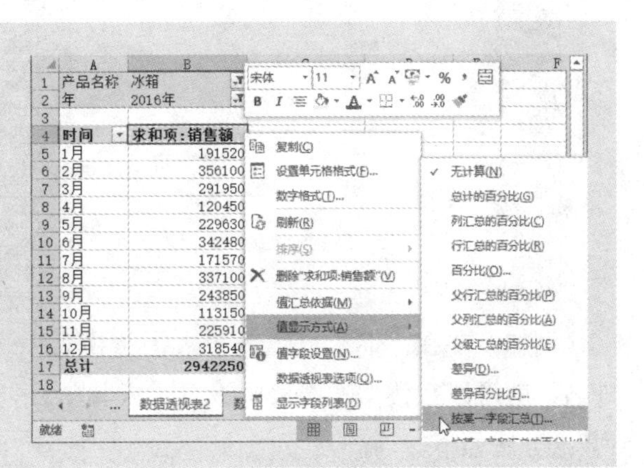

时间	求和项:销售额
1月	191520
2月	356100
3月	291950
4月	120450
5月	229630
6月	342480
7月	171570
8月	337100
9月	243850
10月	113150
11月	225910
12月	318540
总计	2942250

步骤 2 弹出“值显示方式（求和项：销售额）”对话框，设置“基本字段”为“时间”，然后单击“确定”按钮即可。

步骤 3 返回数据透视表，即可看到按月计算出产品的累计销售额后的效果。

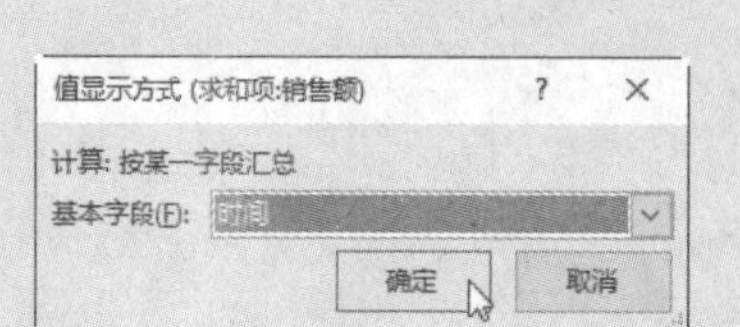

	A	B
1	产品名称	冰箱
2	年	2016年
3		
4	时间	求和项:销售额
5	1月	191520
6	2月	547620
7	3月	839570
8	4月	960020
9	5月	1189650
10	6月	1532130
11	7月	1703700
12	8月	2040800
13	9月	2284650
14	10月	2397800
15	11月	2623710
16	12月	2942250
17	总计	

提示：如果希望以百分比的形式显示“按某一字段汇总”的计算结果，就可以右键单击要设置的值字段，打开快捷菜单，在其中执行“值显示方式”→“按某一字段汇总的百分比”命令。

9.2.11 巧用“降序排列”值显示方式

在数据透视表中，利用“降序排列”值显示方式，可以设置一个基本字段，然后按照数值从大到小的顺序（降序），快速对该字段进行排名。

	A	B	C	D
1	班级	1班		
2				
3	姓名	求和项:语文		
4	曾云儿	68		
5	陈皓	128		
6	陈露	75		
7	陈其	134		
8	陈曦	94		
9	杜媛媛	128		
10	郝思嘉	84		
11	胡钧	103		
12	黄明明	89		
13	江立力	101		
14	江薇	119		
15	江洋	107		
16	江雨薇	60		
17	李小红	126		
18	柳晓	86		

	A	B	C	D
1	班级	1班		
2				
3	姓名	求和项:语文		
4	曾云儿	25		
5	陈皓	4		
6	陈露	23		
7	陈其	2		
8	陈曦	16		
9	杜媛媛	4		
10	郝思嘉	21		
11	胡钧	11		
12	黄明明	19		
13	江立力	12		
14	江薇	9		
15	江洋	10		
16	江雨薇	26		
17	李小红	6		
18	柳晓	20		

例如，要在“期末成绩表”数据透视表中，按语文成绩由高到低对学生进行排名，就可以在数据透视表中设置“求和项:语文”字段的值显示方式为“降序排列”，方法如下。

步骤 1 打开“期末成绩表.xlsx”素材文件，在数据透视表中，右键单击“求和项:语文”字段所在单元格，在弹出的快捷菜单中执行“值显示方式”→“降序排列”命令。

步骤 2 弹出“值显示方式（求和项:语文）”对话框，设置“基本字段”为“姓名”，然后单击“确定”按钮即可。

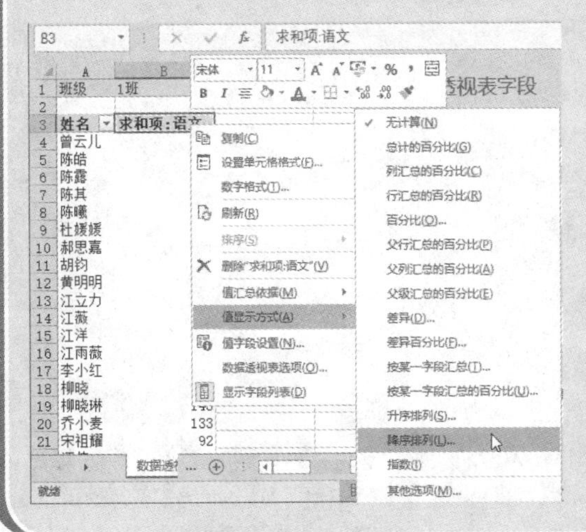

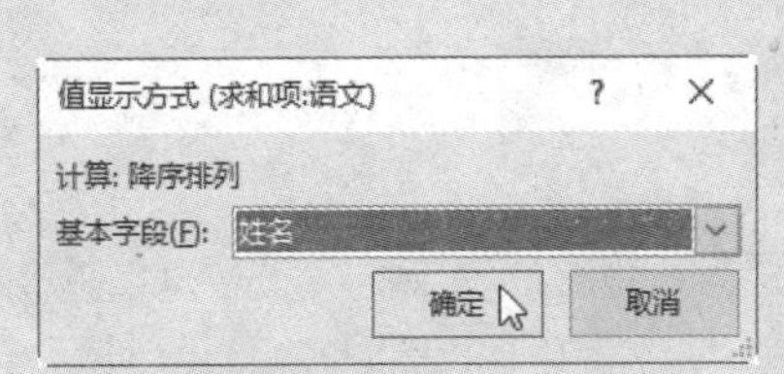

提示：如果希望按照数值从小到大的顺序（升序），对设置的基本字段进行排名，就可以右键单击要设置的值字段，打开快捷菜单，在其中执行“值显示方式”→“升序排列”命令。

9.2.12 巧用“指数”值显示方式

在数据透视表中，利用“指数”值显示方式，可以对数据进行指数分析。

	A	B	C	D	E	F	G
1							
2							
3	**求和项:销售额**	**所在城市**					
4	**产品名称**	**成都**	**昆明**	**攀枝花**	**玉溪**	**重庆**	**总计**
5	电视	885780	471500	518250	347490	523360	2746380
6	冰箱	799140	541400	608840	180230	712890	2842500
7	空调	882150	570000	638720	190800	486900	2768570
8	洗衣机	917210	477000	577380	188600	558390	2718580
9	**总计**	**3484280**	**2059900**	**2343190**	**907120**	**2281540**	**11076030**

例如，要在“公司销售业绩”数据透视表中进行指数分析，计算出在各城市中产品的重要性，就可以在数据透视表中设置“求和项:销售额”字段的值显示方式为“指数”，步骤如下。

步骤 1 打开“公司销售业绩2”.xlsx素材文件，在数据透视表中，右键单击“求和项：销售额”字段所在单元格，在弹出的快捷菜单中执行“值字段设置”命令。

步骤 2 弹出“值字段设置”对话框，切换到“值显示方式”选项卡，选择“指数”选项，然后单击“确定”按钮即可。

步骤 3 返回数据透视表，即可看到将“求和项:销售额”字段的值显示方式设置为“指数”后的效果。

	A	B	C	D	E	F	G
1							
2							
3	求和项:销售额	所在城市					
4	产品名称	成都	昆明	攀枝花	玉溪	重庆	总计
5	电视	1.025265439	0.923121902	0.891980379	1.544902459	0.925115452	1
6	冰箱	0.893703526	1.024131593	1.012463375	0.774187207	1.217525555	1
7	空调	1.012880022	1.107024756	1.090514953	0.841476986	0.853768843	1
8	洗衣机	1.072501082	0.943439917	1.003913367	0.847069319	0.997129467	1
9	总计	1	1	1	1	1	1

提示：以本例中成都电视销售额的指数分析数据为例，其计算公式为（成都电视销售额885780*总汇总和11076030）/（该行汇总2746380*该列汇总3484280），计算出的指数数据越大，该产品在该地区的重要性越高。

9.2.13 修改和删除自定义值显示方式

在Excel数据透视表中，设置了值显示方式后，如果需要修改或删除值显示方式，主要有以下两种方法。

- 右键单击要设置的值字段所在单元格，在弹出的快捷菜单中展开“值显示方式”子菜单，先选择要修改的值显示方式，然后根据需要进行设置，即可修改自定义值显示方式；执行“无计算”命令，即可删除自定义的值显示方式。
- 右键单击要设置的值字段所在单元格，在弹出的快捷菜单中执行“值字段设置”命令，打开“值字段设置”对话框，切换到“值显示方式”选项卡，打开“值显示方式”下拉列表，先选择要修改的值显示方式，然后根据需要进行设置，即可修改自定义值显示方式；选择“无计算”选项，单击“确定”按钮保存设置，即可删除自定义的值显示方式。

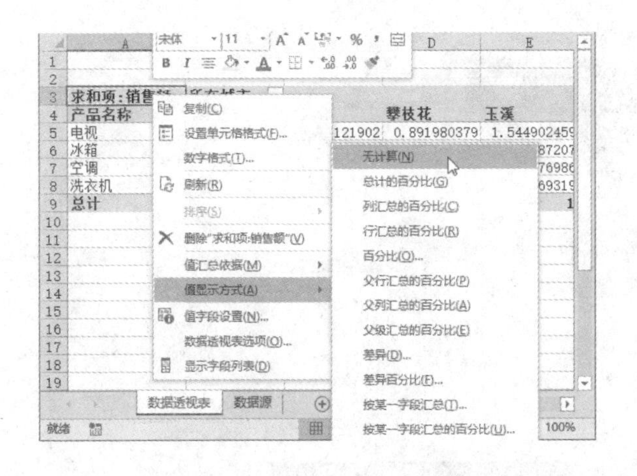

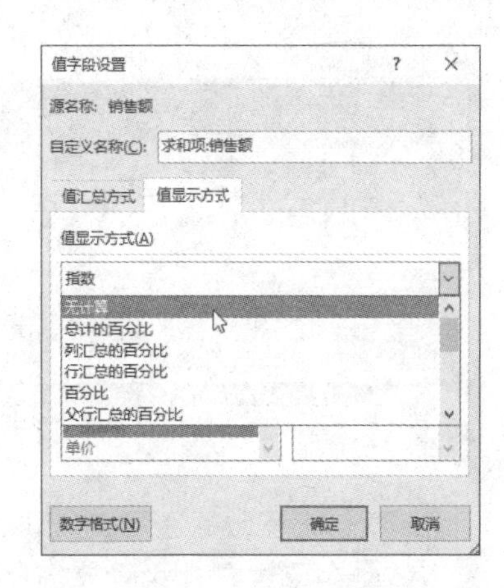

9.3 计算字段和计算项

在Excel中，创建数据透视表后有一些操作会受到限制，如不能在数据透视表中插入单元格，或者添加公式进行计算。为此，Excel提供了计算字段和计算项的功能，让我们能够在创建数据透视表后执行自定义计算。下面介绍在数据透视表中使用计算字段和计算项的方法。

9.3.1 添加自定义计算字段

在Excel中，我们可以通过添加自定义计算字段，对数据透视表中现有的字段执行计算，以得到新字段。

例如，要在下面的“产品销售出库记录”数据透视表中添加一个“利润率”字段，并根据“利润率=（合同金额-成本）/合同金额”的公式，计算出产品销售的利润率，步骤如下。

步骤 *1* 打开“产品销售出库记录.xlsx”素材文件，选中数据透视表中的列字段项单元格，切换到“数据透视表工具/分析”选项卡，在“计算”组中执行“字段、项目和集”→“计算字段”命令。

步骤 *2* 弹出“插入计算字段”对话框，在“名称”文本框中输入字段名，在“公式”文本框中输入计算公式，单击“添加”按钮添加计算字段，然后单击“确定”按钮。

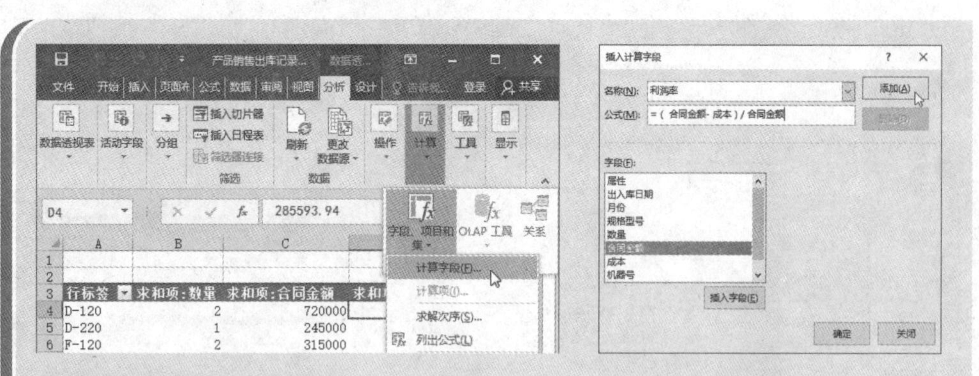

步骤3 返回数据透视表，可以看到其中添加了“求和项:利润率”字段，要使数据以百分比格式显示，需进一步设置，右键单击该字段所在单元格，在弹出的快捷菜单中执行“值字段设置”命令。

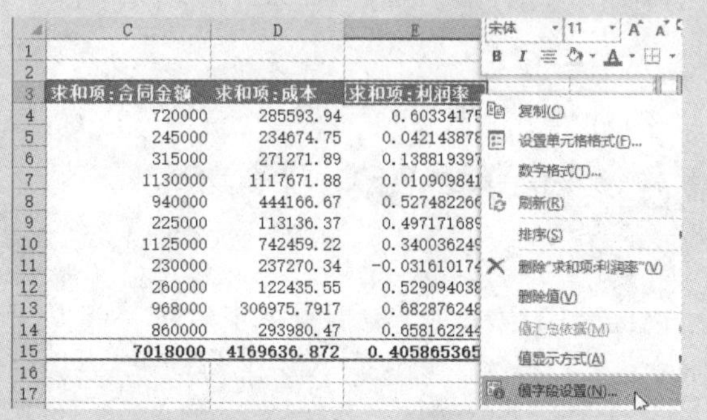

	C	D	E
1			
2			
3	求和项:合同金额	求和项:成本	求和项:利润率
4	720000	285593.94	0.60334175
5	245000	234674.75	0.042143878
6	315000	271271.89	0.138819397
7	1130000	1117671.88	0.010909841
8	940000	444166.67	0.527482266
9	225000	113136.37	0.497171689
10	1125000	742459.22	0.340036249
11	230000	237270.34	-0.031610174
12	260000	122435.55	0.529094038
13	968000	306975.7917	0.682876248
14	860000	293980.47	0.658162244
15	7018000	4169636.872	0.405865365
16			
17			

步骤4 弹出“值字段设置”对话框，单击“数字格式”按钮。

步骤5 弹出“设置单元格格式”对话框，在“数字”选项卡的“分类”列表框中选择“百分比”选项，在对应的界面中设置保留小数位数，然后单击“确定”按钮。

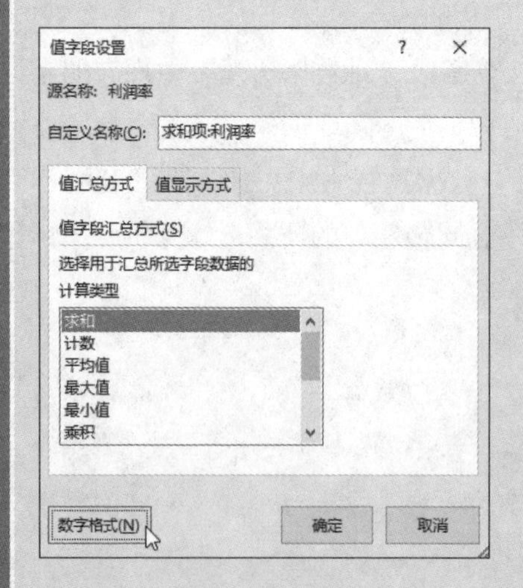

步骤6 返回数据透视表，即可看到添加自定义计算字段，计算利润率的最终效果，由于数据透视表使用各个数值字段分类求和的结果来应用于计算字段，计算字段名将显示为“求和项:利润率”，被视为“求和”。

	A	B	C	D	E
1					
2					
3	行标签	求和项:数量	求和项:合同金额	求和项:成本	求和项:利润率
4	D-120	2	720000	285593.94	60.33%
5	D-220	1	245000	234674.75	4.21%
6	F-120	2	315000	271271.89	13.88%
7	F-220	7	1130000	1117671.88	1.09%
8	F-320	5	940000	444166.67	52.75%
9	G-120	1	225000	113136.37	49.72%
10	G-220	4	1125000	742459.22	34.00%
11	G-240	1	230000	237270.34	-3.16%
12	S-220	1	260000	122435.55	52.91%
13	S-240	2	968000	306975.7917	68.29%
14	S-320	3	860000	293980.47	65.82%
15	总计	29	7018000	4169636.872	40.59%

注意：在Excel数据透视表中，输入计算字段的公式时，可以使用任意的运算符，如+、-、*、/、%等，也可以在公式中使用SUM、IF、AND、NOT、OR、COUNT、AVERAGE、TXT等函数，但单元格引用和定义的名称不能在数据透视表计算字段的公式中使用。

9.3.2　修改自定义计算字段

在Excel数据透视表中，添加自定义计算字段后就可以根据需要对添加的计算字段进行修改了。

方法：选中数据透视表中的列字段项单元格，切换到“数据透视表工具/分析”选项卡，在“计算”组中执行“字段、项目和集”→“计算字段”命令，弹出“插入计算字段”对话框，单击“名称”文本框右侧的下拉按钮，在打开的下拉列表中选择要修改的计算字段，此时“添加”按钮将变为“修改”按钮，单击“修改”按钮进入修改状态，修改好名称、公式等内容后单击“确定”按钮保存设置即可。

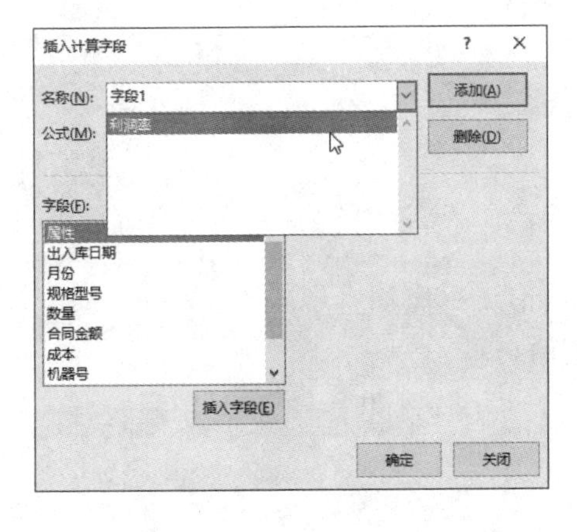

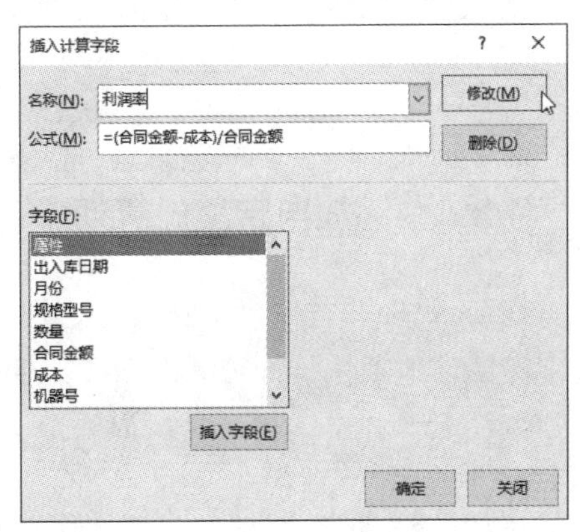

9.3.3 删除自定义计算字段

在Excel数据透视表中，添加自定义计算字段后就可以删除不再需要的自定义计算字段了，步骤如下。

步骤1 打开“产品销售出库记录.xlsx”素材文件，选中数据透视表中的列字段项单元格，切换到“数据透视表工具/分析”选项卡，在“计算”组中执行“字段、项目和集”→“计算字段”命令。

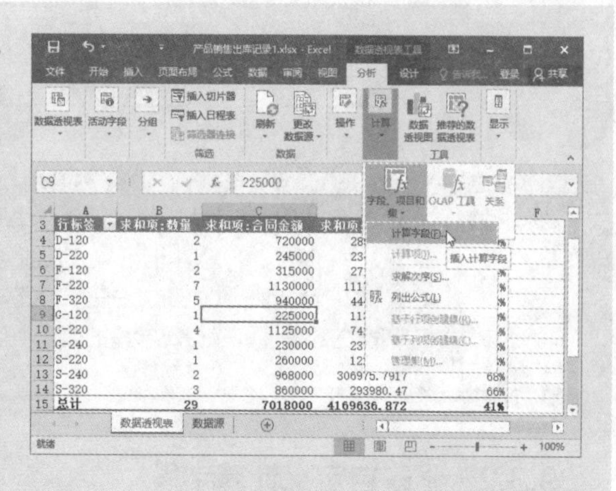

步骤2 弹出“插入计算字段”对话框，单击“名称”文本框右侧的下拉按钮，在打开的下拉列表中选择要删除的计算字段。

步骤3 单击“删除”按钮删除该计算字段，然后单击“确定”按钮保存设置即可。

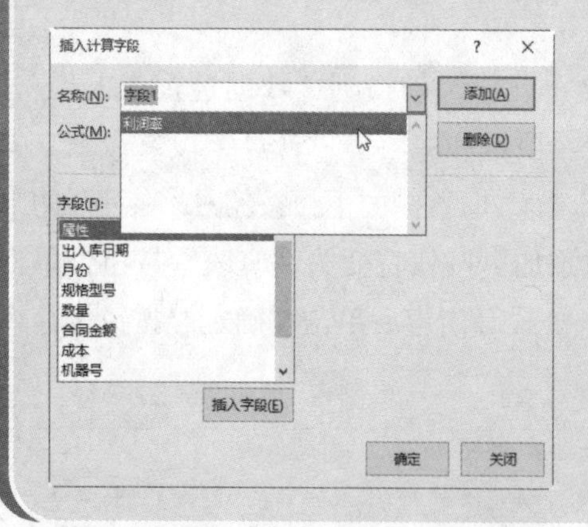

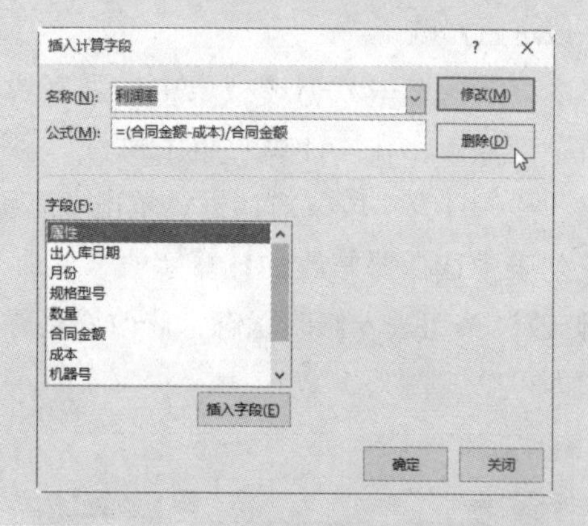

9.3.4 添加自定义计算项

在Excel中，我们可以在数据透视表的现有字段中插入自定义计算项，通过对该字段的其他项执行计算来得到该计算项的值。

例如，在公司销售业绩数据透视表中，计算出1月和2月的产品销量差异，步骤如下。

步骤 1 打开“公司销售业绩3.xlsx”素材文件，选中要插入字段项的列字段单元格，切换到“数据透视表工具/分析”选项卡，在“计算”组中执行“字段、项目和集”→“计算项”命令。

步骤 2 弹出“在‘时间’中插入计算字段”对话框，在“名称”文本框中输入字段项名称，在“公式”文本框中输入计算公式，单击“添加”按钮添加计算项，然后单击“确定”按钮。

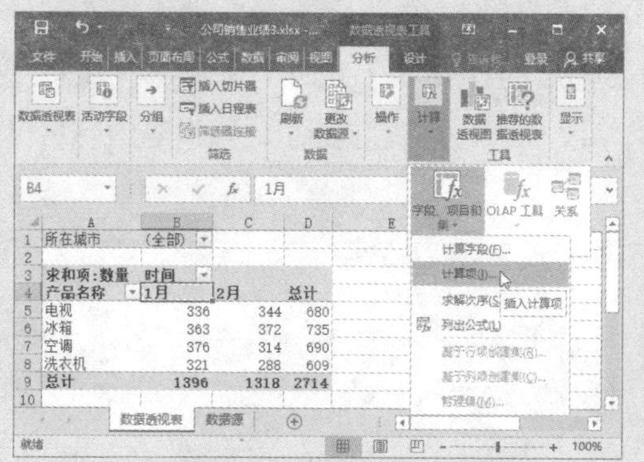

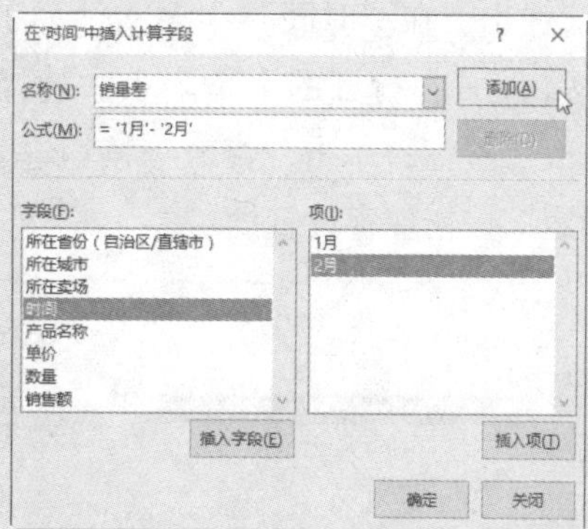

步骤 3 返回数据透视表，可以看到数值区域中新增了“销量差”，本例不再需要行总计，右键单击行“总计”单元格，在弹出的的快捷菜单中执行“删除总计”命令。

步骤 4 删除行总计后，即可得到在“时间”字段中插入“销量差”计算项，计算出1月和2月产品销量差异的最终报表效果。

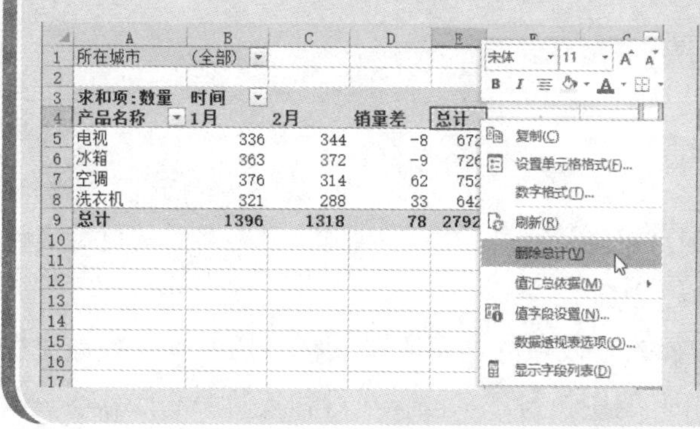

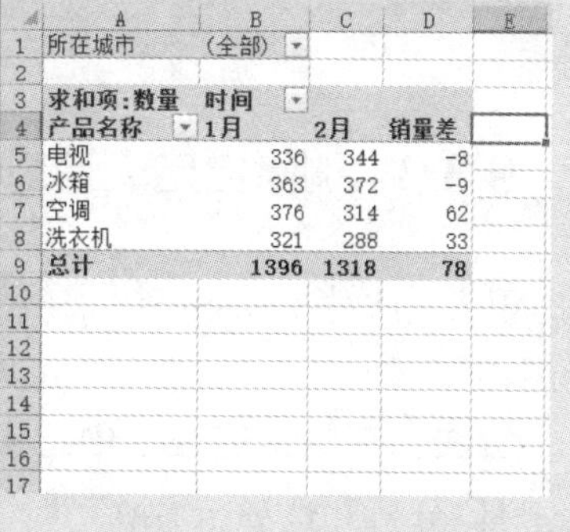

注意： 在本例中，执行“字段、项目和集”→“计算项”命令时，弹出的用于设置计算项的对话框名称不是“在‘某字段’中插入计算项”，而是“在‘某字段’中插入计算字段”，就是Excel 2016中文版中已知的一个错误。

9.3.5 修改自定义计算项

在Excel数据透视表中，添加自定义计算项后就可以根据需要对添加的计算项进行修改了。

方法：在数据透视表中选中插入字段项的列字段单元格，切换到“数据透视表工具/分析”选项卡，在“计算”组中执行“字段、项目和集”→“计算项”命令，弹出“在‘时间’中插入计算字段”对话框，单击“名称”文本框右侧的下拉按钮，在打开的下拉列表中选择要修改的计算项，此时“添加”按钮将变为“修改”按钮，单击“修改”按钮进入修改状态，修改好名称、公式等内容后单击“确定”按钮保存设置即可。

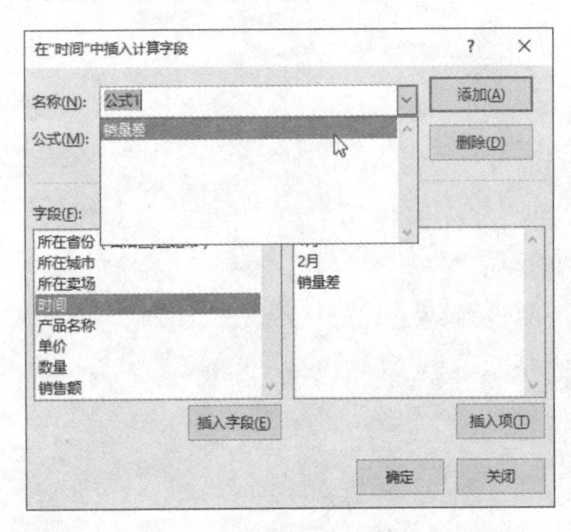

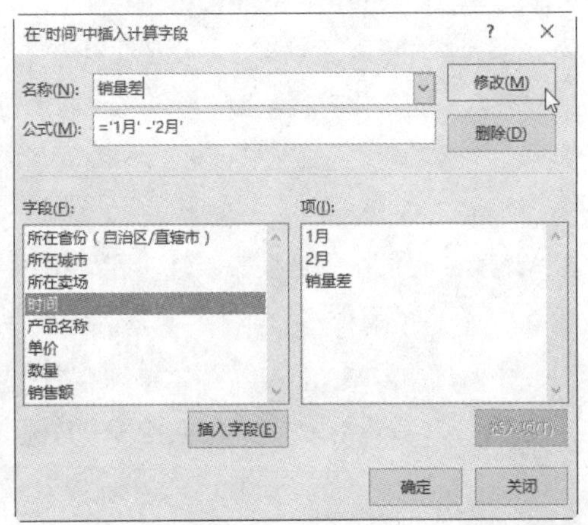

9.3.6 删除自定义计算项

在Excel数据透视表中，添加自定义计算项后就可以删除不再需要的自定义计算项了。

方法：在数据透视表中选中插入字段项的列字段单元格，切换到“数据透视表工具/分析”选项卡，在“计算”组中执行“字段、项目和集”→“计算项”命令，弹出“在‘时间’中插入计算字段”对话框，单击“名称”文本框右侧的下拉按钮，在打开的下拉列表中选择要删除的计算项，单击“删除”按钮删除该计算项，然后单击“确定”按钮保存设置即可。

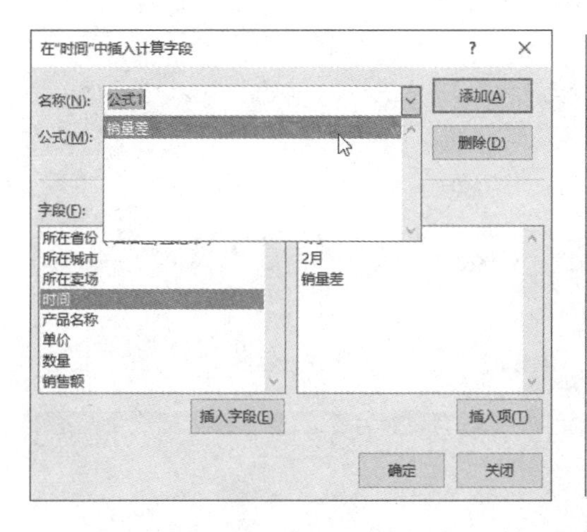

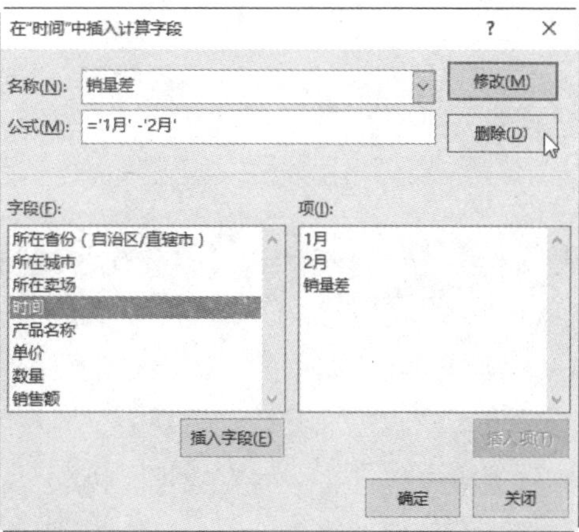

9.3.7 获取所有自定义计算字段和计算项的详细信息

如果在Excel数据透视表中添加了多个计算字段和计算项，或者一段时间之后，记不清数据透视表中包含有哪些计算字段和计算项，以及这些计算字段和计算项的公式来源，我们可以通过执行“列出公式”命令查看数据透视表中计算字段和计算项的详细信息，步骤如下。

步骤 *1* 打开“产品销售出库记录.xlsx”素材文件，单击数据透视表中任意单元格，在“数据透视表工具/分析”选项卡的“计算”组中执行“字段、项目和集”→“列出公式”命令。

步骤 *2* Excel将新建一个工作表，并在其中显示所选数据透视表中所有自定义计算字段和计算项的详细信息。

9.4 大师点拨

疑难① 如何使空数据不参与计算字段的计算

问题描述：如图所示为某公司的手机区域销售情况数据透视表，其数据源中包含有一些空数据，因此在创建数据透视表并添加计算字段（计算销售目标完成度）后，出现了一些无效数据，如何能使数据源中的空数据不参与数据透视表计算字段的计算呢?

	A	B	C	D
1	时间	1月		
2				
3	行标签	求和项:销售目标	求和项:销售数量	求和项:完成度
4	A6	60	54	90.00%
5	A6S	60	99	165.00%
6	GS5	40	54	135.00%
7	M2S	40		0.00%
8	M3	40	69	172.50%
9	M4	40	20	50.00%
10	P7	40	66	165.00%
11	T1	40		0.00%
12	X2	40	23	57.50%
13	Z4	50	28	56.00%
14	总计	450	413	91.78%

解决方法：可以利用Excel数据透视表的筛选功能筛选出空数据，使无效的数据不参与报表统计，步骤如下。

步骤1 打开“手机区域销售情况.xlsx”素材文件，右键单击数据透视表中任意单元格，在弹出的快捷菜单中执行“显示字段列表”命令。

步骤2 打开“数据透视表字段”窗格，在其中使用鼠标左键拖动含有空数据的字段（本例为“销售数量”字段）到报表筛选区域，将其添加为报表筛选字段，完成后单击“关闭”按钮×关闭该窗格。

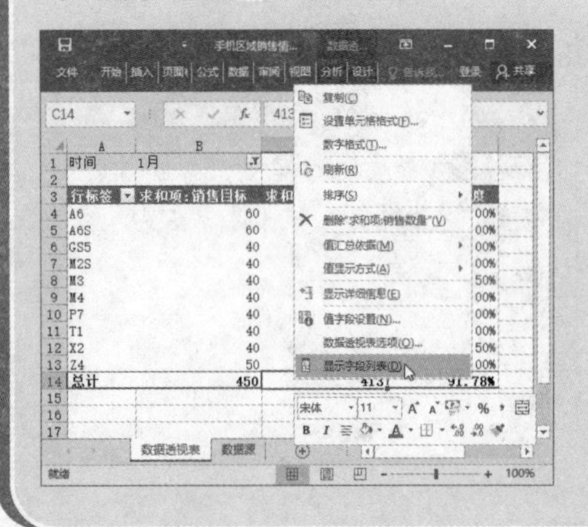

步骤 3 在数据透视表的报表筛选区域中，单击含有空数据的字段（本例为“销售数量”字段）右侧的下拉按钮▾，打开下拉筛选菜单，在其中勾选“选择多项”复选框，然后取消勾选的“(空白)”复选框，单击“确定”按钮。

步骤 4 返回数据透视表，可以看到通过上述操作，无效数据不再显示在报表中了。

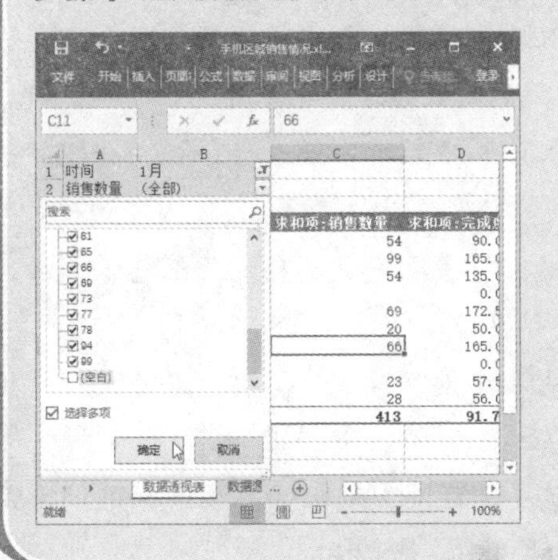

疑难❷ 如何处理不能添加自定义计算项的问题

问题描述：在Excel数据透视表中，如果对字段中的项进行了分组，或者对字段设置了自定义的汇总方式，将不能添加自定义计算项。例如，在如图所示的“电器产品销售业绩”数据透视表中，如果对分组后的字段添加计算项，就会收到不能添加的提示信息，该如何处理这种情况呢？

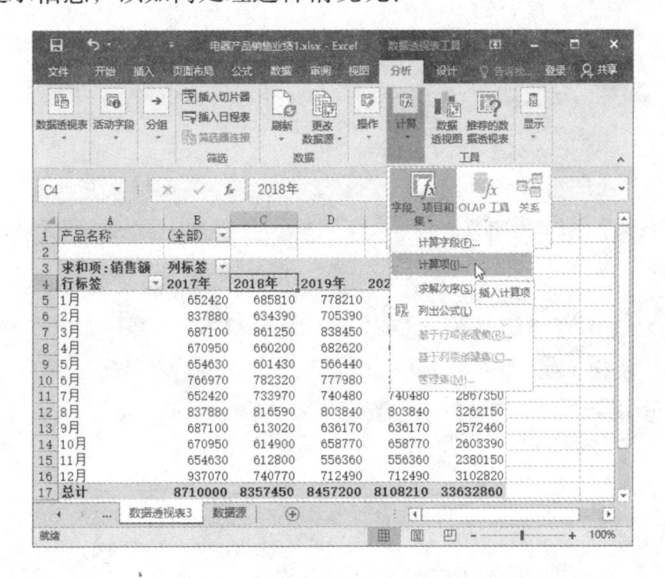

A 解决方法：在Excel中，使用自定义计算项时会存在一些局限。

- 当数据透视表中包含多个行字段时，插入计算项后，行字段项目之间会重新进行排列组合，产生一些数据源中并没有出现的无效组合，也就是无效的数据行。
- 字段分组后不能插入计算项，如果在插入计算项后对字段进行分组，分组结果往往与预期的不同。
- 同一字段如果在数据透视表中被多次使用，对字段设置了自定义汇总方式后，则不能插入计算项。
- 与计算字段计算结果错误的原因相似，插入字段项后，计算项对应的总计数据是求和的结果，而不是计算项公式计算的结果。

如果因为计算项的局限性不能添加自定义计算项，唯一的办法就是取消字段分组、取消字段的多次使用、取消使用字段的自定义汇总方式。

疑难3 如何改变计算项的求解次序

Q 问题描述：在Excel数据透视表中添加了多个计算项之后，如果不同计算项的公式中存在互相引用的情况，随着各个计算项的计算顺序不同计算结果也将发生变化。在工作中，如何才能根据需要调整计算项的求解次序，以得到需要的计算结果，实现数据分析的目标呢？

A 解决方法：可以通过执行"求解次序"命令打开相应的对话框，在其中调整计算项的计算顺序，方法如下。

步骤1 打开"公司年度费用预算与实际发生额.xlsx"素材文件，在数据透视表中选中插入字段项的列字段单元格，切换到"数据透视表工具/分析"选项卡，在"计算"组中执行"字段、项目和集"→"求解次序"命令

步骤2 弹出"计算求解次序"对话框，在"求解次序"列表框中选择要调整的计算项目，单击"上移"或"下移"按钮即可调整其求解次序，单击"删除"按钮可删除该计算项，设置完成后单击"关闭"按钮关闭对话框即可。

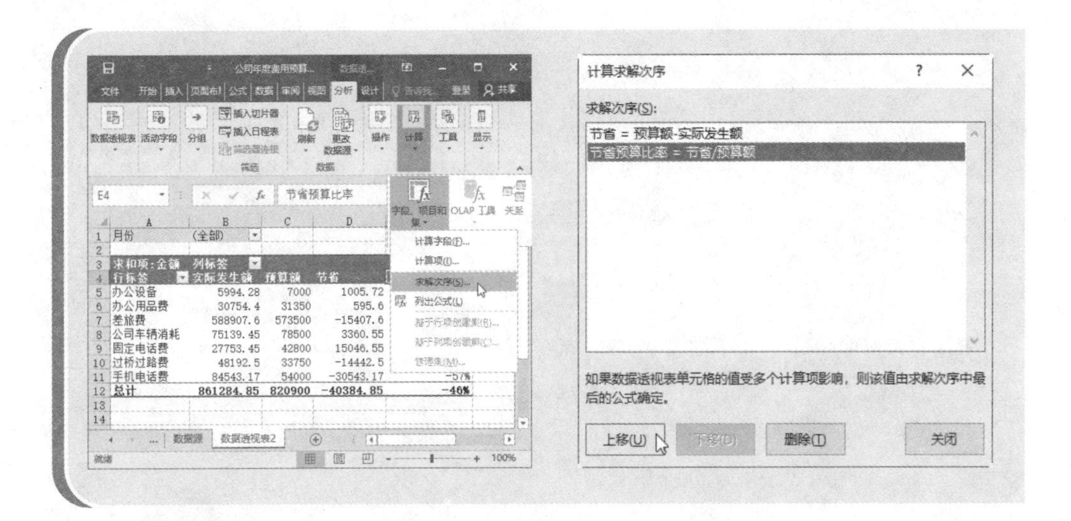
计算求解次序
求解次序(S):
节省 = 预算额-实际发生额
节省预算比率 = 节省/预算额
如果数据透视表单元格的值受多个计算项影响，则该值由求解次序中最后的公式确定。
上移(U)
下移(D)
删除(T)
关闭
计算字段(F)...
计算项(I)...
求解次序(S)...
列出公式(L)

第10章

复合数据透视表

一般情况下，我们用来创建数据透视表的数据源是一张数据列表，但是在实际工作中，有时需要利用多张数据列表作为数据源来创建数据透视表。

下面我们就为大家介绍在Excel中如何创建多重合并计算数据区域的数据透视表，即创建复合范围的数据透视表的方法。

本章导读：

- 对同一工作簿中的数据列表进行合并计算
- 对不同工作簿中的数据列表进行合并计算
- 对不规则数据源进行合并计算
- 创建动态多重合并计算数据区域的数据透视表

10.1 对同一工作簿中的数据列表进行合并计算

如果用以创建数据透视表的数据源是同一工作表中的多个数据列表，或同一工作簿中存于不同工作表中的多个数据列表，那么就可以通过“多重合并计算数据区域”的方法创建数据透视表。

10.1.1 创建单页字段的数据透视表

在Excel中，我们可以根据同一工作簿中的多张工作表，通过“多重合并计算数据区域”的方法创建单页字段的数据透视表。

这里提供了一个“员工工资汇总表”工作簿，在其中的1月、2月和3月这3张工作表中按月记录了公司的工资支出情况。

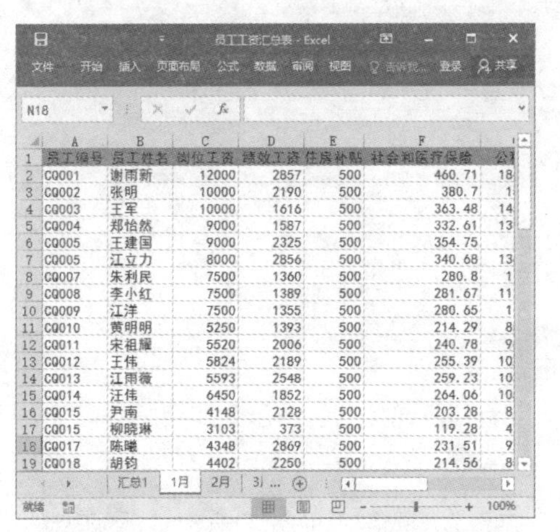

员工编号	员工姓名	岗位工资	绩效工资	住房补贴	社会和医疗保险
CQ001	谢雨新	12000	2857	500	460.71
CQ002	张明	10000	2190	500	380.7
CQ003	王军	10000	1616	500	363.48
CQ004	郑怡然	9000	1587	500	332.61
CQ005	王建国	9000	2325	500	354.75
CQ005	江立力	8000	2856	500	340.68
CQ007	朱利民	7500	1360	500	280.8
CQ008	李小红	7500	1389	500	281.67
CQ009	江洋	7500	1355	500	280.65
CQ010	黄明明	5250	1393	500	214.29
CQ011	宋祖耀	5520	2006	500	240.78
CQ012	王伟	5824	2189	500	255.39
CQ013	江雨薇	5593	2548	500	259.23
CQ014	汪伟	6450	1852	500	264.06
CQ015	尹南	4148	2128	500	203.28
CQ015	柳晓琳	3103	373	500	119.28
CQ017	陈曦	4348	2869	500	231.51
CQ018	胡钧	4402	2250	500	214.56

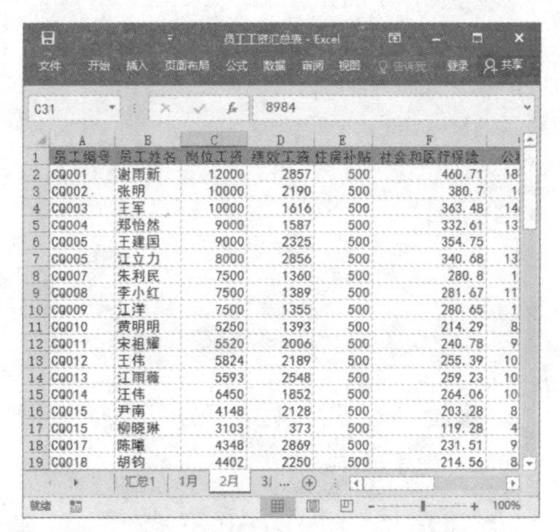

员工编号	员工姓名	岗位工资	绩效工资	住房补贴	社会和医疗保险
CQ001	谢雨新	12000	2857	500	460.71
CQ002	张明	10000	2190	500	380.7
CQ003	王军	10000	1616	500	363.48
CQ004	郑怡然	9000	1587	500	332.61
CQ005	王建国	9000	2325	500	354.75
CQ005	江立力	8000	2856	500	340.68
CQ007	朱利民	7500	1360	500	280.8
CQ008	李小红	7500	1389	500	281.67
CQ009	江洋	7500	1355	500	280.65
CQ010	黄明明	5250	1393	500	214.29
CQ011	宋祖耀	5520	2006	500	240.78
CQ012	王伟	5824	2189	500	255.39
CQ013	江雨薇	5593	2548	500	259.23
CQ014	汪伟	6450	1852	500	264.06
CQ015	尹南	4148	2128	500	203.28
CQ015	柳晓琳	3103	373	500	119.28
CQ017	陈曦	4348	2869	500	231.51
CQ018	胡钧	4402	2250	500	214.56

根据这3张工作表中的数据列表来进行合并计算，创建出一个员工工资汇总数据透视表，步骤如下。

步骤 1 打开“员工工资汇总表.xlsx”素材文件，切换到“汇总1”工作表，依次按“Alt”“D”“P”键，弹出“数据透视表和数据透视图向导—步骤1（共3步）”对话框，选中“多重合并计算数据区域”和“数据透视表”单选项，单击“下一步”按钮。

步骤 2 弹出“数据透视表和数据透视图向导—步骤2a（共3步）”对话框，选中“创建单页字段”单选项，单击“下一步”按钮。

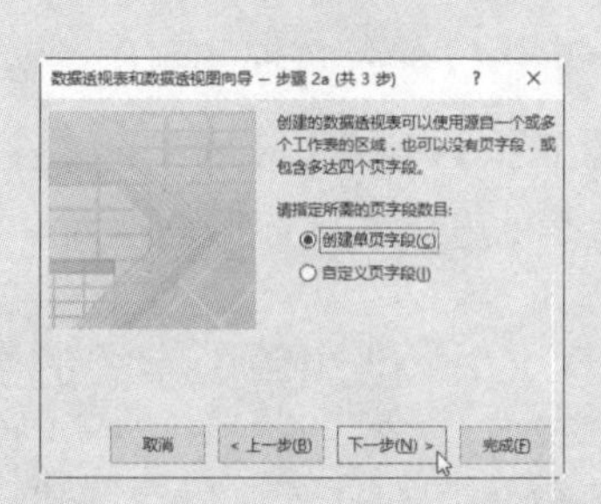

步骤 *3* 弹出“数据透视表和数据透视图向导—步骤2b（共3步）”对话框，将光标定位到“选定区域”文本框中，单击文本框右侧的按钮。

步骤 *4* 切换到“1月”工作表，选中数据列表区域后单击按钮。

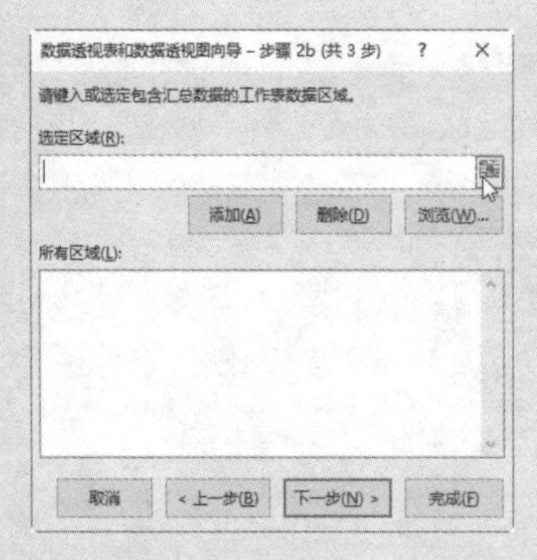

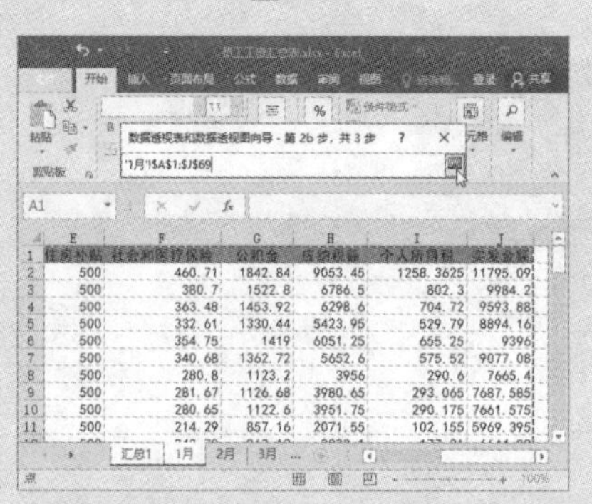

步骤 *5* 返回对话框中单击“添加”按钮，可以看到所选数据区域已添加到“所有区域”列表框中。

步骤 *6* 使用同样的方法将“2月”和“3月”工作表中的数据列表区域添加到“所有区域”列表框中，然后单击“下一步”按钮。

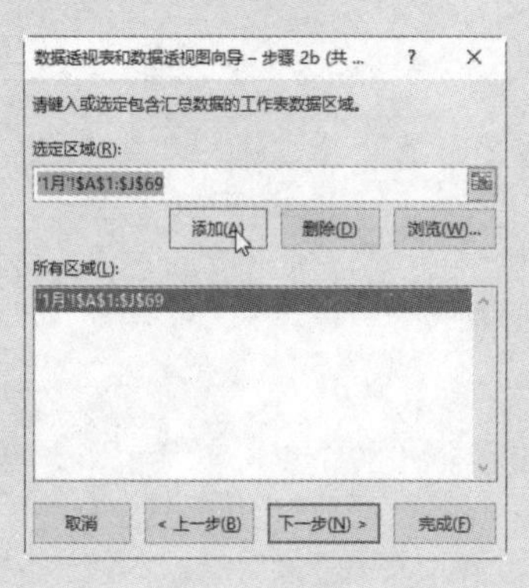

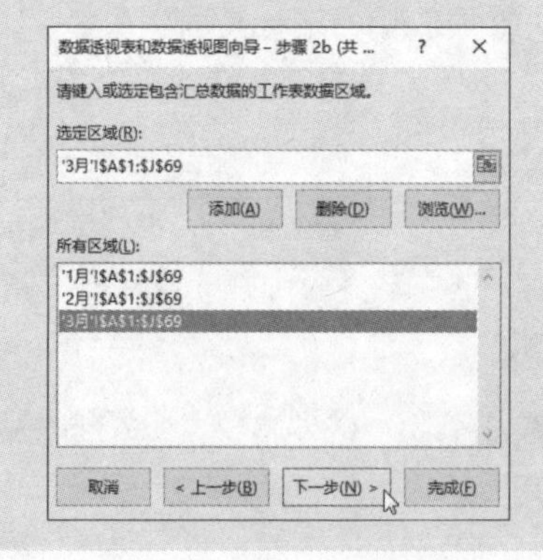

步骤 7 弹出“数据透视表和数据透视图向导—步骤3（共3步）”对话框，选中“现有工作表”单选项，设置数据透视表的显示位置为“汇总1”工作表中的A1单元格，单击“完成”按钮。

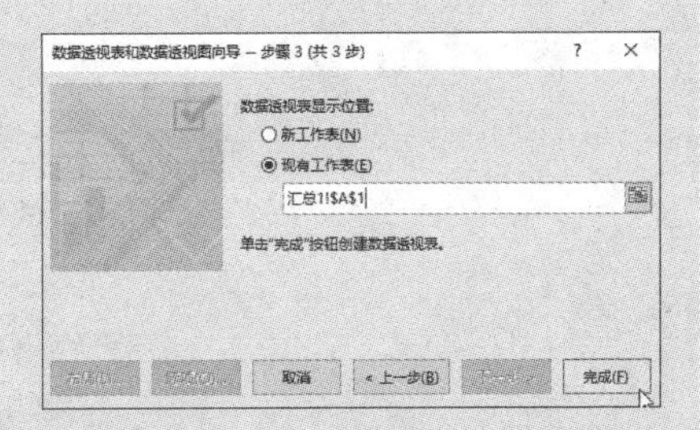

步骤 8 返回“汇总1”工作表，可以看到其中根据“1月”、“2月”和“3月”工作表中的数据列表，创建了数据透视表，此时值字段以计数方式汇总。

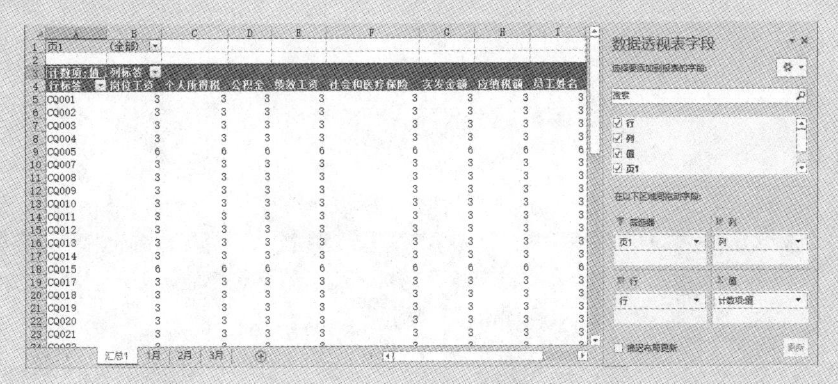

步骤 9 在“数据透视表字段”窗格中的“值”区域中，单击“计数项:值”字段，在弹出的快捷菜单中执行“值字段设置”命令。

步骤 10 弹出“值字段设置”对话框，在“值汇总方式”选项卡中，设置“计算类型”为“求和”，单击“确定”按钮。

步骤 11 返回数据透视表，可以看到设置后的效果。

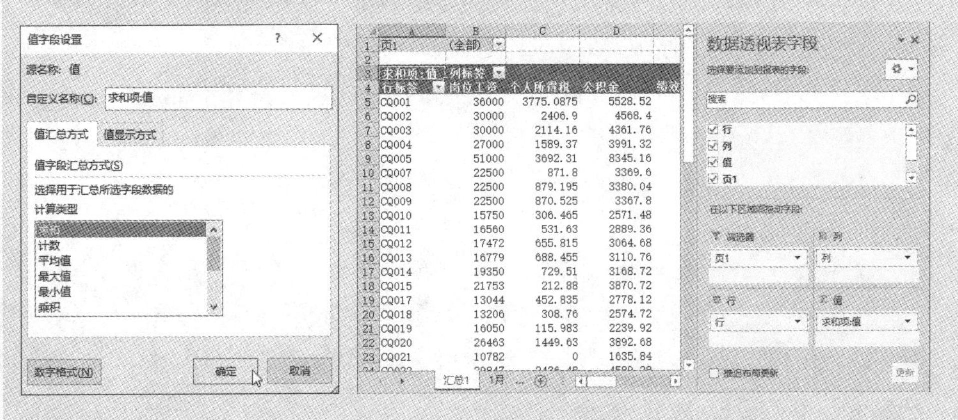

步骤 12 在数据透视表的报表筛选区域中单击筛选字段右侧的下拉按钮，在打开的筛选下拉菜单中选择要显示的项，然后单击“确定”按钮，返回数据透视表，根据

设置筛选的项，即可看到单独显示的“1月”、“2月”和“3月”工作表中的工资数据。

注意：在“数据透视表和数据透视图向导—步骤2b（共3步）”对话框中设置选定区域时，要包含待合并数据列表中的行标题和列标题，但不包括汇总数据项，数据透视表会自动进行数据汇总。

10.1.2 创建自定义页字段的数据透视表

在Excel中，除了可以创建单页字段的数据透视表，还可以创建自定义页字段的数据透视表。这里“自定义页字段”的意思就是事先为待合并的多个数据源命名，这样，在创建好数据透视表后，报表筛选字段下拉列表中的项将显示为自定义的名称。

以“员工工资汇总表”工作簿为例，在其中的1月、2月和3月这3张工作表中按月记录了公司的工资支出情况，要根据“1月”、“2月”和“3月”工作表数据列表创建自定义页字段的数据透视表，步骤如下。

步骤 1 打开“员工工资汇总表.xlsx”素材文件，依次按“Alt”“D”“P”键，弹出“数据透视表和数据透视图向导—步骤1（共3步）”对话框，选中“多重合并计算数据区域”和“数据透视表”单选项，单击“下一步”按钮。

步骤 2 弹出“数据透视表和数据透视图向导—步骤2a（共3步）”对话框，选中“自定义页字段”单选项，单击“下一步”按钮。

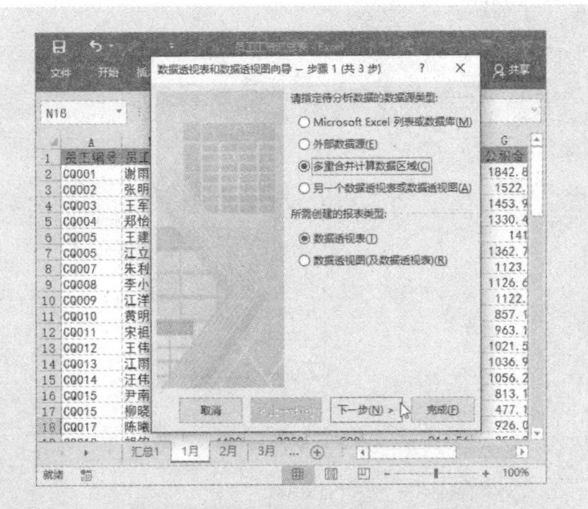

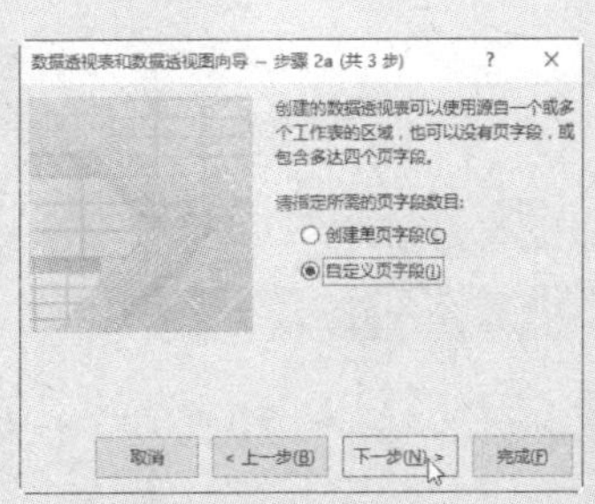

步骤 3 弹出“数据透视表和数据透视图向导—步骤2b（共3步）”对话框，将光标定位到“选定区域”文本框中，在“1月”工作表中选中数据列表区域，返回对话框单击“添加”按钮，然后选中“1”单选项指定要建立的页字段数目，在“字段1”文本框中输入“1月”自定义页字段名称。

步骤 4 用同样的方法将“2月”和“3月”工作表中的数据列表区域添加到“所有区域”列表框中，并设置要建立的页字段数目及自定义名称，然后单击“下一步”按钮。

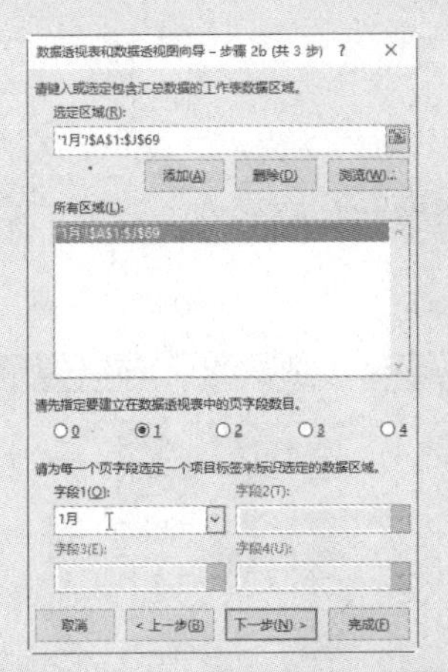

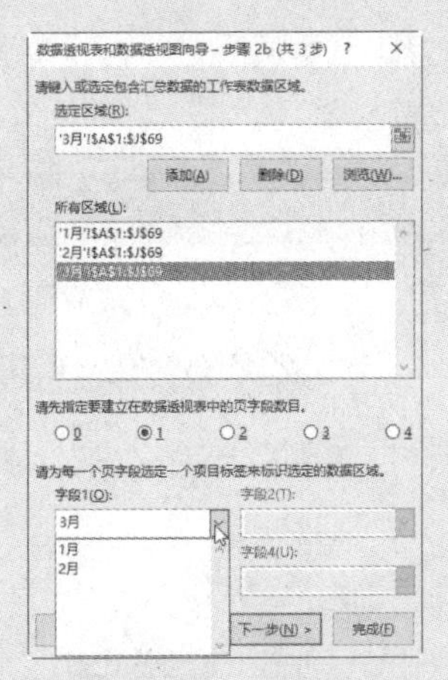

步骤 5 弹出“数据透视表和数据透视图向导—步骤3（共3步）”对话框，选中“新工作表”单选项，设置数据透视表的显示位置为新工作表，单击“完成”按钮。

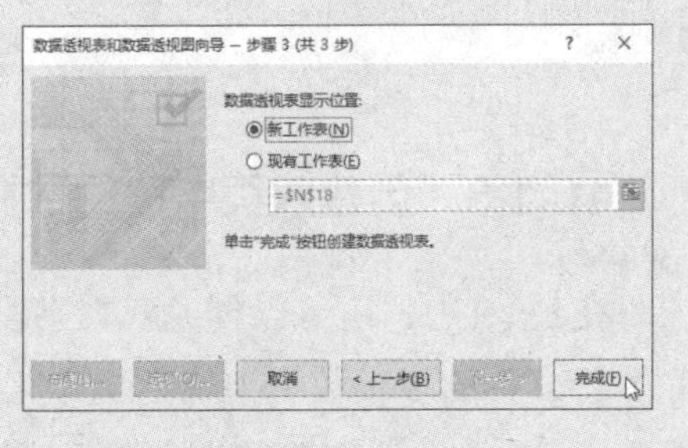

步骤 6 返回工作簿，可以看到新建了一个工作表，并将创建的自定义页字段数据透视

表放置其中，我们可以根据需要重命名新工作表。此时值字段以计数方式汇总，使用鼠标右键单击“计数项:值”字段单元格，在弹出的快捷菜单中执行“值字段设置”命令。

步骤 7 弹出“值字段设置”对话框，在“值汇总方式”选项卡中，设置“计算类型”为“求和”，单击“确定”按钮。

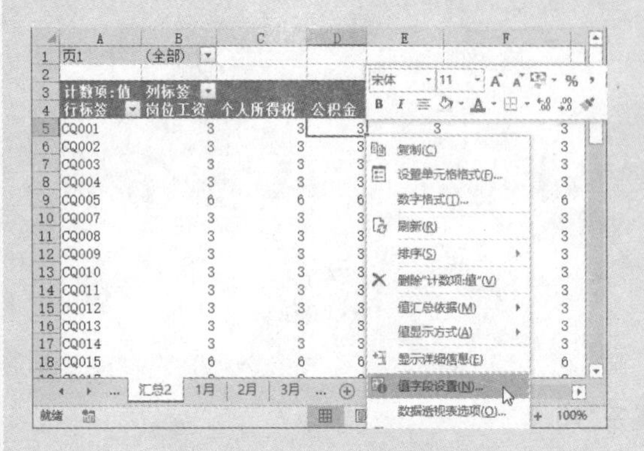

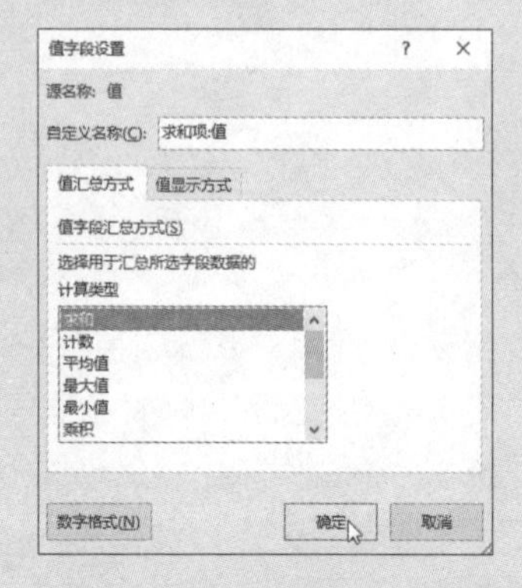

步骤 8 返回数据透视表，可以看到设置后的效果，在数据透视表的报表筛选区域中单击筛选字段右侧的下拉按钮▾，在打开的筛选下拉列表中可以看到以自定义名称显示的页字段项，选择要显示的项，然后单击“确定”按钮。

步骤 9 返回数据透视表，根据筛选设置，即可看到单独显示的“1月”、“2月”和“3月”的工资数据。

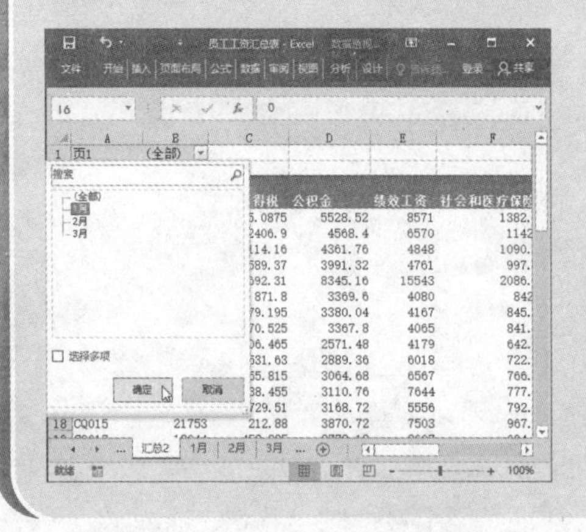

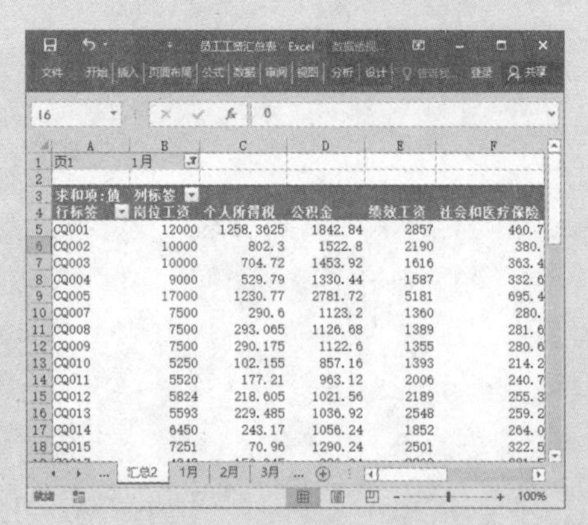

10.1.3 创建双页字段的数据透视表

在Excel中，还可以创建双页字段的数据透视表。这里的“双页字段”是指事先为待合并的多重数据源命名两个名称，在创建数据透视表后，将得到两个报表筛选字段，在每个报表筛选字段下拉列表中的项将显示为自定义的名称。

这里提供了一个“双页字段数据透视表”工作簿，在其中的1月、2月和3月这3张工作表中按月记录了“1号店”和“2号店”的手机销售情况。

1月：

手机型号	销量		手机型号	销量
1号店			2号店	
T1	69		T1	50
X2	20		X2	32
P7	99		P7	78
GS5	54		GS5	32
M2S	28		M2S	22
M3	50		M3	12
M4	32		M4	18
A6S	78		A6S	65
A6	62		A6	77
Z4	35		Z4	45

2月：

手机型号	销量		手机型号	销量
1号店			2号店	
T1	60		T1	18
X2	33		X2	94
P7	49		P7	17
GS5	73		GS5	45
M2S	34		M2S	23
M3	61		M3	66
M4	30		M4	54
A6S	18		A6S	33
A6	94		A6	69
Z4	17		Z4	20

根据这3张工作表中的数据列表进行合并计算，创建出双页字段的数据透视表，步骤如下。

步骤 *1* 打开“双页字段数据透视表.xlsx”素材文件，切换到“汇总”工作表，依次按“Alt”“D”“P”键，弹出“数据透视表和数据透视图向导—步骤1（共3步）”对话框，选中“多重合并计算数据区域”和“数据透视表”单选项，单击“下一步”按钮。

步骤 *2* 弹出“数据透视表和数据透视图向导—步骤2a（共3步）”对话框，选中“自定义页字段”单选项，单击“下一步”按钮。

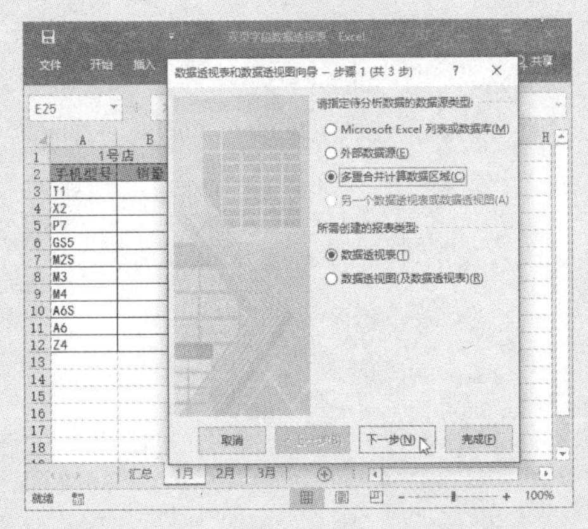

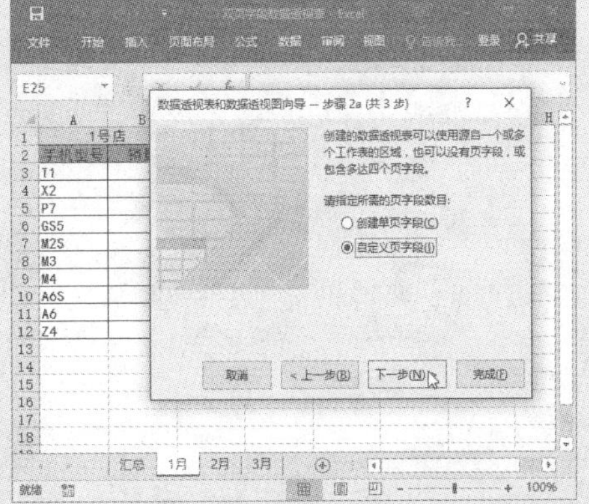

步骤 *3* 弹出“数据透视表和数据透视图向导—步骤2b（共3步）”对话框，将光标定位到“选定区域”文本框中，在“1月”工作表中选中第一个数据列表区域，返回

对话框单击“添加”按钮，然后选中“2”单选项指定要建立的页字段数目，在“字段1”文本框中输入“1月”，在“字段2”文本框中输入“1号店”自定义页字段名称。

步骤4 将光标定位到“选定区域”文本框中，清空内容，在“1月”工作表中选中第二个数据列表区域，返回对话框单击“添加”按钮，然后选中“2”单选项指定要建立的页字段数目，在“字段1”文本框中输入“1月”，在“字段2”文本框中输入“2号店”自定义页字段名称。

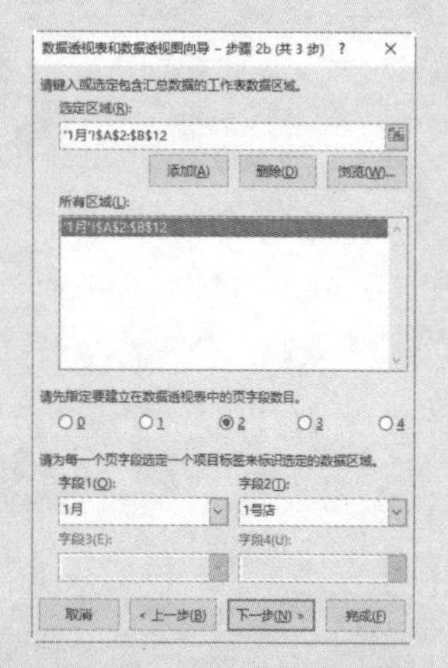

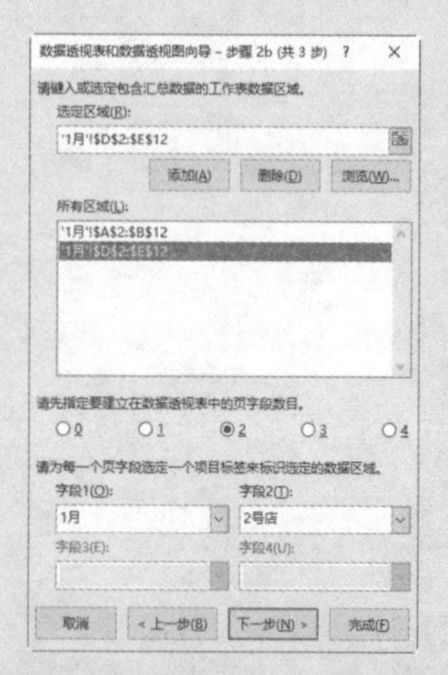

步骤5 用同样的方法将“2月”和“3月”工作表中的数据列表区域添加到“所有区域”列表框中，并设置要建立的页字段数目及自定义名称，然后单击“下一步”按钮。

步骤6 弹出“数据透视表和数据透视图向导—步骤3（共3步）”对话框，选中“现有工作表”单选项，设置数据透视表的显示位置为“汇总”工作表的A1单元格，单击“完成”按钮。

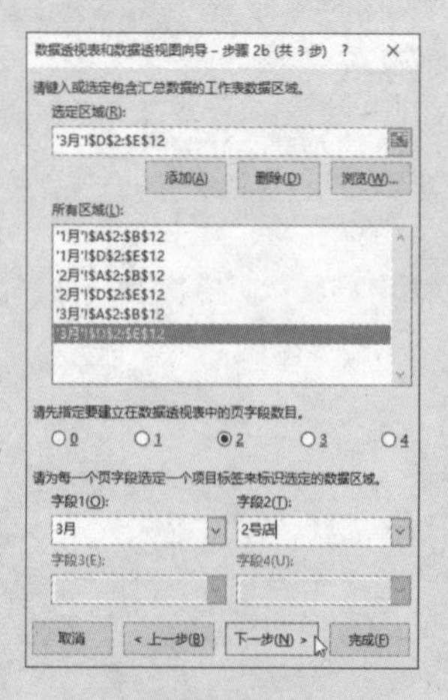

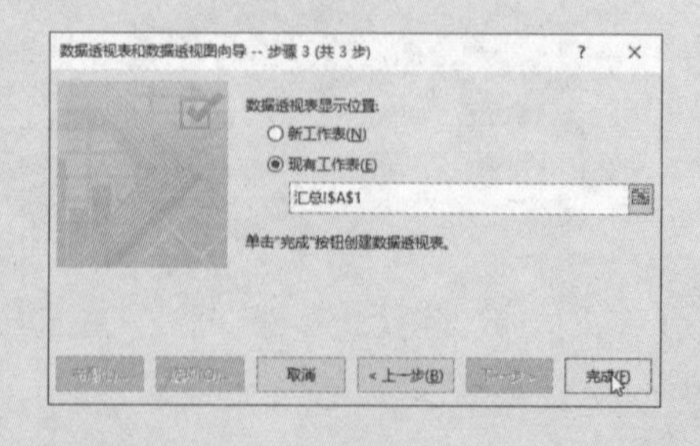

步骤 7 返回工作簿，可以看到“汇总”工作表中创建了一个双页字段数据透视表，默认情况下值字段以计数方式汇总。打开“值字段设置”对话框，在“值汇总方式”选项卡中设置“计算类型”为“求和”即可。

步骤 8 在数据透视表的报表筛选区域中单击“页 1”筛选字段的右侧下拉按钮，在打开的筛选下拉列表中可以看到以自定义名称显示的页字段项，选择要显示的项，然后单击“确定”按钮。

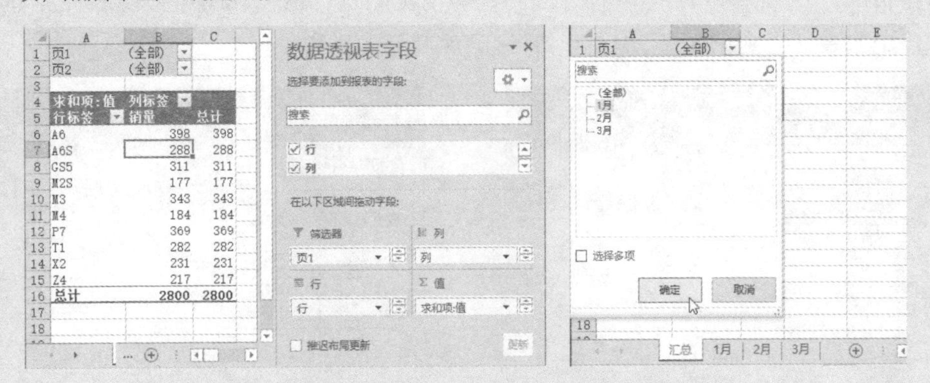

步骤 9 返回工作簿，可以看到筛选后的结果，在数据透视表的报表筛选区域中单击“页 2”筛选字段右侧的下拉按钮，在打开的筛选下拉列表中可以看到以自定义名称显示的页字段项，选择要显示的项，然后单击“确定”按钮。

步骤 10 返回数据透视表，即可看到通过双页字段筛选后的效果。

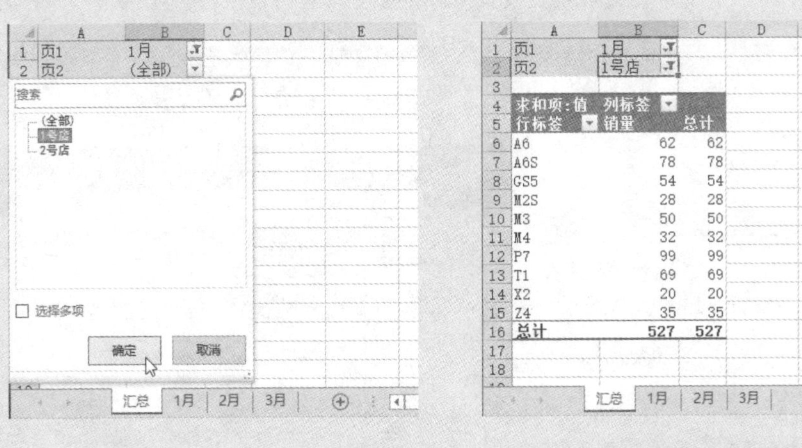

注意：在“数据透视表和数据透视图向导—步骤 2b（共 3 步）”对话框的“请先指定要建立在数据透视表中的页字段数目”中只有“0 ~ 4”个的选项，因此，最多只能自定义 5 个页字段。

10.2 对不同工作簿中的数据列表进行合并计算

在Excel中，还可以利用不同工作簿中的多张工作表，通过“多重合并计算数据区域”的方法创建数据透视表。这里提供了1个“4月天美意销售情况”工作簿和1个“4月思加图销售情况”工作簿，在其中按商品种类分类创建工作表，分别记录了2016年4月该品牌商品的销售情况。

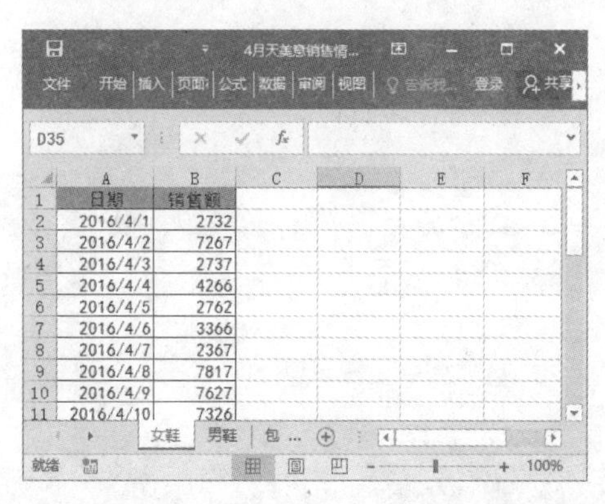

日期	销售额
2016/4/1	2732
2016/4/2	7267
2016/4/3	2737
2016/4/4	4266
2016/4/5	2762
2016/4/6	3366
2016/4/7	2367
2016/4/8	7817
2016/4/9	7627
2016/4/10	7326

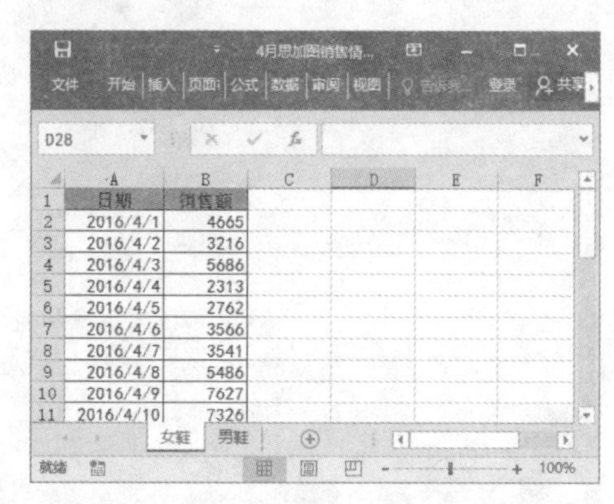

日期	销售额
2016/4/1	4665
2016/4/2	3216
2016/4/3	5686
2016/4/4	2313
2016/4/5	2762
2016/4/6	3566
2016/4/7	3541
2016/4/8	5486
2016/4/9	7627
2016/4/10	7326

根据这两个工作簿共5张工作表中的数据列表进行合并计算，创建出一个根据“品牌”和“商品种类”进行数据筛选的数据透视表，步骤如下。

步骤 *1* 打开“4月天美意销售情况.xlsx”、“4月思加图销售情况.xlsx”和“4月品牌（鞋）销售情况汇总.xlsx”素材文件，切换到“4月品牌（鞋）销售情况汇总”工作簿的“汇总”工作表中，依次按“Alt”“D”“P”键，弹出“数据透视表和数据透视图向导—步骤1（共3步）”对话框，选中“多重合并计算数据区域”和“数据透视表”单选项，单击“下一步”按钮。

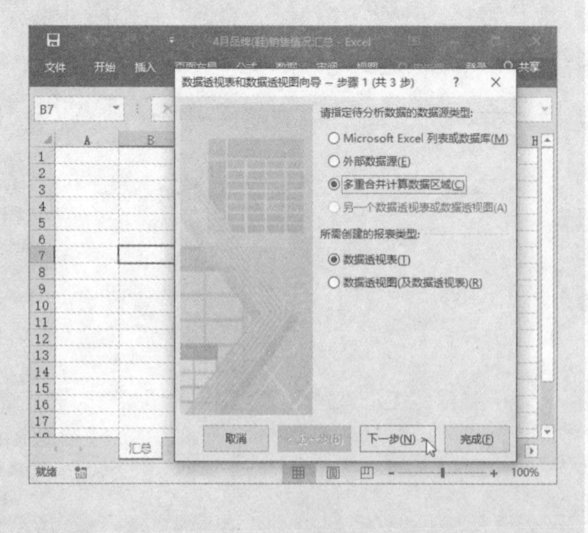

步骤 *2* 弹出“数据透视表和数据透视图向导—步骤2a（共3步）”对话框，选中“自定义页字段”单选项，单击“下一步”按钮。

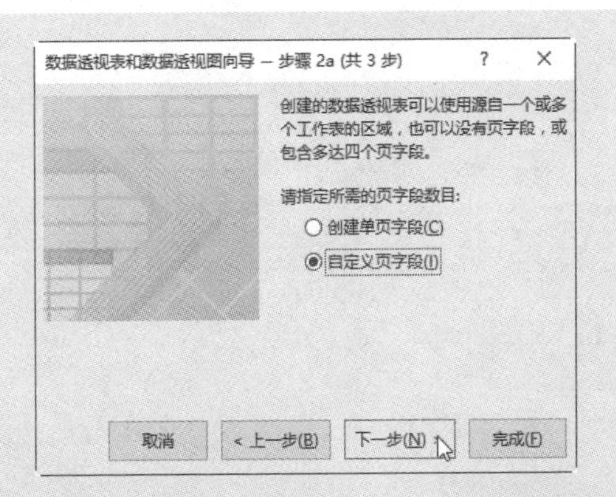

步骤 3 弹出“数据透视表和数据透视图向导—步骤2b（共3步）”对话框，将光标定位到“选定区域”文本框中，单击“折叠”按钮。

步骤 4 此时对话框将折叠起来，切换到“4月天美意销售情况”工作簿的“女鞋”工作表中，选中数据列表区域，然后单击“展开”按钮。

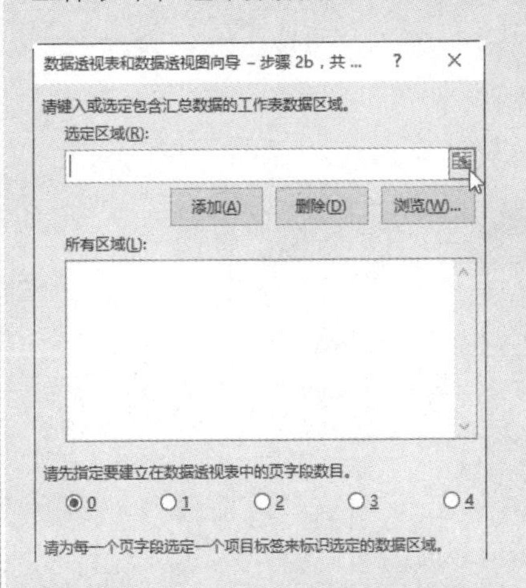

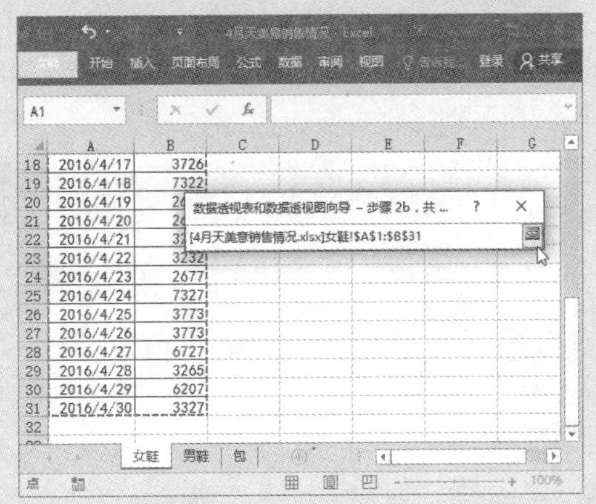

步骤 5 此时对话框将重新展开，单击“添加”按钮将所选区域添加到“所有区域”列表框中，然后选择“2”单选项指定要建立的页字段数目，在“字段1”文本框中输入“思加图”，在“字段2”文本框中输入“男鞋”自定义页字段名称。

步骤 6 用同样的方法将其余4张工作表中的数据列表区域添加到“所有区域”列表框中，并设置要建立的页字段数目和对应的页字段自定义名称，然后单击“下一步”按钮。

步骤 7 弹出“数据透视表和数据透视图向导—步骤3（共3步）”对话框，选中“现有工作表”单选项，设置数据透视表的显示位置为“4月品牌（鞋）销售情况汇总”工作簿中“汇总”工作表的A1单元格，单击“完成”按钮。

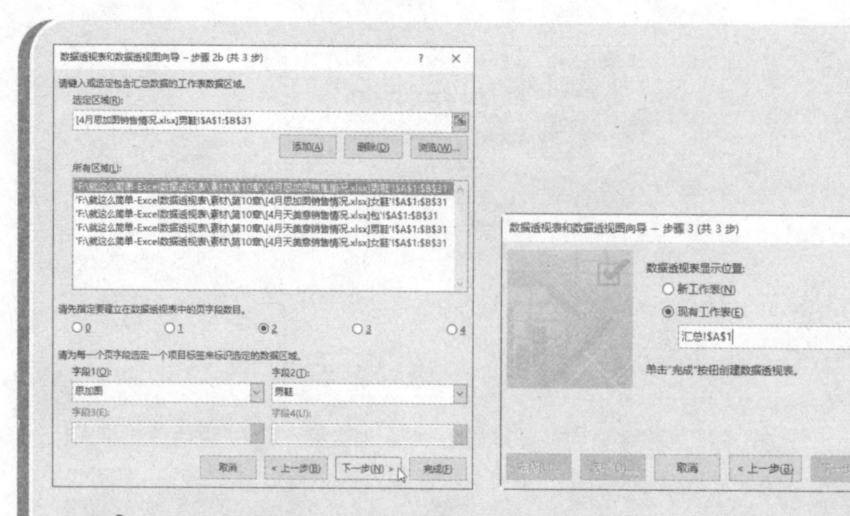

步骤8 返回"4月品牌（鞋）销售情况汇总"工作簿，可以看到"汇总"工作表中创建了一个双页字段数据透视表。

步骤9 在数据透视表的报表筛选区域中单击筛选字段右侧的下拉按钮，在打开的筛选下拉列表中选择要显示的项，然后单击"确定"按钮即可根据品牌或商品种类进行数据筛选。

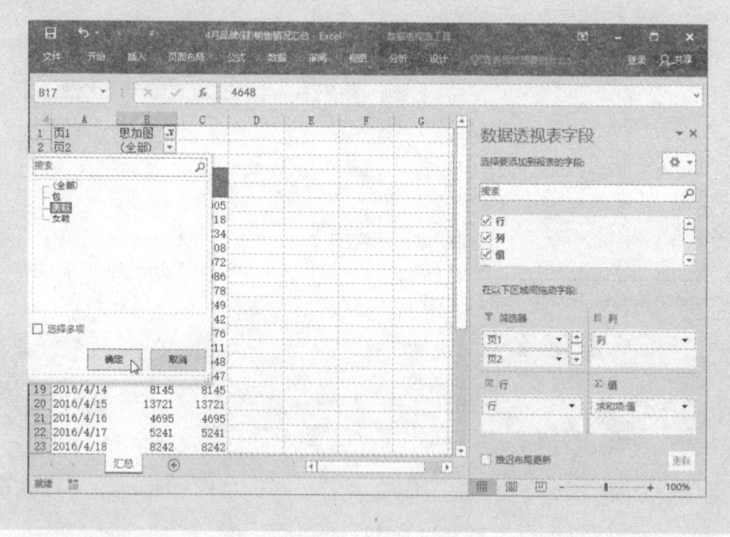

10.3 对不规则数据源进行合并计算

在实际工作中，有时会遇到一些不规则的数据源，如没有标题行、数据列表中含有合并单元格等。要根据这些不规则的数据源创建出有意义的数据透视表，

就需要通过“多重合并计算数据区域”的方法来进行。

下面提供了一个工作簿，其中按月创建了3张工作表，用于记录某超市中3个在售食用油品牌各月的销售情况。

1月

品牌	品种	销售额
红叉叉	大豆胚芽油	3250
	大豆压榨油	1764
	色拉油	990
金某某	3+2调和油	1332
	花生油	1990
	玉米油	2160
好圈圈	橄榄油	910
	花椒油	36374
	芝麻油	2771

2月

品牌	品种	销售额
红叉叉	大豆胚芽油	22264
	色拉油	312
金某某	玉米油	5000
	花生油	3299
好圈圈	花椒油	792

3月

品牌	品种	销售额
红叉叉	大豆胚芽油	1752
	大豆压榨油	1961
	色拉油	3124
金某某	3+2调和油	3165
	花生油	12714
	玉米油	1450
好圈圈	橄榄油	1690
	花椒油	265

根据这些不规则的数据源创建数据透视表，汇总超市第一季度的食用油类商品销售情况，方法如下。

步骤 *1* 打开“超市食用油销售情况.xlsx”素材文件，取消合并单元格并填充数据。

步骤 *2* 依次按“Alt”“D”“P”键，弹出“数据透视表和数据透视图向导—步骤1（共3步）”对话框，选中“多重合并计算数据区域”和“数据透视表”单选项，单击“下一步”按钮。

步骤 *3* 弹出“数据透视表和数据透视图向导—步骤2a（共3步）”对话框，选中“自定义页字段”单选项，单击“下一步”按钮。

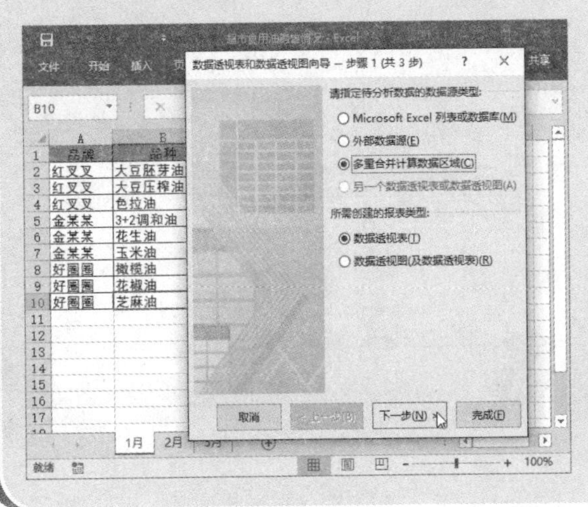

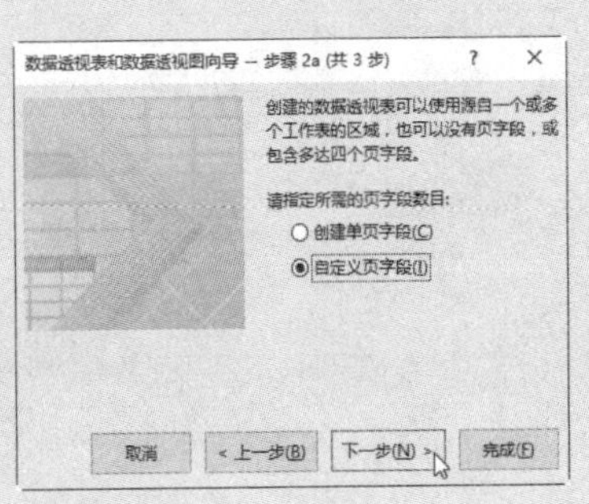

步骤 4 弹出“数据透视表和数据透视图向导—步骤2b”对话框，将光标定位到“选定区域”文本框中，切换到“1月”工作表，选中数据列表区域，返回对话框单击“添加”按钮，然后选中“1”单选项指定要建立的页字段数目，在“字段1”文本框中输入“1月”自定义页字段名称。

步骤 5 用同样的方法将“2月”和“3月”工作表中的数据列表区域添加到“所有区域”列表框中，并设置要建立的页字段数目及自定义名称，然后单击“下一步”按钮。

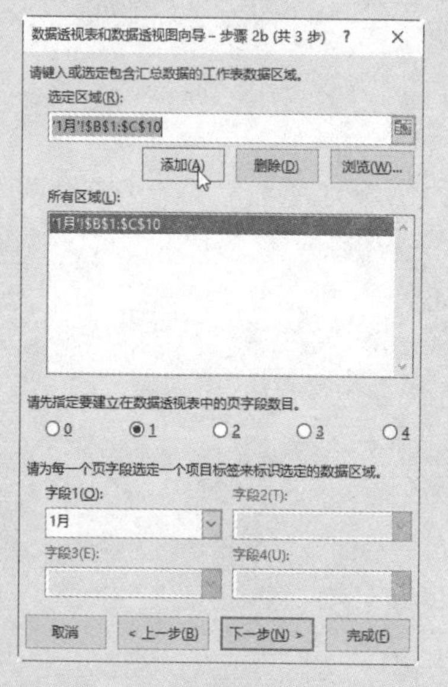

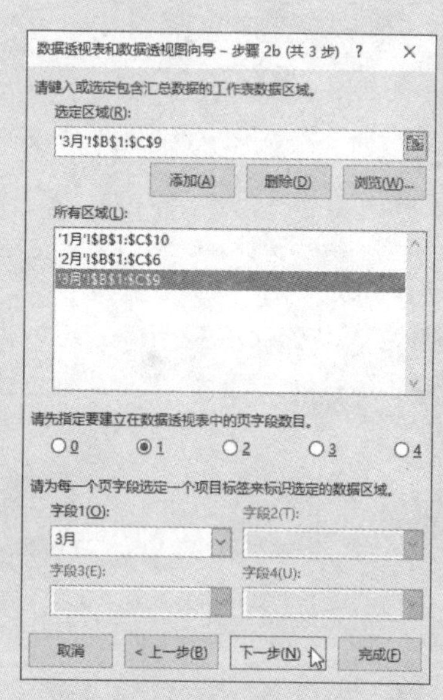

步骤 6 弹出“数据透视表和数据透视图向导—步骤3（共3步）”对话框，选中“新工作表”单选项，设置数据透视表的显示位置为新工作表，单击“完成”按钮。

步骤 7 返回工作簿，可以看到新建了一个工作表，并将创建的自定义页字段数据透视表放置其中，根据需要重命名工作表即可。

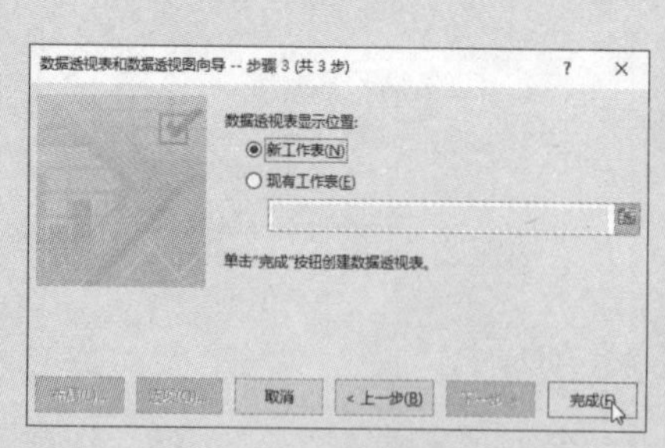

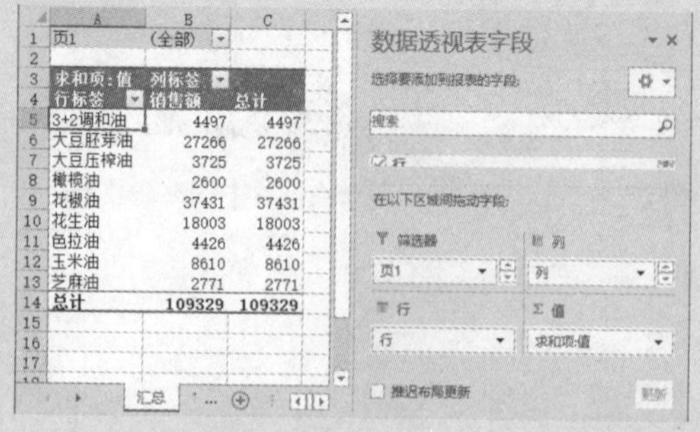

步骤 8 在按“Ctrl”键的同时使用鼠标左键选中同一品牌旗下的产品名称，单击鼠标右键，在弹出的快捷菜单中执行“创建组”命令，按品牌创建组，并对商品进行分类。

步骤 9 重命名“数据组 1”为相应的品牌名称，然后使用同样的方法继续按品牌创建组，对商品进行分类，为了使创建组后报表显示得更清楚明白，可以选中数据透视表中任意单元格，切换到“数据透视表工具/设计”选项卡，在“布局”组中执行“报表布局”→“以表格形式显示”命令，更改默认的报表布局。

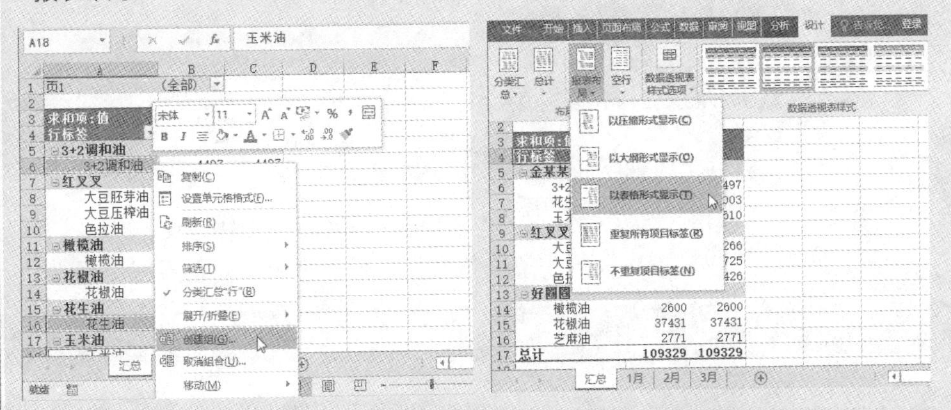

步骤 10 返回数据透视表可以看到按品牌手动创建组并更改报表显示方式之后的效果，先根据需要重命名行标签，然后使用鼠标左键拖动，调整各组的先后顺序。

步骤 11 在数据透视表的报表筛选区域中单击筛选字段右侧的下拉按钮，在打开的筛选下拉菜单中可以看到以自定义名称显示的页字段项，选择要显示的项，单击“确定”按钮即可。

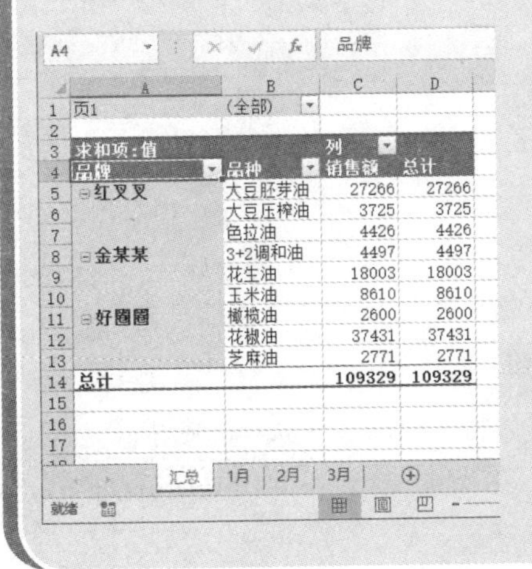

页1	(全部)		
求和项:值		列	
品牌	品种	销售额	总计
红叉叉	大豆胚芽油	27266	27266
	大豆压榨油	3725	3725
	色拉油	4426	4426
金某某	3+2调和油	4497	4497
	花生油	18003	18003
	玉米油	8610	8610
好圈圈	橄榄油	2600	2600
	花椒油	37431	37431
	芝麻油	2771	2771
总计		109329	109329

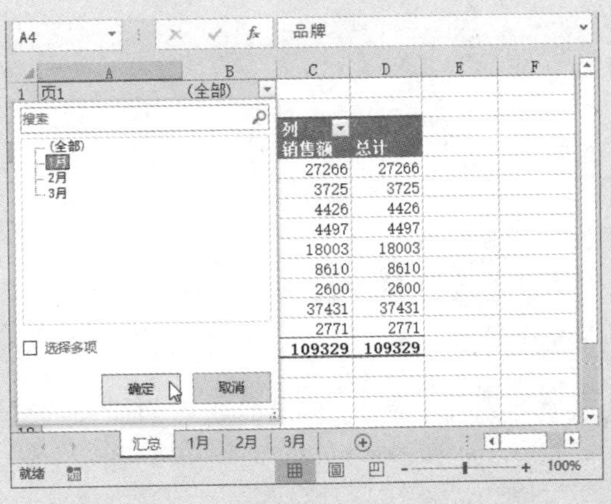

10.4 创建动态“多重合并计算数据区域”的数据透视表

在Excel中，通过事先将全部数据源设置为动态数据列表的方法，可以在创建“多重合并计算数据区域”的数据透视表时获得动态的数据透视表，从而实现数据透视表随着数据源的变化而更新的效果。

10.4.1 运用定义名称法创建

在Excel中，我们可以通过定义名称法创建动态“多重合并计算数据区域”的数据透视表。下面提供了一个“品牌手机销售情况汇总”工作簿，其中按门店创建了3张工作表，用于记录每天的手机销售数据，这些销售数据每天都在增加。

日期	苹果	三星	华为	小米
2016/1/1	45	18	42	66
2016/1/2	23	65	54	54
2016/1/3	66	77	28	33
2016/1/4	54	52	45	69
2016/1/5	33	60	23	20
2016/1/6	69	33	66	99
2016/1/7	20	49	54	54
2016/1/8	99	73	33	28
2016/1/9	54	34	69	45
2016/1/10	28	61	20	23
2016/1/11	50	30	25	66
2016/1/12	32	18	52	54
2016/1/13	78	30	60	20
2016/1/14	32	18	33	99
2016/1/15	22	94	49	54
2016/1/16	12	17	73	28

日期	苹果	三星	华为	小米
2016/1/1	60	54	23	20
2016/1/2	33	99	66	99
2016/1/3	49	54	54	54
2016/1/4	73	66	33	28
2016/1/5	34	54	69	50
2016/1/6	61	20	20	32
2016/1/7	30	55	34	52
2016/1/8	30	54	54	54
2016/1/9	18	28	28	22
2016/1/10	56	30	50	54
2016/1/11	17	18	32	66
2016/1/12	45	94	52	54
2016/1/13	78	17	60	20
2016/1/14	32	45	33	32
2016/1/15	22	94	49	54
2016/1/16	12	17	45	28

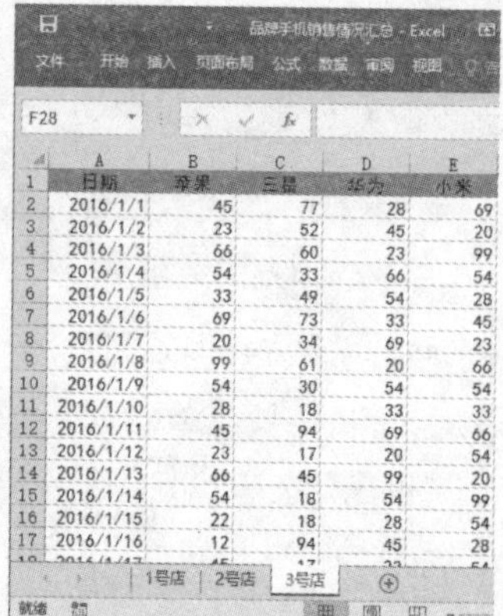

日期	苹果	三星	华为	小米
2016/1/1	45	77	28	69
2016/1/2	23	52	45	20
2016/1/3	66	60	23	99
2016/1/4	54	33	66	54
2016/1/5	33	49	54	28
2016/1/6	69	73	33	45
2016/1/7	20	34	69	23
2016/1/8	99	61	20	66
2016/1/9	54	30	54	54
2016/1/10	28	18	33	33
2016/1/11	45	94	69	66
2016/1/12	23	17	20	54
2016/1/13	66	45	99	20
2016/1/14	54	18	54	99
2016/1/15	22	18	28	54
2016/1/16	12	94	45	28

对这3张数据列表进行合并汇总，并创建能够实时更新的数据透视表，其步骤如下。

步骤 *1* 打开“品牌手机销售情况汇总.xlsx”素材文件，在“1号店”工作表中，切换到“公式”选项卡，在“定义的名称”组中单击“定义名称”按钮。

步骤 *2* 弹出“新建名称”对话框，在“名称”文本框中输入“DATA1”，在“引用位置”文本框中输入公式为“=OFFSET(1号店!$A$1,,,COUNTA(1号店!$A:$A),COUNTA(1号店!$1:$1))”，然后单击“确定”按钮。

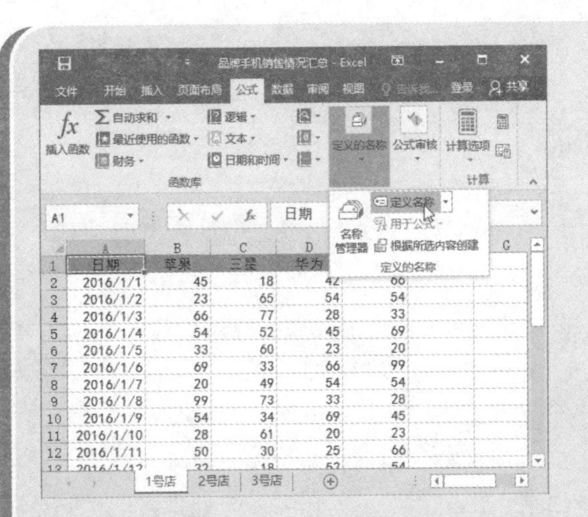

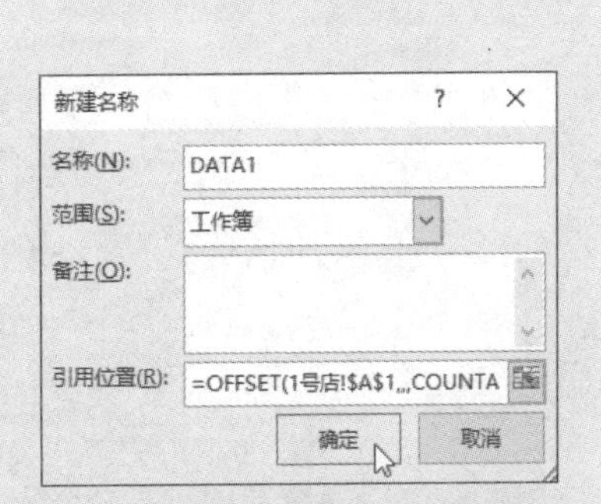

步骤 *3* 切换到“2号店”和“3号店”工作表中，用同样的方法分别设置的公式为“DATA2= OFFSET(2号店!$A$1,,,COUNTA(2号店!$A:$A),COUNTA(2号店!$1:$1))，DATA3=OFFSET(3号店!$A$1,,,COUNTA(3号店!$A:$A),COUNTA(3号店!$1:$1))”，设置完成后可以按“Ctrl+F3”组合键，打开“名称管理器”对话框检查与修改设置，确认后单击“关闭”按钮关闭对话框即可。

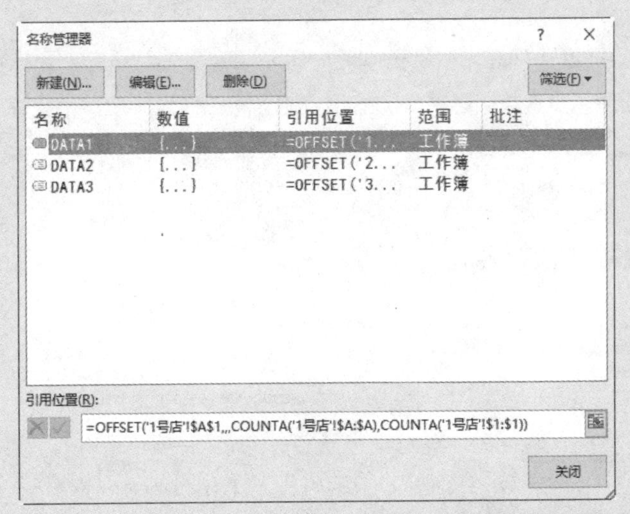

步骤 *4* 返回工作表，依次按“Alt”“D”“P”键，弹出“数据透视表和数据透视图向导—步骤1（共3步）”对话框，选中“多重合并计算数据区域”和“数据透视表”单选项，单击“下一步”按钮。

步骤 *5* 弹出“数据透视表和数据透视图向导—步骤2a（共3步）”对话框，选中“自定义页字段”单选项，单击“下一步”按钮。

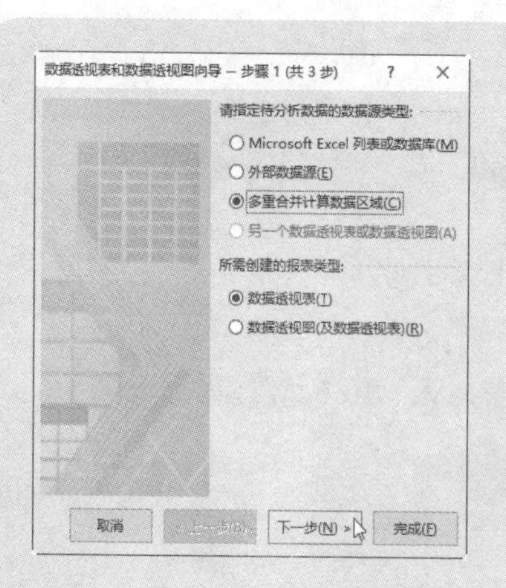

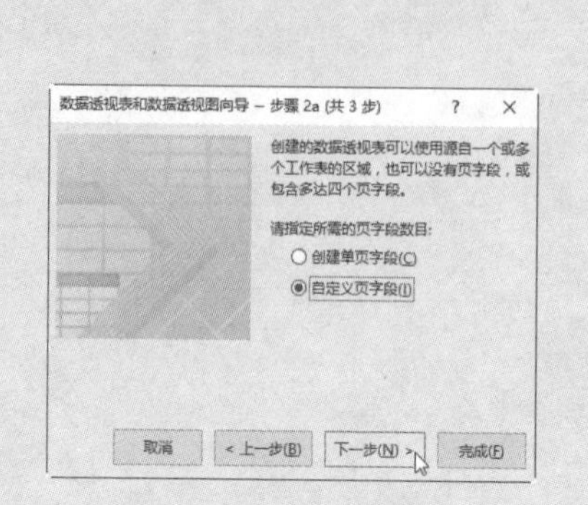

步骤 6 弹出“数据透视表和数据透视图向导—步骤2b（共3步）”对话框，在“选定区域”文本框中输入“DATA1”，单击“添加”按钮，然后选择“1”单选项指定要建立的页字段数目，在“字段1”文本框中输入“1号店”自定义页字段名称。

步骤 7 用同样的方法将动态数据列表名称“DATA2”和“DATA3”添加到“所有区域”列表框中，并设置要建立的页字段数目及自定义名称，然后单击“下一步”按钮。

步骤 8 弹出“数据透视表和数据透视图向导—步骤3（共3步）”对话框，选中“新工作表”单选项，设置数据透视表的显示位置为新工作表，单击“完成”按钮。

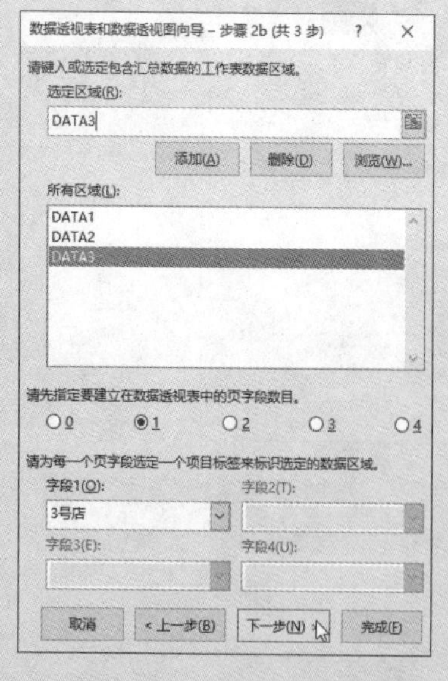

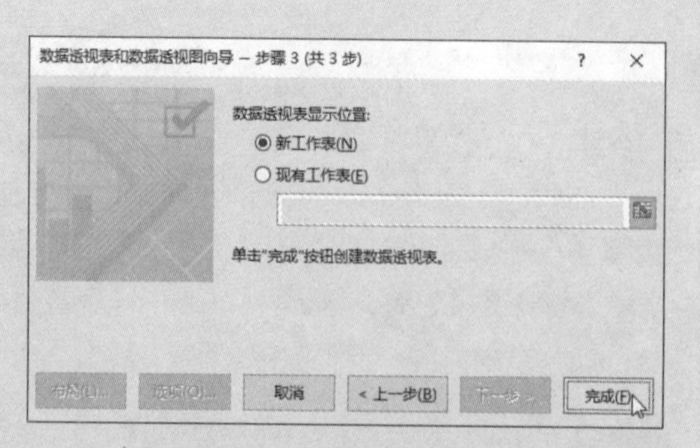

步骤 9 返回工作簿，可以看到新建了一个工作表，并将运用定义名称法创建动态“多重合并计算数据区域”的数据透视表放置其中。

步骤 *10* 根据需要重命名工作表标签，然后在数据透视表的报表筛选区域中筛选页字段项即可。

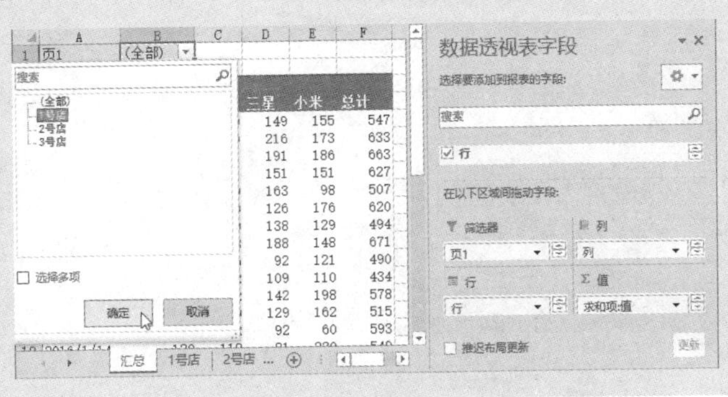

10.4.2 运用“表”功能创建

在Excel中，我们还可以通过Excel的“表”功能创建动态的“多重合并计算数据区域”的数据透视表。

以“品牌手机销售情况汇总”工作簿为例，其中按门店创建了3张工作表，用于记录每天都在增加的手机销售数据，下面对这3张数据列表进行合并汇总，并通过Excel的“表”功能创建能够实时更新的数据透视表，步骤如下。

步骤 *1* 打开“品牌手机销售情况汇总.xlsx”素材文件，在“1号店”工作表中，选中数据列表区域中的任意单元格，切换到“插入”选项卡，在“表格”组中单击“表格”按钮。

步骤 *2* 弹出“创建表”对话框，取消勾选的“表包含标题”复选框，Excel将自动选取表数据的来源范围，单击“确定”按钮，即可将当前数据表格转换为Excel“表”。

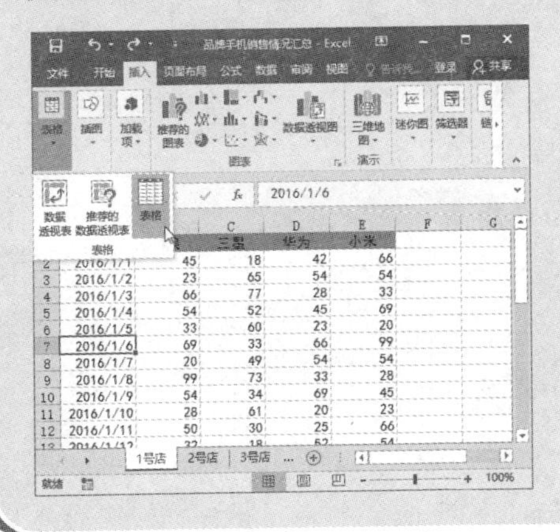

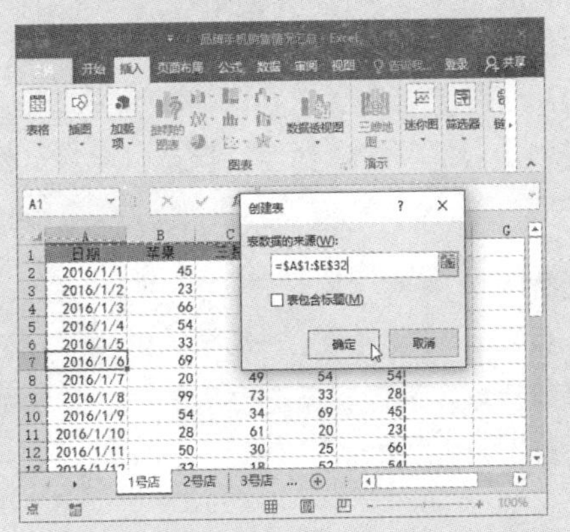

步骤 3 切换到“2号店”和“3号店”工作表中，用同样的方法分别设置，将其中的数据表格转换为Excel“表”。

步骤 4 返回工作表，依次按“Alt”“D”“P”键，弹出“数据透视表和数据透视图向导—步骤1（共3步）”对话框，选中“多重合并计算数据区域”和“数据透视表”单选项，单击“下一步”按钮。

步骤 5 弹出“数据透视表和数据透视图向导—步骤2a（共3步）”对话框，选中“自定义页字段”单选项，单击“下一步”按钮。

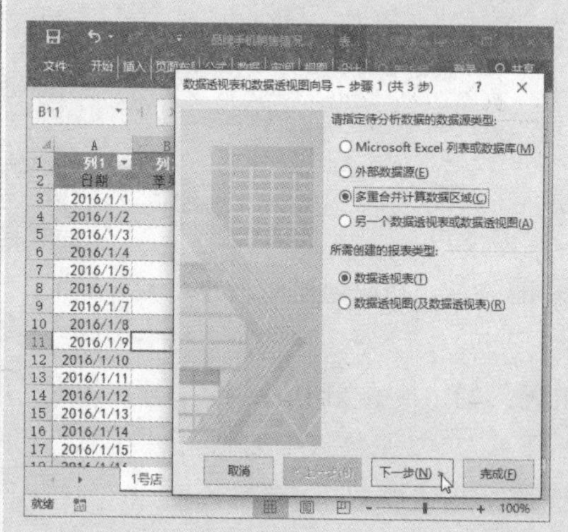

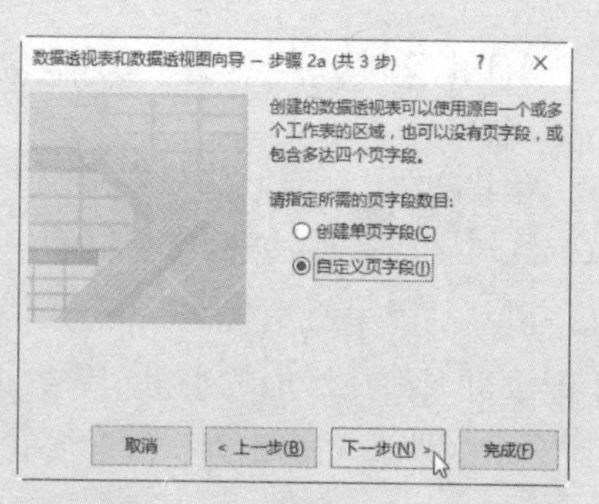

步骤 6 弹出“数据透视表和数据透视图向导—步骤2b（共3步）”对话框，在“选定区域”文本框中输入“表1”，单击“添加”按钮，然后选择“1”单选项指定要建立的页字段数目，在“字段1”文本框中输入“1号店”自定义页字段名称。

步骤 7 用同样的方法将“表”名称“表2”和“表3”添加到“所有区域”列表框中，并设置要建立的页字段数目及自定义名称，然后单击“下一步”按钮。

步骤 8 弹出“数据透视表和数据透视图向导—步骤3（共3步）”对话框，选中“新工作表”单选项，设置数据透视表的显示位置为新工作表，单击“完成”按钮。

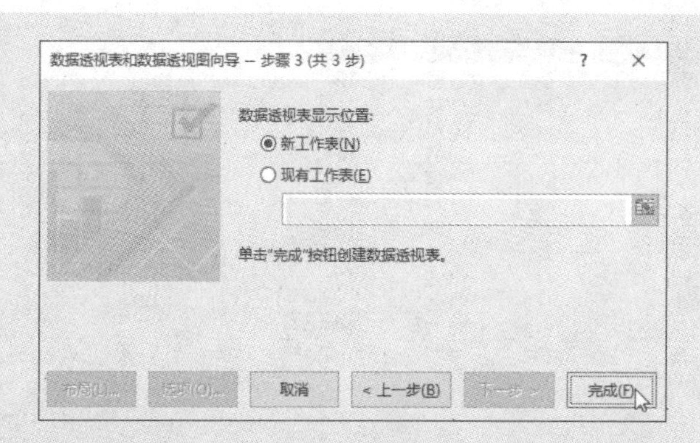

步骤 9 返回工作簿，可以看到新建了一个工作表，并将运用“表”功能创建的动态“多重合并计算数据区域”的数据透视表放置其中。

步骤 10 根据需要重命名工作表标签，然后在数据透视表的报表筛选区域中筛选页字段项即可。

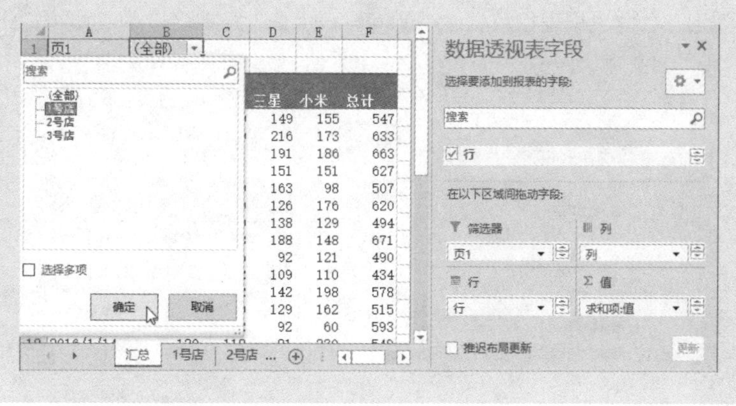

10.5 大师点拨

疑难 1 如何将二维表格转换为数据列表

问题描述：如下图所示为某店某年度的销量数据，该表格为二维表，由于在Excel中进行数据处理和分析时二维表存在着不少限制和弊端，因此需要将其转换为一维表，该如何操作呢？

解决方法：可以该二维表为数据源，先创建“多重合并计算数据区域”的数据透视表，然后显示明细数据，方法如下。

月份	冰箱	空调	洗衣机
1月	250	149	155
2月	149	216	173
3月	181	191	186
4月	181	151	151
5月	100	163	298
6月	199	126	176
7月	270	138	129
8月	228	188	148
9月	126	192	121
10月	112	109	110
11月	112	142	198
12月	100	129	162

步骤1 打开工作簿，依次按“Alt”“D”“P”键，弹出“数据透视表和数据透视图向导—步骤1（共3步）”对话框，选中“多重合并计算数据区域”和“数据透视表”单选项，单击“下一步”按钮。

步骤2 弹出“数据透视表和数据透视图向导—步骤2a（共3步）”对话框，选中“自定义页字段”单选项，单击“下一步”按钮。

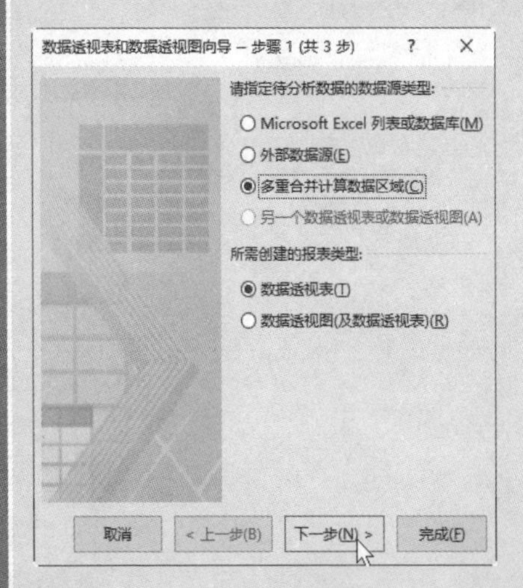

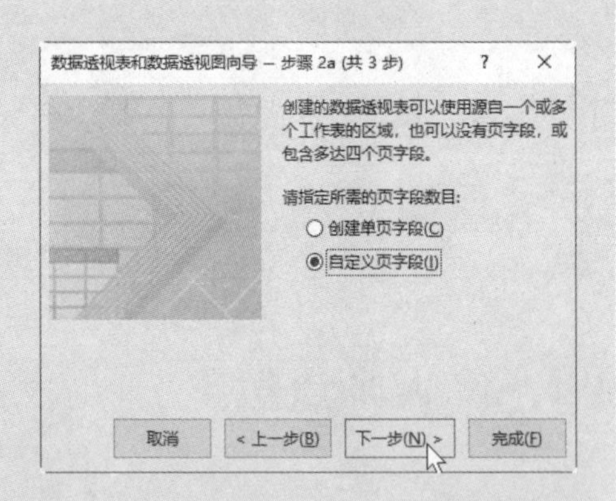

步骤3 弹出“数据透视表和数据透视图向导—步骤2b（共3步）”对话框，将二维表添加为选定区域，并选中“0”单选项指定要建立的页字段数目为“0”，添加并指定好所有区域后，单击“下一步”按钮。

步骤4 弹出“数据透视表和数据透视图向导—步骤3（共3步）”对话框，选中“新工作表”单选项，设置数据透视表的显示位置为新工作表，单击“完成”按钮。

步骤5 返回工作簿，即可看到在其中新建了一个“Sheet1”工作表，并创建出了不具有页字段的“多重合并计算数据区域”数据透视表。

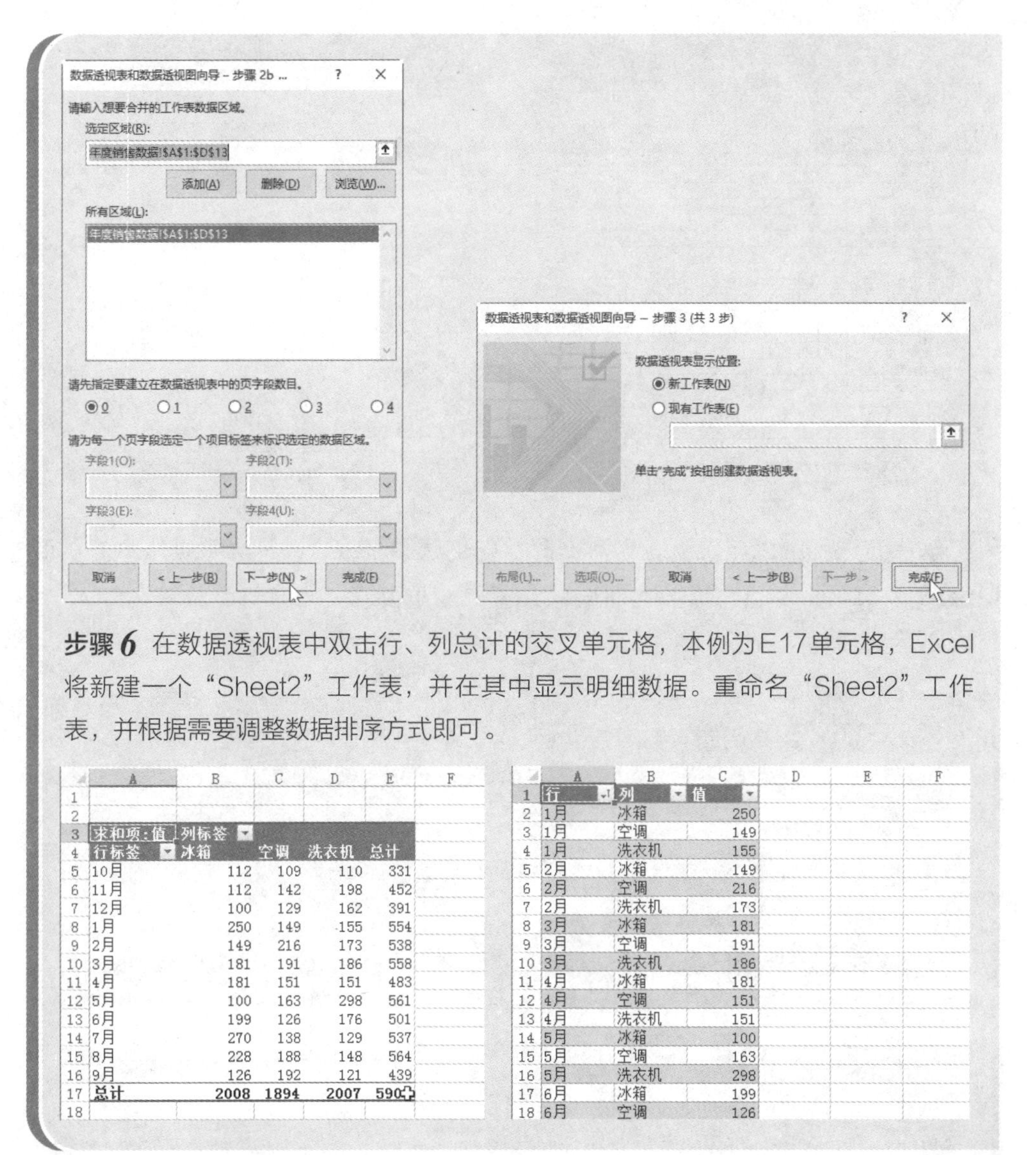

步骤 *6* 在数据透视表中双击行、列总计的交叉单元格，本例为E17单元格，Excel将新建一个“Sheet2”工作表，并在其中显示明细数据。重命名“Sheet2”工作表，并根据需要调整数据排序方式即可。

	A	B	C	D	E	F
1						
2						
3	求和项:值	列标签				
4	行标签	冰箱	空调	洗衣机	总计	
5	10月	112	109	110	331	
6	11月	112	142	198	452	
7	12月	100	129	162	391	
8	1月	250	149	155	554	
9	2月	149	216	173	538	
10	3月	181	191	186	558	
11	4月	181	151	151	483	
12	5月	100	163	298	561	
13	6月	199	126	176	501	
14	7月	270	138	129	537	
15	8月	228	188	148	564	
16	9月	126	192	121	439	
17	总计	2008	1894	2007	590	
18						

	A	B	C	D	E	F
1	行	列	值			
2	1月	冰箱	250			
3	1月	空调	149			
4	1月	洗衣机	155			
5	2月	冰箱	149			
6	2月	空调	216			
7	2月	洗衣机	173			
8	3月	冰箱	181			
9	3月	空调	191			
10	3月	洗衣机	186			
11	4月	冰箱	181			
12	4月	空调	151			
13	4月	洗衣机	151			
14	5月	冰箱	100			
15	5月	空调	163			
16	5月	洗衣机	298			
17	6月	冰箱	199			
18	6月	空调	126			

疑难❷ 如何解决二维表格行汇总百分比无法显示的问题

问题描述：如下页左图所示为某店半年的手机销售数据，该表格为二维表，以该表为数据源，创建如下页右图所示的普通数据透视表后，想要设置“值显示方式”为“行汇总的百分比”时却无法实现，每次只能显示某月数据的“行汇总的百分比”，该如何统计出各月销售数据占行总计的百分比呢？

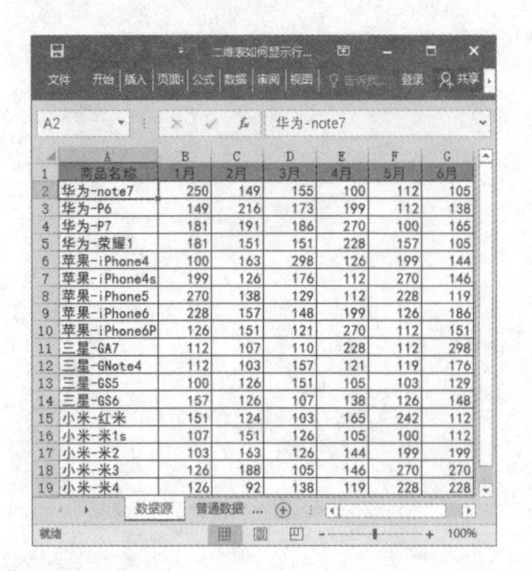

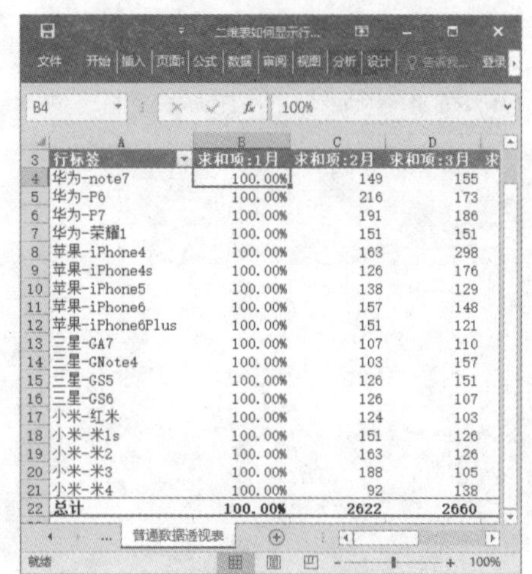

A 解决方法：可以该二维表为数据源，先创建“多重合并计算数据区域”的数据透视表，以得到“行总计”，然后设置“值显示方式”为“行汇总的百分比”，方法如下。

步骤1 打开“二维表如何显示行汇总百分比.xlsx”素材文件，以该二维表为数据源，在新工作表中创建不具有页字段的“多重合并计算数据区域”数据透视表，得到“行总计”。

步骤2 右键单击“求和项:值”单元格，在弹出的快捷菜单中执行“值显示方式”→“行汇总的百分比”命令。

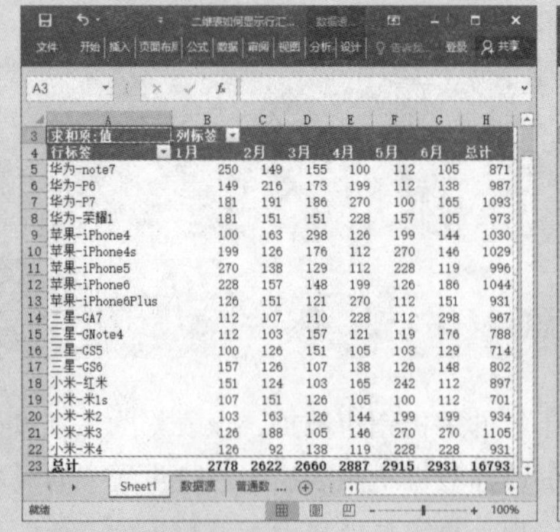

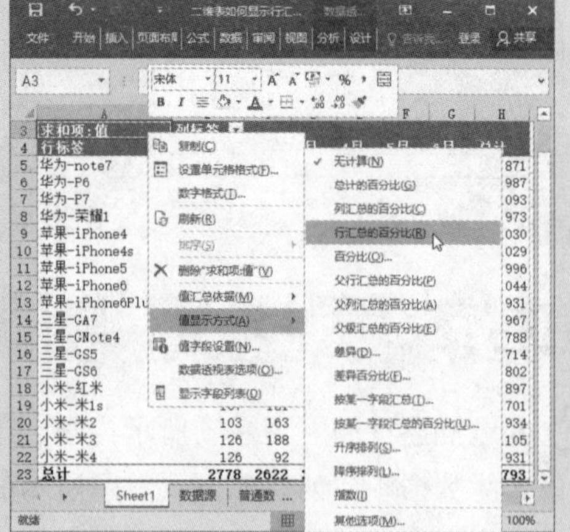

步骤3 返回数据透视表，即可看到设置“值显示方式”为“行汇总的百分比”后的效果。

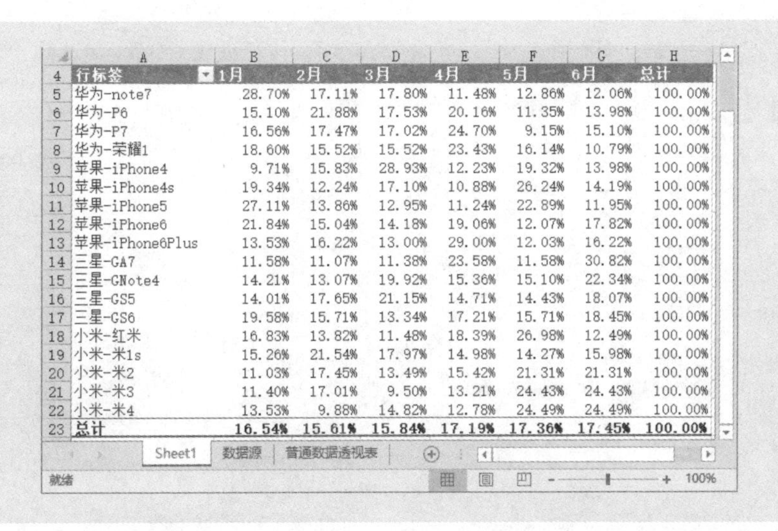

	A	B	C	D	E	F	G	H
4	行标签	1月	2月	3月	4月	5月	6月	总计
5	华为-note7	28.70%	17.11%	17.80%	11.48%	12.86%	12.06%	100.00%
6	华为-P6	15.10%	21.88%	17.53%	20.16%	11.35%	13.98%	100.00%
7	华为-P7	16.56%	17.47%	17.02%	24.70%	9.15%	15.10%	100.00%
8	华为-荣耀1	18.60%	15.52%	15.52%	23.43%	16.14%	10.79%	100.00%
9	苹果-iPhone4	9.71%	15.83%	28.93%	12.23%	19.32%	13.98%	100.00%
10	苹果-iPhone4s	19.34%	12.24%	17.10%	10.88%	26.24%	14.19%	100.00%
11	苹果-iPhone5	27.11%	13.86%	12.95%	11.24%	22.89%	11.95%	100.00%
12	苹果-iPhone6	21.84%	15.04%	14.18%	19.06%	12.07%	17.82%	100.00%
13	苹果-iPhone6Plus	13.53%	16.22%	13.00%	29.00%	12.03%	16.22%	100.00%
14	三星-GA7	11.58%	11.07%	11.38%	23.58%	11.58%	30.82%	100.00%
15	三星-GNote4	14.21%	13.07%	19.92%	15.36%	15.10%	22.34%	100.00%
16	三星-GS5	14.01%	17.65%	21.15%	14.71%	14.43%	18.07%	100.00%
17	三星-GS6	19.58%	15.71%	13.34%	17.21%	15.71%	18.45%	100.00%
18	小米-红米	16.83%	13.82%	11.48%	18.39%	26.98%	12.49%	100.00%
19	小米-米1s	15.26%	21.54%	17.97%	14.98%	14.27%	15.98%	100.00%
20	小米-米2	11.03%	17.45%	13.49%	15.42%	21.31%	21.31%	100.00%
21	小米-米3	11.40%	17.01%	9.50%	13.21%	24.43%	24.43%	100.00%
22	小米-米4	13.53%	9.88%	14.82%	12.78%	24.49%	24.49%	100.00%
23	总计	16.54%	15.61%	15.84%	17.19%	17.36%	17.45%	100.00%

Sheet1 数据源 普通数据透视表

就绪 100%

疑难3 如何创建多个自定义页字段的数据透视表

Q 问题描述：如图所示为某公司的销售数据，在同一工作簿中按月创建了12张工作表，用以记录商品销售情况，如何对这些销售月报表进行汇总，创建多个自定义页字段的数据透视表，并在汇总表中按“半年”、“季度”和“月”筛选数据呢？

	A	B	C	D	E
1	商品名称	1号店	2号店	3号店	
2	华为-note7	66	32	74	
3	华为-P6	54	66	25	
4	华为-P7	33	54	66	
5	华为-荣耀1	69	33	54	
6	苹果-iPhone4	69	69	33	
7	苹果-iPhone4s	20	55	69	
8	苹果-iPhone5	99	54	69	
9	苹果-iPhone6	54	33	20	
10	苹果-iPhone6Plus	20	69	99	
11	三星-GA7	99	69	54	
12	三星-GNote4	54	20	65	
13	三星-GS5	28	99	25	
14	三星-GS6	103	54	34	
15					

1月 2月 3月 4月 5F ...

就绪

A 解决方法：可以按“半年”、“季度”和“月”设置页字段，创建拥有多个自定义页字段的“多重合并计算数据区域”数据透视表，方法如下。

步骤 1 打开“多自定义页字段数据透视表.xlsx”素材文件，依次按“Alt”“D”“P”键，弹出“数据透视表和数据透视图向导—步骤1（共3步）”对话框，选中“多重合并计算数据区域”和“数据透视表”单选项，单击“下一步”按钮。

步骤 2 弹出“数据透视表和数据透视图向导—步骤2a（共3步）”对话框，选中“自定义页字段”单选项，单击“下一步”按钮。

步骤 3 弹出“数据透视表和数据透视图向导—步骤2b（共3步）”对话框，将“1月”工作表中的数据引用到选定区域，在设置时选中“3”单选项指定要建立的页字段数目为“3”。设置“字段1”为“上半年”，“字段2”为“第1季度”，“字段3”为

"1月"，完成后单击"添加"按钮。

步骤 4 使用相同的方法引用2—12月工作表中的数据，并按照"上/下半年""第几季度""几月"逐一设置选定区域对应的字段项名称，设置完成后单击"下一步"按钮。

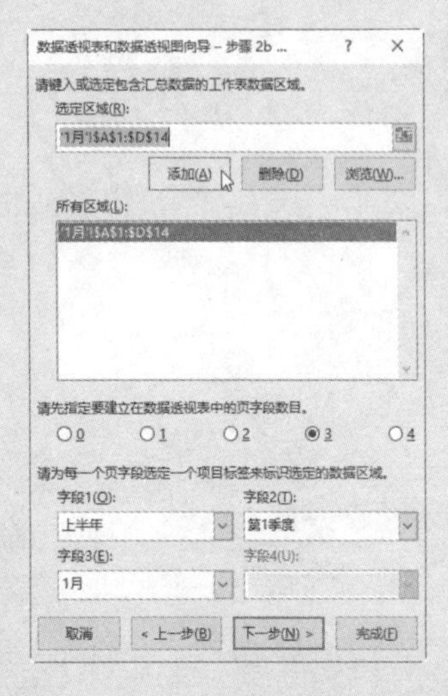

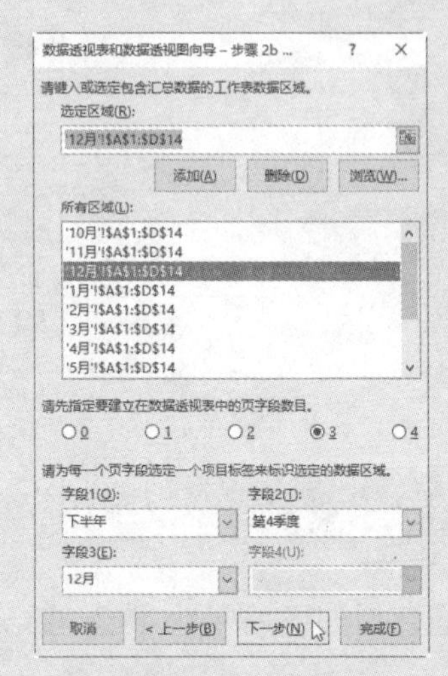

步骤 5 弹出"数据透视表和数据透视图向导—步骤3（共3步）"对话框，选中"新工作表"单选项，设置数据透视表的显示位置，单击"完成"按钮。

步骤 6 返回工作簿，即可看到新建了一个"Sheet1"工作表，并在其中创建了具有多个自定义页字段的"多重合并计算数据区域"数据透视表。根据需要重命名工作表和页字段的名称。

步骤 7 通过报表筛选字段的筛选下拉列表，即可完成数据筛选，得到相应的报表。

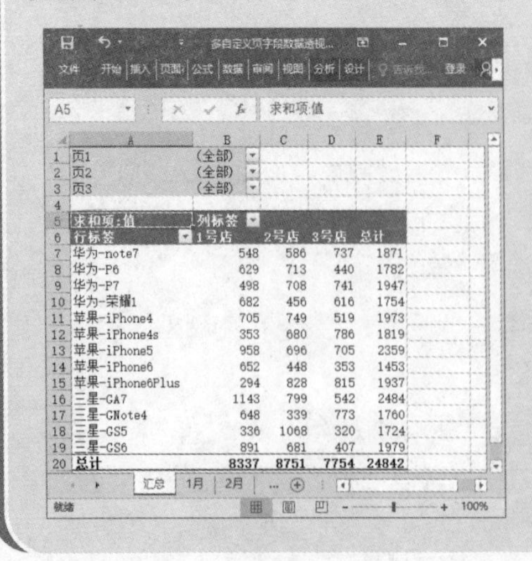

页1	(全部)			
页2	(全部)			
页3	(全部)			
求和项:值	列标签			
行标签	1号店	2号店	3号店	总计
华为-note7	548	586	737	1871
华为-P6	629	713	440	1782
华为-P7	498	708	741	1947
华为-荣耀1	682	456	616	1754
苹果-iPhone4	705	749	519	1973
苹果-iPhone4s	353	680	786	1819
苹果-iPhone5	958	696	705	2359
苹果-iPhone6	652	448	353	1453
苹果-iPhone6Plus	294	828	815	1937
三星-GA7	1143	799	542	2484
三星-GNote4	648	339	773	1760
三星-GS5	336	1068	320	1724
三星-GS6	891	681	407	1979
总计	8337	8751	7754	24842

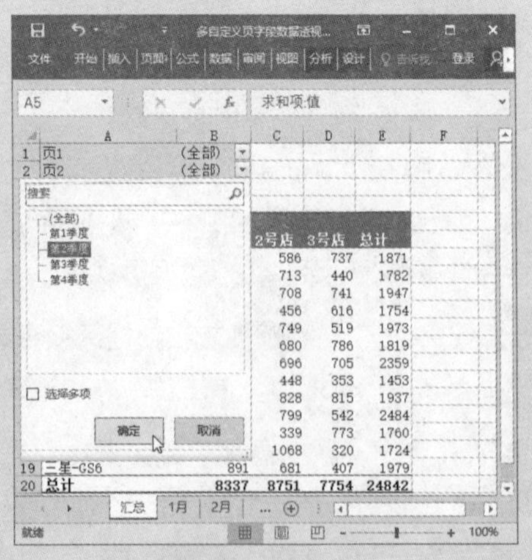

第11章

使用多种数据源创建数据透视表

要创建数据透视表，是否只能使用Excel工作簿中的数据作为数据源呢？当然不是。事实上，Excel还可以和其他多种数据库进行交互，以多样的数据源创建数据透视表。

下面介绍根据文本文件、Access数据库、SQL Server数据库、OLAP多维数据集创建数据透视表的方法。

本章导读：

- 使用文本文件创建数据透视表
- 使用 Access 数据库创建数据透视表
- 使用 SQL Server 数据库创建数据透视表
- 使用 OLAP 多维数据集创建数据透视表

11.1 使用文本文件创建数据透视表

在实际工作中，许多公司都会使用企业管理软件或业务系统，在其中创建或导出数据记录，文件类型为文本格式（TXT或CSV）。

为了满足用户的使用需求，Excel支持使用文本文件作为外部数据源，创建可动态更新的数据透视表，步骤如下。

步骤1 打开“使用文本文件创建数据透视表.xlsx”工作薄，切换到“数据”选项卡，在“获取外部数据”组中执行“获取外部数据”→“自文本”命令。

步骤2 弹出“选择数据源”对话框，选择“<新数据源>”选项，单击“确定”按钮。

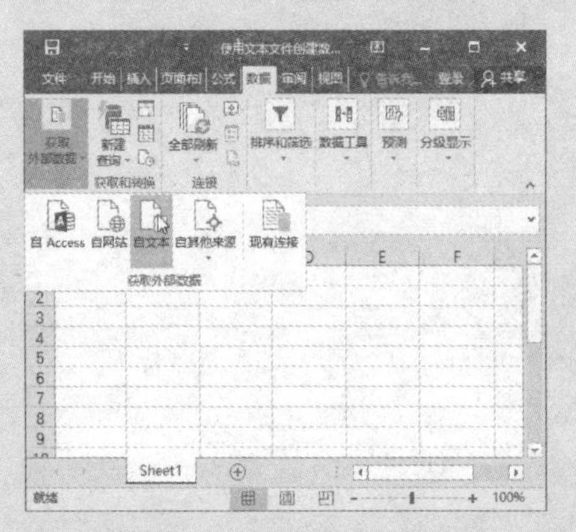

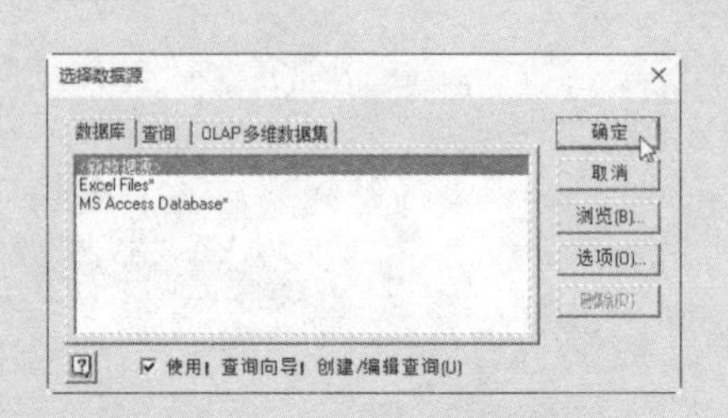

步骤3 弹出“创建新数据源”对话框，根据需要输入一个方便辨识的数据源名称，打开“为您要访问的数据库类型选定一个驱动程序”下拉列表，本例选择“Microsoft Text Driver（*.txt;*.csv）”，单击“连接”按钮。

步骤4 弹出“ODBC Text安装”对话框，本例文本文件与当前工作簿不在同一个目录中，因此取消勾选的“使用当前目录”复选框，单击“选择目录”按钮。

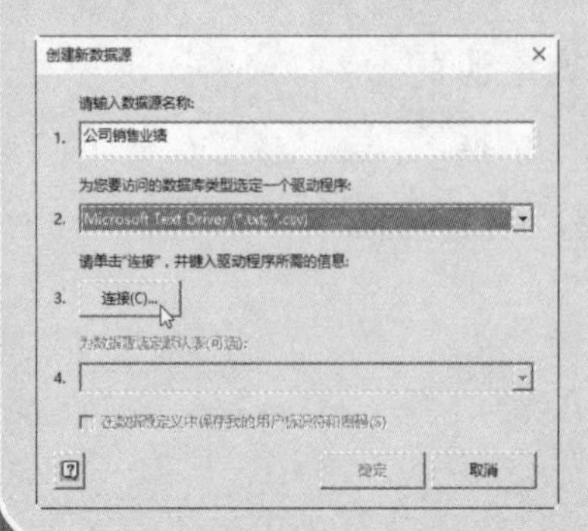

步骤 5 弹出“选择目录”对话框，根据文件存放位置，找到并选中文本文件所在的文件夹，此时左侧列表框中会显示文本文件，单击“确定”按钮。

步骤 6 返回“ODBC Text安装”对话框，单击“选项”按钮展开更多选项设置，取消勾选的“默认（*.*）”复选框，在“扩展名列表”栏中根据本例情况，选择“*.txt”为扩展名，然后单击“定义格式”按钮。

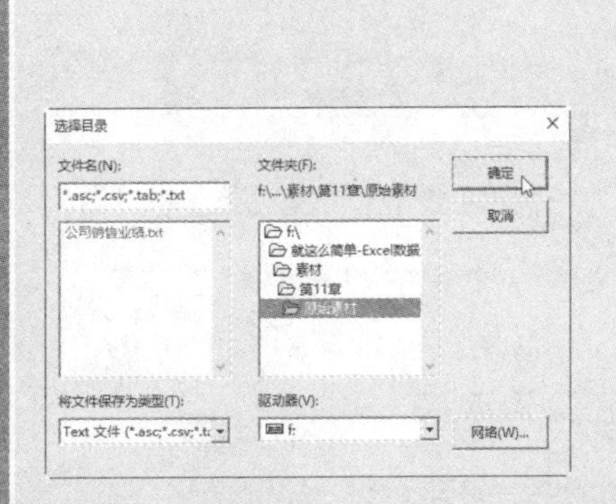

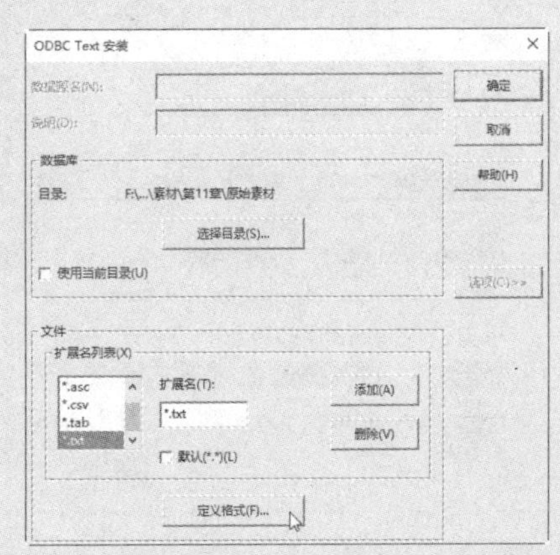

步骤 7 弹出“定义Text格式”对话框，在“表”列表框中选择“公司销售业绩.txt”文件，勾选“列名标题”复选框，在“格式”下拉列表中选择“Tab 分隔符”选项，然后单击“猜测”按钮。

步骤 8 此时“列”列表框中将显示出文本数据源的列名标题，选中“所在省份（自治区/直辖市）”列名标题，在“数据类型”下拉列表中选择“LongChar”选项，然后单击“修改”按钮，设置该列的数据类型。

步骤 9 用同样的方法，逐一设置“所在城市”“所在卖场”“时间”“产品名称”列的数据类型为“LongChar”，设置“单价”“数量”“销售额”列的数据类型为“Float”，然后单击“确定”按钮。

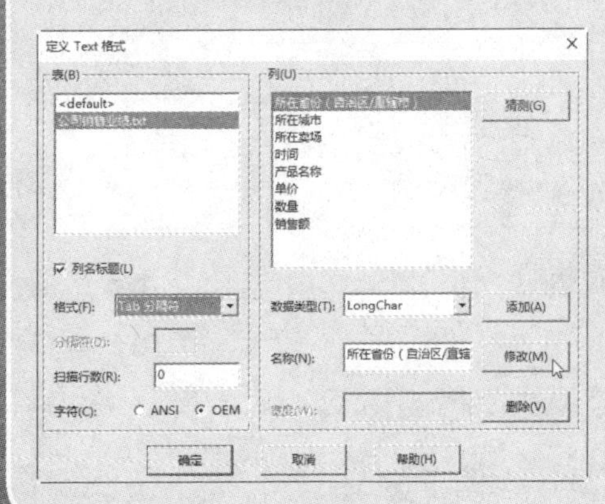

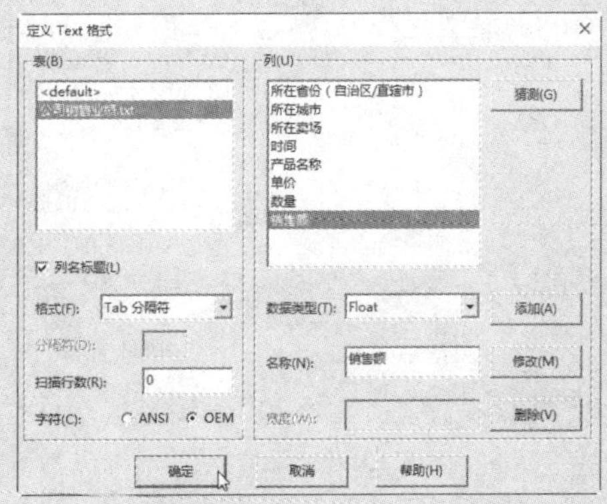

步骤10 返回“ODBC Text安装”对话框，单击“确定”按钮，然后返回“创建新数据源”对话框，在“为数据源选定默认表（可选）”下拉列表中选择“公司销售业绩.txt”文件，单击“确定”按钮。

步骤11 返回“选择数据源”对话框，选中“公司销售业绩”选项，单击“确定”按钮。

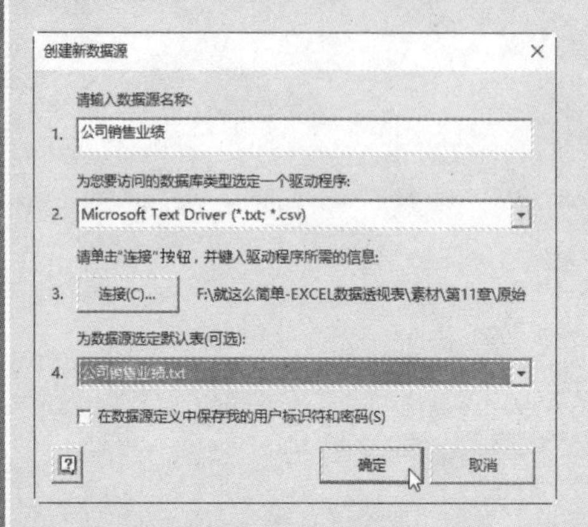

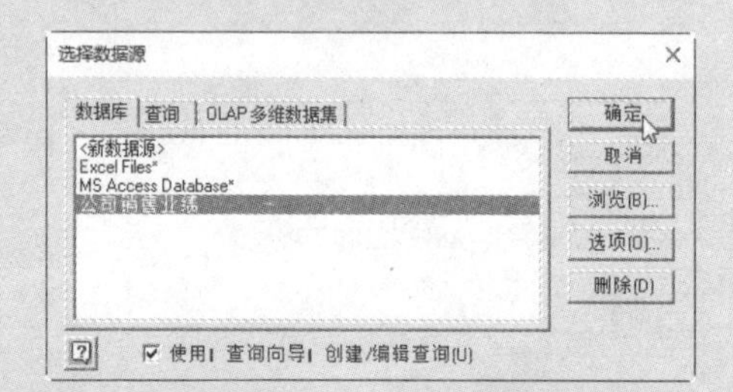

步骤12 弹出“查询向导-选择列”对话框，在“可用的表和列”列表框中选择“公司销售业绩.txt”文件，单击“添加”按钮 › 。

步骤13 此时列名标题将添加到右侧的“查询结果中的列”列表框中，单击“下一步”按钮。

步骤14 弹出“查询向导-筛选数据”对话框，保持默认设置，单击“下一步”按钮。

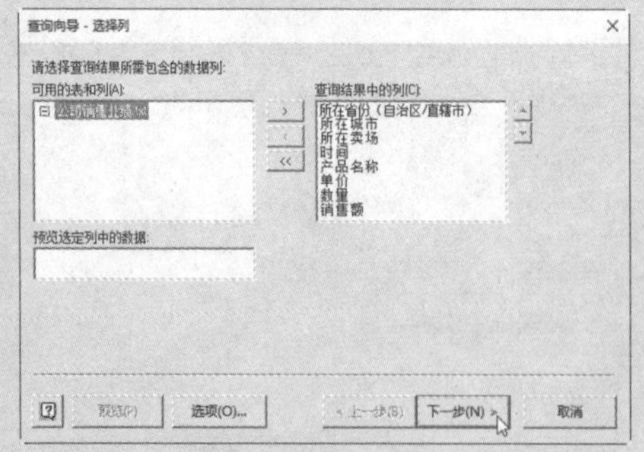

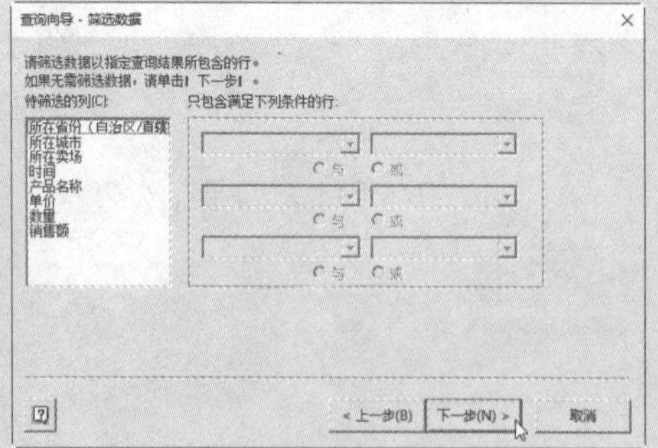

步骤15 弹出“查询向导-排序顺序”对话框，保持默认设置，单击“下一步”按钮。

步骤16 弹出“查询向导-完成”对话框，选中“将数据返回Microsoft Excel”单选项，单击“完成”按钮。

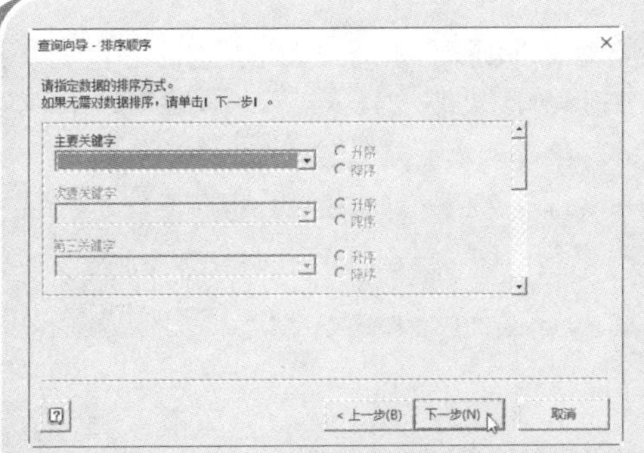
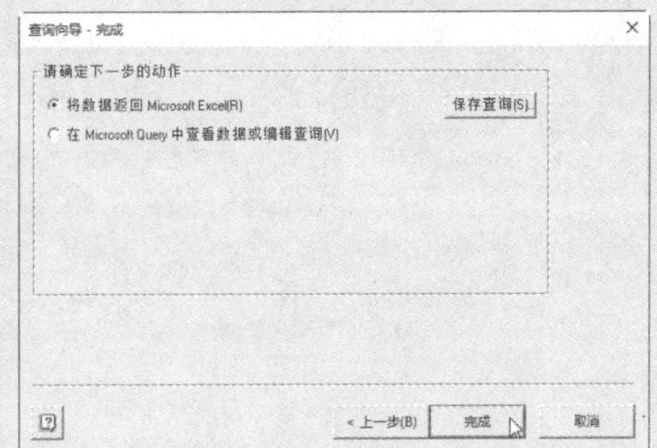

注意：在“定义 Text 格式”对话框中进行设置时，对于文本型数据列，必须将其数据类型设置为“LongChar”，才能在创建数据透视表后正确显示。

步骤 *17* 返回当前工作簿，弹出“导入数据”对话框，选择“数据透视表”单选项，然后根据需要设置数据透视表的放置位置，本例选中“现有工作表”单选项，设置将创建的数据透视表放置在当前工作表的A1单元格处，设置完成后单击“确定”按钮即可。

步骤 *18* 返回工作表，可以看到其中根据所选文本文件创建了一个空白的数据透视表。

步骤 *19* 根据需要在“数据透视表字段”窗格中勾选字段，并设置数据透视表布局即可得到相应的数据分析报表。

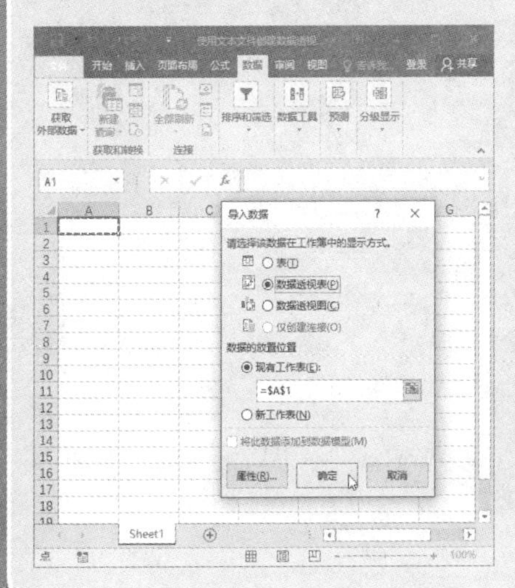

提示：在Excel中按照上述方法连接文本文件创建数据透视表时，将在目标文本文件所在的目录下创建一个“Schema.ini”文件，用以确定数据库中各字段（列）的数据类型和名称。如果需要添加或编辑该文件中的参数值，可以使用任意一种文本编辑器来实现这个目的。修改后，将在下次刷新数据透视表时生效。

11.2 使用Access数据库创建数据透视表

Microsoft Access是Microsoft Office的组件之一。当我们需要对海量数据进行分析时，可以先在Access中创建数据库，然后在Excel中以该数据库的数据作为数据源，来创建数据透视表进行数据分析工作，步骤如下。

步骤1 打开“使用Access数据库创建数据透视表.xlsx”工作簿，切换到“数据”选项卡，在“获取外部数据”组中单击“自Access”按钮。

步骤2 弹出“选取数据源”对话框，根据目标Access数据库的保存位置，找到并选中目标文件，单击“打开”按钮。

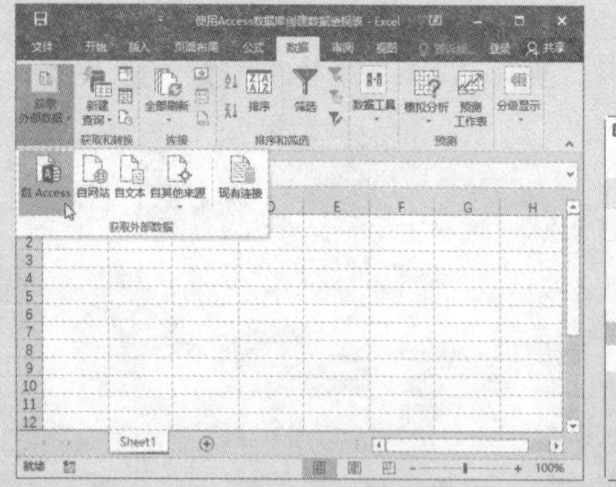

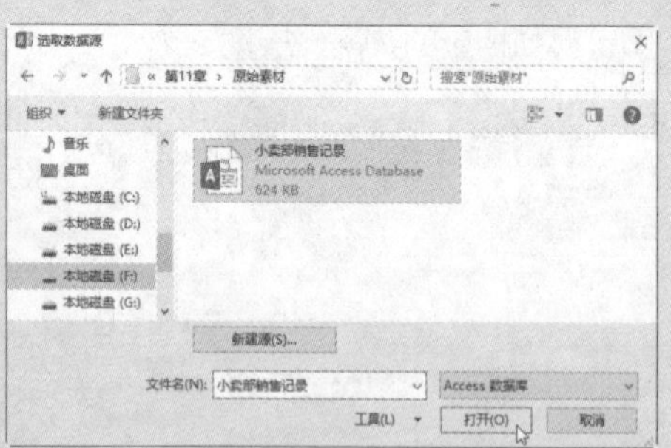

步骤3 当目标Access数据库中有多个表格时，将弹出“选择表格”对话框，根据需要选择用以创建数据透视表的表格，单击“确定”按钮。

步骤4 弹出“导入数据”对话框，先选中“数据透视表”单选项，然后根据需要设置数据透视表的放置位置，单击“确定”按钮。

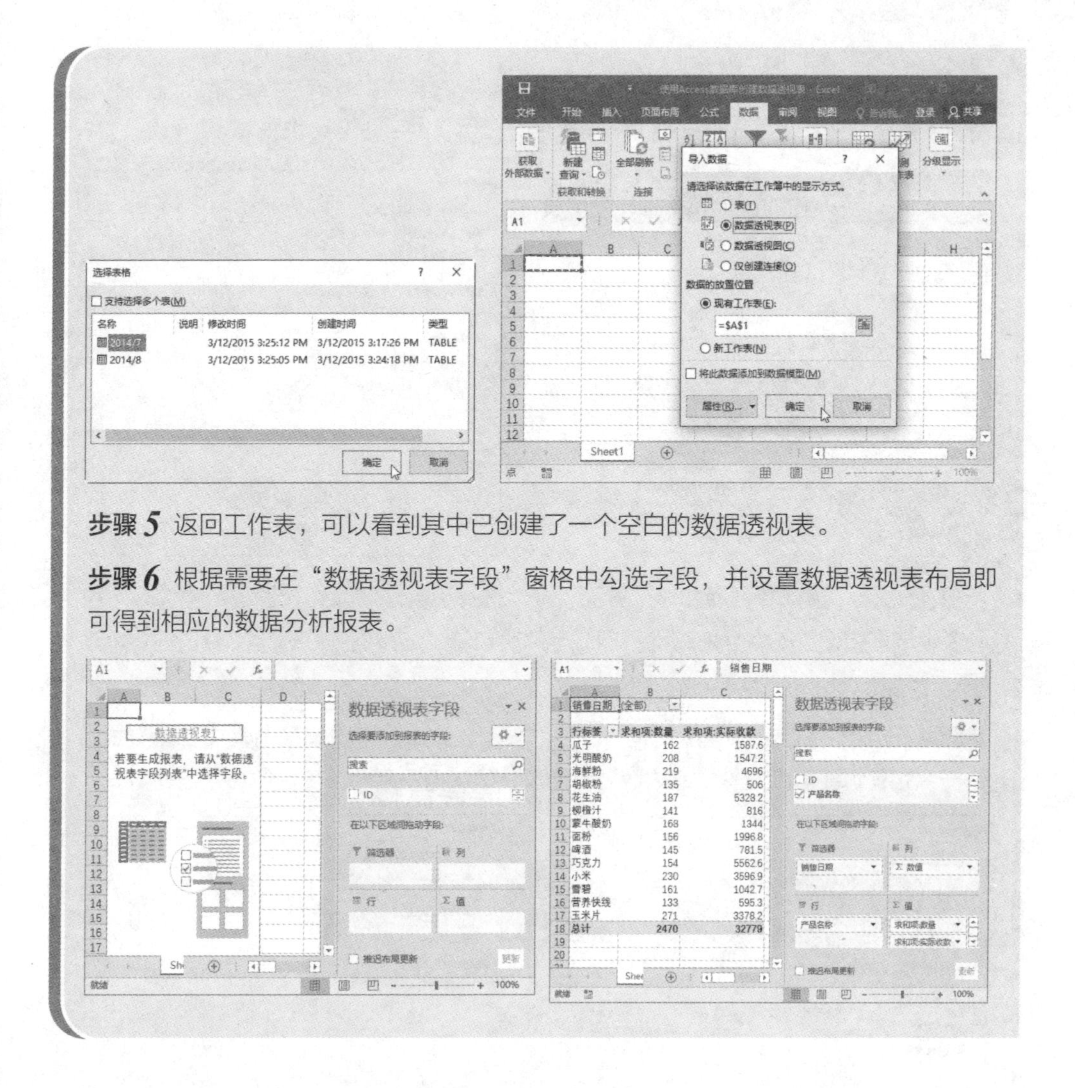

步骤 5 返回工作表，可以看到其中已创建了一个空白的数据透视表。

步骤 6 根据需要在“数据透视表字段”窗格中勾选字段，并设置数据透视表布局即可得到相应的数据分析报表。

11.3　使用SQL Server数据库创建数据透视表

在Excel中，除了可以使用Access数据库创建数据透视表，还可以使用SQL Server数据库中的数据作为数据源，来创建数据透视表，步骤如下。

步骤 1 打开要放置数据透视表的工作簿，切换到“数据”选项卡，在“获取外部数据”组中执行“自其他来源”→“来自SQL Server”命令。

步骤 2 弹出“数据连接向导”对话框，输入服务器名称，然后选择登录凭据，通常情况下选中“使用Windows 验证”单选项，单击“下一步”按钮。

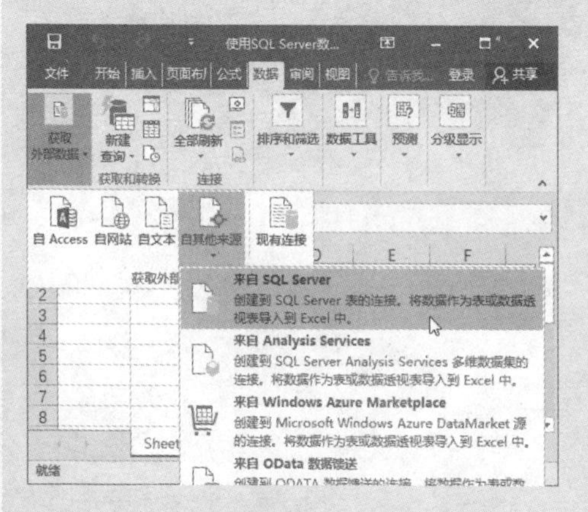

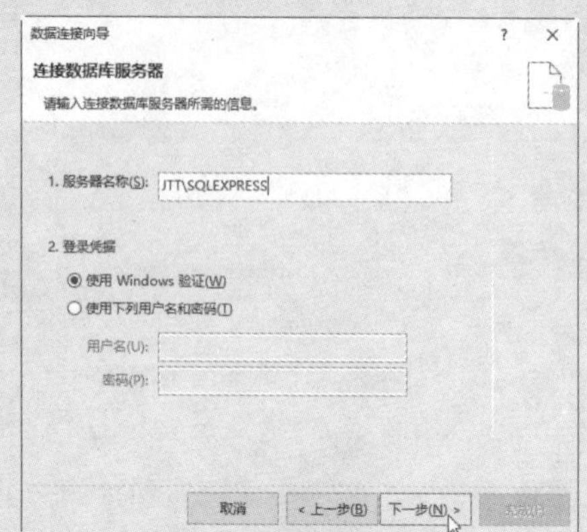

步骤 3 进入“选择数据库和表”界面，在“选择包含您所需要数据的数据库”下拉列表中选择要使用的数据所在的数据库，然后勾选“连接到指定表格”复选框，单击“下一步”按钮。

步骤 4 进入“保存数据连接文件并完成”界面，此时可以看到对前几个步骤所做的选择，如有需要可以对其中的内容进行修改，确认无误后单击“完成”按钮即可。

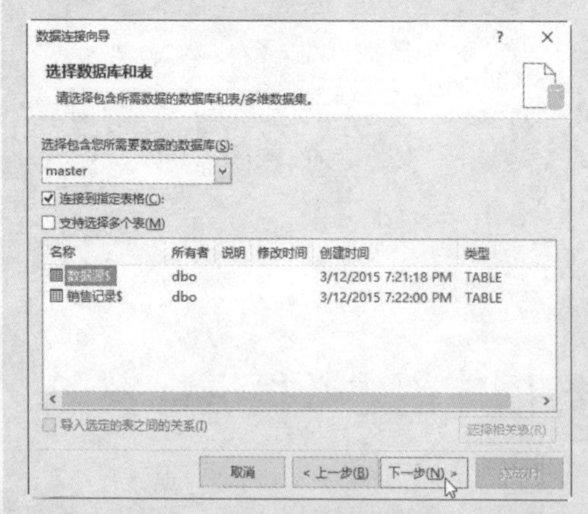

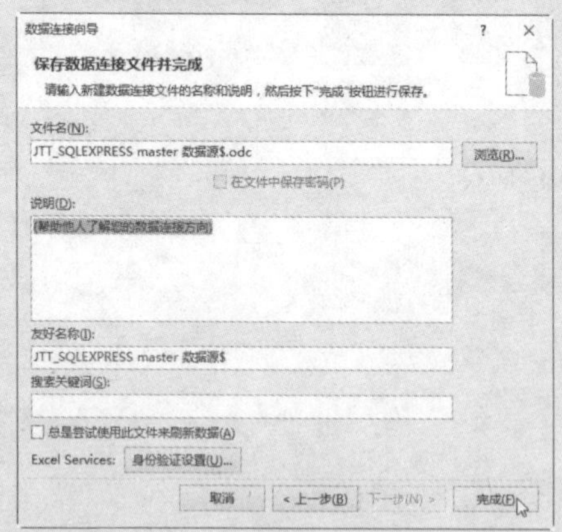

步骤 5 弹出“导入数据”对话框，选中“数据透视表”单选项，然后根据需要设置数据透视表的放置位置，单击“确定”按钮。

步骤 6 返回工作表，可以看到其中创建了一个空白的数据透视表。

步骤 7 根据需要在“数据透视表字段”窗格中勾选字段，并设置数据透视表布局即可得到相应的数据分析报表。

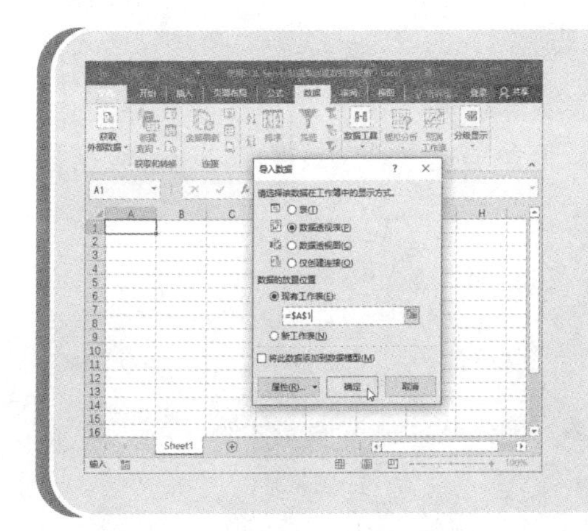

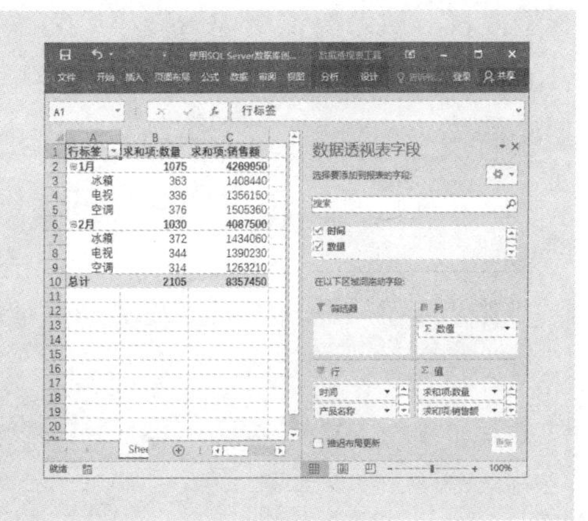

11.4 使用OLAP多维数据集创建数据透视表

OLAP（On-Line Analysis Processing，联机分析处理）是一种数据仓库。在企业的数据管理工作中，使用OLAP数据库，可以有效提高检索数据的速度，同时OLAP数据库在制作报表和数据挖掘方面具有显著的优势。

在Excel中可以使用OLAP多维数据集创建数据透视表。打开要放置数据透视表的工作簿，切换到“数据”选项卡，在“获取外部数据”组中执行“自其他来源”→“来自Analysis Sevices”命令，此时将弹出“数据连接向导”对话框，按照使用SQL Server数据库创建数据透视表的步骤进行操作，即可使用OLAP多维数据集创建数据透视表。

提示： 由于使用OLAP多维数据集与使用SQL Server数据库创建数据透视表时，除在Excel中选择的命令不同外，方法和界面基本一样，这里不再赘述。

11.5 大师点拨

疑难① 如何断开数据透视表的外部数据源连接

问题描述： 在日常工作中，对于使用SQL Server数据库等外部数据源创建的数

据透视表，如果要传给他人阅读，为了保证数据源的安全，就需要断开数据透视表的外部数据源连接，该如何操作呢？

A 解决方法：在Excel中可以将外部数据源的连接删除，只保留创建的数据报表，方法如下。

步骤1 打开“断开数据透视表的外部数据源连接.xlsx”工作簿，选中数据透视表中任意单元格，切换到“数据”选项卡，单击“连接”组中的“连接”按钮。

步骤2 弹出“工作簿连接”对话框，在列表框中选中要删除的连接选项，然后单击“删除”按钮。

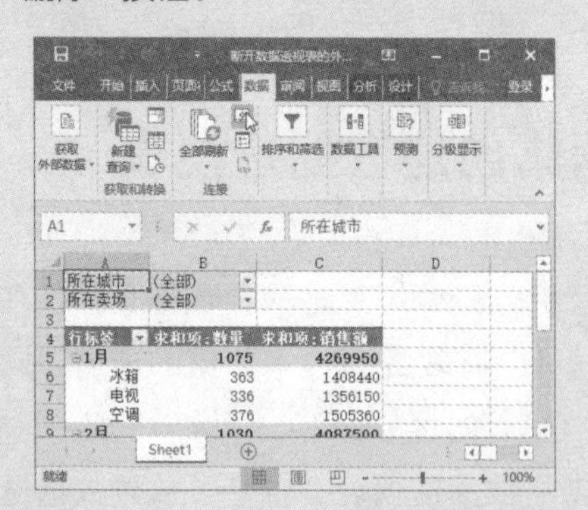

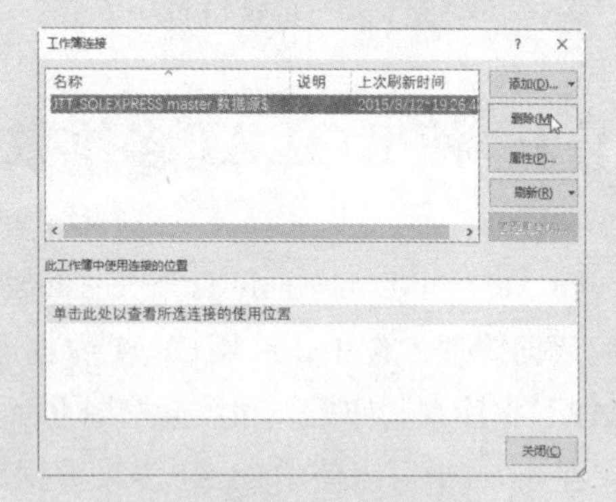

步骤3 此时系统将弹出警告提示对话框，单击“确定”按钮即可删除。

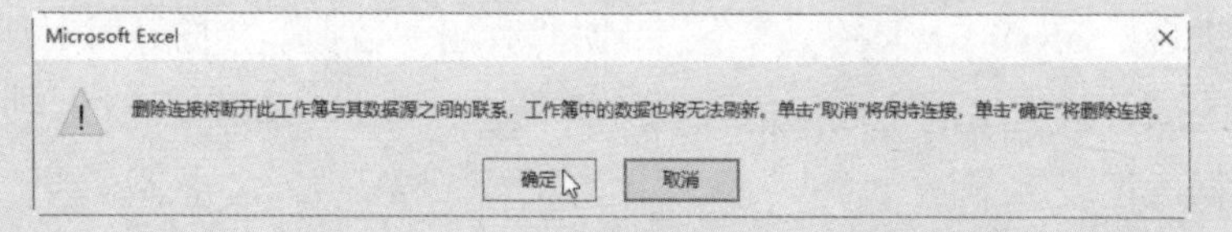

步骤4 返回“工作簿连接”对话框，单击“关闭”按钮将其关闭。

步骤5 返回工作表，单击“保存”按钮保存设置，此时该报表已断开与外部数据源的连接，不再是可与数据源交互的数据透视表。

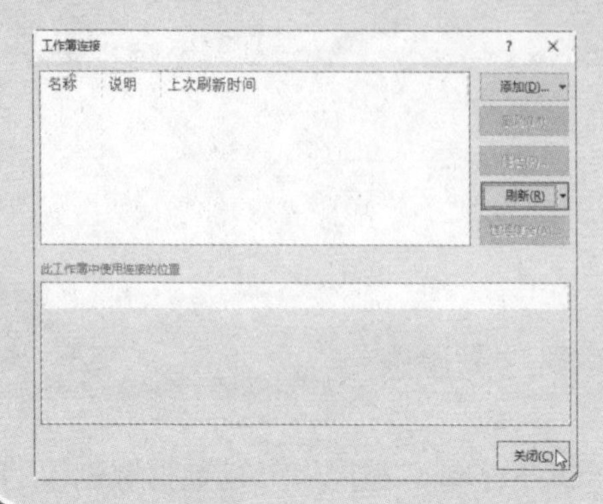

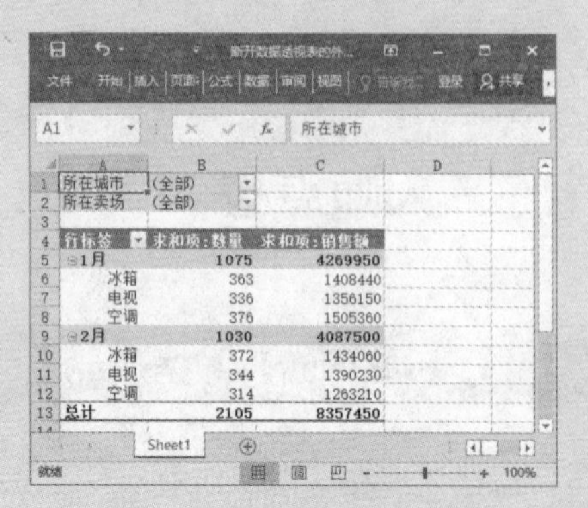

疑难❷ 如何通过“Schema.ini”文件对文本文件数据源进行格式设置

问题描述：使用文本文件创建数据透视表后，系统将在导入的文本文件所在的目录下创建一个“Schema.ini”文件，Excel每次连接外部文本文件数据时都会通过读取保存在同一目录下的这个“Schema.ini”文件来确认列名标题和数据类型。如果在使用文本文件创建数据透视表的过程中不进行格式设置，或者创建完成后需要修改格式设置，该如何通过编辑“Schema.ini”文件来实现呢？

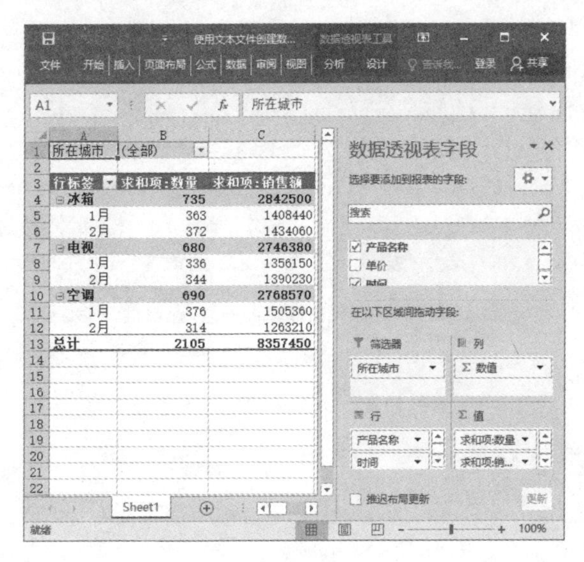

解决方法：使用“记事本”打开“Schema.ini”文件，在其中手动修改代码，编辑完成后执行“文件”→“保存”命令保存设置，然后单击“关闭”按钮关闭文件即可。修改“Schema.ini”文件后，在下次刷新数据透视表时即可生效。以如图所示的使用文本文件创建的数据透视表及其对应的“Schema.ini”文件为例，对“Schema.ini”文件的代码进行一个简单的说明。

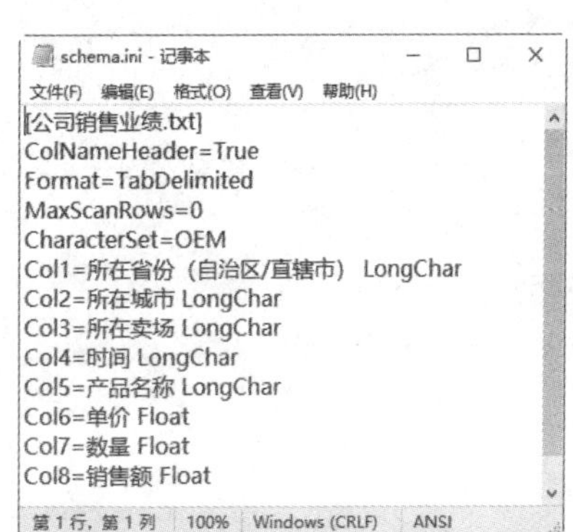

schema.ini - 记事本

文件(F) 编辑(E) 格式(O) 查看(V) 帮助(H)

```
[公司销售业绩.txt]
ColNameHeader=True
Format=TabDelimited
MaxScanRows=0
CharacterSet=OEM
Col1=所在省份（自治区/直辖市） LongChar
Col2=所在城市 LongChar
Col3=所在卖场 LongChar
Col4=时间 LongChar
Col5=产品名称 LongChar
Col6=单价 Float
Col7=数量 Float
Col8=销售额 Float
```

第 1 行，第 1 列 100% Windows (CRLF) ANSI

- [公司销售业绩.txt]：选择的文本文件数据源。
- ColNameHeader=True：表示第一行的数据包含列标题。
- Format=TabDelimited：定义Text格式为使用“Tab分隔符”。
- MaxScanRows=0：最大扫描行数为0。
- CharacterSet=OEM：定义字符集为OEM。

➢ Col1=所在省份（自治区/直辖市）LongChar：定义“所在省份（自治区/直辖市）”字段的数据类型为LongChar。

➢ Col2=所在城市 LongChar：定义“所在城市”字段的数据类型为LongChar。

➢ Col3=所在卖场 LongChar：定义“所在卖场”字段的数据类型为LongChar。

➢ Col4=时间 LongChar：定义“时间”字段的数据类型为LongChar。

➢ Col5=产品名称 LongChar：定义“产品名称”字段的数据类型为LongChar。

➢ Col6=单价 Float：定义“单价”字段的数据类型为Float。

➢ Col7=数量 Float：定义“数量”字段的数据类型为Float。

➢ Col8=销售额 Float：定义“销售额”字段的数据类型为Float。

提示： 数据类型可以为 Bit、Byet、Char、Currency、Date、Float、Integer、LongChar、Short 或 Singel。如果要设置数据类型为Date，则需在文本文件数据源中该字段对应的数据列形如“dd-mmm-yy”、“mm-dd-yy”、“mmm-dd-yy”、“yyyy-mm-dd”或“yyyy-mmm-dd”，其中“mm”表示代表月份的数字，“mmm”表示代表月份的字母。

第12章

使用VBA操作数据透视表

VBA（Visual Basic for Application）是微软公司开发的一种可以在应用程序中共享的自动化语言。在Excel中，我们可以通过VBA代码实现程序的自动化，可极大地提高工作效率。本章将介绍使用VBA的基本知识，以及在Excel数据透视表中的应用。

本章导读：

- 宏的基础应用
- VBA 在数据透视表中的应用

12.1 宏的基础应用

在Excel中，使用“宏”功能录制宏就能够生成VBA代码。我们可以先将数据透视表中的操作录制下来，然后通过录制生成的VBA代码来学习与数据透视表相关的代码应用。

12.1.1 宏与VBA

VBA（Visual Basic for Application）是微软公司开发的一种可以在应用程序中共享的自动化语言，能够实现Office的自动化，从而极大地提高工作效率。

使用VBA可以实现的功能有很多，如使重复任务自动化，自定义Excel的工具栏、菜单和界面，建立模块和宏指令，提供建立类模块的功能，自定义Excel使其成为开发平台，创建报表，对数据进行复杂的操作和分析等。

Excel的宏是一个用VBA代码保存下来的程序，是可以完成某个特定功能的命令组合。换句话说，VBA是由模块组成的，其模块内部由至少一个过程（完成某个特定功能）组成，一个宏对应于VBA中的一个过程。宏可以通过录制得到，但是VBA代码需要在VBA编辑器中手动输入。

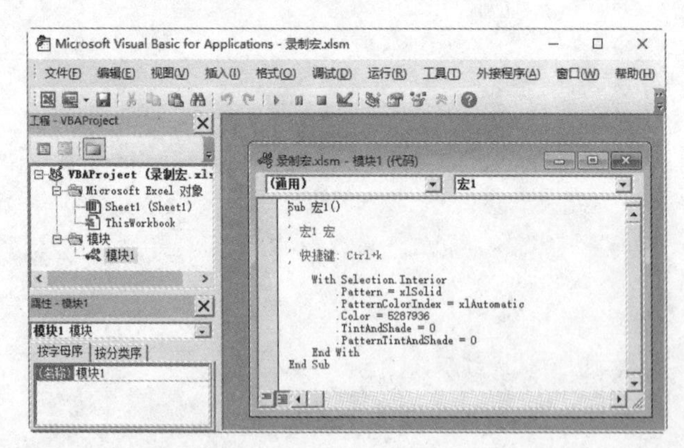

一些简单的操作可以通过录制宏的方式完成。但是由于录制的宏不够灵活，某些复杂的操作单靠录制宏无法实现，只能靠手工编写VBA代码来完成。同时在Excel中，执行宏时需要手工运行，无法根据实际情况自动执行。

比较而言，VBA具有较高的灵活度，但代码编写对专业知识的要求会更高，而宏使用起来虽然更简单，入门难度也低，却受到各种限制，缺乏灵活性。在实际工作中，我们常常会把两者结合起来使用，以降低工作难度，提高工作效率。

12.1.2 显示“开发工具”选项卡

默认情况下，Excel 2016中不显示“开发工具”选项卡，而关于“宏”和VBA的命令按钮，多在功能区的“开发工具”选项卡中。要在Excel中显示出“开发工具”选项卡，可以自定义功能区，方法如下。

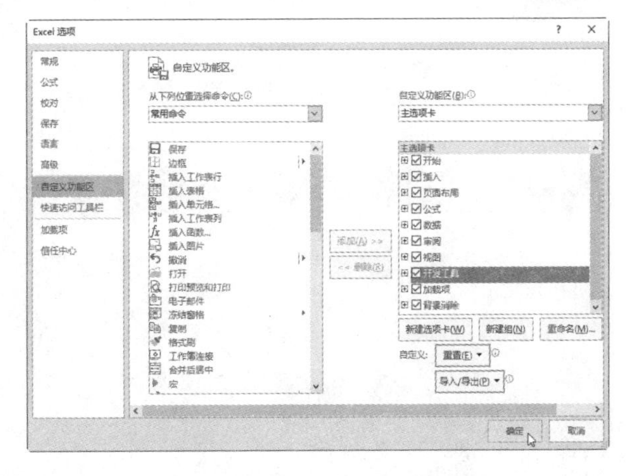

打开Excel工作簿，切换到“文件”选项卡，单击“选项”命令，弹出“Excel选项”对话框，切换到“自定义功能区”选项卡，在右侧的“自定义功能区”下拉列表中选择“主选项卡”选项，并在下方的列表框中勾选“开发工具”复选框，然后单击“确定”按钮即可。

12.1.3 录制宏

在Excel中，录制宏的方法很简单，以录制一个宏的通常情况为例，方法如下。

步骤 1 打开“录制宏.xlsx”素材文件，切换到“开发工具”选项卡，在“代码”组中单击“录制宏”按钮。

步骤 2 弹出“录制宏”对话框，设置宏名、快捷键、保存位置，以及宏的说明信息，然后单击“确定”按钮。

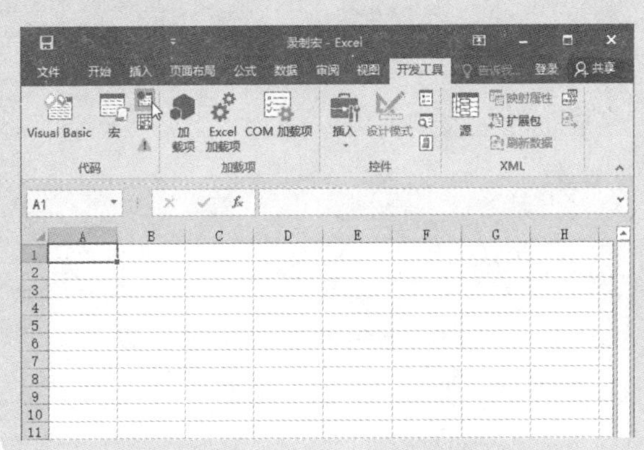

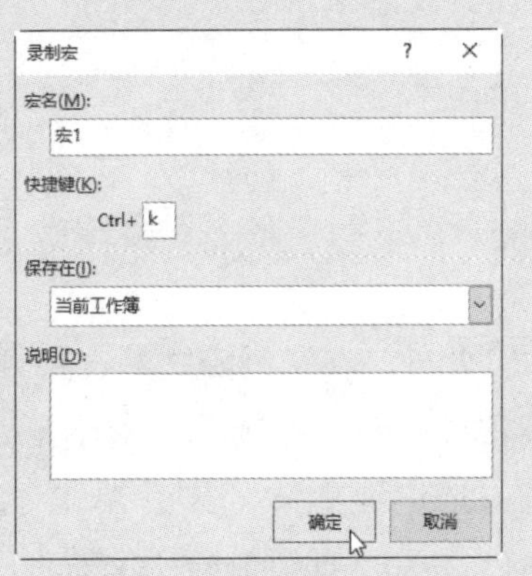

步骤 3 返回工作表中，可以看到“录制宏”按钮已变为“停止录制”按钮，此时可以开始录制操作，如设置单元格背景色为绿色，操作完成后，单击“停止录制”按钮■即可。

步骤 4 录制完成后，选中要执行宏的单元格，在“开发工具”选项卡的“代码”组中单击“宏”按钮。

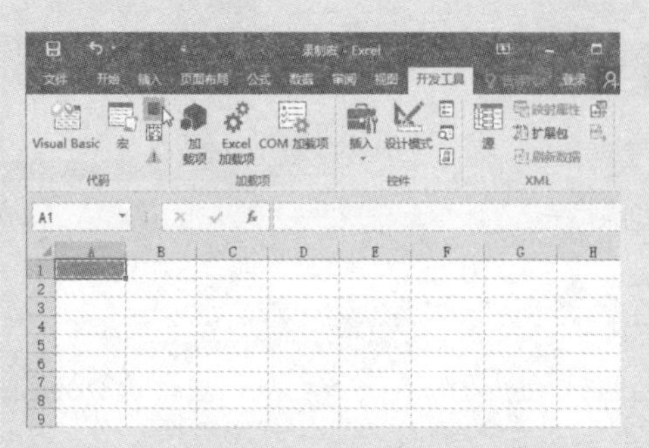

提示：在Excel工作簿的底部工具栏中，单击“录制宏”按钮也可打开“录制宏”对话框，开始录制后，该按钮将变为“停止录制”按钮□，单击可结束宏的录制。

步骤 5 弹出“宏”对话框，选中要执行的宏，单击“执行”按钮即可运行该宏。

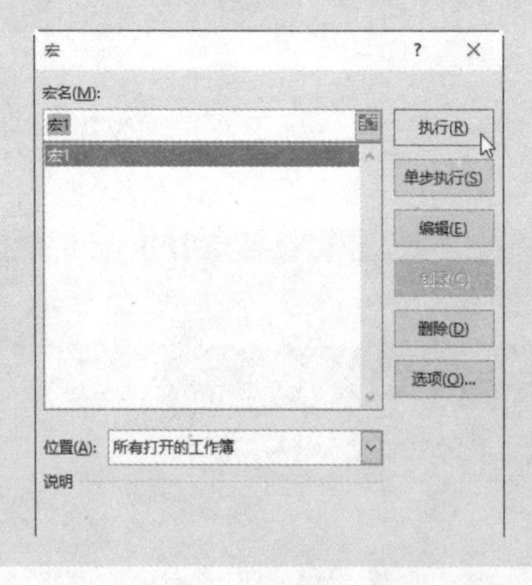

此外，在录制宏之后，打开“宏”对话框，选中要修改的宏，单击“选项”按钮，打开“宏选项”对话框，在其中可以修改宏的快捷键设置，以及说明信息；选中要删除的宏，单击“删除”按钮，然后在弹出的提示对话框中单击“是”按钮，即可删除所选宏。

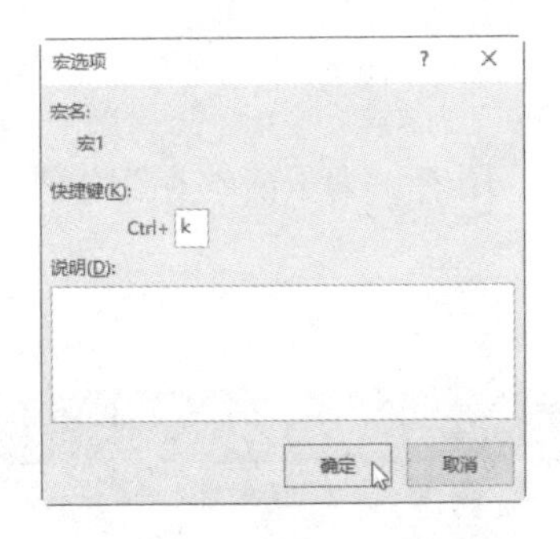

12.1.4　保存宏

在Excel 2016中，完成宏的录制之后，单击“保存”按钮并不能将宏保存在工作簿中。因为Excel 2016对工作簿中是否包含宏进行了严格的区分，需要将包含宏的工作簿另存为“Excel启用宏的工作簿”文件类型，才能正确保存工作簿中录制的宏，以便在下次打开工作簿时使用其中的宏。

保存录制了宏的Excel工作簿的方法如下。

步骤 *1* 接上一例操作，切换到“文件”选项卡，选择“另存为”选项，双击“这台电脑”按钮。

步骤 *2* 在弹出的“另存为”对话框中，设置文件保存位置、文件名，设置文件保存类型为“Excel启用宏的工作簿”，然后单击“保存”按钮即可。

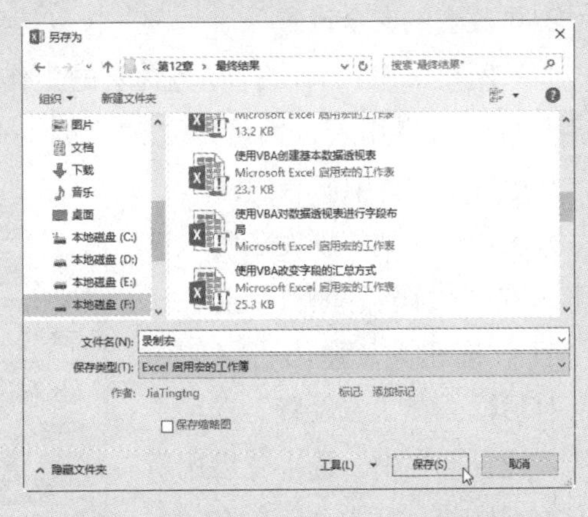

提示：在Excel中，普通工作簿的扩展名是“.xlsx”，启用了宏的工作簿的扩展名是“.xlsm”。

12.1.5 宏的安全设置

在Excel 2016中，默认情况下工作簿中将禁用宏，为了能够在工作簿中正常使用宏，需要设置启用宏，主要有以下3种方法。

1. 通过消息栏启用宏

在Excel中，正确保存了包含宏的工作簿后，下次打开该工作簿时，将看到功能区下方显示出一个消息栏。如果确认工作簿中的宏是安全的，则需要单击“启用内容”按钮，才能正常使用工作簿中的宏。

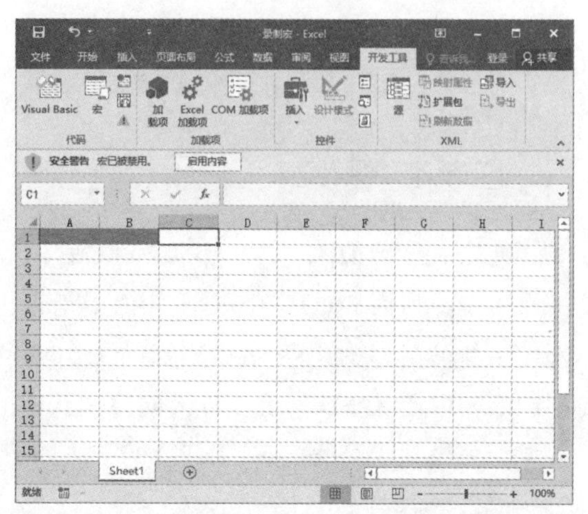

否则，在试图运行宏时，将无法正常使用宏，并弹出提示对话框，要求用户重新打开当前工作簿，然后启用宏。

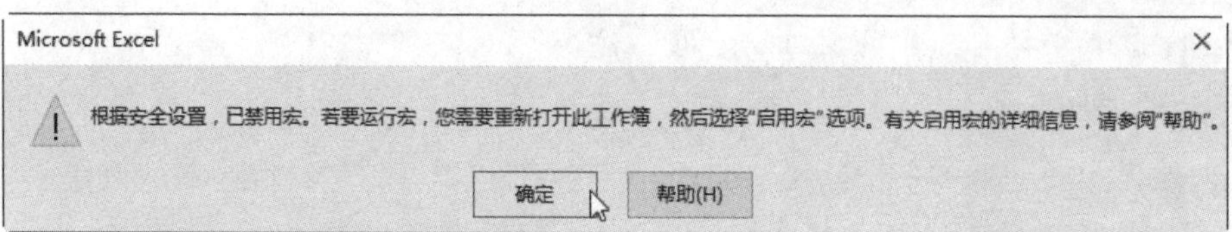

2. 更改宏的安全设置

如果用户不想在每次打开包含宏的工作簿时，都要通过单击“启用内容”按钮来启用宏，则可以更改宏的安全设置，通过降低宏的安全性，来运行工作簿中所有的宏。

方法：切换到“开发工具”选项卡，在“代码”组中单击“宏安全性”按钮▲，弹出“信任中心”对话框，在“宏设置”选项卡的“宏设置”栏中，选中“启用所有宏（不推荐；可能会运行有潜在危险的代码）”单选项，然后单击“确定”按钮，保存设置即可。

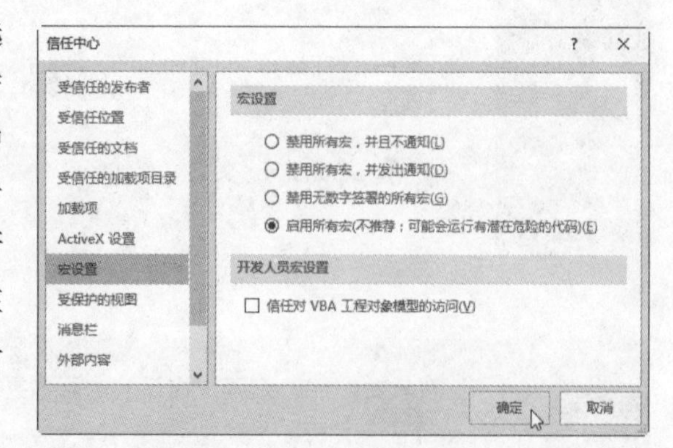

3. 添加受信任位置

如果需要在保证宏的安全性的同时，允许自动启用指定位置中的工作簿中包含的宏，可以在Excel中设置受信任位置，方法如下。

步骤 1 打开“录制宏.xlsm”素材文件，切换到“开发工具”选项卡，在“代码”组中单击“宏安全性”按钮 。

步骤 2 弹出“信任中心”对话框，切换到“受信任位置”选项卡，单击“添加新位置”按钮。

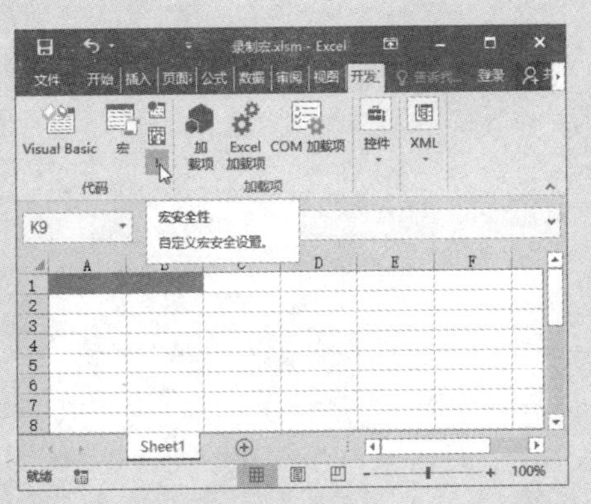

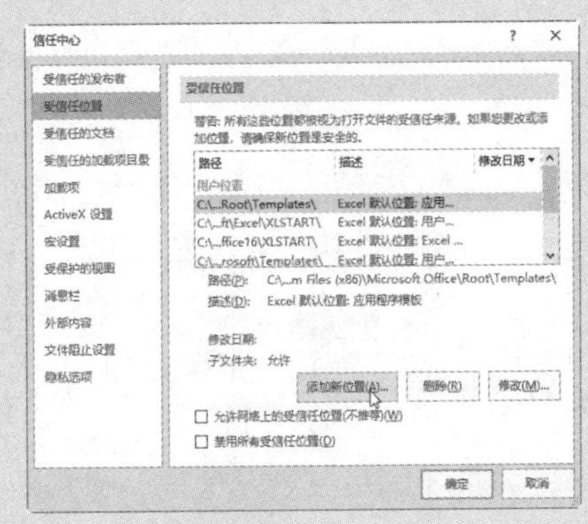

步骤 3 弹出“Microsoft Office受信任位置”对话框，单击“浏览”按钮。

步骤 4 弹出“浏览”对话框，选择需要设置受信任位置的文件夹路径，单击“确定”按钮。

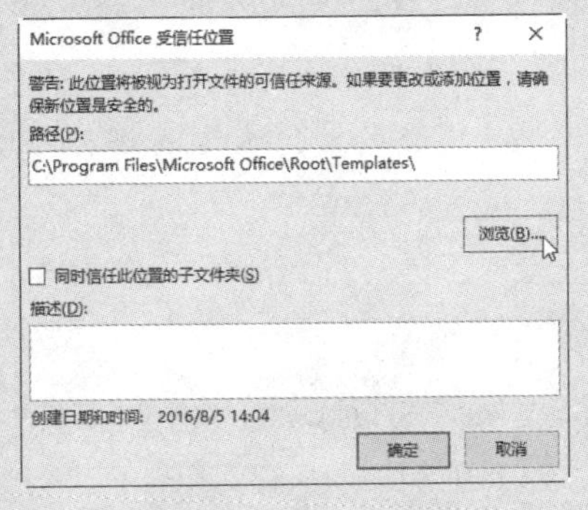

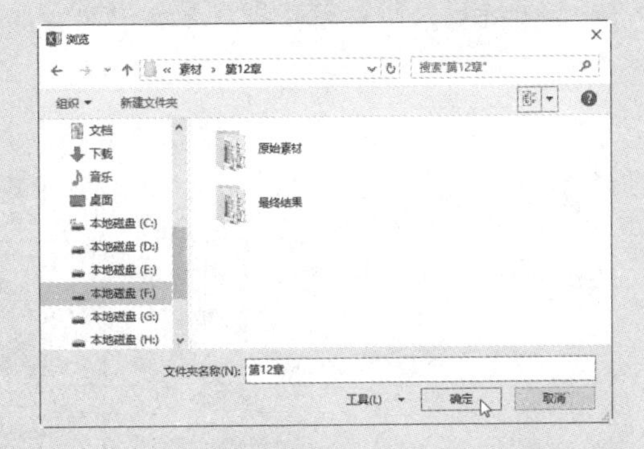

步骤 5 返回“Microsoft Office受信任位置”对话框，在“路径”文本框中将显示所选的文件夹路径，单击“确定”按钮。

步骤 6 返回“信任中心”对话框，在列表框中可以看到新增了所选受信任位置，单击“确定”按钮保存设置即可，此后，打开受信任位置中的工作簿，其中包含的宏将自动启用。

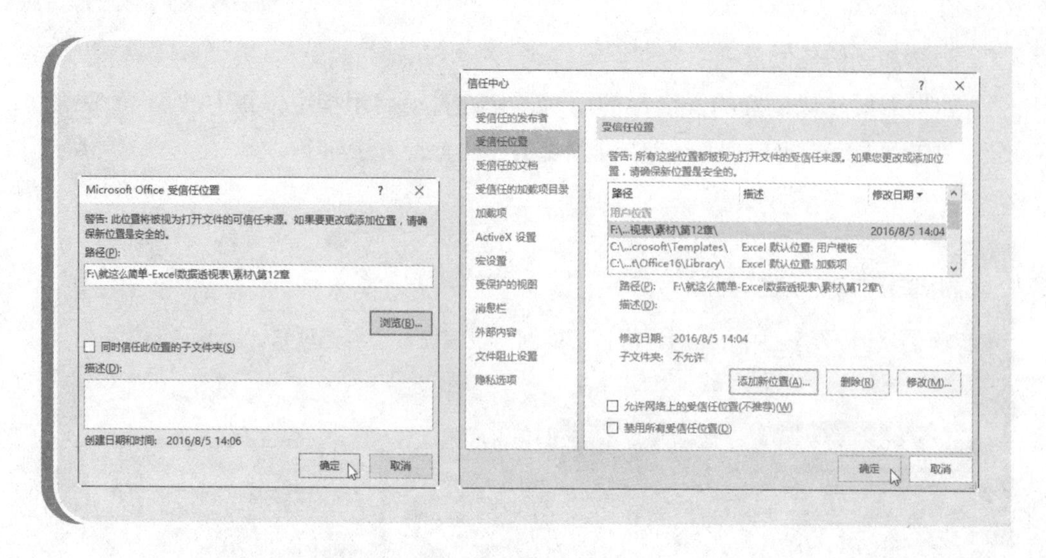

12.1.6 认识VBA编辑器

前面已经介绍过，宏是一个用VBA代码保存下来的程序，是VBA模块内部的一个过程。因此，在录制完成一个宏之后，通过VBA编辑器可以查看宏的代码。此外，如果要编写或测试代码，也需要在VBA编辑器窗口中完成。

在Excel中，打开VBA编辑器窗口的方法主要有以下3种。

- 切换到“开发工具”选项卡，在“代码”组中单击“Visual Basic”按钮，即可打开VBA编辑器窗口。
- 按“Alt+F11”组合键，即可快速打开VBA编辑器窗口。
- 在包含宏的工作簿中，切换到“开发工具”选项卡，在“代码”组中单击“宏”按钮，弹出“宏”对话框，在列表框中选中需要的宏，然后单击“编辑”按钮，即可打开VBA编辑器，并在其中查看所选宏的代码。

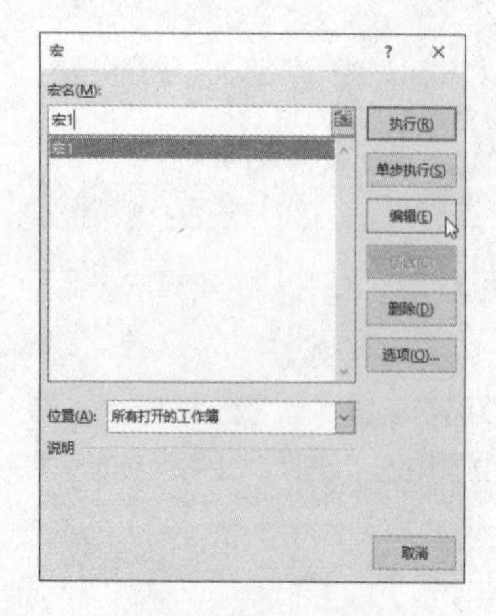

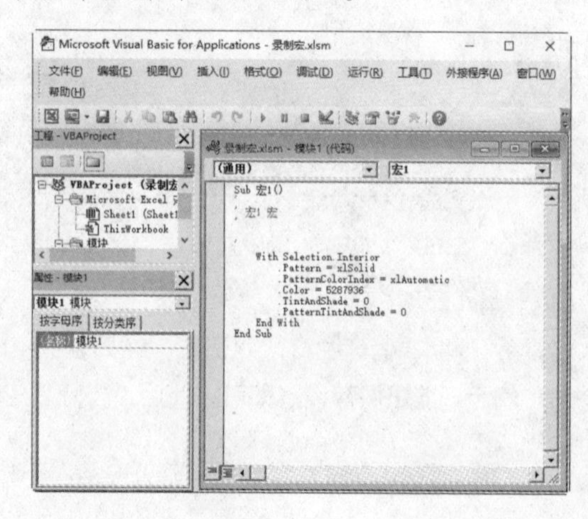

VBA编辑器窗口，也被称作VBA窗口，它由菜单栏、工具栏、工程资源管理器、属性窗口和代码窗口组成。通过执行“视图”菜单中的命令，可以隐藏或显示这些组件。下面详细介绍VBA编辑器窗口的各个重要组成部分，为使用VBA代码打下基础。

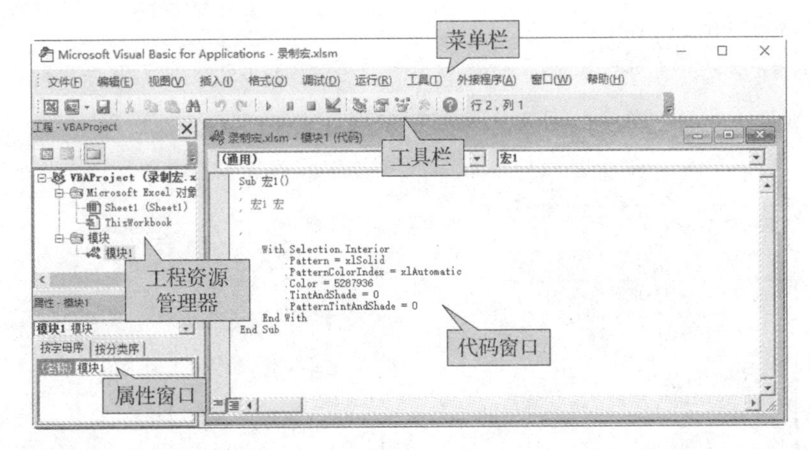

1. 菜单栏

在VBA窗口的菜单栏中，包含“文件”、“编辑”、“视图”、“插入”、“格式”、“调试”、“运行”、“工具”、“外接程序”、“窗口”和“帮助”这11个菜单。在这些菜单中包含了相应功能的命令，通过执行这些命令可以完成VBA代码和宏的应用。

2. 工具栏

在VBA窗口的工具栏中，包含“视图”“插入用户窗体”“保存”“剪切”“复制”“粘贴”等18个常用命令按钮，方便用户快速执行相应的命令，以及使用宏和VBA代码。

3. 工程资源管理器

在VBA窗口的工程资源管理器中，显示了当前所有打开的工作簿（VBAProject）、工作簿中包含的工作表（Sheet1、Sheet2⋯），以及包含代码的工作簿（ThisWorkbook）。其中每一个当前打开的工作簿，显示为一个VBAProject。

这些组成部分都被称作模块，如Sheet1是工作表模块，ThisWorkbook是工作簿模块，当工作簿中录制了宏，Excel还会创建“模块”模块。

提示：在一个VBAProject中，还可以创建用户窗体和类模块。

在工程资源管理器中，可以轻松地查看每个VBAProject的组成结构。双击其中的任意模块，即可打开与该模块对应的代码窗口。使用鼠标右键单击任意一个模块，即可在弹出的快捷菜单中对模块执行相应的命令。

- 通过执行“查看代码”命令，可以打开与所选模块对应的代码窗口查看代码。
- 通过“插入”命令子菜单，可以选择“用户窗体”、“模块”或“类模块”选项。
- 通过执行“导入文件”命令，可以将计算机中保存的模块文件导入当前的VBAProject中。
- 通过执行“导出文件”命令，可以将当前所选模块以文件形式保存到计算机中。
- 通过执行“移除”命令，可以删除当前模块。
- 通过执行“隐藏”命令，可以隐藏工程资源管理器窗口。

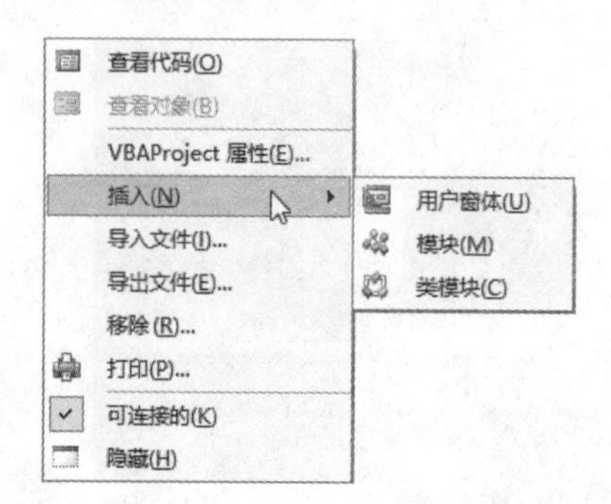

4. 属性窗口

在VBA窗口的菜单栏中，执行“视图”→“属性窗口”命令，即可打开“属性”窗口，在“属性”窗口中可以设置对象的外观，如在工程资源管理器中选中ThisWorkbook模块，在属性窗口中即可显示出该模块对应可进行设置的属性，先在左侧单击某个属性，然后在右侧通过输入或选择的方式，即可设置属性值。

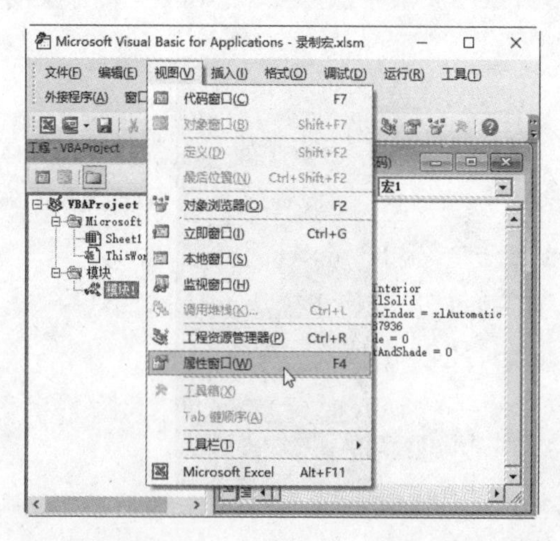

5. 代码窗口

在VBA窗口中，双击工程资源管理器中的任意模块，即可打开与其对应的代码窗口，在其中可进行如下操作。

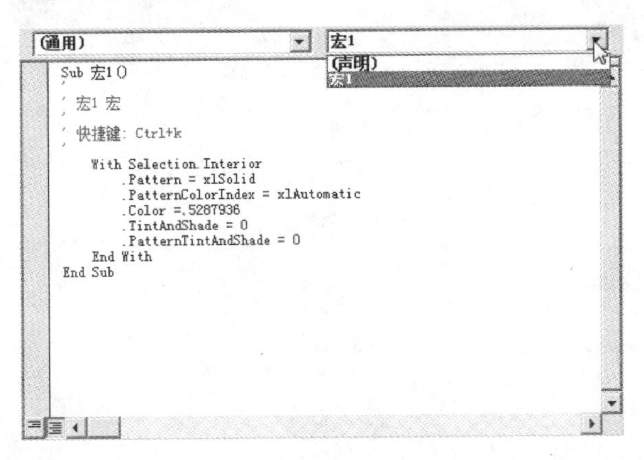

- 在代码窗口中，可以使用常用的文本编辑功能输入、修改和删除VBA代码，方法就像在记事本中编辑文本一样。
- 在代码窗口顶部，打开左侧的下拉列表，可以选择当前模块中包含的对象，打开右侧的下拉列表，可以选择当前模块中包含的过程。
- 在代码窗口底部，单击“过程视图”按钮 ，可设置只显示某个过程，然后通过代码窗口顶部右侧的下拉列表切换要显示的过程；单击“全模块视图”按钮 ，可设置显示当前模块中包含的所有过程，默认情况下，代码窗口中将以“全模块视图”方式显示代码。

12.2 VBA在数据透视表中的应用

在了解Excel中宏的基础应用之后，下面介绍如何将VBA应用到数据透视表中，实现数据透视表的自动化管理。

12.2.1 创建基本的数据透视表

在Excel 2016中，如果要以下图所示的工作表作为数据源，创建一个数据透视表，可以打开VBA编辑器窗口，在“数据源”模块对应的代码窗口中输入如下代码。

提示：在Excel中要使用VBA代码创建或管理数据透视表，首先要将数据源保存在一个启用宏的工作簿中，因为Excel严格区分了普通工作簿和启用宏的工作簿。

使用VBA创建基本数据透视表 - Excel

	A	B	C	D	E	F	G
1	所在省份（自治区/直辖市）	所在城市	所在卖场	时间	产品名称	单价	数量
2	四川	攀枝花	七街门店	1月	电视	¥ 4,050.00	42
3	四川	攀枝花	七街门店	1月	冰箱	¥ 3,990.00	25
4	四川	成都	1号店	1月	电视	¥ 3,800.00	30
5	四川	成都	1号店	1月	冰箱	¥ 3,990.00	23
6	四川	攀枝花	三路门店	1月	空调	¥ 5,200.00	34
7	四川	成都	1号店	1月	空调	¥ 3,990.00	51
8	四川	攀枝花	三路门店	1月	电视	¥ 4,200.00	22
9	四川	攀枝花	三路门店	1月	冰箱	¥ 4,100.00	47
10	四川	成都	2号店	1月	空调	¥ 4,050.00	36
11	四川	成都	2号店	1月	电视	¥ 3,990.00	51
12	四川	成都	2号店	1月	冰箱	¥ 3,800.00	43
13	四川	成都	3号店	1月	空调	¥ 4,050.00	38
14	四川	成都	3号店	1月	电视	¥ 3,990.00	29
15	四川	成都	3号店	1月	冰箱	¥ 3,800.00	31
16	四川	攀枝花	七街门店	1月	空调	¥ 4,130.00	33

```
Sub 创建基本数据透视表()
    Dim pvc As PivotCache
    Dim pvt As PivotTable
    Dim wks As Worksheet
    Dim oldrng As Range, newrng As Range
    Set oldrng = Worksheets("数据源").Range("A1").CurrentRegion
    Set wks = Worksheets.Add
    Set newrng = wks.Range("A1")
    Set pvc = ActiveWorkbook.PivotCaches.Create(xlDatabase,oldrng)
    Set pvt = pvc.CreatePivotTable(newrng)
End Sub
```

其中，定义了几个变量，并指定了变量数据类型；给oldrng赋值为用来创建数据透视表的数据源表格区域；在当前工作簿中新建一个工作表；给newrng赋值为新工作表的A1单元格；根据oldrng，即数据源表格区域创建一个数据透视表缓存（PivotCache）；根据数据透视表缓存来创建数据透视表（PivotTable），将创建的数据透视表放置在新建工作表的A1单元格（newrng）中。

运行上述代码，即可得到如下图所示的空白数据透视表。

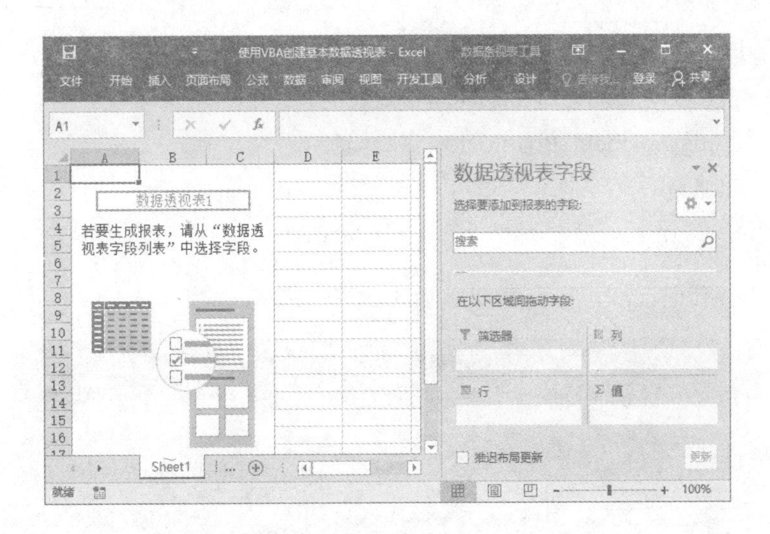

12.2.2 对数据透视表进行字段布局

在创建了一个空白的Excel数据透视表之后，用户需要对字段进行布局。以上面创建的空白数据透视表为例，如果需要将“所在省份（自治区/直辖市）”字段放置到报表筛选区域，将“所在城市”和“产品名称”字段放置到行字段区域，将“数量”和“销售额”字段放置到值字段区域，可以在数据透视表所在的工作表（“Sheet1”工作表）模块对应的代码窗口中，输入如下代码：

```
Sub 对字段进行布局()
    Dim pvt As PivotTable
    Set pvt = Worksheets("Sheet1").PivotTables(1)
    With pvt
        With .PivotFields("所在省份（自治区/直辖市）")
            .Orientation = xlPageField
        End With
        With .PivotFields("所在城市")
            .Orientation = xlRowField
            .Position = 1
        End With
        With .PivotFields("产品名称")
            .Orientation = xlRowField
            .Position = 2
```

```
End With
        .AddDataField .PivotFields("数量")
        .AddDataField .PivotFields("销售额")
    End With
End Sub
```

运行上述代码，即可得到如图所示的数据透视表。

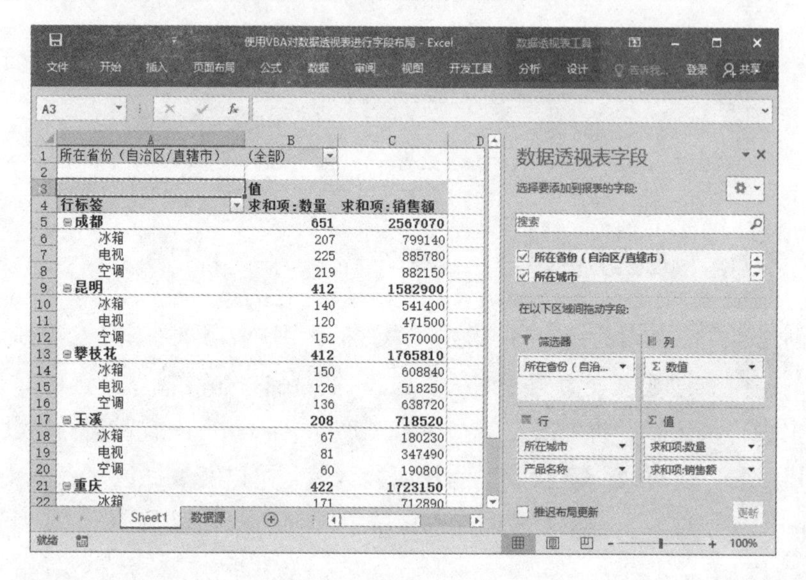

12.2.3 根据数据源刷新数据透视表

创建数据透视表后，如果修改了数据源中的数据内容，则需要刷新数据透视表。要想通过VBA代码刷新数据透视表，可以使用如下代码：

```
Sub 根据数据源刷新数据透视表()
    Dim pvt As PivotTable
    Set pvt = Worksheets("Sheet1").PivotTables(1)
    pvt.RefreshTable
End Sub
```

12.2.4 在数据透视表中添加和删除字段

创建数据透视表后，还可以根据需要添加和删除字段。举例来看，如果要通过VBA代码，将数据透视表中的“所在城市”字段从行字段区域移动到报表筛选区域，并置于“所在省份（自治区/直辖市）”字段的下方，同时将“数量”字段从数据透视表的值字段区域中移除，则可以使用如下代码：

```
Sub 在数据透视表中添加和删除字段()
    Dim pvt As PivotTable
    Set pvt = Worksheets("Sheet1").PivotTables(1)
    With pvt
        With .PivotFields("所在城市")
            .Orientation = xlPageField
            .Position = 1
        End With
        .PivotFields("求和项:数量").Orientation = xlHidden
    End With
End Sub
```

运行上述代码，即可得到如图所示的数据透视表。

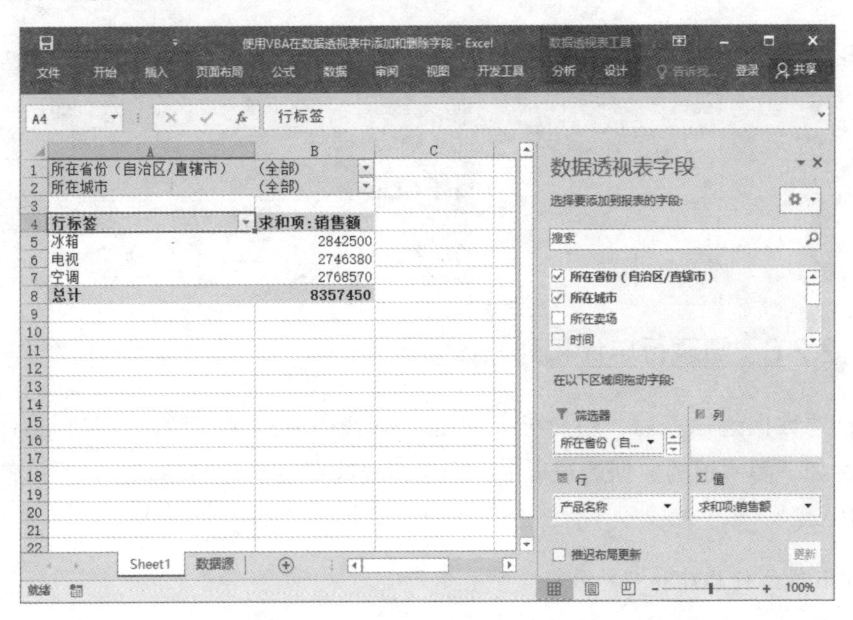

12.2.5 设置数据透视表的布局方式

默认情况下，Excel的数据透视表以压缩形式（xlCompactRow）布局，如果要通过VBA代码将数据透视表的布局方式更改为表格形式（xlTabularRow），可以使用如下代码：

```
Sub 设置数据透视表布局方式()
    Dim pvt As PivotTable
    Set pvt = Worksheets("Sheet1").PivotTables(1)
    pvt.RowAxisLayout xlTabularRow
End Sub
```

提示：数据透视表还有一种布局形式，即大纲形式（xlOutlineRow）。

运行上述代码后，数据透视表即可从压缩形式的布局更改为表格形式的布局。

	A	B	C	D
1		值		
2	行标签	求和项:数量	求和项:销售额	
3	⊟成都	651	2567070	
4	冰箱	207	799140	
5	电视	225	885780	
6	空调	219	882150	
7	⊟昆明	412	1582900	
8	冰箱	140	541400	
9	电视	120	471500	
10	空调	152	570000	
11	⊟攀枝花	412	1765810	
12	冰箱	150	608840	
13	电视	126	518250	
14	空调	136	638720	
15	⊟玉溪	208	718520	
16	冰箱	67	180230	
17	电视	81	347490	
18	空调	60	190800	
19	⊟重庆	422	1723150	
20	冰箱	171	712890	
21	电视	128	523360	
22	空调	123	486900	
23	总计	2105	8357450	

	A	B	C	D
1	所在省份（自治区/直辖市）	(全部)		
2				
3			值	
4	所在城市	产品名称	求和项:数量	求和项:销售额
5	⊟成都	冰箱	207	799140
6		电视	225	885780
7		空调	219	882150
8	成都 汇总		651	2567070
9	⊟昆明	冰箱	140	541400
10		电视	120	471500
11		空调	152	570000
12	昆明 汇总		412	1582900
13	⊟攀枝花	冰箱	150	608840
14		电视	126	518250
15		空调	136	638720
16	攀枝花 汇总		412	1765810
17	⊟玉溪	冰箱	67	180230
18		电视	81	347490
19		空调	60	190800
20	玉溪 汇总		208	718520
21	⊟重庆	冰箱	171	712890
22		电视	128	523360
23		空调	123	486900
24	重庆 汇总		422	1723150
25	总计		2105	8357450

12.2.6 隐藏行总计和列总计

创建数据透视表后，用户可以利用VBA代码取消显示行总计和列总计。例如，在如下图所示的数据透视表中，如果需要隐藏行总计和列总计，可以使用如下代码：

```
Sub 隐藏行总计和列总计()
    Dim pvt As PivotTable
    Set pvt = Worksheets("Sheet1").PivotTables(1)
    pvt.RowGrand = False
    pvt.ColumnGrand = False
End Sub
```

运行上述代码后，数据透视表中的行总计和列总计都被隐藏起来，效果如图所示。

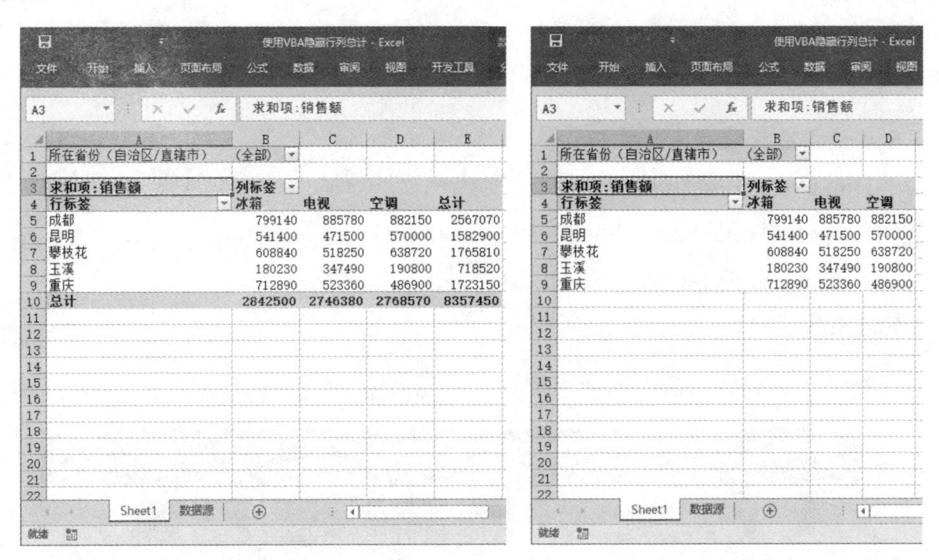

12.2.7 设置数据透视表的样式

通过VBA代码，用户还可以对数据透视表的样式进行设置，包括“数据透视表工具/设计”选项卡中“数据透视表样式选项”组和“数据透视表样式”组中涉及的内容。

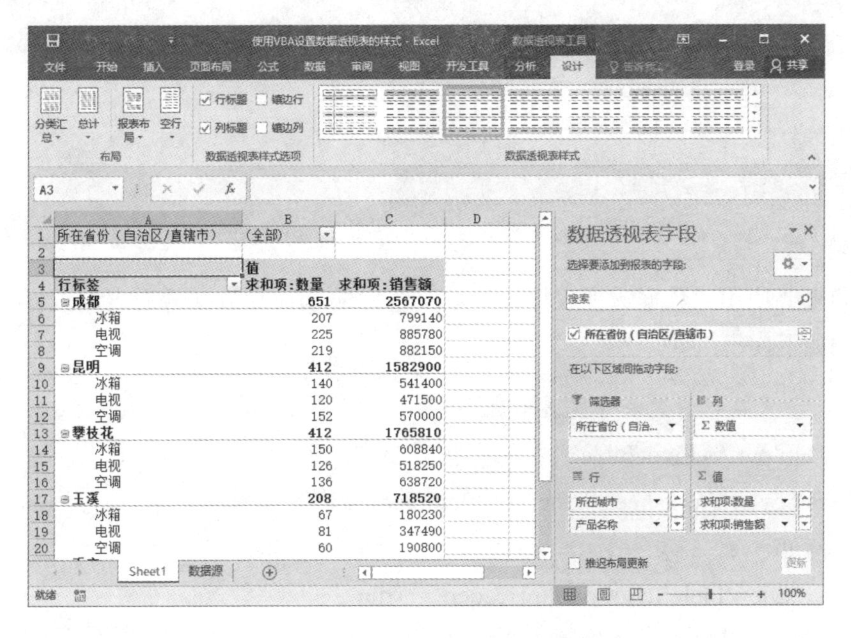

如果要使用“数据透视表样式”下拉列表中的选项为数据透视表设置样式，可以利用VBA代码中PivotTable对象的TableStyle2属性，其中样式分为浅色（Light）、中等深浅（Medium）、深色（Dark）三组。例如，要将数据透视表样式设置为“数据透视表样式深色3”，可以使用如下代码。

```
Sub 使用数据透视表样式()
    Dim pvt As PivotTable
    Set pvt = Worksheets("Sheet1").PivotTables(1)
    pvt.TableStyle2 = "PivotStyleDark3"
End Sub
```

运行上述代码后，数据透视表的样式如图所示。

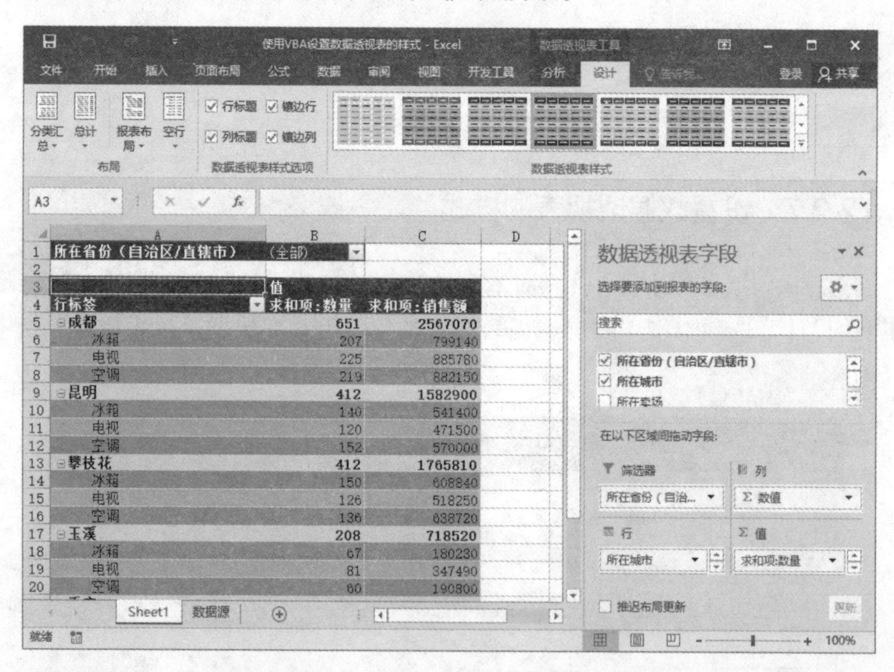

如果要使用“数据透视表样式选项”组中的选项为数据透视表设置样式，可以使用如下代码：

```
Sub 设置数据透视表样式选项()
    Dim pvt As PivotTable
    Set pvt = Worksheets("Sheet1").PivotTables(1)
    With pvt
        .ShowTableStyleColumnHeaders = True
```

```
        .ShowTableStyleColumnStripes = True
        .ShowTableStyleRowHeaders = True
        .ShowTableStyleRowStripes = True
    End With
End Sub
```

在实际工作中，我们可以根据需要进行选择，如果不勾选该选项的复选框，则赋值为False。

12.2.8 设置字段的汇总方式

创建数据透视表后，值字段默认的汇总方式是求和汇总。以下面提供的数据透视表为例，要将“求和项:数量”字段的汇总方式更改为“最大值”，得到商品的最大销售数量，可以使用如下代码：

```
Sub 更改字段汇总方式()
    Dim pvt As PivotTable
    Set pvt = Worksheets("Sheet1").PivotTables(1)
    pvt.PivotFields("求和项:数量").Function = xlMax
End Sub
```

运行上述代码后，“求和项:数量”字段的汇总方式将更改为“最大值”，取消了显示不再有意义的行总计、列总计，数据透视表的效果如右图所示。

所在省份（自治区/直辖市）	(全部)			
求和项:数量	列标签			
行标签	冰箱	电视	空调	总计
成都	207	225	219	651
昆明	140	120	152	412
攀枝花	150	126	136	412
玉溪	67	81	60	208
重庆	171	128	123	422
总计	735	680	690	2105

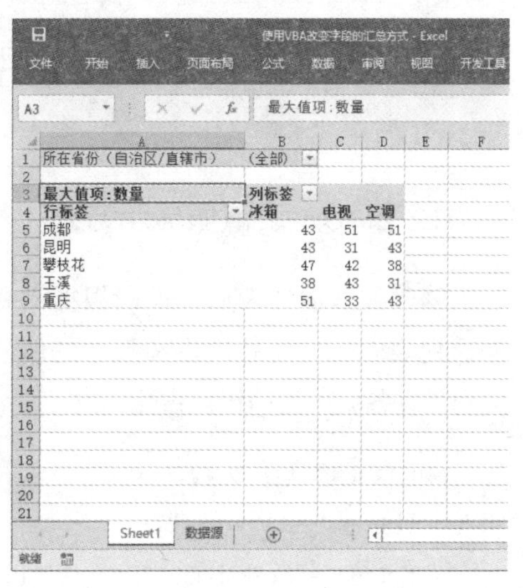

所在省份（自治区/直辖市）	(全部)		
最大值项:数量	列标签		
行标签	冰箱	电视	空调
成都	43	51	51
昆明	43	31	43
攀枝花	47	42	38
玉溪	38	43	31
重庆	51	33	43

12.2.9 修改字段的数字格式

创建数据透视表后，有时需要对其中某些字段的数字格式进行设置，如“销售额”“单价”等数据，可以将其数字格式设置为“货币”格式。

在下面提供的数据透视表中，要利用VBA代码将数值区域中的“求和项:销售额”字段的数字格式设置为货币格式，可以使用如下代码。

```
Sub 修改数字格式()
    Dim pvt As PivotTable
    Set pvt = Worksheets("Sheet1").PivotTables(1)
    pvt.PivotFields("求和项:销售额").NumberFormat = "￥ #,##0.00；-￥#,##0.00"
End Sub
```

运行上述代码后，数据透视表如图所示。

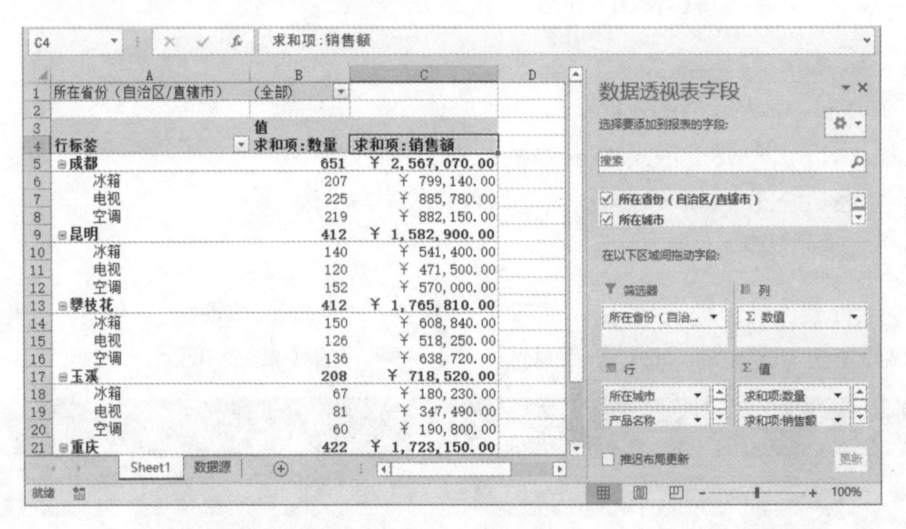

所在省份（自治区/直辖市）	（全部）	
	值	
行标签	求和项:数量	求和项:销售额
⊟成都	651	￥ 2,567,070.00
冰箱	207	￥ 799,140.00
电视	225	￥ 885,780.00
空调	219	￥ 882,150.00
⊟昆明	412	￥ 1,582,900.00
冰箱	140	￥ 541,400.00
电视	120	￥ 471,500.00
空调	152	￥ 570,000.00
⊟攀枝花	412	￥ 1,765,810.00
冰箱	150	￥ 608,840.00
电视	126	￥ 518,250.00
空调	136	￥ 638,720.00
⊟玉溪	208	￥ 718,520.00
冰箱	67	￥ 180,230.00
电视	81	￥ 347,490.00
空调	60	￥ 190,800.00
⊟重庆	422	￥ 1,723,150.00

12.2.10 设置值显示方式

创建数据透视表后，可以根据需要设置值显示方式。例如，在下面提供的数据透视表中，将商品销售额数据的值显示方式设置为行汇总的百分比，就可以得到商品在各城市的销售额占比情况。要实现这个操作，可以使用如下代码。

```
Sub 设置值显示方式()
    Dim pvt As PivotTable
    Set pvt = Worksheets("Sheet1").PivotTables(1)
```

```
    pvt.PivotFields("求和项:销售额").Calculation = xlPercentOfRow
End Sub
```

运行上述代码后，数据透视表的效果如图所示。

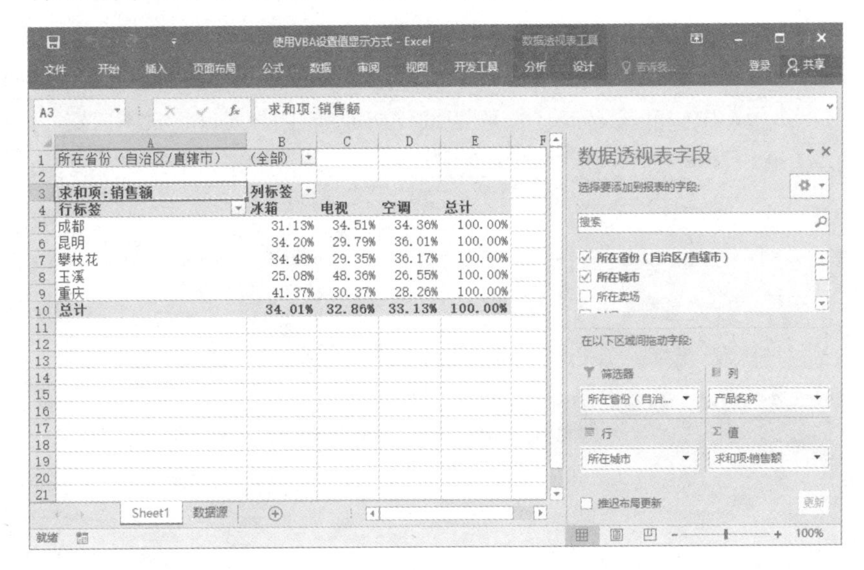

所在省份（自治区/直辖市）	(全部)			
求和项:销售额	列标签			
行标签	冰箱	电视	空调	总计
成都	31.13%	34.51%	34.36%	100.00%
昆明	34.20%	29.79%	36.01%	100.00%
攀枝花	34.48%	29.35%	36.17%	100.00%
玉溪	25.08%	48.36%	26.55%	100.00%
重庆	41.37%	30.37%	28.26%	100.00%
总计	34.01%	32.86%	33.13%	100.00%

12.2.11 禁止显示明细数据

在数据透视表中，双击数据透视表值区域中的单元格，即可在工作簿中新建一个工作表并将对应的明细数据显示在该工作表中。

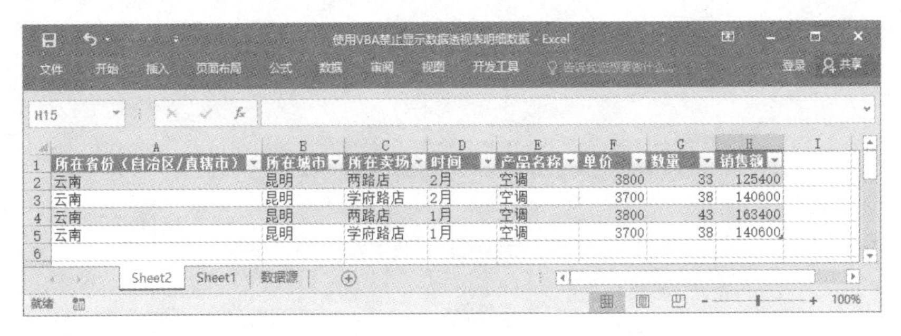

所在省份（自治区/直辖市）	所在城市	所在卖场	时间	产品名称	单价	数量	销售额
云南	昆明	西路店	2月	空调	3800	33	125400
云南	昆明	学府路店	2月	空调	3700	38	140600
云南	昆明	西路店	1月	空调	3800	43	163400
云南	昆明	学府路店	1月	空调	3700	38	140600

如果要禁止这个功能，可以使用如下代码。

```
Sub 禁止显示明细数据()
    Dim pvt As PivotTable
    Set pvt = Worksheets("Sheet1").PivotTables(1)
    pvt.EnableDrilldown = False
End Sub
```

运行上述代码后，双击数据透视表值区域中的任意单元格，将弹出如图所示的提示对话框，而禁止显示相应的明细数据。

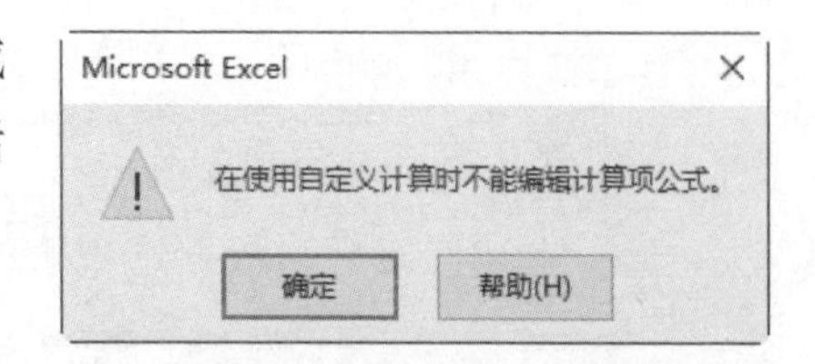

12.2.12 调试与运行代码

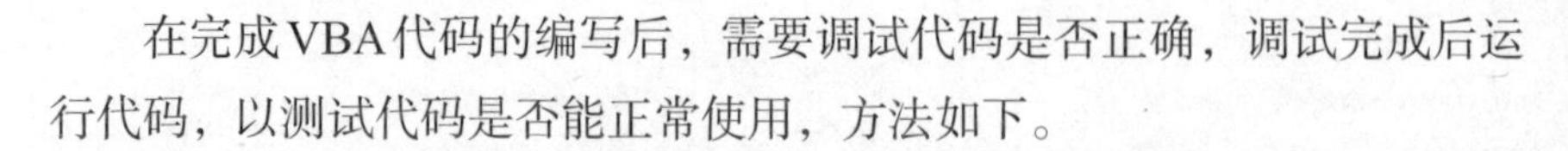

在完成VBA代码的编写后，需要调试代码是否正确，调试完成后运行代码，以测试代码是否能正常使用，方法如下。

步骤 *1* 打开“调试与运行代码.xlsx”素材文件，切换到“开发”选项卡，在“代码”组中单击“Visual Basic”按钮。

步骤 *2* 打开VBA窗口，执行“调试”下拉列表中的“逐语句”命令。

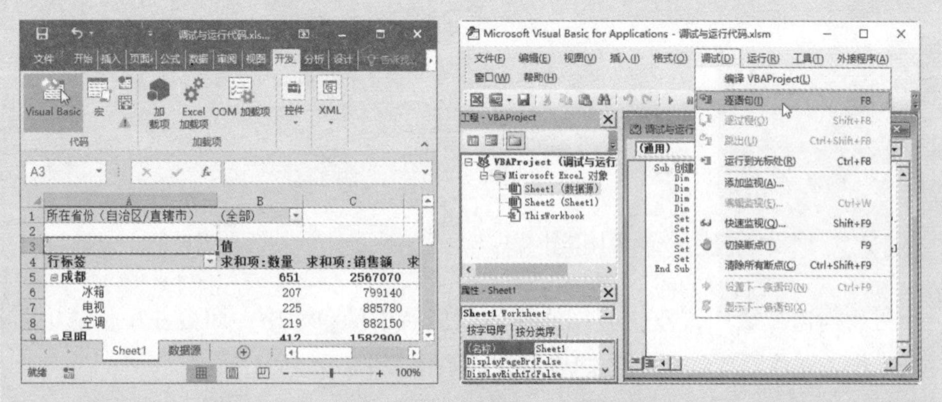

步骤 *3* 逐语句调试时，正被调试的语句会呈黄色高亮标注状态，如果要进行逐过程调试，可以执行“调试”下拉列表中的“逐过程”命令。

步骤 4 调试完成后，执行“调试”下拉列表中的“跳出”命令，即可退出调试状态。

步骤 5 如果需要运行编写好的代码，可以在代码窗口顶部右侧的下拉列表中选择要运行的过程，然后在VBA窗口的菜单栏中执行“运行”下拉列表的“运行子过程/用户窗体”命令运行所选过程。

步骤 6 运行完成后，即可在工作表中运行该代码。本例的代码为创建数据透视表，运行代码后，即可在工作表中创建一个空白的数据透视表。

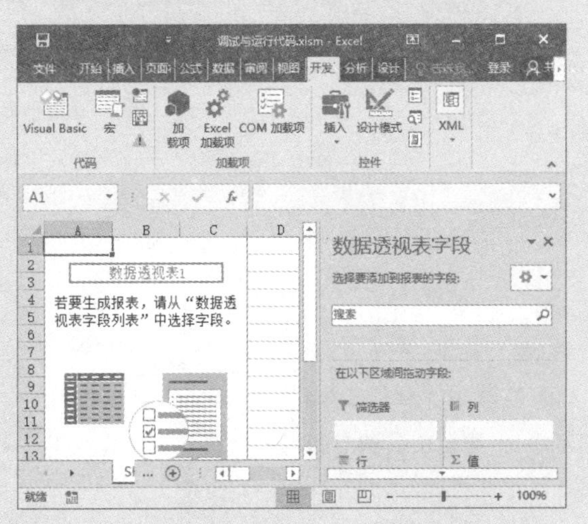

> **提示：** 在VBA窗口中按相应的快捷键，也可执行上述命令。例如，按F8键可执行“逐语句”命令调试代码，按F5键可执行“运行子过程/用户窗体”命令运行所选过程。

12.3 大师点拨

疑难① 如何查看变量的初始值

问题描述：在VBA窗口中设置变量后，由于赋值前各数据类型的变量都有各自的初始值，该如何查看变量的初始值呢？

解决方法：通过Debug.Print语句可以在立即窗口中查看变量的初始值，方法如下。

步骤1 打开“查看变量初始值.xlsm”素材文件，按“Alt+F11”组合键打开VBA窗口。

步骤2 在工程资源管理器中选中“Sheet1”模块，并在VBA窗口的菜单栏中执行“插入”→“模块”命令，插入“模块1”。

步骤3 在“模块1”对应的代码窗口中输入如下代码：

```
Sub 查看变量初始值()
    Dim btA As Byte
    Dim bloA As Boolean
    Dim varA As Variant
    Dim curA As Currency
    Dim datA As Date
    Dim objA As Object
    Debug.Print "Byte 类型变量初始值为：";  bitA
    Debug.Print "Boolean 类型变量初始值为：";  bloA
    Debug.Print "Variant 类型变量初始值为：";  varA
    Debug.Print "Currency 类型变量初始值为：";  cur
    Debug.Print "Date 类型变量初始值为：";  datA
    Debug.Print "Object 类型变量初始值为：";  objA
End Sub
```

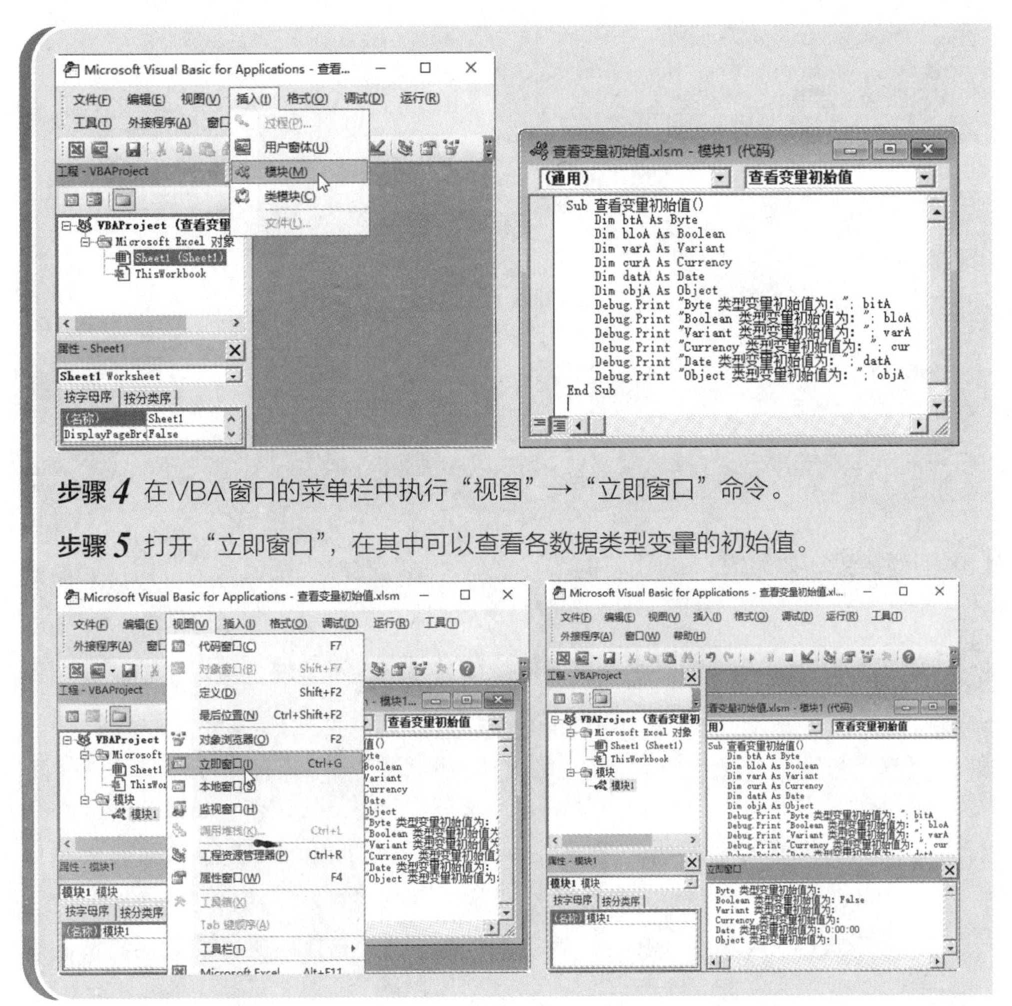

步骤 4 在VBA窗口的菜单栏中执行“视图”→“立即窗口”命令。

步骤 5 打开“立即窗口”，在其中可以查看各数据类型变量的初始值。

疑难❷ 如何显示出“属性/方法”列表

问题描述：在代码窗口中输入代码时，默认情况下，在对象后面输入“.”就会自动弹出“属性/方法”列表，帮助用户输入与当前对象相关的所有属性和方法。但如果该列表未显示，如何操作才能显示出“属性/方法”列表呢？

解决方法：如果在对象后面输入“.”后没有显示“属性/方法”列表，则在VBA窗口的菜单栏中执行“工具”→“选项”命令，打开“选项”对话框，在“编辑器”选项卡中勾选“自动列出成员”复选框，然后单击“确定”按钮即可。

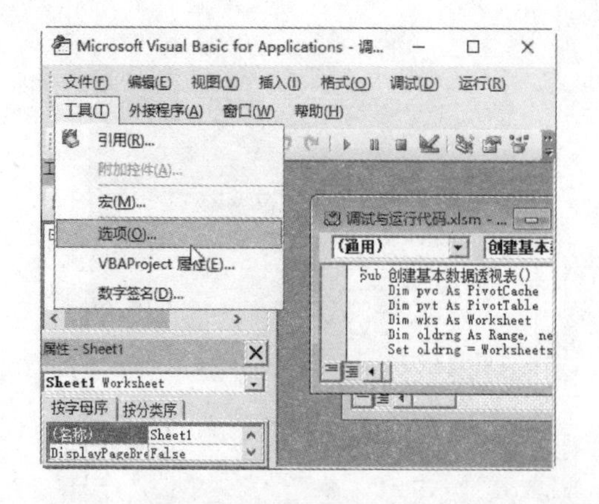

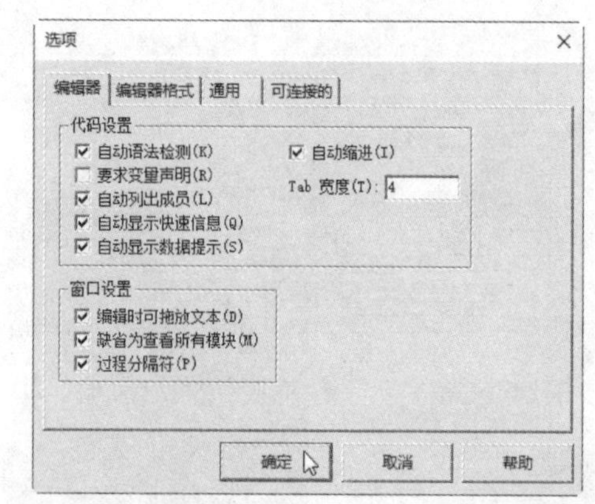

疑难③ 如何处理VBA代码中可能发生的错误

问题描述：如完成VBA代码的编写之后，运行时出现错误提示对话框，该如何处理呢？

解决方法：在VBA代码中，可能发生的错误主要有3种，错误原因和处理方法例举如下。

- 编译错误：如果在编写代码时不遵循VBA代码的语法规则，如未定义变量、函数或属性名称拼写错误、语句缺失（如有If没有End If，有With没有End With等）则运行程序时将弹出如下图所示的提示框，并标注出发生错误的代码位置。此时单击“确定”按钮可关闭对话框，单击“帮助”按钮可打开浏览器查询获得Excel VBA相关帮助。要解决该问题，遵循语法规则修改代码后，再运行程序即可。
- 运行时错误：如果程序在运行过程中试图完成一个不可能完成的操作，如除以0、打开一个不存在的工作簿、删除一个打开的工作簿等，都会弹出运行时错误提示对话框。此时单击“确定”按钮可关闭对话框，单击“帮助”按钮可获得帮助。修改代码后，再运行程序即可。

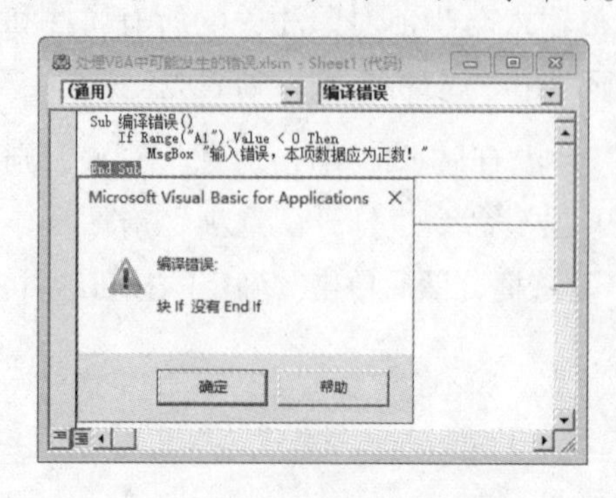

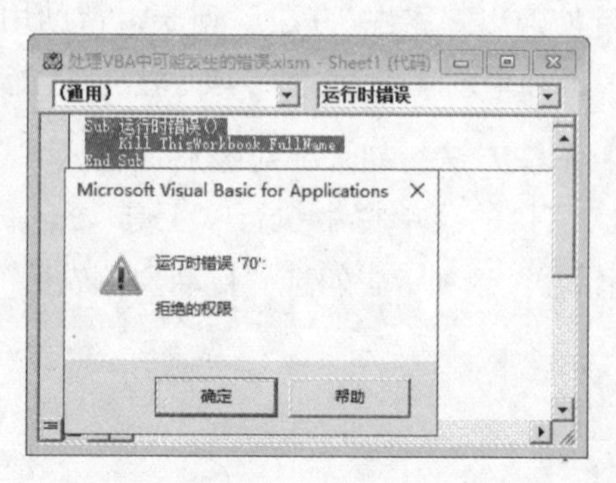

➤ 逻辑错误：如果程序中的代码没有语法问题，运行程序时也正常完成了操作，但在程序运行结束后没有获得预期的效果，这就是发生了逻辑错误。编写程序时，可能引起逻辑错误的原因有很多，例如，循环变量的初始值和终止值设置错误，变量类型不正确，代码顺序不正确等，这些代码单独存在时并没有问题，但结合起来将使程序运行后无法得到需要的效果。举例来看，运行如下代码，试图把从1到10的自然数依次写入工作表的A1到A10单元格中，运行程序后，得到的效果却与预期不同。此时必须修改代码。

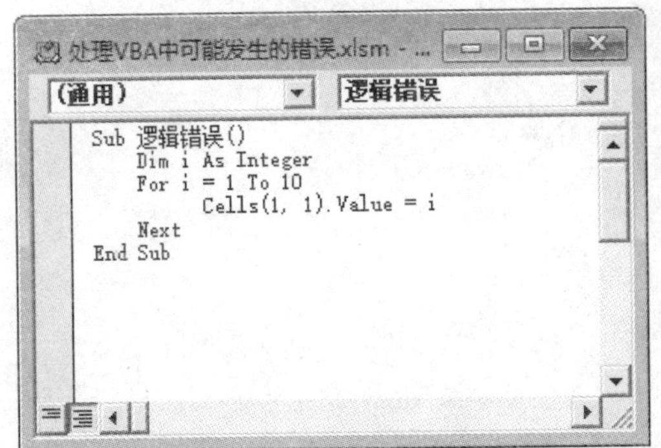

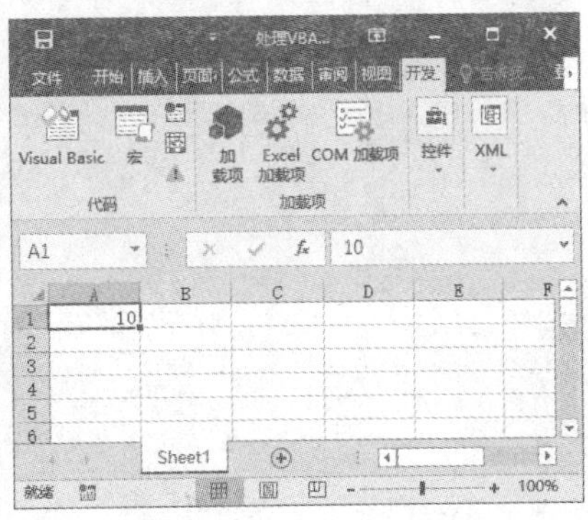

第13章

数据透视表综合案例

在学习了Excel数据透视表的相关知识之后，本章将介绍多个综合性的数据透视表制作案例，使读者在学习了基础知识之后，能够结合实际的工作情况，真正掌握Excel数据透视表的制作和使用方法。

本章导读：

- 制作公司财务报表
- 制作销售数据分析图
- 制作应收账款逾期日报表

13.1 制作公司财务报表

下面提供了一个“公司财务报表”工作簿，其中录入了某公司一年的利润明细数据，按月分别记录在12张工作表中。

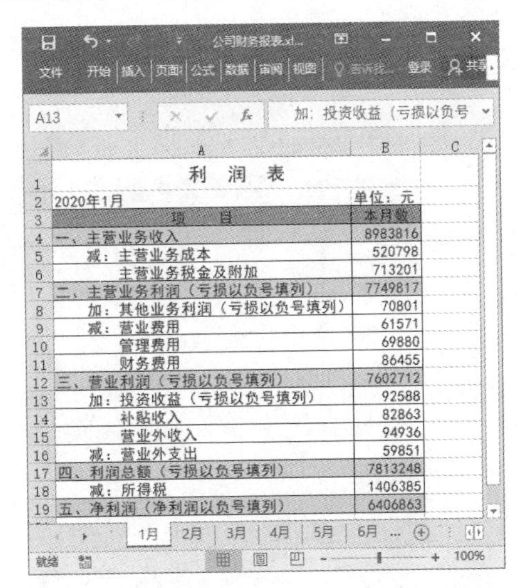

	A	B
1	利 润 表	
2	2020年1月	单位：元
3	项 目	本月数
4	一、主营业务收入	8983816
5	减：主营业务成本	520798
6	主营业务税金及附加	713201
7	二、主营业务利润（亏损以负号填列）	7749817
8	加：其他业务利润（亏损以负号填列）	70801
9	减：营业费用	61571
10	管理费用	69880
11	财务费用	86455
12	三、营业利润（亏损以负号填列）	7602712
13	加：投资收益（亏损以负号填列）	92588
14	补贴收入	82863
15	营业外收入	94936
16	减：营业外支出	59851
17	四、利润总额（亏损以负号填列）	7813248
18	减：所得税	1406385
19	五、净利润（净利润以负号填列）	6406863

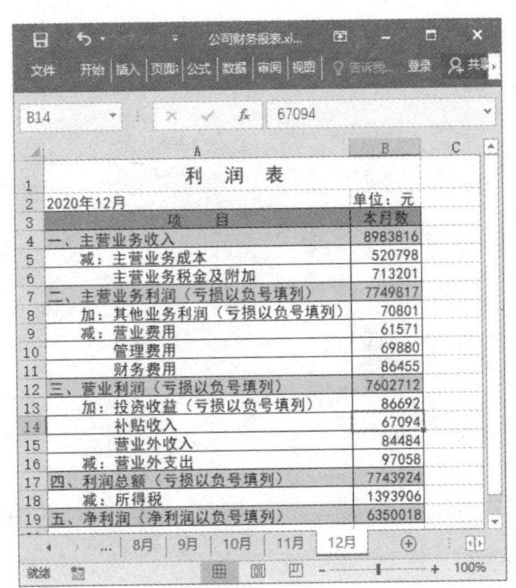

	A	B
1	利 润 表	
2	2020年12月	单位：元
3	项 目	本月数
4	一、主营业务收入	8983816
5	减：主营业务成本	520798
6	主营业务税金及附加	713201
7	二、主营业务利润（亏损以负号填列）	7749817
8	加：其他业务利润（亏损以负号填列）	70801
9	减：营业费用	61571
10	管理费用	69880
11	财务费用	86455
12	三、营业利润（亏损以负号填列）	7602712
13	加：投资收益（亏损以负号填列）	86692
14	补贴收入	67094
15	营业外收入	84484
16	减：营业外支出	97058
17	四、利润总额（亏损以负号填列）	7743924
18	减：所得税	1393906
19	五、净利润（净利润以负号填列）	6350018

现在需要根据12张工作表中的数据创建汇总出一张数据透视表，对公司利润进行分析，并进一步制作出显示季报、半年报、年报数据的报表，最终效果如图所示。

	A	B	C
2	年报	(全部)	
3	半年报	(全部)	
4	季报	(全部)	
5	月份	(全部)	
6			
7	求和项:值	列	
8	项目	金额	总计
9	一、主营业务收入	96,236,255.00	96,236,255.00
10	减：主营业务成本	7,380,008.00	7,380,008.00
11	主营业务税金及附加	8,497,025.00	8,497,025.00
12	二、主营业务利润（亏损以负号填列）	80,359,222.00	80,359,222.00
13	加：其他业务利润（亏损以负号填列）	931,146.00	931,146.00
14	减：营业费用	762,716.00	762,716.00
15	管理费用	796,293.00	796,293.00
16	财务费用	968,631.00	968,631.00
17	三、营业利润（亏损以负号填列）	78,762,728.00	78,762,728.00
18	加：投资收益（亏损以负号填列）	1,099,562.00	1,099,562.00
19	补贴收入	743,491.00	743,491.00
20	营业外收入	1,048,969.00	1,048,969.00
21	减：营业外支出	773,334.00	773,334.00
22	四、利润总额（亏损以负号填列）	80,881,416.00	80,881,416.00
23	减：所得税	14,558,654.88	14,558,654.88
24	五、净利润（净利润以负号填列）	66,322,761.12	66,322,761.12
25	总计	440,122,212.00	440,122,212.00

下面介绍制作“公司财务报表”数据透视表的具体方法。

步骤 1 打开“公司财务报表.xlsx”素材文件，依次按“Alt”“D”“P”键，弹出“数据透视表和数据透视图向导—步骤1（共3步）”对话框，选中“多重合并计算数据区域”和“数据透视表”单选项，单击“下一步”按钮。

步骤 2 弹出“数据透视表和数据透视图向导—步骤2a（共3步）”对话框，选择“自定义页字段”单选项，单击“下一步”按钮。

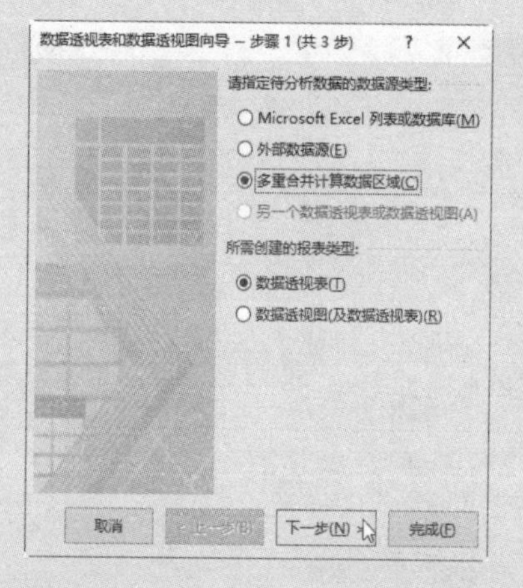

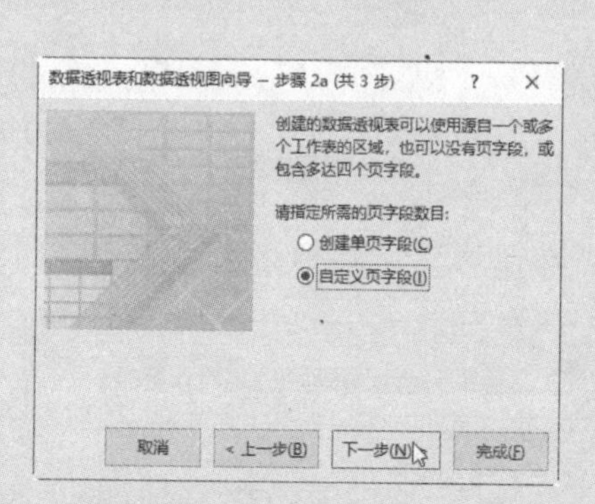

步骤 3 弹出“数据透视表和数据透视图向导—步骤2b（共3步）”对话框，将光标定位到“选定区域”文本框中，在“1月”工作表中选中数据列表区域。

步骤 4 返回对话框单击“添加”按钮，然后选中“1”单选项指定要建立的页字段数目，在“字段1”文本框中输入“1月”自定义页字段名称。

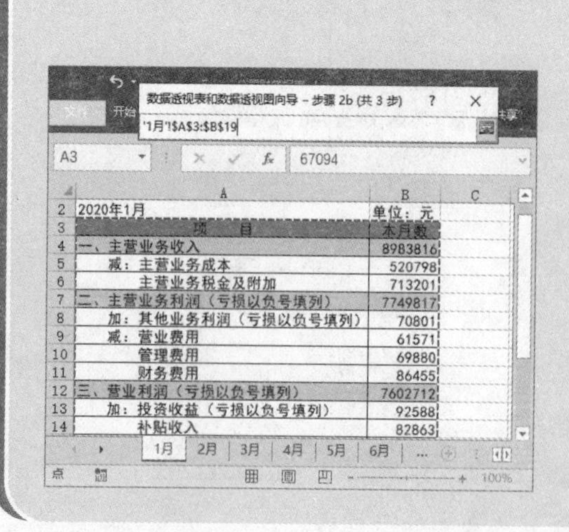

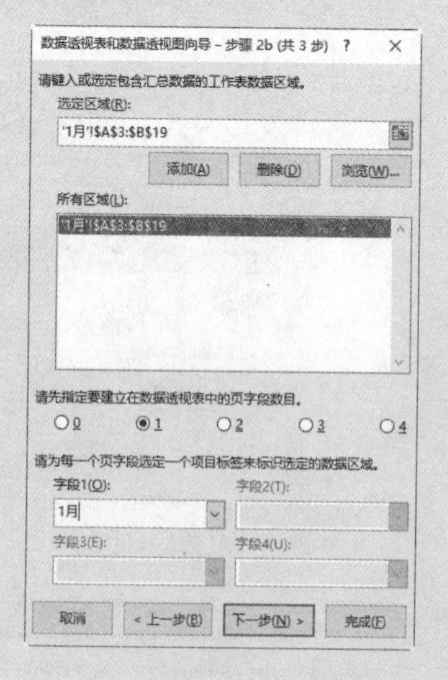

步骤 5 用同样的方法将“2月”到“12月”工作表中的数据列表区域添加到“所有区域”列表框中，并设置要建立的页字段数目及自定义名称，然后单击“下一步”按钮。

步骤 6 弹出“数据透视表和数据透视图向导—步骤3（共3步）”对话框，选中“新工作表”单选项，设置数据透视表的显示位置为新工作表，单击“完成”按钮。

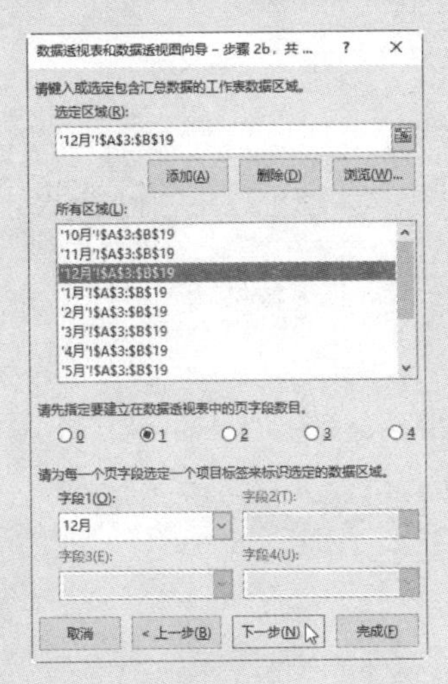

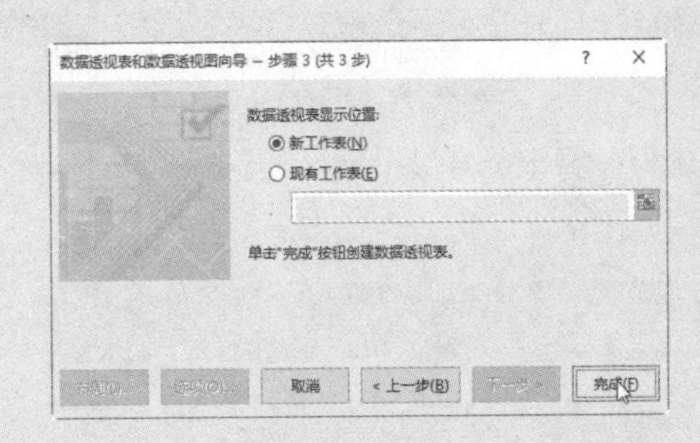

步骤 7 返回工作簿，可以看到新建了一个工作表，并将创建的自定义页字段数据透视表放置其中。

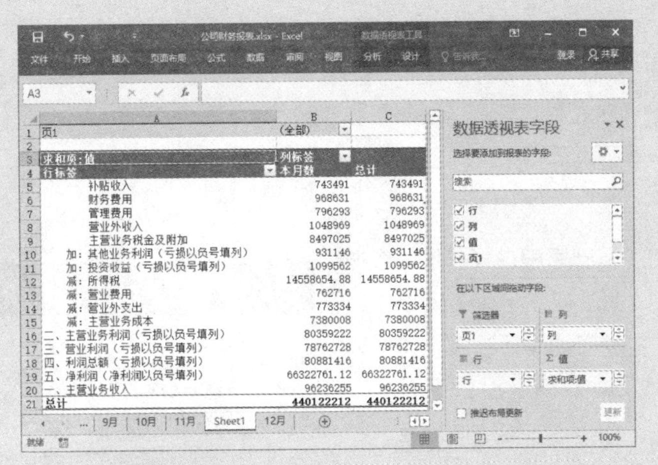

步骤 8 由于创建的数据透视表中，利润表中各项目的顺序被打乱，因此使用鼠标左键拖动的方法，手动调整行字段排序，完成后的效果如图。

步骤 9 为了使字段名含义明确，选中“页 1”所在单元格，将该字段名重命名为“月份”，并将“本月数”修改为“金额”。

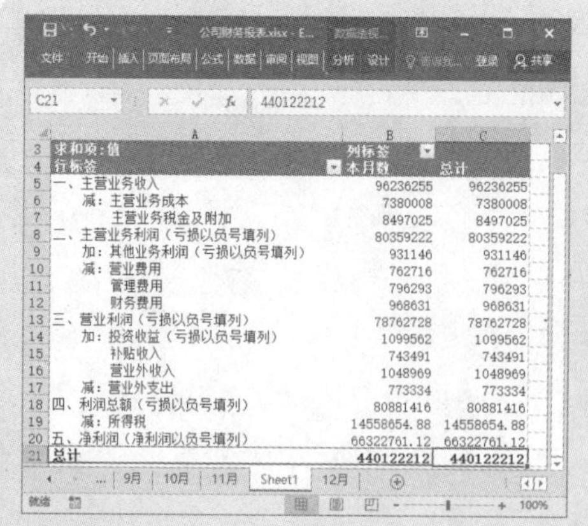

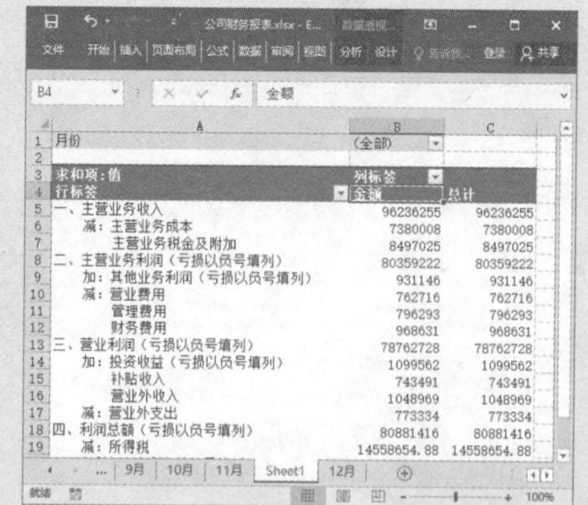

步骤10 打开“数据透视表字段”窗格，单击“行”字段下拉按钮，在弹出的快捷菜单中执行“字段设置”命令。

步骤11 弹出“字段设置”对话框，将“行”字段名重命名为“项目”，单击“确定”按钮。

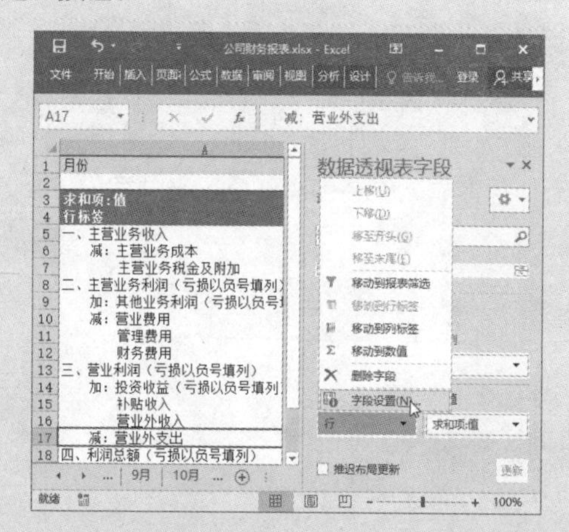

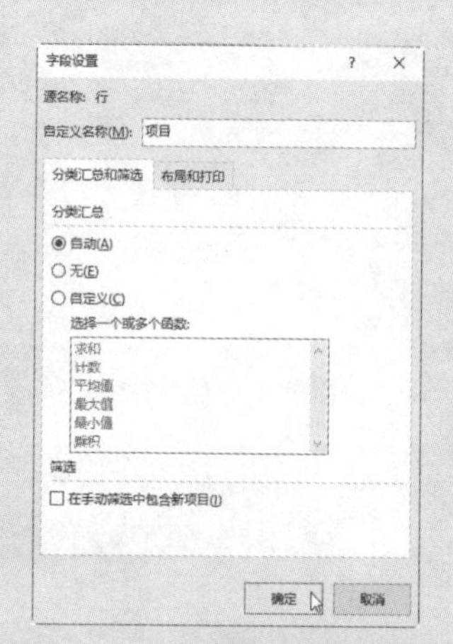

步骤12 为了得到季报、半年报、年报数据，在“数据透视表字段”窗格中，将“月份”字段拖动到行区域，将“项目”字段拖动到报表筛选区域。

步骤13 为了使报表结构清晰，选中数据透视表中任意单元格，切换到“数据透视表工具/设计”选项卡，在“布局”组中执行“报表布局”→“以表格形式显示”命令。

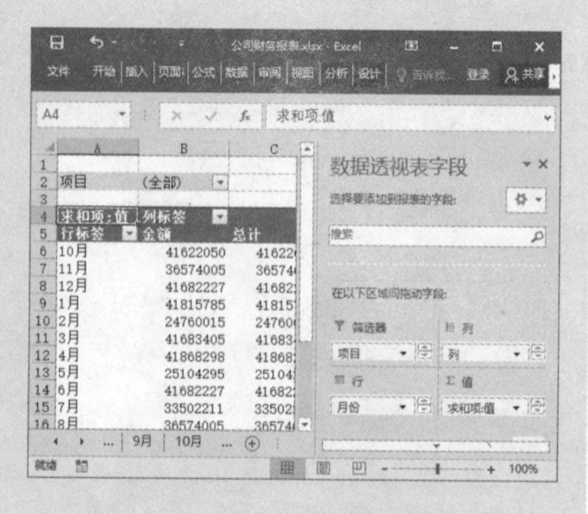

步骤14 如果月份字段没有自动排序，可以手动调整10月、11月、12月数据的位置，将其拖动到9月的下方。

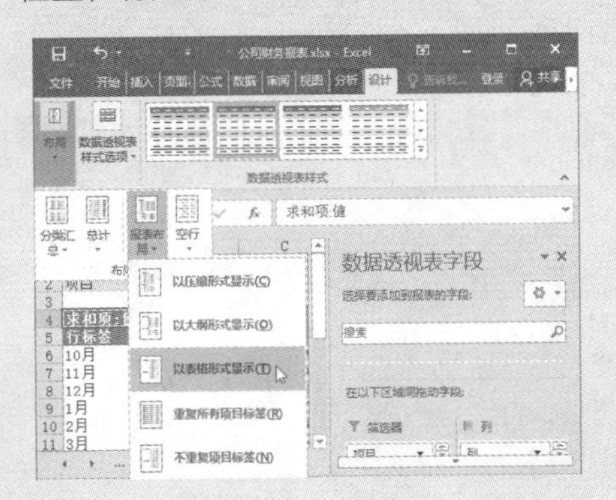

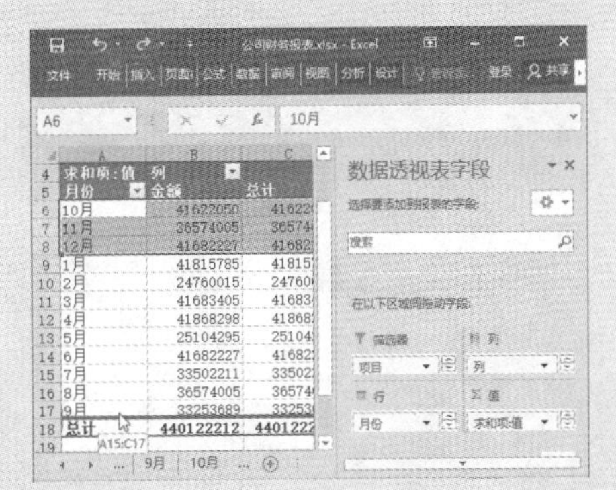

步骤15 在“月份”列中选中1—3月所在单元格，单击鼠标右键，在弹出的快捷菜单中执行“创建组”命令。

步骤16 返回数据透视表，可以看到分组后的效果。

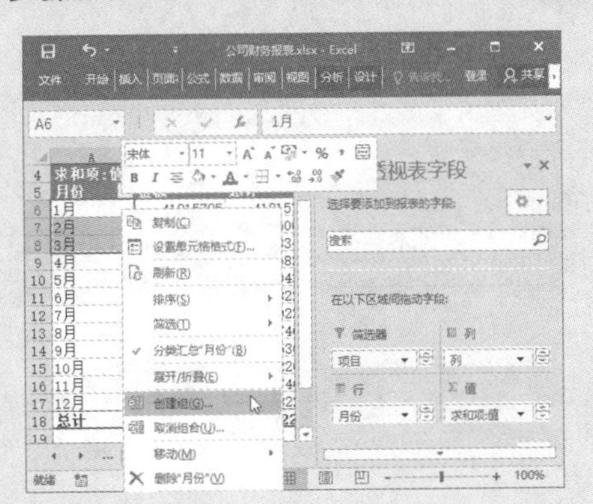

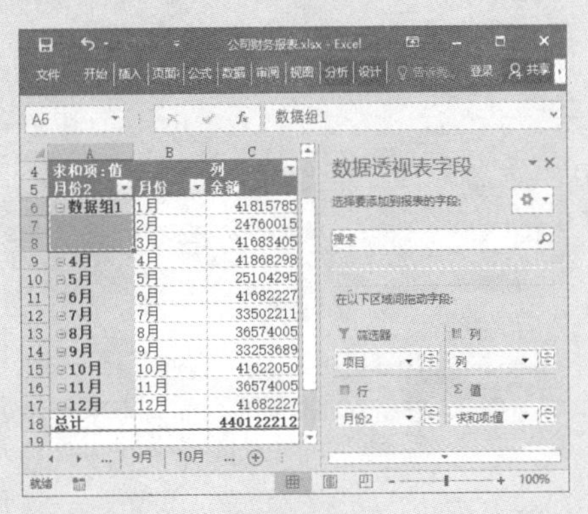

步骤17 将“数据组1”更改为“第一季度”。

步骤18 用同样的方法，按季度将各月数据分组，并重命名数据组名称，将其所在字段名修改为“季报”，效果如图所示。

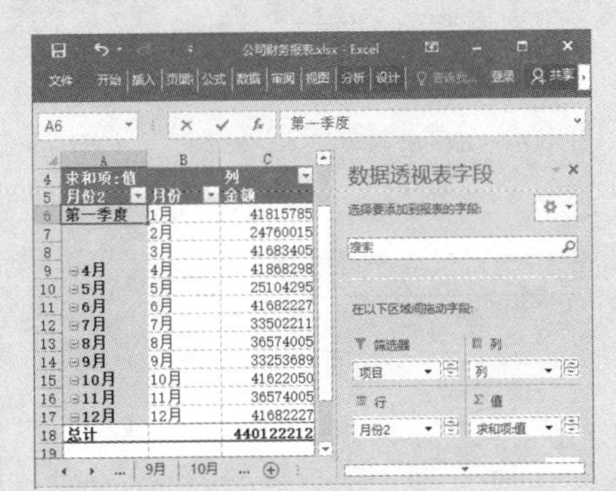

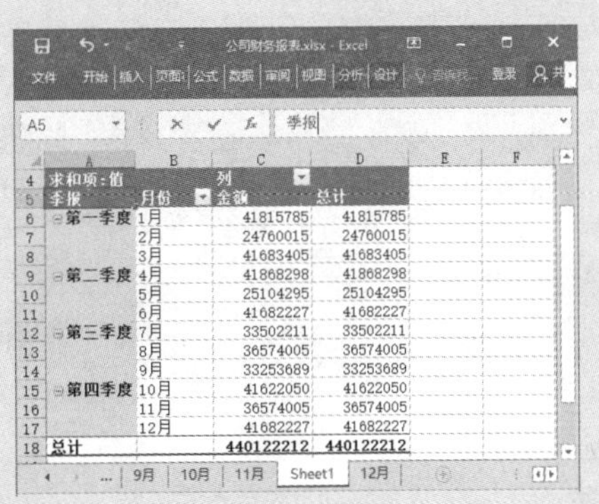

步骤19 在“季报”列中选中第一季度、第二季度所在单元格，单击鼠标右键，在弹出的快捷菜单中执行“创建组”命令。

步骤20 将数据组的名称更改为“上半年”。

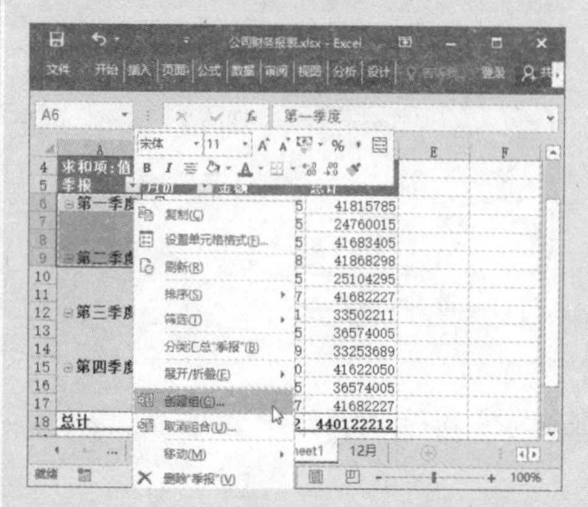

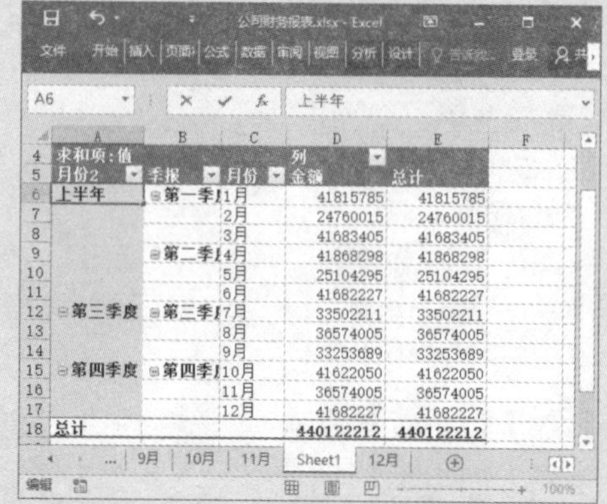

步骤21 用相同的方法，按下半年各季度数据分组，并重命名数据组名称，将其所在字段名修改为“半年报”，效果如图。

步骤22 用相同的方法，为上、下半年数据创建一个分组，并重命名数据组名称为“全年”，将其所在字段名修改为“年报”，效果如图。

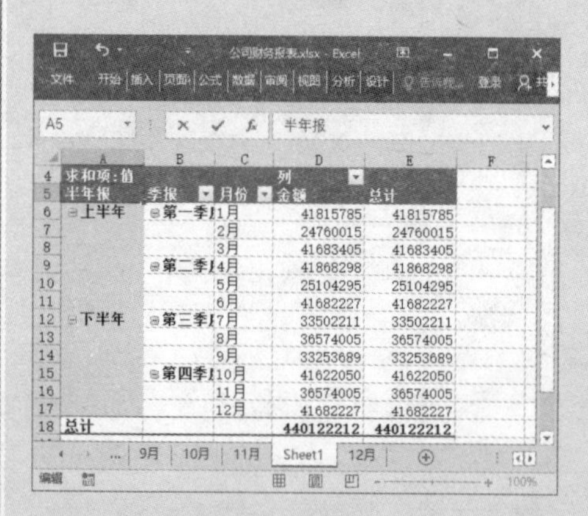

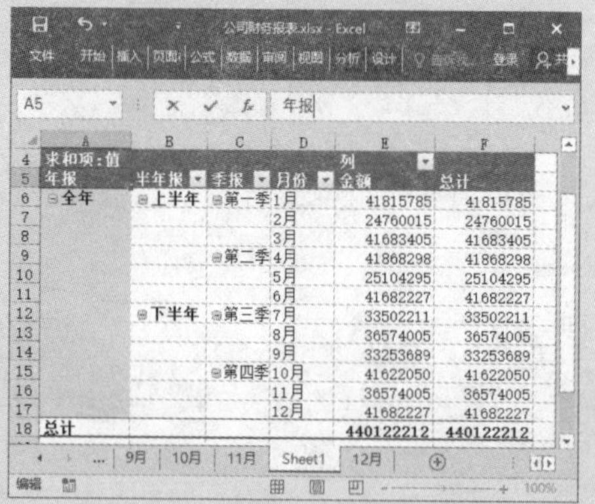

步骤23 为了得到单独的月、季度、半年、年报表，可以打开“数据透视表字段”窗格，将“年报”“半年报”“季报”“月份”字段拖动到报表筛选区域，将“项目”字段拖动到行区域。

步骤24 在报表筛选区域中根据需要对字段进行筛选，即可得到相应的报表。

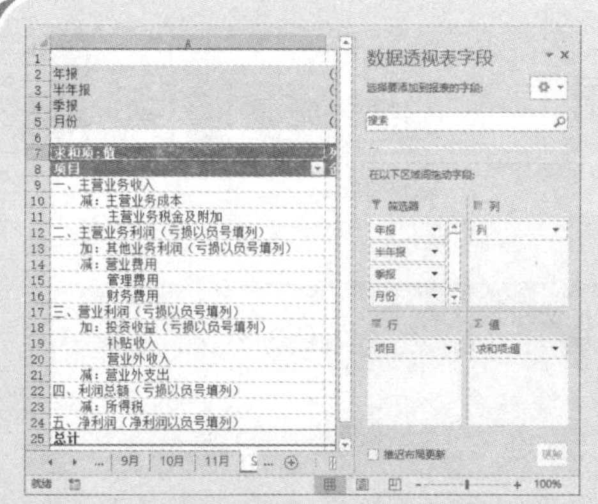

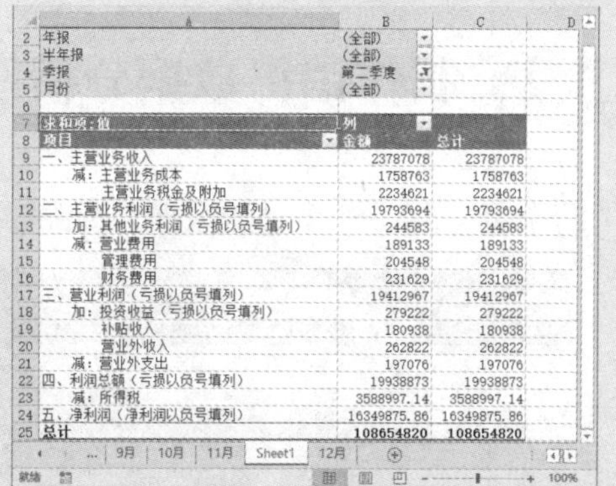

步骤25 为了使大额的金额数据更容易阅读，右键单击数据透视表数值区域中的任意单元格，在弹出的快捷菜单中执行“数字格式”命令。

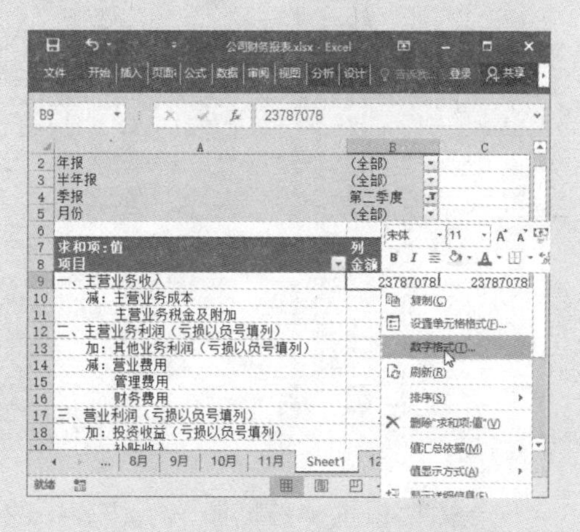

步骤26 弹出“设置单元格格式”对话框，在“数字”选项卡的“分类”栏中选择“数值”选项，在右侧对应的界面中，设置“小数位数”为“2”，勾选“使用千位分隔符”复选框，选择需要的负数样式，然后单击“确定”按钮。

步骤27 返回数据透视表，为工作表重命名，即可看到设置后公司财务报表的最终效果。

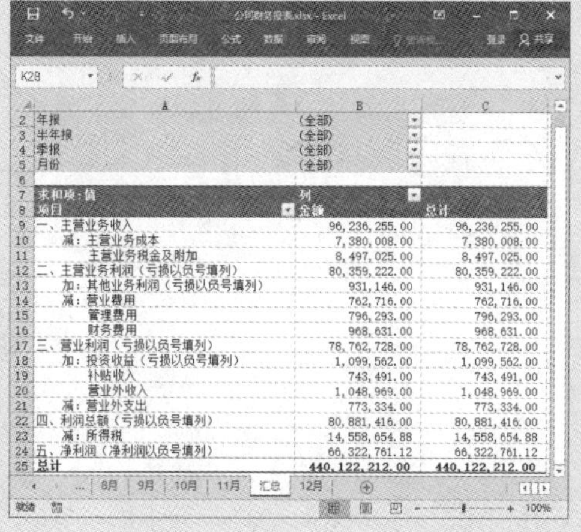

13.2 制作销售数据分析图

下面提供了一个“销售数据分析源数据”工作簿，其中已录入了源数据。

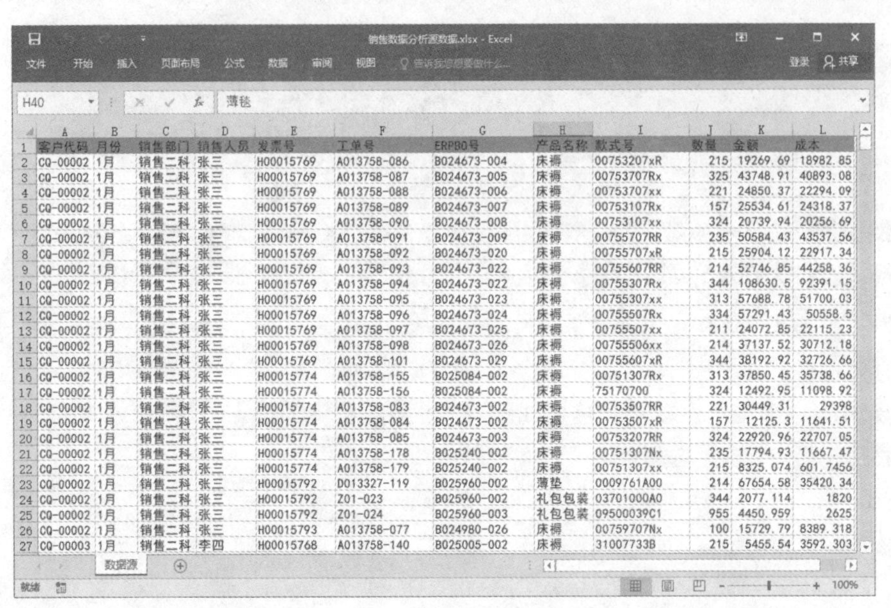

客户代码	月份	销售部门	销售人员	发票号	工单号	ERPBO号	产品名称	款式号	数量	金额	成本
CQ-00002	1月	销售二科	张三	H00015769	A013758-086	B024673-004	床褥	00753207xR	215	19269.69	18982.85
CQ-00002	1月	销售二科	张三	H00015769	A013758-087	B024673-005	床褥	00753707Rx	325	43748.91	40893.08
CQ-00002	1月	销售二科	张三	H00015769	A013758-088	B024673-006	床褥	00753707xx	221	24850.37	22294.09
CQ-00002	1月	销售二科	张三	H00015769	A013758-089	B024673-007	床褥	00753107Rx	157	25534.61	24318.37
CQ-00002	1月	销售二科	张三	H00015769	A013758-090	B024673-008	床褥	00753107xx	324	20739.94	20256.69
CQ-00002	1月	销售二科	张三	H00015769	A013758-091	B024673-009	床褥	00755707RR	235	50584.43	43537.56
CQ-00002	1月	销售二科	张三	H00015769	A013758-092	B024673-020	床褥	00755707xR	215	25904.12	22917.34
CQ-00002	1月	销售二科	张三	H00015769	A013758-093	B024673-022	床褥	00755607RR	214	52746.85	44258.36
CQ-00002	1月	销售二科	张三	H00015769	A013758-094	B024673-022	床褥	00755307Rx	344	108630.5	92391.15
CQ-00002	1月	销售二科	张三	H00015769	A013758-095	B024673-023	床褥	00755307xx	313	57688.78	51700.03
CQ-00002	1月	销售二科	张三	H00015769	A013758-096	B024673-024	床褥	00755507Rx	334	57291.43	50558.5
CQ-00002	1月	销售二科	张三	H00015769	A013758-097	B024673-025	床褥	00755507xx	211	24072.85	22115.23
CQ-00002	1月	销售二科	张三	H00015769	A013758-098	B024673-026	床褥	00755506xx	214	37137.52	30712.18
CQ-00002	1月	销售二科	张三	H00015769	A013758-101	B024673-029	床褥	00755607xR	344	38192.92	32726.66
CQ-00002	1月	销售二科	张三	H00015774	A013758-155	B025084-002	床褥	00751307Rx	313	37850.45	35738.66
CQ-00002	1月	销售二科	张三	H00015774	A013758-156	B025084-002	床褥	75170700	324	12492.95	11098.92
CQ-00002	1月	销售二科	张三	H00015774	A013758-083	B024673-002	床褥	00753507RR	221	30449.31	29398
CQ-00002	1月	销售二科	张三	H00015774	A013758-084	B024673-002	床褥	00753507xR	157	12125.3	11641.51
CQ-00002	1月	销售二科	张三	H00015774	A013758-085	B024673-003	床褥	00753207RR	324	22920.96	22707.05
CQ-00002	1月	销售二科	张三	H00015774	A013758-178	B025240-002	床褥	00751307Nx	235	17794.93	11667.47
CQ-00002	1月	销售二科	张三	H00015774	A013758-179	B025240-002	床褥	00751307xx	215	8325.074	601.7456
CQ-00002	1月	销售二科	张三	H00015792	D013327-119	B025960-002	薄垫	0009761A00	214	67654.58	35420.34
CQ-00002	1月	销售二科	张三	H00015792	Z01-023	B025960-002	礼包包装	03701000A0	344	2077.114	1820
CQ-00002	1月	销售二科	张三	H00015792	Z01-024	B025960-003	礼包包装	09500039C1	955	4450.959	2625
CQ-00002	1月	销售二科	张三	H00015793	A013758-077	B024980-026	床褥	00759707Nx	100	15729.79	8389.318
CQ-00003	1月	销售二科	李四	H00015768	A013758-140	B025005-002	床褥	31007733B	215	5455.54	3592.303

现在需要根据“数据源”工作表中的数据创建多张动态的数据透视表，从不同角度分析销售数据，并制作出相应的数据分析图，最终效果如下图所示。

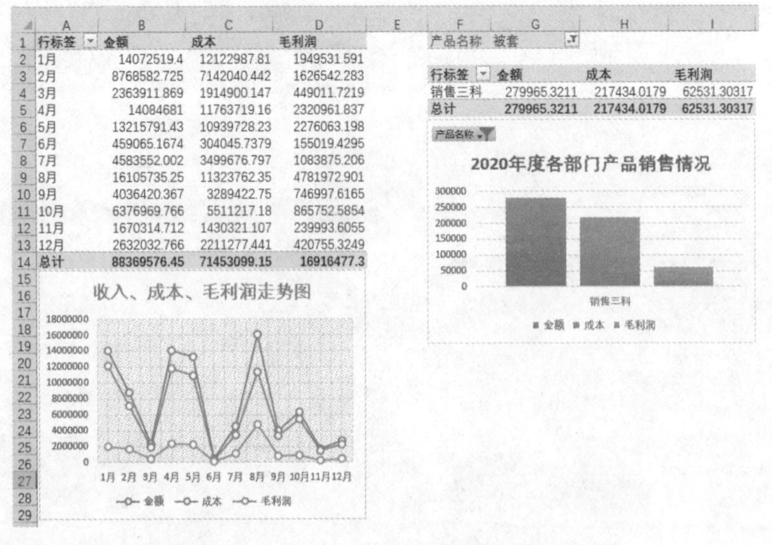

行标签	金额	成本	毛利润
1月	14072519.4	12122987.81	1949531.591
2月	8768582.725	7142040.442	1626542.283
3月	2363911.869	1914900.147	449011.7219
4月	14084681	11763719.16	2320961.837
5月	13215791.43	10939728.23	2276063.198
6月	459065.1674	304045.7379	155019.4295
7月	4583552.002	3499676.797	1083875.206
8月	16105735.25	11323762.35	4781972.901
9月	4036420.367	3289422.75	746997.6165
10月	6376969.766	5511217.18	865752.5854
11月	1670314.712	1430321.107	239993.6055
12月	2632032.766	2211277.441	420755.3249
总计	88369576.45	71453099.15	16916477.3

产品名称 被套

行标签	金额	成本	毛利润
销售三科	279965.3211	217434.0179	62531.30317
总计	279965.3211	217434.0179	62531.30317

下面介绍制作“销售数据分析”数据透视表的具体方法。

步骤 *1* 新建一个名为“销售数据分析.xlsx”的Excel工作簿，并将Sheet1工作表重命名为“数据分析”。

步骤 *2* 切换到“数据”选项卡，在“获取外部数据”组中单击“现有连接”按钮。

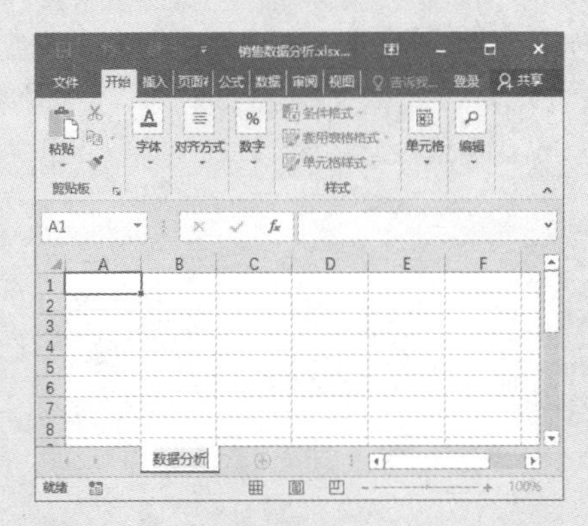

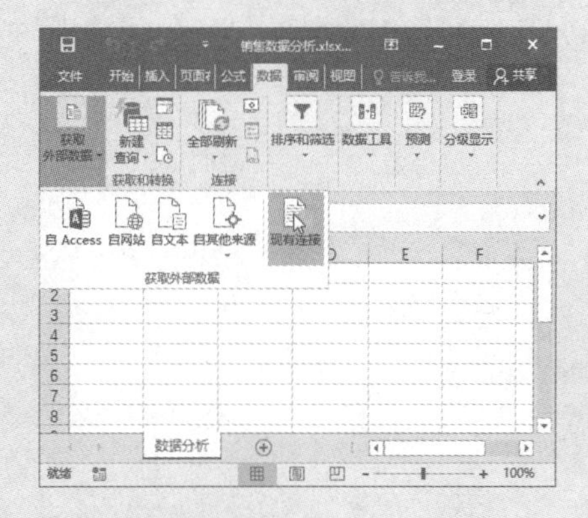

步骤 *3* 弹出“现有连接”对话框，单击“浏览更多”按钮。

步骤 *4* 弹出“选取数据源”对话框，根据数据源的保存路径，找到并选中数据源所在工作簿，单击“打开”按钮。

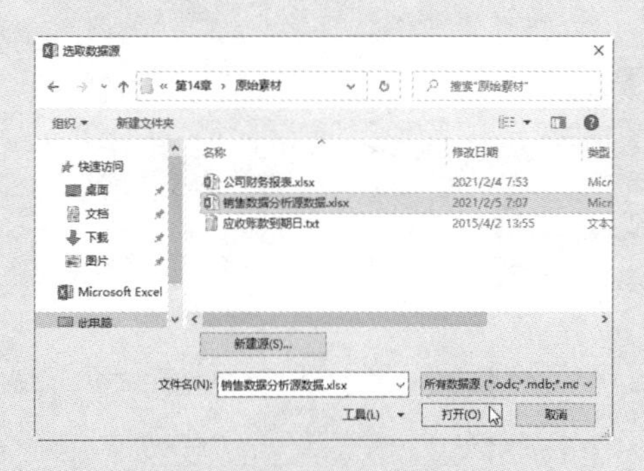

步骤 *5* 弹出“选择表格”对话框，选中数据源所在工作表，单击“确定”按钮。

步骤 *6* 弹出“导入数据”对话框，选中“数据透视表”单选项，然后设置数据的放置位置为“现有工作表”的A1单元格，单击“确定”按钮。

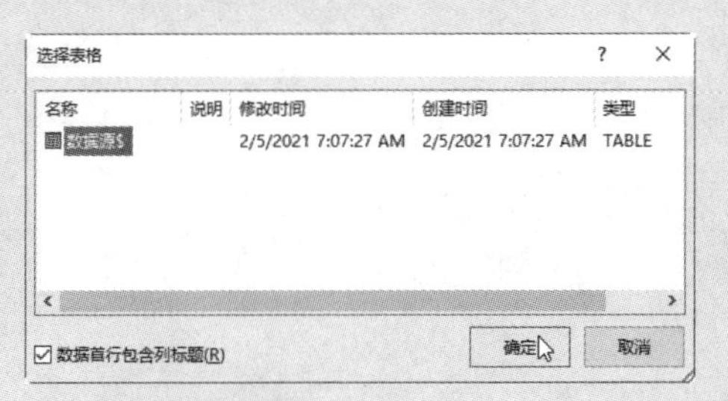

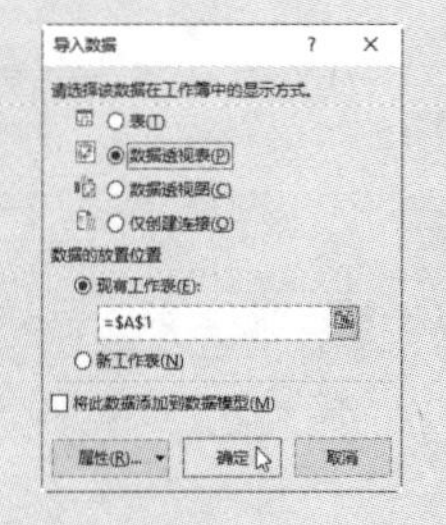

步骤 7 返回“销售数据分析”工作表，可以看到其中根据数据源创建了一个空白的数据透视表。

步骤 8 本例首先需要按月汇总销售金额、成本和毛利润数据，因此在“数据透视表字段”窗格中依次勾选“月份”“金额”“成本”字段的复选框。

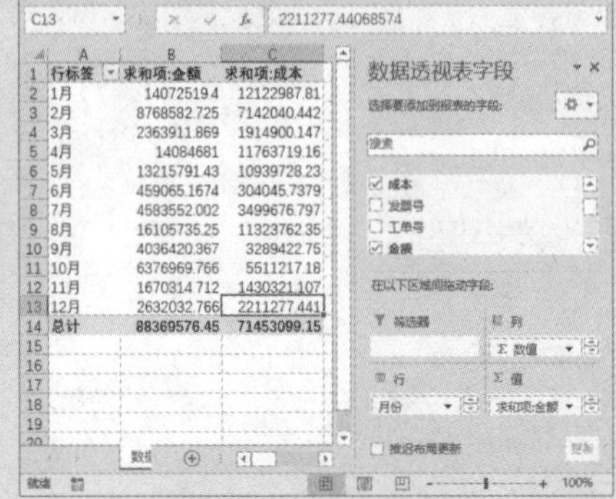

步骤 9 选中数据透视表中的任意列字段项单元格，切换到“数据透视表工具/分析”选项卡，在“计算”组中执行“字段、项目和集”→“计算字段”命令。

步骤 10 弹出“插入计算字段”对话框，在“名称”文本框中输入字段名，在“公式”文本框中输入计算公式，单击“添加”按钮添加计算字段，然后单击“确定”按钮。

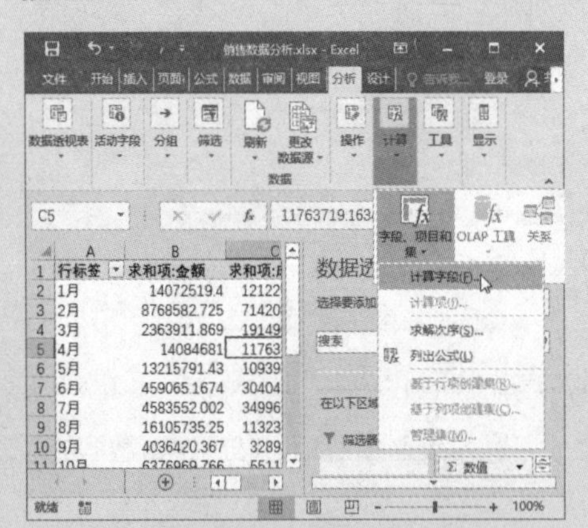

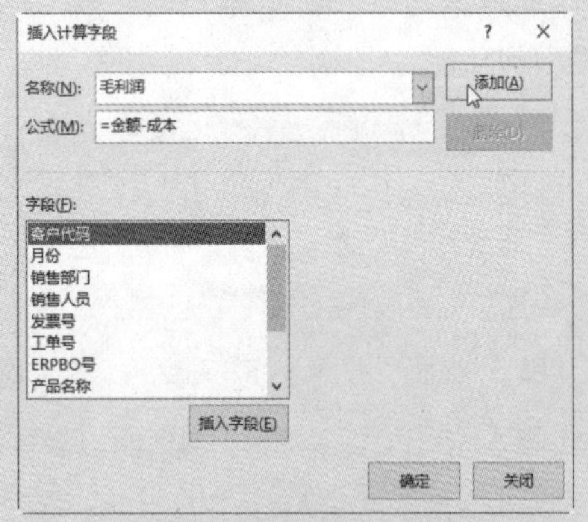

步骤 11 返回数据透视表，可以看到其中插入了所设“毛利润”字段项。选中数据透视表中任意单元格，切换到“插入”选项卡，在“图表”组中单击“数据透视图”按钮。

步骤 12 弹出“插入图表”对话框，切换到“折线图”选项卡，选择“折线图”选项，然后单击“确定”按钮。

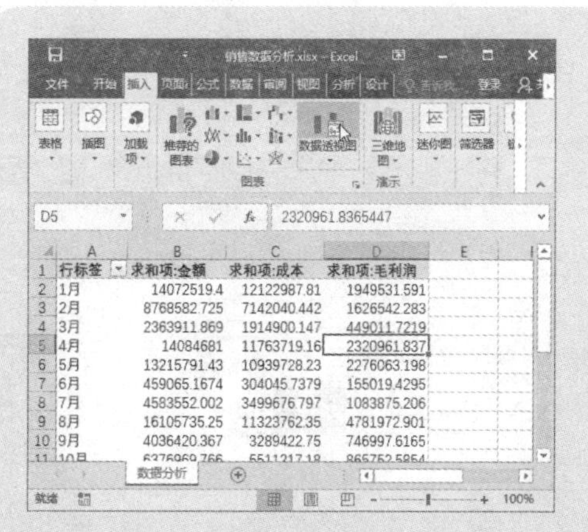

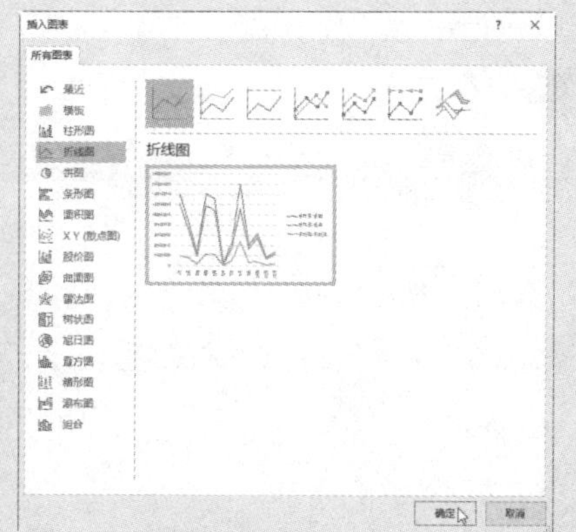

步骤 13 返回数据透视表，可以看到工作表中根据数据透视表创建了一个数据透视图。

步骤 14 选中数据透视图，切换到“数据透视图工具/分析”选项卡，在“显示/隐藏”组中单击“字段按钮”下拉按钮，在打开的下拉列表中执行“全部隐藏”命令，隐藏图表中所有字段按钮。

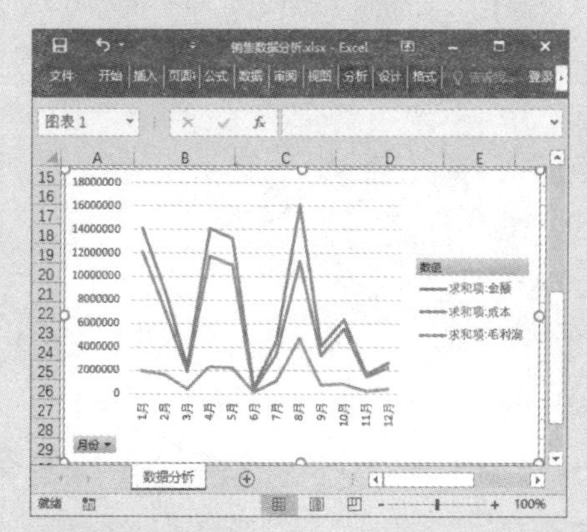

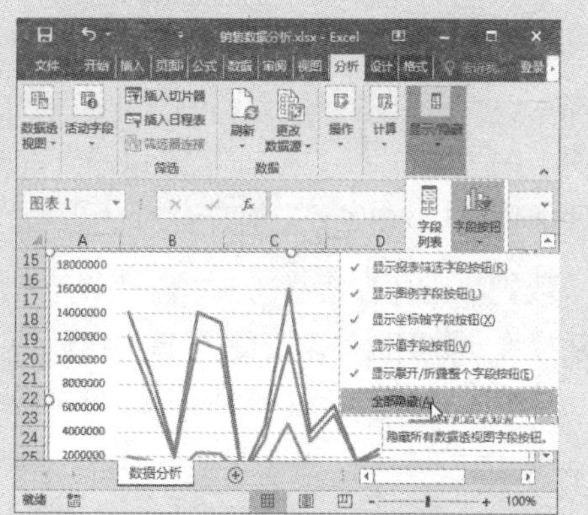

步骤 15 选中数据透视图，切换到“数据透视图工具/设计”选项卡，在“图表布局”组中单击“快速布局”下拉按钮，并在打开的下拉列表中选择“布局 3”选项，设置图表布局。

步骤 16 将光标定位到图表标题文本框中，重命名图表标题。

步骤 17 选中数据透视图，切换到“数据透视图工具/设计”选项卡，在“图表样

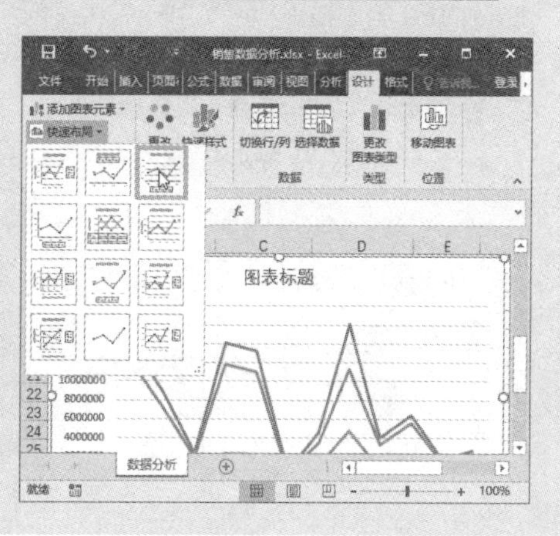

式”组中单击“快速样式”下拉按钮，在打开的下拉列表中选择“样式5”选项，设置图表样式。

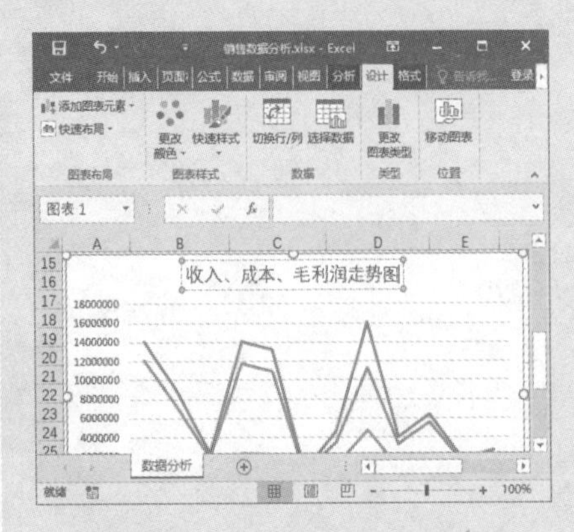

步骤*18* 为了使图表中的图例文字显示为“金额”、“成本”和“毛利润”，使图表更简明美观，选中数据透视表中“求和项:金额”字段名所在单元格，在编辑栏中输入“ 金额”（注意中间有空格），重命名字段。然后使用同样的方法重命名“求和项:成本”和“求和项:毛利润”，可以看到在数据透视图中发生了相应的变化。

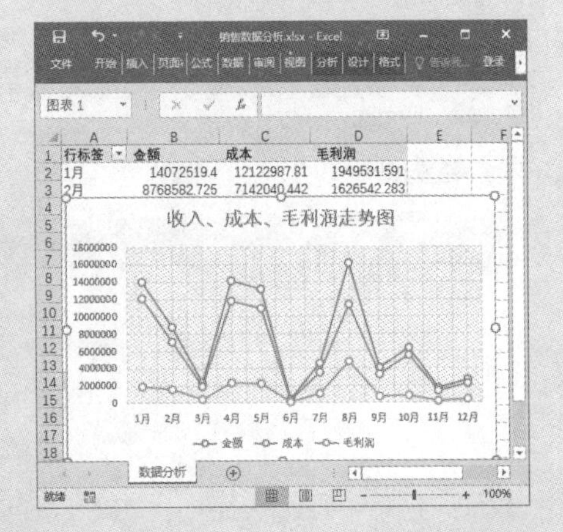

步骤*19* 选中数据透视表中任意单元格，切换到“数据透视表工具/分析”选项卡，在“操作”组中执行“选择”→“整个数据透视表”命令。

步骤*20* 选中整个数据透视表，按“Ctrl+C”组合键进行复制，然后选中目标单元格，如F1单元格，按“Ctrl+V”组合键进行粘贴，获得共享缓存的数据透视表2。

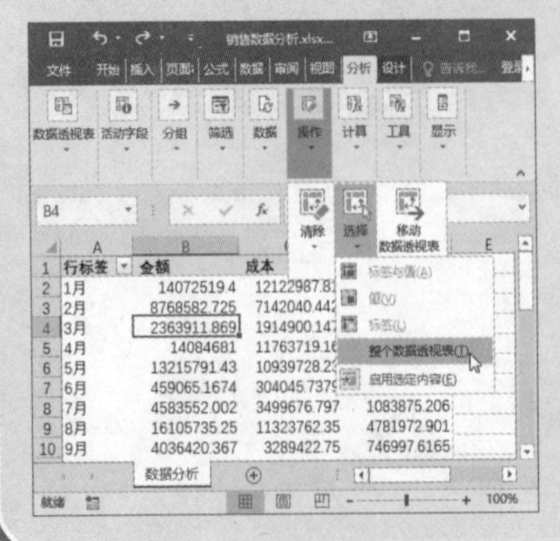

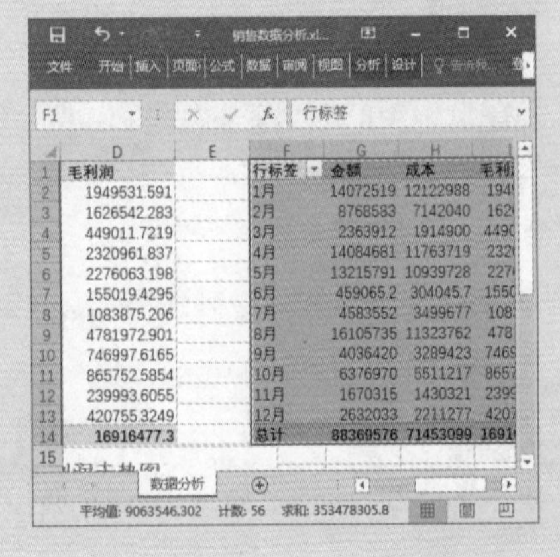

步骤21 本例需要在第2张数据透视表中，按销售部门汇总各产品的销售金额、成本和毛利润数据，因此选中第2张数据透视表中任意单元格，打开“数据透视表字段”窗格，重新进行字段布局，效果如图所示。

步骤22 使用鼠标拖动，调整“销售一科”项顺序，然后选中数据透视表中任意单元格，切换到“数据透视表工具/分析”选项卡，在“工具”组中单击“数据透视图”按钮。

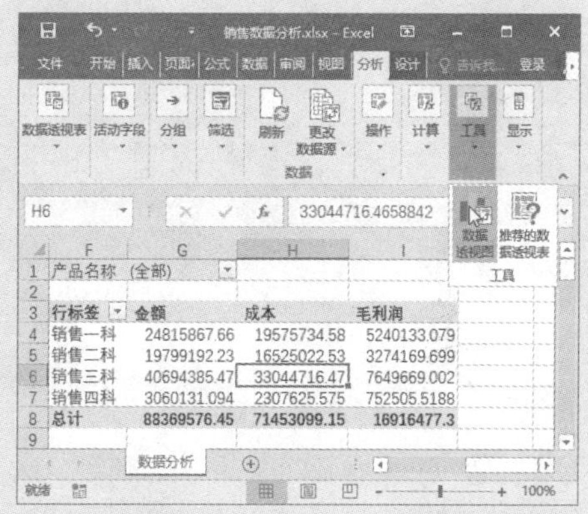

步骤23 弹出“插入图表”对话框，切换到“柱形图”选项卡，选择“簇状柱形图”选项，然后单击“确定”按钮。

步骤24 返回数据透视表，可以看到工作表中根据数据透视表创建了一个数据透视图。

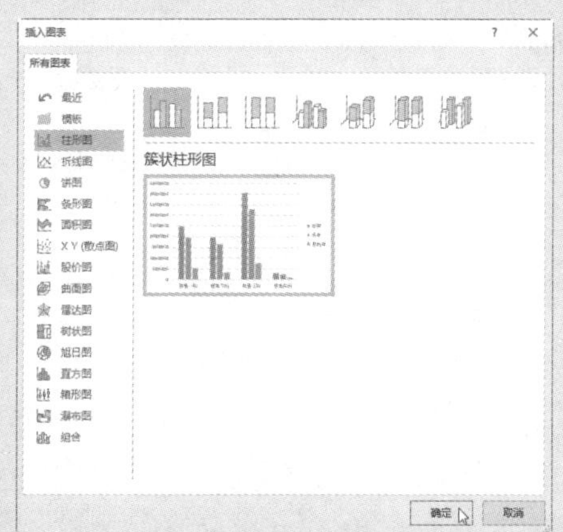

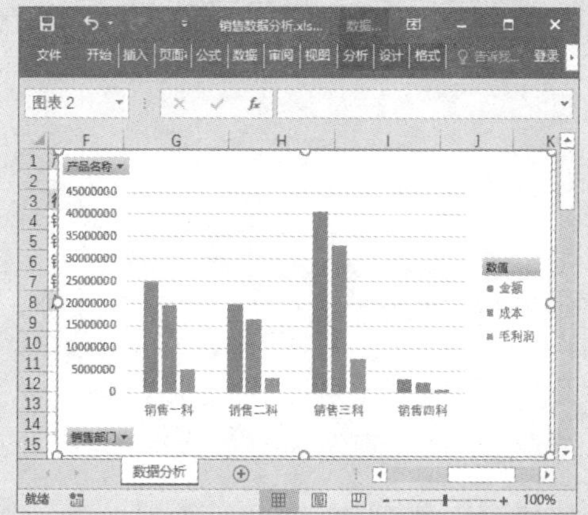

步骤25 选中数据透视图，切换到“数据透视图工具/分析”选项卡，在“显示/隐藏”组中单击“字段按钮”下拉按钮，在打开的下拉列表中执行“显示报表筛选字段按钮”命令，隐藏图表中报表筛选字段之外的字段按钮。

步骤26 选中数据透视图，切换到“数据透视图工具/设计”选项卡，在“图表布局”组中单击“快速布局”下拉按钮，在打开的下拉列表中选择“布局3”选项，设置图表布局。

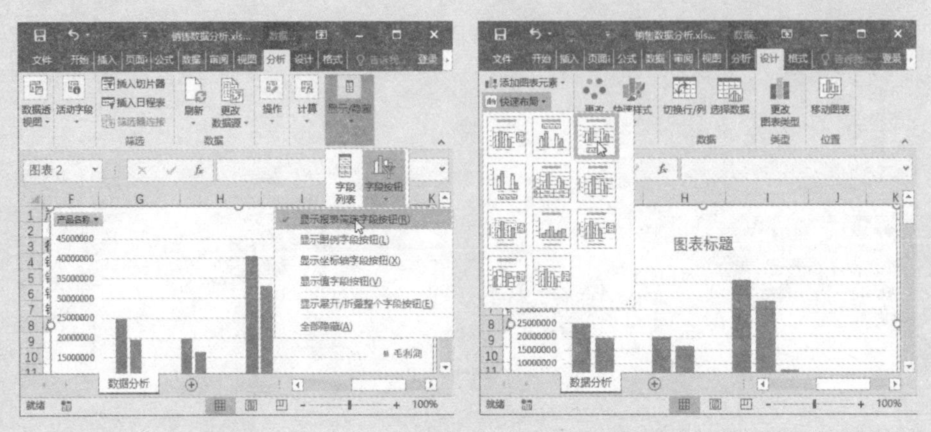

步骤27 将光标定位到图表标题文本框中，重命名图表标题。

步骤28 选中数据透视图，切换到“数据透视图工具/设计”选项卡，在“图表样式”组中单击“快速样式”下拉按钮，在打开的下拉列表中选择“样式6”选项，设置图表样式。

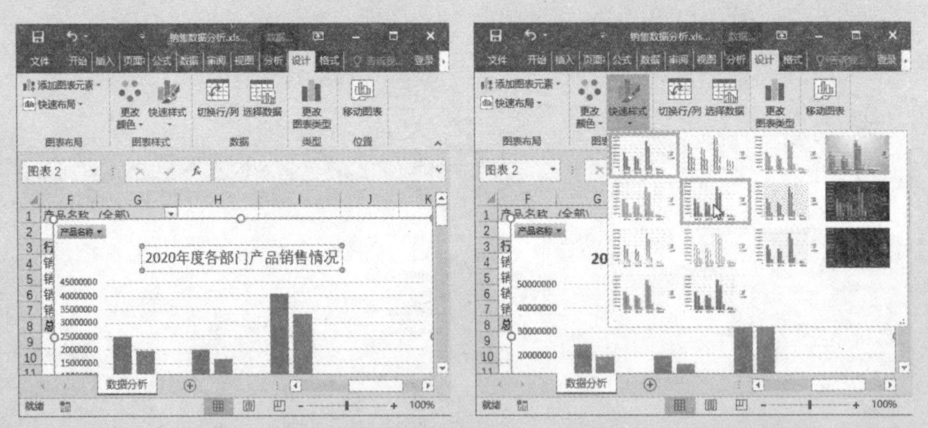

步骤29 设置完成后，单击数据透视图中的报表筛选按钮，在打开的筛选下拉列表中选择要显示的产品名称，单击“确定”按钮。

步骤30 返回工作表，可以看到数据透视图与关联数据透视表中的数据都根据筛选操作发生了变化。设置完成后，使用鼠标拖动，调整数据透视图的大小和位置即可。

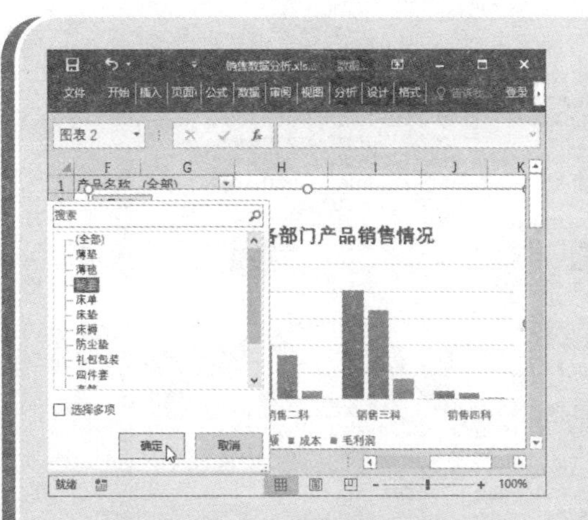

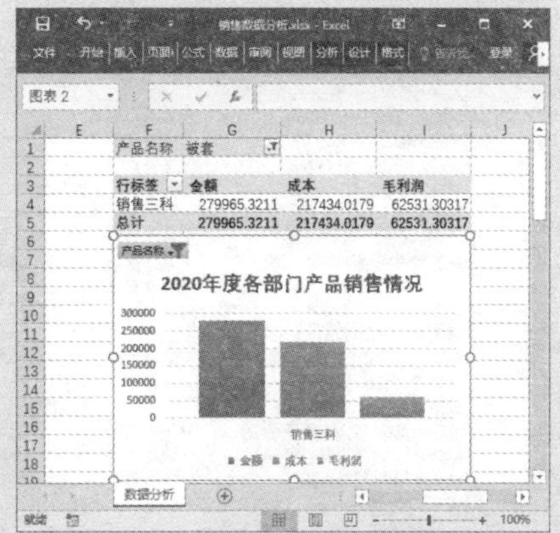

步骤31 为了获得更好的图表显示效果，可以选中工作表中任意单元格，切换到“视图”选项卡，在“显示”组中取消勾选的“网格线”复选框，取消显示工作表中的网格线，使数据透视表和数据透视图更突出。

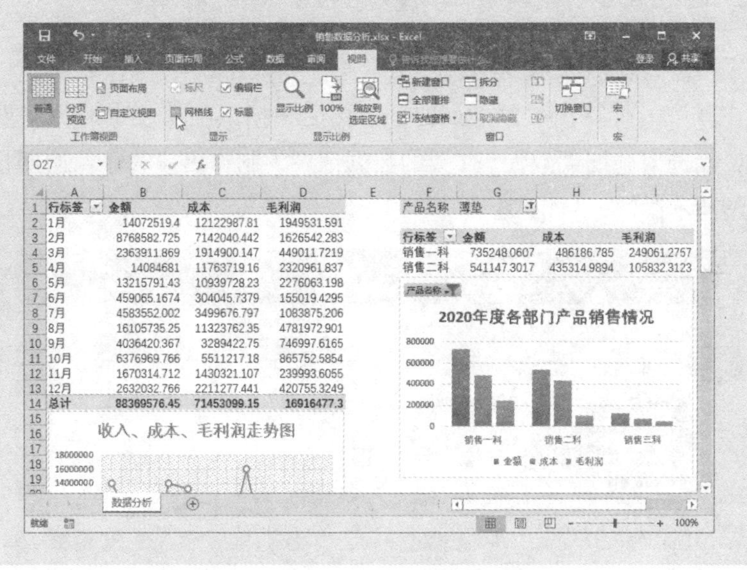

13.3 制作应收账款逾期日报表

下面提供了一个“应收账款到期日”文本文件，其中录入了客户名称、应收账款、欠款到期日等数据信息。

应收账款到期日.txt - 记事本

文件(F) 编辑(E) 格式(O) 查看(V) 帮助(H)

客户名称 客户类别 办事处 应收账款 商务代表 欠款到期日 逾期天数
XX通信股份有限公司北京分公司 运营商平台 运营商办 765,518.93 王某一 2021/4/22
XXX通讯有限责任公司运营商平台 运营商办 25,026.00 曾某 2021/4/12
北京xx通电子通信有限公司 全国性卖场 大客户办 1,005,057.00 孙某二 2021/4/26
北京XX达商贸有限公司 全国性卖场 大客户办 9,791,332.06 张某 2021/4/12
重庆XX电讯设备有限责任公司 区域性卖场 大客户办 4,338,483.52 孙某二 2021/4/23
重庆X通电讯有限公司 区域性卖场 大客户办 941,165.00 张某 2021/4/11
XX有限公司 区域性卖场 大客户办 268,275.80 曾某 2021/4/15
重庆xx信息产业有限公司 区域性卖场 渝办 118,192.85 汪某 2021/1/12
重庆XX世纪贸易有限公司 区域性卖场 渝办 4,685,583.75 张某 2021/2/6
北京XX采购中心有限公司(北京) 区域性卖场 大客户办 2,665,972.00 孙某二 2021/1/11
北京X信 一级零售店 京办 42,579.00 陈某某 2021/4/23
重庆XX贸有限公司 一级零售店 渝办 4,121,015.00 张某 2021/2/23
北京xx通讯科技有限公司 一级零售店 京办 48,425.63 孙某二 2021/2/10
北京XXX贸易有限公司一级零售店 大客户办 102,215.70 孙某二 2021/2/25
北京xx时代通信技术有限责任公司 一级零售店 京办 35,077.00 孙某二 2021/2/1
北京XX电讯科技有限责任公司 一级零售店 大客户办 615,736.00 孙某二 2021/1/2
重庆合川XX通讯器材经销部 一级零售店 渝办 14,502.00 汪某 2021/2/6
重庆荣昌XX科技有限责任公司 一级零售店 渝办 40,802.00 汪某 2021/1/7
重庆XX有限 一级零售店 渝办 390,027.00 汪某 2021/2/1
万盛XX电讯 一级零售店 渝办 6,748.00 李某某 2021/2/2
重庆XXX通讯部 一级零售店 渝办 24,184.00 汪某 2021/2/10
万州X通通讯 一级零售店 渝办 1,696.00 汪某 2021/2/11
北碚XX通信器材营销部 一级零售店 渝办 2,840.00 苏某 2021/1/12
黔江XX经贸有限责任公司 一级零售店 渝办 225.00 李某某 2021/2/13
黔江XX通讯商行 一级零售店 渝办 17,434.00 李某某 2021/1/14
XXX电子科贸有限公司一级零售店 渝办 11,750.00 苏某 2021/2/25
XXX数码通讯有限责任公司 一级零售店 渝办 120,678.00 苏某 2021/2/26
xx通信器材销售有限公司 一级零售店 渝办 6,502.00 苏某 2021/1/27

第 30 行，第 1 列 100% Windows (CRLF) ANSI

现在需要将“应收账款到期日”文本文件导入Excel，制作成一个“应收账款到期日”工作表，计算出欠款逾期时间，然后根据该工作表中的数据创建一张数据透视表，筛选出逾期天数大于1天的数据记录，制作出应收账款逾期日报表，最终效果如图所示。

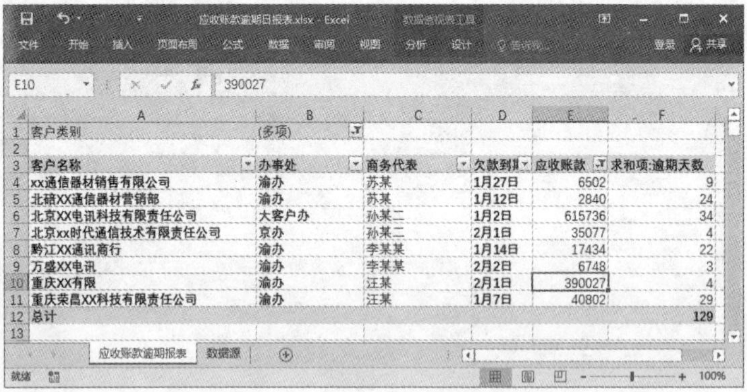

应收账款逾期日报表.xlsx - Excel

E10 390027

	A	B	C	D	E	F
1	客户类别	(多项)				
2						
3	客户名称	办事处	商务代表	欠款到期日	应收账款	求和项:逾期天数
4	xx通信器材销售有限公司	渝办	苏某	1月27日	6502	9
5	北碚XX通信器材营销部	渝办	苏某	1月12日	2840	24
6	北京XX电讯科技有限责任公司	大客户办	孙某二	1月2日	615736	34
7	北京xx时代通信技术有限责任公司	京办	孙某二	2月1日	35077	4
8	黔江XX通讯商行	渝办	李某某	1月14日	17434	22
9	万盛XX电讯	渝办	李某某	2月2日	6748	3
10	重庆XX有限	渝办	汪某	2月1日	390027	4
11	重庆荣昌XX科技有限责任公司	渝办	汪某	1月7日	40802	29
12	总计					129
13						

应收账款逾期报表 数据源

下面介绍制作“应收账款逾期日报表”数据透视表的具体方法。

步骤 1 新建一个名为“应收账款逾期日报表”的工作簿，切换到“数据”选项卡，在“获取外部数据”组中单击“自文本”按钮。

步骤 2 弹出“导入文本文件”对话框，根据文件保存路径，找到并选中要导入的文本文件，单击“导入”按钮。

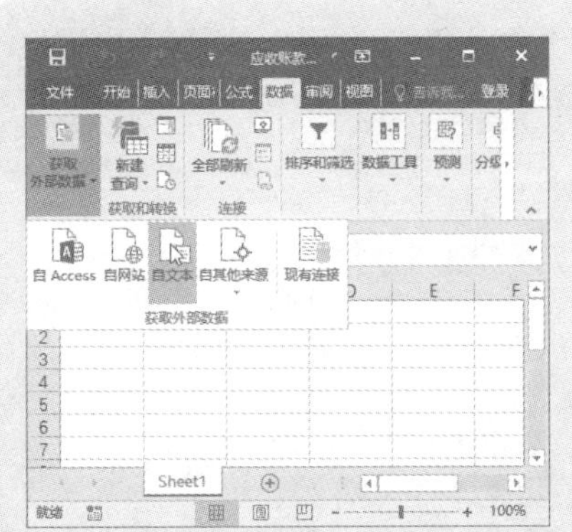

步骤 *3* 弹出“文本导入向导—第1步，共3步”对话框，根据需要选择分隔原始数据的方法，本例在“请选择最合适的文件类型”栏中选中“分隔符号”单选项，然后单击“下一步”按钮。

步骤 *4* 弹出“文本导入向导—第2步，共3步”对话框，在“分隔符号”栏中勾选“Tab键”复选框，然后单击“下一步”按钮。

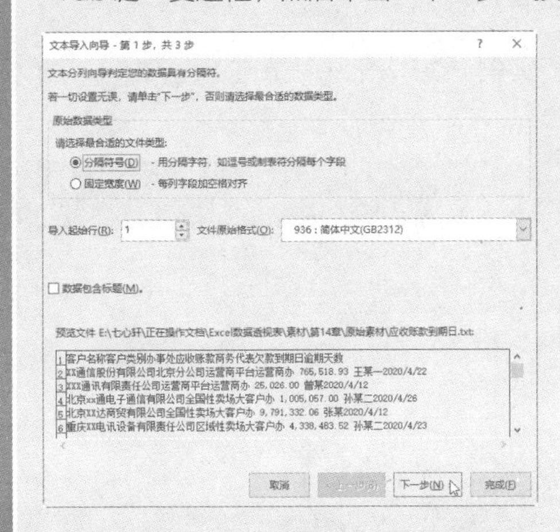

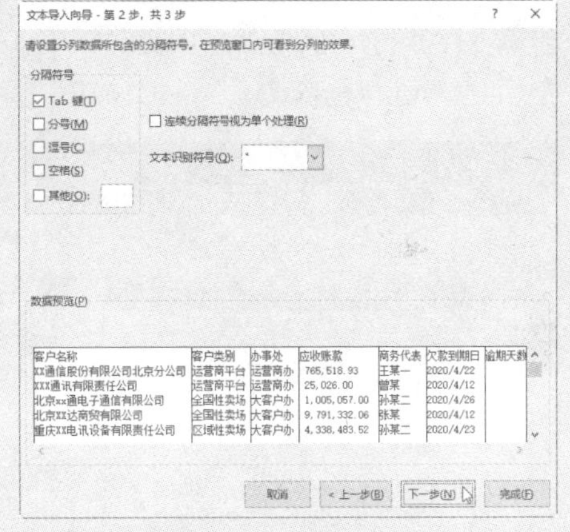

步骤 *5* 弹出“文本导入向导—第3步，共3步”对话框，在“列数据格式”栏中选中“常规”单选项，单击“完成”按钮。

步骤 *6* 弹出“导入数据”对话框，在“数据的放置位置”栏中选择“现有工作表”，设置放置在当前工作表的A1单元格中，单击“确定”按钮。

步骤 *7* 返回工作表，可以看到其中导入了文本文件中的数据内容。

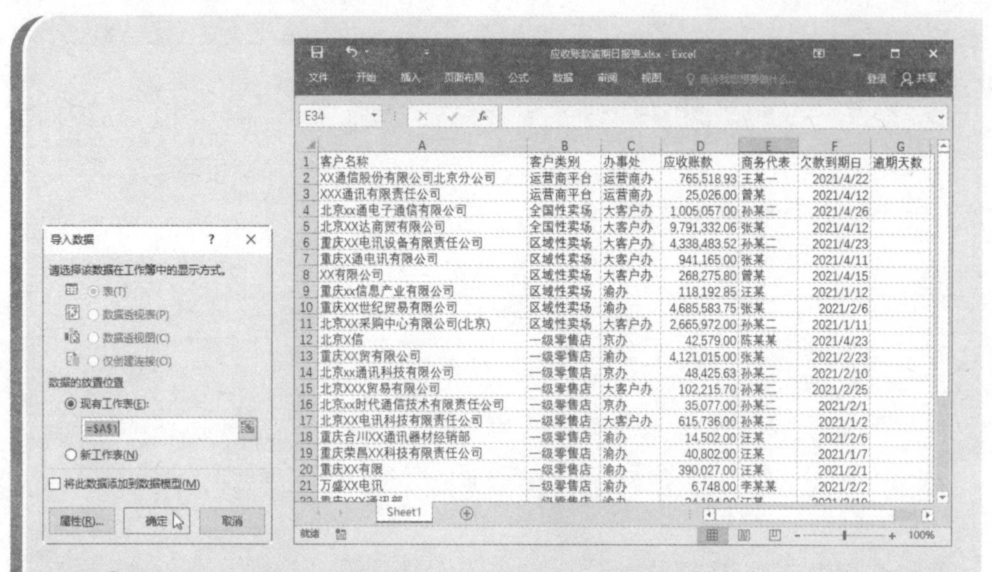

步骤 8 根据需要设置字体、字号、单元格背景色、表格边框等，在G2单元格中输入公式“=TODAY()-F2”，按“Enter”键进行确认。

步骤 9 利用填充柄将公式复制到G3至G29单元格中，其中负数或过大的数据会显示为“##########”。

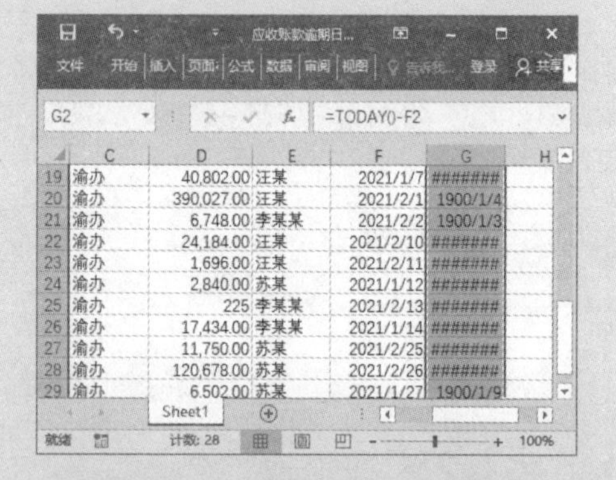

步骤 10 选中G2:G29单元格区域，在“开始”选项卡的“数字”组中单击“数字格式”下拉按钮，在打开的下拉列表中执行“常规”命令，以正确显示逾期天数。

步骤 11 返回工作表可以看到设置数字格式后的效果，将Sheet1工作表重命名。

步骤 12 选中数据列表中任意单元格，

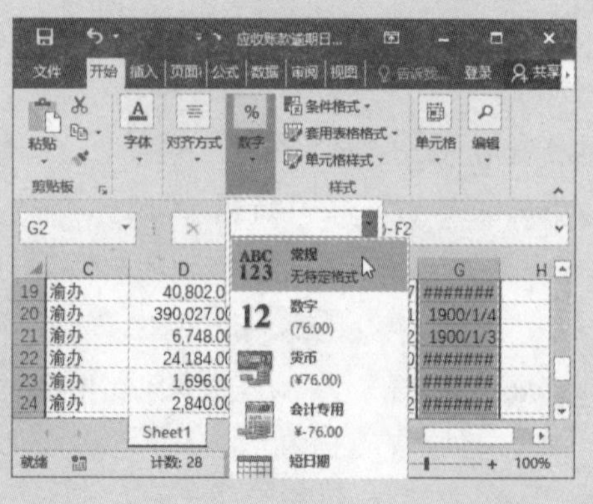

切换到“插入”选项卡，在“表格”组中单击“数据透视表”按钮。

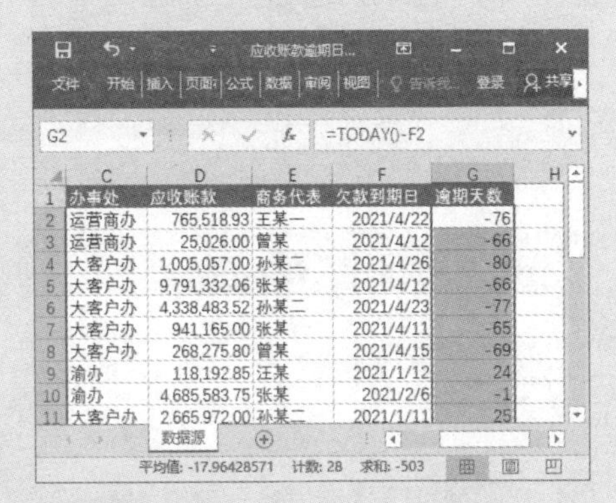

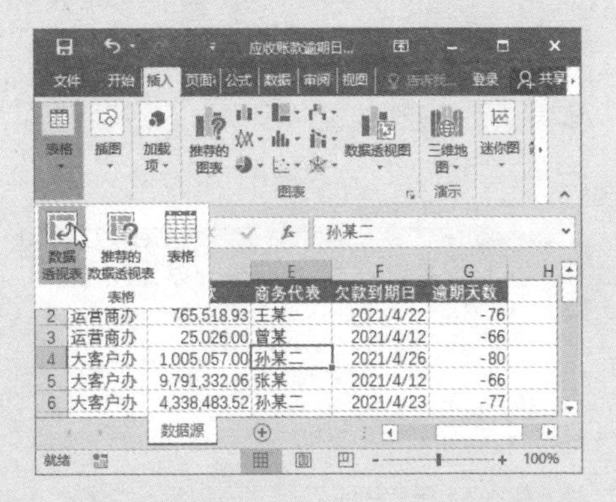

步骤 13 弹出“创建数据透视表”对话框，选择在“新工作表”中创建数据透视表，单击“确定”按钮。

步骤 14 工作簿中将创建一个新工作表，并将创建的空白数据透视表放置其中，根据需要重命名新工作表，然后进行字段布局，本例在“数据透视表字段”窗格中依次勾选全部字段。

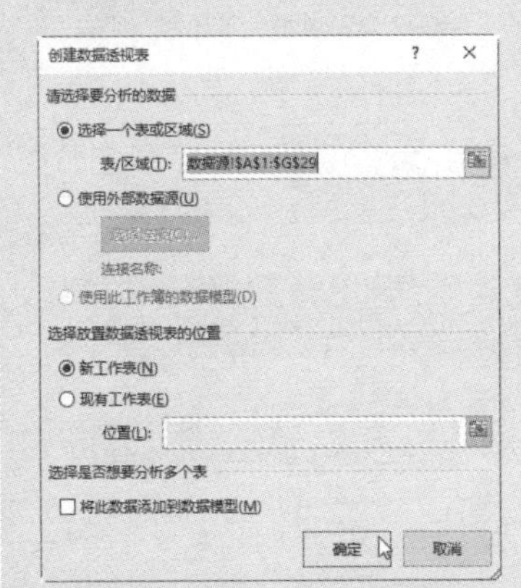

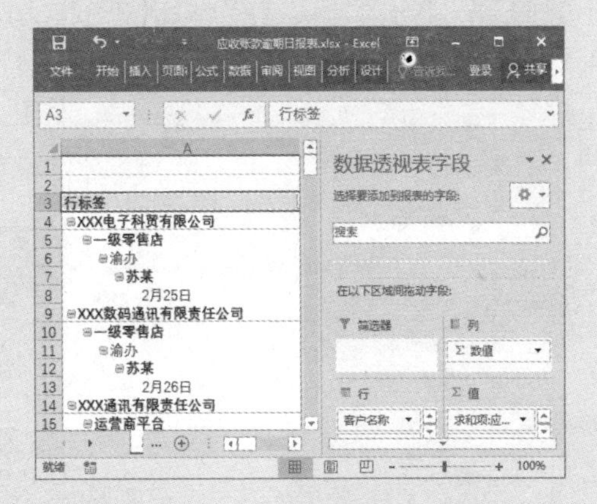

步骤 15 在“数据透视表字段”窗格中使用鼠标左键拖动，将“客户类别”字段放置到报表筛选区域，将“逾期天数”字段放置到数值区域，将其余字段放置到行区域。

步骤 16 在拥有多个行字段的情况下，为了使数据透视表看起来结构更加清楚明白，需要更改报表布局方式，选中数据透视表中任意单元格，

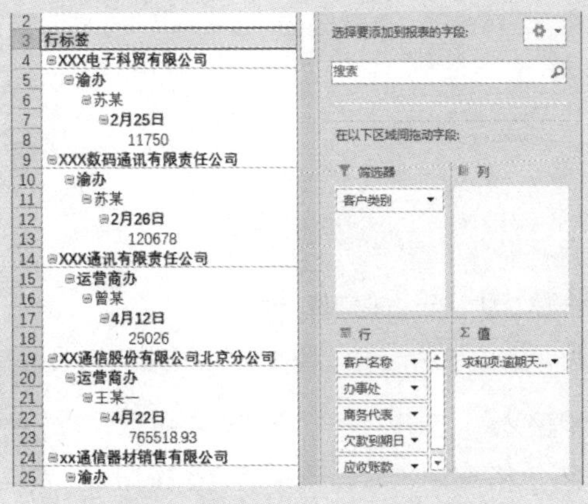

切换到“数据透视表工具/设计”选项卡，在“布局”组中执行“报表布局”→“以表格形式显示”命令。

步骤 17 返回数据透视表，可以看到更改报表布局形式后的效果。使用鼠标右键单击“客户名称”字段名所在单元格，在弹出的快捷菜单中执行“字段设置”命令。

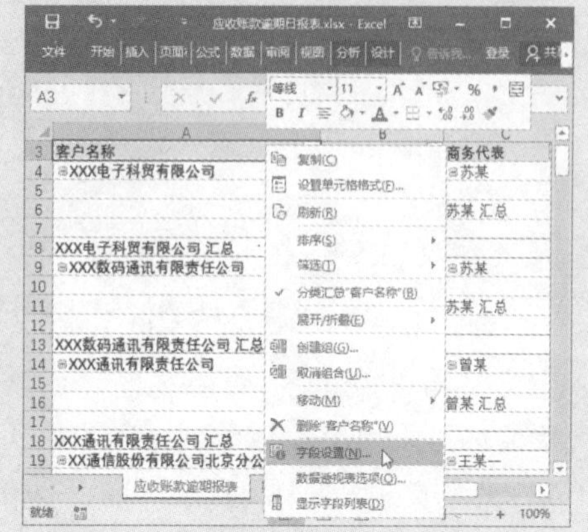

步骤 18 弹出“字段设置”对话框，在“分类汇总和筛选”选项卡中选中“无”单选项，单击“确定”按钮，取消该字段分类汇总。

步骤 19 用同样的方法，取消“办事处”“商务代表”“欠款到期日”字段的分类汇总。

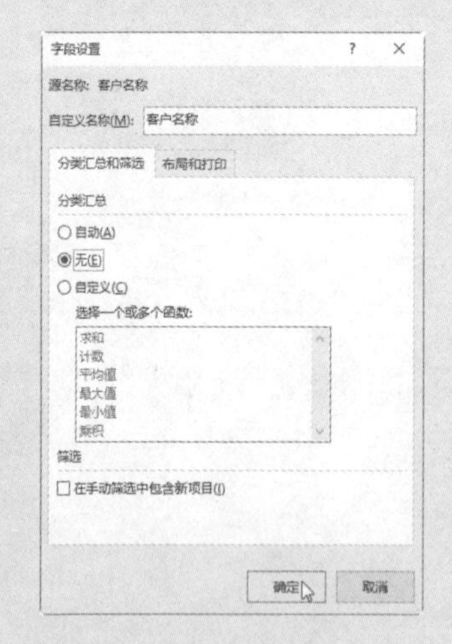

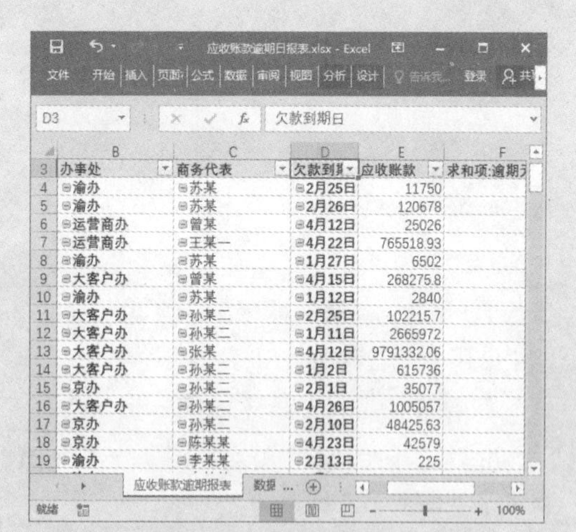

步骤 20 单击任意行字段名如“应收账款”字段名右侧的下拉按钮，在打开的下拉筛选菜单中展开“值筛选”子菜单，根据本例需要，在其中执行“大于”命令。

步骤 21 弹出“值筛选（应收账款）”对话框，设置筛选“求和项:逾期天数”“大于”“1”的数据，单击“确定”按钮。

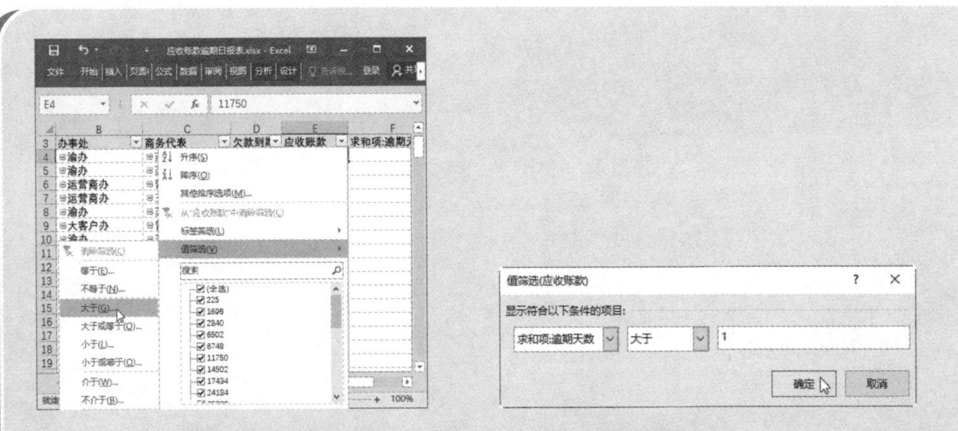

步骤 22 返回数据透视表即可看到筛选后的结果。单击报表筛选字段右侧的下拉按钮▾，在打开的下拉筛选菜单中，勾选“选择多项”复选框，然后勾选“一级零售店”和“运营商平台”复选框，单击“确定”按钮。

步骤 23 返回数据透视表，即可看到筛选后的结果。为了隐藏不需要的“+/−”折叠按钮，可以选中数据透视表中任意单元格，切换到“数据透视表工具/分析”选项卡，在“显示”组中单击“+/−按钮”按钮，使其为未选中状态。

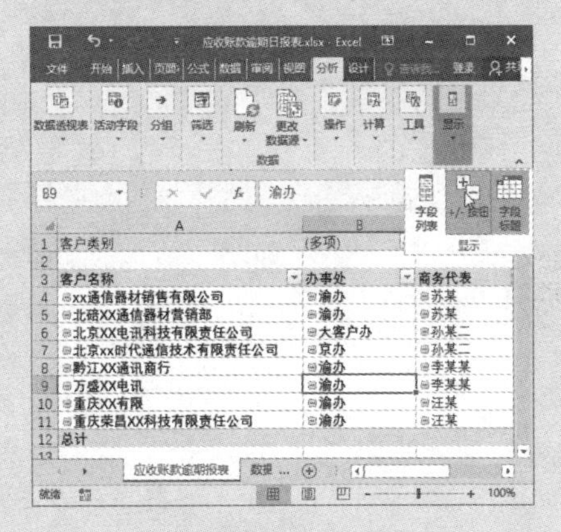

步骤 24 返回数据透视表，即可看到隐藏“+/−”按钮后的效果。

	A	B	C	D	E	F
1	客户类别	(多项)				
2						
3	客户名称	办事处	商务代表	欠款到其	应收账款	求和项:逾期天数
4	xx通信器材销售有限公司	渝办	苏某	1月27日	6502	9
5	北硝XX通信器材营销部	渝办	苏某	1月12日	2840	24
6	北京XX电讯科技有限责任公司	大客户办	孙某二	1月2日	615736	34
7	北京xx时代通信技术有限责任公司	京办	孙某二	2月1日	35077	4
8	黔江XX通讯商行	渝办	李某某	1月14日	17434	22
9	万盛XX电讯	渝办	李某某	2月2日	6748	3
10	重庆XX有限	渝办	汪某	2月1日	390027	4
11	重庆荣昌XX科技有限责任公司	渝办	汪某	1月7日	40802	29
12	总计					129